*rapid inventories**

biological and social

Informe/Report No. 22

Perú: Maijuna

Michael P. Gilmore, Corine Vriesendorp, William S. Alverson, Álvaro del Campo, Rudolf von May, Cristina López Wong, y/and Sebastián Ríos Ochoa

editores/editors

Julio/July 2010

Instituciones Participantes/Participating Institutions

The Field Museum

Gobierno Regional de Loreto

Programa de Conservación, Gestión y Uso Sostenible de la Diversidad Biológica

Proyecto Apoyo al PROCREL

Federación de Comunidades Nativas Maijuna

Instituto de Investigaciones de la Amazonía Peruana

Herbario Amazonense de la Universidad Nacional de la Amazonía Peruana

Museo de Historia Natural de la Universidad Nacional Mayor de San Marcos

Centro de Ornitología y Biodiversidad

*Nuestro nuevo nombre, Inventarios Biológicos y Sociales Rápidos (informalmente, "Inventarios Rápidos") es en reconocimiento al papel fundamental de los inventarios sociales rápidos. Nuestro nombre anterior era "Inventarios Biologicos Rápidos"./Rapid Biological and Social Inventories (informally, "Rapid Inventories") is our new name, to acknowledge the critical role of rapid social inventories. Our previous name was "Rapid Biological Inventories."

LOS INVENTARIOS RÁPIDOS SON PUBLICADOS POR/
RAPID INVENTORIES REPORTS ARE PUBLISHED BY:

THE FIELD MUSEUM
Environment, Culture, and Conservation
1400 South Lake Shore Drive
Chicago, Illinois 60605-2496, USA
T 312.665.7430, F 312.665.7433
www.fieldmuseum.org

Editores/Editors

Michael P. Gilmore, Corine Vriesendorp,
William S. Alverson, Álvaro del Campo, Rudolf von May,
Cristina López Wong, y/and Sebastián Ríos Ochoa

Diseño/Design

Costello Communications, Chicago

Mapas y grafismo/Maps and graphics

Jon Markel, Michael Gilmore, y/and Jason Young

Traducciones/Translations

Patricia Álvarez (English-Castellano), Álvaro del Campo (English-Castellano), Susan Fansler Donoghue (Castellano-English), Emily Goldman (Castellano-English), Sebastián Ríos Ochoa/ Masiguidi Dei Oyo (Castellano-Maijuna) y/and Tyana Wachter (English-Castellano)

The Field Museum es una institución sin fines de lucro exenta de impuestos federales bajo la sección 501(c)(3) del Código Fiscal Interno./ The Field Museum is a non-profit organization exempt from federal income tax under section 501(c)(3) of the Internal Revenue Code.

ISBN NUMBER 978-0-9828419-0-7

Esta publicación ha sido financiada en parte por Betty and Gordon Moore Foundation, The Boeing Company, Exelon Corporation y The Field Museum./This publication has been funded in part by the Betty and Gordon Moore Foundation, The Boeing Company, Exelon Corporation, and The Field Museum.

Cita sugerida/Suggested citation

Gilmore, M.P., C.Vriesendorp, W.S. Alverson, Á.del Campo, R. von May, C.López Wong, y/and S.Ríos Ochoa, eds. 2010. Perú: Maijuna. Rapid Biological and Social Inventories Report 22. The Field Museum, Chicago.

Fotos e ilustraciones/Photos and illustrations

Carátula/Cover: Juan Ríos, uno de los últimos hombres Maijuna que usó discos auriculares, una tradición cultural perdida en las ultimas tres décadas. Los Maijuna están en una encrucijada; un área de conservación representaría un gran paso hacia la preservación y revitalización de sus tradiciones culturales. (Foto tomada pre-1979 por Virginia y Daniel Velie.)/Juan Ríos, one of the last Maijuna men to still wear ear disks, a cultural tradition lost in the last three decades. The Maijuna are at a crossroads; a conservation area would represent a substantial step towards preserving and recapturing their cultural traditions. (Photo taken pre-1979 by Virginia and Daniel Velie.)

Carátula interior/Inner cover: Atardecer en el río Yanayacu, una de las principales vías fluviales en la propuesta Área de Conservación Regional (ACR) Maijuna. Foto de Álvaro del Campo./Sunset on the Yanayacu River, one of the principal waterways in the proposed Área de Conservación Regional (ACR) Maijuna. Photo by Álvaro del Campo.

Láminas a color/Color plates: Fig. 7F, F. P. Bennett; Figs. 8E, 8H, A. Bravo; Figs. 1, 3F, 4R, 6B, 6F, 6M–P, 7A–D, 8A, C–D, 8J, 9A–C, 9F–P, 10A–G, Á. del Campo; Fig. 8G, S. Claramunt; Figs. 4D, 4E, 4K, 4M, 4P, N. Dávila; Figs. 3A–E, R. Foster; Fig. 9D, M. Gilmore, J.Young, J. Markel and C.Vriesendorp; Figs. 5A–N, 7E, M. Hidalgo; Figs. 4F, 4O, I. Huamantupa; Fig. 7H, D.F. Lane; Figs. 2A, 2B, 3G, 11A, 11B, J. Markel; Fig. 7G, L. B. McQueen; Fig. 8B, R. L. Pitman; Figs. 7J–L, D. Stotz; Fig. 9E, V. and D. Velie; Figs. 6A, 6C–E, 6G, 6K, 6L, P. Venegas; Figs. 6H, 6J, 8F, R. von May; Figs. 4A–C, 4G–J, 4L, 4N, 4Q, C. Vriesendorp.

 Impreso sobre papel reciclado. Printed on recycled paper.

CONTENIDO/CONTENTS

INTEGRANTES DEL EQUIPO

EQUIPO DE CAMPO

William S. Alverson (*preparación del informe*)
Environment, Culture, and Conservation
The Field Museum, Chicago, IL, EE.UU.
walverson@fieldmuseum.org

Adriana Bravo (*mamíferos*)
Organization for Tropical Studies
Durham, NC, EE.UU
adrianabravo1@gmail.com

Alberto Chirif (*caracterización social*)
Consultor Independiente
Iquitos, Perú
alberto.chirif@gmail.com

Nállarett Dávila (*plantas*)
Universidad Nacional de la Amazonía Peruana
Iquitos, Perú
nallarett@gmail.com

Álvaro del Campo (*logística de campo, fotografía, video*)
Environment, Culture, and Conservation
The Field Museum, Chicago, IL, EE.UU.
adelcampo@fieldmuseum.org

Juan Díaz Alván (*aves*)
Instituto de Investigaciones de la Amazonía Peruana
Iquitos, Perú
jdiazalvan@gmail.com

Robin B. Foster (*herbario, sobrevuelo*)
Environment, Culture, and Conservation
The Field Museum, Chicago, IL, EE.UU.
rfoster@fieldmuseum.org

Roosevelt García (*plantas*)
Peruvian Center for Biodiversity and Conservation (PCBC)
Iquitos, Perú
roosevelg@hotmail.com

Michael Gilmore (*etnobiología*)
New Century College
George Mason University
Fairfax, VA, EE.UU.
mgilmor1@gmu.edu

Max H. Hidalgo (*peces*)
Museo de Historia Natural
Universidad Nacional Mayor de San Marcos
Lima, Perú
maxhhidalgo@yahoo.com

Isaú Huamantupa (*plantas*)
Herbario Vargas
Universidad Nacional San Antonio de Abad
Cusco, Perú
andeanwayna@gmail.com

Guillermo Knell (*logística de campo*)
Ecologística Perú
Lima, Perú
atta@ecologisticaperu.com
www.ecologisticaperu.com

Cristina López Wong (*coordinación*)
Programa de Conservación, Gestión y Uso Sostenible
de la Diversidad Biológica en Loreto
Iquitos, Perú
clopez@procrel.gob.pe

Jonathan A. Markel (*cartografía*)
Environment, Culture, and Conservation
The Field Museum, Chicago, IL, EEUU.
jmarkel@fieldmuseum.org

Italo Mesones (*logística de campo*)
Universidad Nacional de la Amazonía Peruana
Iquitos, Perú
italoacuy@yahoo.es

Debra K. Moskovits (*coordinación, aves*)
Environment, Culture, and Conservation
The Field Museum, Chicago, IL, EE.UU.
dmoskovits@fieldmuseum.org

Mario Pariona (*apoyo de campo*)
Environment, Culture, and Conservation
The Field Museum, Chicago, IL, EE.UU.
mpariona@fieldmuseum.org

Natali Pinedo (*caracterización social, logística*)
Proyecto Apoyo al PROCREL
Iquitos, Perú
natiliao@hotmail.com

Ana Puerta (*caracterización social*)
Proyecto Apoyo al PROCREL
Iquitos, Perú
anaelisa14@hotmail.com

Iván Sipión (*peces*)
Museo de Historia Natural
Universidad Nacional Mayor de San Marcos
Lima, Perú
ivan_sipiong@hotmail.com

Douglas F. Stotz (*aves*)
Environment, Culture and Conservation
The Field Museum, Chicago, IL, EE.UU.
dstotz@fieldmuseum.org

Silvia Usuriaga (*coordinación*)
Proyecto Apoyo al PROCREL
Iquitos, Perú
procrel.amazon@gmail.com

Pablo J. Venegas (*anfibios y reptiles*)
Centro de Ornitología y Biodiversidad (CORBIDI)
Lima, Perú
sancarranca@yahoo.es

Rudolf von May (*anfibios y reptiles*)
Florida International University
Miami, FL, USA
rvonmay@gmail.com

Corine Vriesendorp (*coordinación, plantas*)
Environment, Culture, and Conservation
The Field Museum, Chicago, IL, EE.UU.
cvriesendorp@fieldmuseum.org

Tyana Wachter (*logística general*)
Environment, Culture, and Conservation
The Field Museum, Chicago, IL, EE.UU.
twachter@fieldmuseum.org

COLABORADORES

Comunidad Nativa de Nueva Vida
Río Yanayacu, Loreto, Perú

Comunidad Nativa de Puerto Huamán
Río Yanayacu, Loreto, Perú

Comunidad Nativa de San Pablo de Totolla
Río Algodón, Loreto, Perú

Comunidad Nativa de Sucusari
Río Sucusari, Loreto, Perú

George Mason University
Fairfax, VA, EE.UU.

The Field Museum

The Field Museum es una institución de educación e investigación, basada en colecciones de historia natural, que se dedica a la diversidad natural y cultural. Combinando las diferentes especialidades de Antropología, Botánica, Geología, Zoología y Biología de Conservación, los científicos del museo investigan temas relacionados a evolución, biología del medio ambiente y antropología cultural. Una división del museo—Environment, Culture, and Conservation (ECCo)—está dedicada a convertir la ciencia en acción que crea y apoya una conservación duradera de la diversidad biológica y cultural. ECCo colabora estrechamente con los residentes locales para asegurar su participación en conservación a través de sus valores culturales y fortalezas institucionales. Con la acelerada pérdida de la diversidad biológica en todo el mundo, la misión de ECCo es de dirigir los recursos del museo—conocimientos científicos, colecciones mundiales, programas educativos innovadores—a las necesidades inmediatas de conservación en el ámbito local, regional e internacional.

The Field Museum
1400 S. Lake Shore Drive
Chicago, IL 60605-2496 EE.UU.
312.922.9410 tel
www.fieldmuseum.org

Gobierno Regional de Loreto

El Gobierno Regional de Loreto (GOREL) es una institución jurídica de derecho público, con autonomía política, económica y administrativa en los asuntos regionales de su competencia. El GOREL tiene por finalidad fomentar el desarrollo regional integral sostenible, promoviendo la inversión pública y privada responsable, y el empleo, garantizando el ejercicio pleno de los derechos y la igualdad de oportunidades de sus habitantes, de acuerdo a los planes y programas nacionales y regionales.

El Programa de Conservación, Gestión y Uso Sostenible de la Diversidad Biológica (PROCREL) es un órgano técnico adscrito a la Gerencia General Regional con el objetivo de contribuir al desarrollo sostenible de la región Loreto mediante la implementación de políticas públicas y estrategias de gestión de Áreas de Conservación Regional y de los servicios ambientales que brindan, así como de los procesos ecológicos y evolutivos priorizados por su importancia para la conservación y el uso sostenible de la diversidad biológica regional, con la consecuente reducción de la pobreza y pobreza extrema de su población. El GOREL, a través del PROCREL, es responsable de administrar las Áreas de Conservación Regional promoviendo la participación ciudadana informada y responsable mediante la implementación de la co-gestión de estas áreas protegidas con las comunidades locales organizadas y otros actores vinculados a su gestión.

Programa de Conservación, Gestión y
Uso Sostenible de la Diversidad Biológica
Av. Abelardo Quiñónez km 1.5
Iquitos, Loreto, Perú
51.65.268151 tel
www.procrel.gob.pe
informacion@procrel.gob.pe

Proyecto Apoyo al PROCREL

El Proyecto Apoyo al PROCREL es implementado por un consorcio interinstitucional conformado por el Gobierno Regional de Loreto (GOREL), la ONG Naturaleza y Cultura Internacional (NCI) y el Instituto de Investigaciones de la Amazonía Peruana (IIAP), en alianza estratégica con la Sociedad Peruana de Derecho Ambiental y la Universidad Nacional de la Amazonía Peruana. Fue establecido en 2006 para fortalecer y trabajar estrechamente con el PROCREL, división a cargo de la gestión de biodiversidad del GOREL, para aumentar la superficie destinada a la conservación en la región mediante Áreas de Conservación Regional (ACR). Con esta iniciativa se busca fortalecer a las comunidades locales para que tomen el control en el cuidado y manejo sostenible de sus recursos naturales. El Proyecto también ha desarrollado propuestas técnicas y legales para el mantenimiento de los procesos ecológicos esenciales para la vitalidad de los ecosistemas amazónicos de la región Loreto.

Proyecto Apoyo al PROCREL
Calle Brasil 774
Iquitos, Loreto, Perú
51.65.607252 tel

Federación de Comunidades Nativas Maijuna

La Federación de Comunidades Nativas Maijuna (FECONAMAI) es una organización peruana sin fines de lucro establecida por los Maijuna en el año 2004, y registrada en 2007 en la Oficina Registral de Iquitos, Perú. FECONAMAI representa oficialmente a las cuatro comunidades Maijuna localizadas en la Amazonía peruana: Puerto Huamán y Nueva Vida, emplazadas en el río Yanayacu, San Pablo de Totoya (Totolla) en el río Algodón y Sucusari en el río Sucusari. La misión de la federación es (1) conservar la cultura Maijuna, (2) conservar el medioambiente y (3) mejorar la organización de la comunidad indígena Maijuna. FECONAMAI ha promovido y colaborado con una gran variedad de proyectos de conservación bicultural y de desarrollo sostenible dentro de los territorios Maijuna. La federación está solicitando actualmente la creación de un Área de Conservación Regional (ACR), la cual podría proteger legal- y formalmente las tierras ancestrales Maijuna, ya que los Maijuna sienten decididamente que la supervivencia de su gente, así como la preservación y mantenimiento de sus prácticas culturales, tradiciones únicas y estrategias tradicionales de subsistencia dependen de un ecosistema saludable, intacto y protegido.

Federación de Comunidades Nativas Maijuna
Comunidad Nativa de Puerto Huamán
Río Yanayacu, Distrito Napo
Maynas, Loreto, Perú
Frecuencia radiofónica 79.12 o 51.90 (indicativo 039),
8–10 am y 4–6 pm

Instituto de Investigaciones de la Amazonía Peruana

El Instituto de Investigaciones de la Amazonía Peruana (IIAP) es una institución pública de investigación y desarrollo tecnológico especializada en Amazonía, entre cuyos objetivos están la investigación, aprovechamiento sostenible y conservación de los recursos de la biodiversidad, con miras a promover el desarrollo de la población amazónica. Su sede principal está en Iquitos, y cuenta con oficinas en seis regiones con territorio amazónico. Además de investigar los posibles usos de especies promisorias y desarrollar tecnologías de cultivo, manejo y transformación de recursos de la biodiversidad, el IIAP está promoviendo activamente acciones orientadas al manejo y conservación de especies y ecosistemas, incluyendo la creación de áreas protegidas; también participa en los estudios necesarios para su sustentación. Actualmente cuenta con seis programas de investigación, enfocados en ecosistemas y recursos acuáticos, ecosistemas y recursos terrestres, zonificación ecológica económica y ordenamiento ambiental, biodiversidad amazónica en general, sociodiversidad amazónica y servicios de información sobre la biodiversidad.

Institutuo de Investigaciones de la Amazonía Peruana
Av. José A. Quiñónes km 2.5
Apartado Postal 784
Iquitos, Loreto, Perú
51.65.265515, 51.65.265516 tels, 51.65.265527 fax
www.iiap.org.pe

Herbario Amazonense de la Universidad Nacional de la Amazonía Peruana

El Herbario Amazonense (AMAZ) pertenece a la Universidad Nacional de la Amazonía Peruana (UNAP), situada en la ciudad de Iquitos, Perú. Fue creado en 1972 como una institución abocada a la educación e investigación de la flora amazónica. En él se preservan ejemplares representativos de la flora amazónica del Perú, considerada una de las más diversas del planeta. Además, cuenta con una serie de colecciones provenientes de otros países. Su amplia colección es un recurso que brinda información sobre clasificación, distribución, temporadas de floración y fructificación, y hábitats de los grupos vegetales como Pteridophyta, Gymnospermae y Angiospermae. Las colecciones permiten a estudiantes, docentes, e investigadores locales y extranjeros, disponer de material para sus actividades de enseñanza, aprendizaje, identificación e investigación de la flora. De esta manera, el Herbario Amazonense busca fomentar la conservación y divulgación de la flora amazónica.

Herbario Amazonense
Esquina Pevas con Nanay s/n
Iquitos, Perú
51.65.222649 tel
herbarium@dnet.com

Museo de Historia Natural de la Universidad Nacional Mayor de San Marcos

El Museo de Historia Natural, fundado en 1918, es la fuente principal de información sobre la flora y fauna del Perú. Su sala de exposiciones permanentes recibe visitas de cerca de 50,000 escolares por año, mientras sus colecciones científicas—de aproximadamente un millón y medio de especímenes de plantas, aves, mamíferos, peces, anfibios, reptiles, así como de fósiles y minerales—sirven como una base de referencia para cientos de tesistas e investigadores peruanos y extranjeros. La misión del museo es ser un núcleo de conservación, educación e investigación de la biodiversidad peruana, y difundir el mensaje, en el ámbito nacional e internacional, que el Perú es uno de los países con mayor diversidad de la Tierra y que el progreso económico dependerá de la conservación y uso sostenible de su riqueza natural. El museo forma parte de la Universidad Nacional Mayor de San Marcos, la cual fue fundada en 1551.

Museo de Historia Natural
Universidad Nacional Mayor de San Marcos
Avenida Arenales 1256
Lince, Lima 11, Perú
51.1.471.0117 tel
museohn.unmsm.edu.pe

Centro de Ornitología y Biodiversidad

El Centro de Ornitología y Biodiversidad (CORBIDI) fue creado en Lima en el año 2006 con el fin de desarrollar las ciencias naturales en el Perú. Como institución, se propone investigar y capacitar, así como crear condiciones para que otras personas e instituciones puedan llevar a cabo investigaciones sobre la biodiversidad peruana. CORBIDI tiene como misión incentivar la práctica de conservación responsable que ayude a garantizar el mantenimiento de la extraordinaria diversidad natural del Perú. También, prepara y apoya a peruanos para que se desarrollen en la rama de las ciencias naturales. Asimismo, CORBIDI asesora a otras instituciones, incluyendo gubernamentales, en políticas relacionadas con el conocimiento, la conservación y el uso de la diversidad en el Perú. Actualmente, la institución cuenta con tres divisiones: ornitología, mastozoología y herpetología.

Centro de Ornitología y Biodiversidad
Calle Santa Rita 105, oficina 202
Urb. Huertos de San Antonio
Surco, Lima 33, Perú
51.1. 344.1701 tel
www.corbidi.org

AGRADECIMIENTOS

En julio de 2009, The Field Museum fue invitado al Cuarto Congreso Anual de los Maijuna, una reunión que se realiza anualmente con las cuatro comunidades Maijuna. Durante tres días, no sólo escuchamos canciones Maijuna e historias, sino también discusiones profundas sobre una amenaza inminente: una carretera propuesta que segmentaría las tierras donde viven, pescan, cazan y cosechan los Maijuna. Presentamos el programa de inventarios rápidos de The Field Museum, y cómo hemos reunido los conocimientos científicos del museo y el conocimiento tradicional para plantear un caso para la importancia biológica y cultural de la zona. En conjunto, estas historias compartidas y las experiencias fueron el catalizador para el inventario rápido que se realizó cuatro meses más tarde. Nunca antes habíamos organizado un inventario tan rápidamente.

En primer lugar, nos gustaría expresar nuestro profundo agradecimiento al pueblo Maijuna, especialmente a la Federación de Comunidades Nativas Maijuna (FECONAMAI), a todos nuestros guías Maijuna y a las contrapartes y comunidades de Puerto Huamán y Nueva Vida (Río Yanayacu), Sucusari (Río Sucusari) y San Pablo de Totolla (Río Algodón).

Estamos profundamente agradecidos a Iván Vásquez Valera, Presidente Regional de Loreto, cuyo sólido compromiso para la conservación regional ha sido un ejemplo para otros en el Perú y el resto de América del Sur.

Agradecemos también al Gobierno Regional de Loreto, a la Gerencia de Medio Ambiente y Recursos Naturales, el Programa de Conservación, Gestión y Uso Sostenible de la Diversidad Biológica de Loreto, y en particular, a Luis Benites por su compromiso con las áreas protegidas y el medio ambiente.

Nuestro profundo agradecimiento va también a la Dirección General de Flora y Fauna Silvestre, Ministerio de Agricultura, por su apoyo en el proceso de los permisos. Nos gustaría extender un reconocimiento especial a Nélida Barbagelata, Elisa Ruiz, Jean Pierre Araujo y Karina Ramírez.

Durante todo el inventario, Silvia Usuriaga, Directora Ejecutiva del Proyecto de Apoyo al PROCREL (PAP) desempeñó un papel fundamental. Nos gustaría expresarle a ella y al PAP nuestro más profundo agradecimiento, ya que sin ellos este inventario no hubiera sido posible. Además, nos gustaría expresar nuestro más sincero agradecimiento a Silvia Usuriaga, Cristina López Wong y Pepe Álvarez por su aportación indispensable durante los dos días que pasamos juntos tratando de recopilar las recomendaciones en el río Sucusari.

La logística siempre es una fase muy intensa y difícil de los inventarios. Este inventario en particular no fue la excepción, y demandó un reconocimiento muy extenso ya que el transporte fue en su totalidad por bote y a pie. Sin la participación crítica de ciertos individuos antes, durante y después del inventario, todo el esfuerzo hubiera sido imposible. Álvaro del Campo quiere expresar su sincera gratitud a Italo Mesones y a Guillermo Knell, que como de costumbre se encargaron hábilmente de los equipos de avanzada en Curupa y Piedras, al igual que en el punto intermedio en la Quebrada Chino. Gonzalo Bullard y Pepe Rojas proporcionaron apoyo logístico durante las diferentes fases de reconocimiento del inventario; Pepe también contribuyó con importantes avistamientos de aves para la lista final.

Nos gustaría darle las gracias a Cristina López Wong y a Natali Pinedo Liao por toda la invaluable coordinación que realizaron con las comunidades Maijuna, especialmente durante el Cuarto Congreso Maijuna, la logística de avanzada para el inventario, y para la presentación de los resultados de nuestra investigación. Cristina supervisó toda la logística de los víveres y equipo para los equipos de avanzada y para el inventario rápido. Además, Pamela Montero y Franco Rojas ya habían establecido una gran parte de las bases para el inventario con su trabajo con las comunidades Maijuna. Rafael Sáenz diseñó fabulosos mapas del área de conservación regional propuesta.

Nuestros equipos de avanzada merecen un enorme crédito por el éxito del inventario; el esfuerzo de los pobladores Maijuna demuestra el profundo compromiso que tienen con la protección y la gestión de estas tierras. Estamos profundamente agradecidos a Jorge Alva, Emiliano Arista, Danike Baca, Linder Baca, Romario Baca, Vidal Dahua, Lizardo Gonzales, Clever Jipa, Gervasio López, Leifer López, Walter López, Julio Machoa, Oré Mosoline, Alberto Mosoline, Jaro Mosoline, Liberato Mosoline, Felipe Navarro, Julissa Peterman, Elmer Reátegui, Abilio Ríos, Duglas Ríos, Ederson Ríos, Emerson Ríos, Lambert Ríos, Reigan Ríos, Romero Ríos, Sebastián Ríos, Segundo Ríos, Ulderico Ríos, Wilson Ríos, Johhny Ruiz, Roberto Salazar, Laurencio Sánchez, Marcos Sánchez, Pablo Sanda, Mauricio Shiguango, David Tamayo, Grapulio Tamayo, Jackson Tamayo, Lisder Tamayo, Johny Tang, Casimiro Tangoa, Guillermo Tangoa,

Lucía Tangoa, Román Tangoa, Rusber Tangoa, Edwin Tapullima, Román Taricuarima, Carlos Yumbo e Iván Yumbo.

Agradecemos enormemente a nuestros excelentes cocineros, Bella Flor Mosquera y a su asistente Julio Vilca T., por sus fantásticos platillos preparados en su cocina en el campo.

A Robin Foster y a los otros miembros del equipo de botánica les gustaría expresar su agradecimiento a las siguientes personas que ayudaron con la identificación de los especímenes de plantas: Henrik Balslev (Aarhus Universitet, Dinamarca), Francis Kahn (IRD, Francia), Jacquelyn Kallunki, Michael Nee, James Miller y Douglas Daly (New York Botanical Garden), Raymond Jerome (Heliconia Society), W. John Kress y Kenneth Wurdack (Smithsonian Institution), Paul Berry (University of Michigan), M. Beatriz Rossi Caruzo (Universidade de São Paulo, Brasil), M. Lucia Kawasaki (The Field Museum), Hans-Joachim Esser (Botanische Staatssammlung Munich, Alemania), Adolfo Jara (Instituto de Ciencias Naturales, Bogotá, Colombia), Bertil Stahl (Universidad de Gotland [Högskolan på Gotland], Suecia), Irayda Salinas (Museo de Historia Natural, Lima, Perú), David Johnson (Ohio Wesleyan University), Paul Fine (University of California, Berkeley), y Terry Pennington (Kew Gardens, Londres). Isau Huamantupa agradece al herbario (CUZ) de la Universidad Nacional San Antonio Abad del Cusco, por el uso de su base de datos para la identificación de los especímenes de plantas. Roosevelt García le da las gracias a Marcos Sánchez (San Pablo de Totolla), Felipe Navarro (Sucusari), Duglas Ríos (Sucusari) y a Mario Pariona (The Field Museum) por su valiosa ayuda durante el inventario.

Por su apoyo en el campo, Rudolf von May y Pablo Venegas están en deuda con sus colegas Maijuna Lizardo González, Edwin Tapullima, Gervasio López, Liberato Mosoline, Marcos Sánchez, y Leifer López. Además, les dan las gracias a Ariadne Angulo (UICN), Ronald Heyer (Smithsonian Institution), William Duellman (University of Kansas), Jason Brown (Duke University), Evan Twomey (East Carolina University), y Walter Schargel (University of Texas, Austin) por su ayuda con la clave de identificación de especies. César Aguilar (Museo de Historia Natural, Universidad Nacional Mayor de San Marcos), Giussepe Gagliardi (Museo de Zoología de la Universidad Nacional de la Amazonía Peruana), y el Centro de Ornitología y Diversidad (CORBIDI) gentilmente facilitaron la conservación de los especímenes.

Juan Díaz quisiera agradecerle a Lars Pomara la información crítica que proporcionó para la especie nueva de hormiguerito que abundaba en la zona.

Adriana Bravo quisiera darle las gracias a Liberato Mosoline, Sebastián Ríos y a Marcos Sánchez de Nueva Vida, Sucusari y San Pablo de Totolla, respectivamente, quienes ayudaron a traducir los nombres de los mamíferos a Maijuna. Además, Marcos, Sebastián y Michael Gilmore compartieron información clave sobre la historia natural de mamíferos registrados en el área del río Algodón.

Alberto Chirif, quien dirigió el inventario socio-económico, desea expresar su más profunda gratitud a todos los Maijuna que compartieron su tiempo, conocimiento, experiencia, y hospitalidad. Rusber Tangoa, vicepresidente de FECONAMAI, participó en todo el proceso de evaluación social. La bióloga Natali Pinedo y la estudiante de biología Ana Puerta, voluntaria en el Proyecto Apoyo al PROCREL, fueron críticas en todo el proceso, especialmente con la elaboración de los mapas participativos. Además, la riqueza de información de Michael Gilmore nos ayudó a aclarar diferentes aspectos de la vida en las comunidades Maijuna.

Michael Gilmore quisiera agradecerle al pueblo Maijuna por su interés en colaborar en este proyecto, su apoyo incondicional y trabajo arduo durante todo el proceso. En especial quisiera darle las gracias a Sebastián Ríos Ochoa (Masiguidi Dei Oyo) por su amistad, consejos y ayuda durante todos los aspectos de la investigación de campo. La investigación fue realizada con la aprobación de la Federación de Comunidades Nativas Maijuna (FECONAMAI), las comunidades Maijuna de Sucusari, Nueva Vida, Puerto Huamán y San Pablo de Totoya (Totolla), al Comité sobre el Uso de Sujetos Humanos en la Investigación de la Universidad de Miami y a la Universidad George Mason para su Junta de Revisión de Sujetos Humanos. El apoyo financiero para su trabajo con los Maijuna durante los últimos diez años fue proporcionado por la Universidad George Mason, la Fundación Rufford para Pequeñas Donaciones, el Programa de Ecología Vegetal Aplicada de la Sociedad Zoológica de San Diego, la National Science Foundation, la Fundación Caritativa Elizabeth Herrera Wakeman, el Conservatorio y Jardín Botánico Phipps (Botánica en Acción) y el Herbario Turrell Sherman Willard, Departamento de Botánica, y el Fondo de Stevenson de la Universidad de Miami. Michael también quiere extender su agradecimiento a Hardy Eshbaugh, Adolfo Greenberg y Sebastián Ríos, y a un sinnúmero de otros pobladores mayores Maijuna y profesores por su contribución intelectual. Un agradecimiento muy especial a Jyl Lapachin por todo su apoyo, ayuda, inspiración y aliento durante todo este proyecto de investigación.

John O' Neill nos permitió usar su hermosa pintura del Tucán de Garganta Blanca para las camisetas. Julio Vilca L., su hijo Julio Vilca T., y Transportes VITE se hicieron cargo de toda la logística fluvial para la expedición. Jorge Pinedo de Alas del Oriente fue el piloto de nuestro fantástico vuelo sobre las tierras Maijuna. Pam Bucur de Explorama Lodges, Marcos Oversluijs de CONAPAC y todo el personal del ExplorNapo Lodge nos hicieron sentir como en casa durante nuestra corta estancia en Sucusari. Patricia y Cecilia del Hotel Marañón nos ayudaron a resolver problemas durante nuestra estadía en Iquitos. Diego Celis Lechuga y el Vicariato Apostólico de Iquitos nos brindaron un lugar muy tranquilo y confortable, como de costumbre, para escribir nuestro informe. También queremos dar las gracias a North American Float Plane Service, Hotel Doral Inn, Chu Serigrafía y Confecciones y a la Clínica Adventista Ana Stahl.

Asimismo, en la en la oficina de CIMA en Lima, Jorge Luis Martínez hizo lo imposible para ayudarnos a obtener el permiso de investigación justo a tiempo. Jorge "Coqui" Aliaga, Lotty Castro, Yesenia Huamán, Alberto Asín, Tatiana Pequeño y Manuel Vásquez, nos ayudaron con diversos asuntos administrativas y contables antes, durante y después del inventario. Estamos profundamente agradecidos a todos ellos.

Jonathan Markel preparó excelentes mapas, para el grupo de avanzada, el equipo de inventario y para el informe final. Además, su ayuda en general fue increíble durante el proceso de escribir y para la presentación. Como siempre, el papel de Tyana Wachter en el inventario fue crítico, siempre resolviendo problemas desde Chicago, Lima e Iquitos. Tyana, y Doug Stotz, leyeron cuidadosamente y corrigieron partes del manuscrito, detectando numerosos errores no percibidos por nosotros. Rob McMillan y Mikel Herzog fueron igualmente eficientes resolviendo los problemas desde Chicago.

Los fondos para este inventario fueron proporcionados gracias al generoso apoyo de Gordon and Betty Moore Foundation, The Boeing Company, Exelon Corporation y The Field Museum.

La meta de los inventarios rápidos—biológicos y sociales—es de catalizar acciones efectivas para la conservación en regiones amenazadas, las cuales tienen una alta riqueza y singularidad biológica.

Metodología

En los inventarios biológicos rápidos, el equipo científico se concentra principalmente en los grupos de organismos que sirven como buenos indicadores del tipo y condición de hábitat, y que pueden ser inventariados rápidamente y con precisión. Estos inventarios no buscan producir una lista completa de los organismos presentes. Más bien, usan un método integrado y rápido (1) para identificar comunidades biológicas importantes en el sitio o región de interés y (2) para determinar si estas comunidades son de excepcional y de alta prioridad en el ámbito regional o mundial.

En los inventarios rápidos de recursos y fortalezas culturales y sociales, científicos y comunidades trabajan juntos para identificar el patrón de organización social y las oportunidades de colaboración y capacitación. Los equipos usan observaciones de los participantes y entrevistas semi-estructuradas para evaluar rápidamente las fortalezas de las comunidades locales que servirán de punto de partida para programas extensos de conservación.

Los científicos locales son clave para el equipo de campo. La experiencia de estos expertos es particularmente crítica para entender las áreas donde previamente ha habido poca o ninguna exploración científica. A partir del inventario, la investigación y protección de las comunidades naturales y el compromiso de las organizaciones y las fortalezas sociales ya existentes, dependen de las iniciativas de los científicos y conservacionistas locales.

Una vez terminado el inventario rápido (por lo general en un mes), los equipos transmiten la información recopilada a las autoridades locales y nacionales, responsables de las decisiones, quienes pueden fijar las prioridades y los lineamientos para las acciones de conservación en el país anfitrión.

RESUMEN EJECUTIVO

Fechas del trabajo de campo	Equipo biológico: 14–31 de octubre de 2009 Equipo socioeconómico: 11–24 de julio de 2009
Región	Parte del territorio ancestral de los indígenas Maijuna. Selva amazónica en el noreste del Perú, en el interfluvio entre los ríos Napo y Putumayo, donde 336,089 hectáreas han sido solicitadas por las cuatro comunidades Maijuna y su Federación como el Área de Conservación Regional (ACR) Maijuna. El área se encuentra 60 kilómetros al norte de Iquitos y colinda con la propuesta ACR Ampiyacu-Apayacu en el este, comunidades distribuidas a lo largo del río Napo en el sur y oeste y el río Algodón en el norte (Fig. 2A).
Sitios muestreados	El equipo biológico visitó dos sitios: Curupa (en el río Yanayacu, en la cuenca del Napo) y Piedras (en el río Algodoncillo en la cuenca del Putumayo). Además, los biólogos pasaron dos noches en ExplorNapo Lodge en el río Sucusari, una de las áreas más estudiadas en la Amazonía peruana y aledaña a la propuesta Área de Conservación Regional Maijuna. Curupa, 15–19 de octubre de 2009 Piedras, 20–27 de octubre de 2009 Sucusari (ExplorNapo), 29–31 de octubre de 2009 Del 11 al 24 de julio de 2009, el equipo socio-económico encuestó a 24 comunidades, casi todas en la cuenca del Napo y sólo una (San Pablo de Totolla) en el río Algodón, parte del drenaje del río Putumayo: Copalillo, Cruz de Plata, Huamán Urco, Morón Isla, Nueva Argelia, Nueva Floresta, Nueva Florida, Nueva Libertad, Nueva Unión, Nueva Vida, Nuevo Leguízamo, Nuevo Oriente, Nuevo San Antonio de Lancha Poza, Nuevo San Juan, Nuevo San Román, Nuevo San Roque, Puerto Arica, Puerto Huamán, San Francisco de Buen Paso, San Francisco de Pinsha, San Pablo de Totolla, Sucusari, Tutapishco y Vencedores de Zapote. Además, los científicos sociales participaron durante tres días en el IV Congreso Maijuna en Sucusari, en la reunión anual de las cuatro comunidades Maijuna (Sucusari, Nueva Vida, Puerto Huamán y San Pablo de Totolla).
Enfoques biológicos	Vegetación y plantas, peces, anfibios y reptiles, aves, mamíferos grandes y murciélagos
Enfoques sociales	Infraestructura, demografía, y prácticas de uso y manejo de recursos
Resultados biológicos principales	Pronunciadas gradientes caracterizan la propuesta ACR Maijuna. En la parte sur, en la cuenca del Yanayacu, existen colinas bajas con suelos de fertilidad intermedia con evidencia clara y reciente de caza intensiva y tala selectiva. En el norte, en la cuenca del Algodoncillo, existen terrazas altas y planas con suelos de baja fertilidad y una flora y fauna intacta. Esta variación se manifiesta a muy pequeña escala. Menos de 20 kilómetros separan los dos sitios muestreados, y menos de 120 metros separan

los puntos más altos y bajos en el paisaje. Sin embargo, los resultados son radicales, con las gradientes de suelos y topografía creando condiciones propicias para una alta diversidad en todos los grupos:

Especies registradas en el inventario				Especies estimadas para el ACR Maijuna
	Curupa	Piedras	Total	
Plantas	~500	~530	~800	2,500
Peces	85	73	132*	240
Anfibios	40	55	66*	80
Reptiles	28	23	42*	80
Aves	270	267	364	500
Mamíferos medianos y grandes	22	28	32	59**

* Incluyen registros de un día de muestreo alrededor de ExplorNapo Lodge en el río Sucusari.
** No incluye 10 especies de murciélagos registrados durante el inventario.

Vegetación

Identificamos cinco tipos de vegetación en el área: (1) bosques de quebrada, (2) bosques de bajial, (3) aguajales, (4) bosques de colinas bajas y (5) bosques de terrazas altas y planas (Fig. 2B). El tipo de vegetación más extenso en el área correspondió al bosque de colinas bajas. Nuestro hallazgo más inesperado fue el de las terrazas altas en la cuenca del Putumayo, un tipo de vegetación que ninguno de los botánicos había visto antes. En las partes más extremas, el suelo de este bosque posee un colchón de aproximadamente 10 centímetros de espesor, compuesto de materia orgánica y raicillas. Su flora, con especies características de suelos pobres en nutrientes, es completamente diferente a la de los otros hábitats muestreados y podría albergar varias especies nuevas para la ciencia. Algunas de las terrazas están completamente dominadas por *Clathrotropis macrocarpa* (Fabaceae, Fig. 3C), una especie conocida del drenaje del río Caquetá en Colombia. Las otras familias dominantes—Chrysobalanaceae, Sapotaceae y Lecythidaceae—son típicas de suelos con baja fertilidad, como los que se encuentran por el Alto Nanay, Jenaro Herrera y Sierra del Divisor. Nuestra hipótesis es que las terrazas podrían estar relacionadas al levantamiento geológico conocido como el Arco de Iquitos, creando un archipiélago desde Güeppí hasta Ampiyacu. Hacia el sureste (cuenca del Napo), encontramos un bosque de aproximadamente 1,500 hectáreas dominado por *Cecropia sciadophylla* (Cecropiaceae), representando una purma natural que se originó después que un fuerte viento azotó la zona 20–30 años atrás (Fig. 3B).

Flora

Los botánicos registraron aproximadamente 800 especies y estiman aproximadamente 2,500 especies para el área. La diversidad edáfica y topográfica del área sostiene floras distintas, con menos de 40% de las especies compartidas entre los dos sitios evaluados. Encontramos docenas de nuevos registros para el Perú y tres especies nuevas para la ciencia: (1) un arbolito con marcadas brácteas de *Eugenia* (Myrtaceae, Fig. 4H),

Flora (continuación)	(2) un árbol con grandes flores blancas y cálices peludos de *Calycorectes* (Myrtaceae, Fig. 4N) y (3) un arbusto con extrañas brácteas rojas de *Dilkea* (Passifloraceae, Fig. 4B). El área representa una gradiente de fertilidad en el suelo, desde las terrazas altas de suelos arcillosos pobres en el norte—con poblaciones saludables de dos especies maderables importantes, el tornillo (*Cedrelinga cateniformis*) y la marupá (*Simarouba amara*)—hasta colinas bajas con suelos arcillosos más fértiles en el sur, desde donde se han extraído selectivamente gran cantidad de cedro (*Cedrela odorata*), cumala (*Virola pavanis, V. elongata, Otoba glycicarpa, O. parrifolia*), y lupuna (*Ceiba pentandra*).
Peces	Los ictiólogos encontraron 132 especies y estiman cerca de 240 para el área. La mayoría (60%–80%) de especies habita casi exclusivamente en bosques de nacientes o cabeceras y cuyo reducido tamaño es probablemente una adaptación a estos hábitats: casi todas las especies registradas son menores de 10 cm en el estadío adulto o maduro. Estas especies dependen de lo que el bosque provee como alimento—semillas, frutos, artrópodos terrestres, restos vegetales—por lo que conforman un ecosistema altamente sensible a los cambios drásticos. En estas cabeceras viven bagres (Heptapteridae) indicadores de buena calidad de agua y encontramos una especie de bagre del género *Bunocephalus* (Fig. 5E) que es posiblemente nueva para la ciencia, así como una *Pseudocetopsorhamdia* que aún no ha sido descrita. Encontramos tres especies que son nuevos registros para el Perú (Figs. 5G–J) y ampliaciones de rango de por lo menos dos especies. Encontramos unas 53 especies de valor ornamental. También observamos peces de importancia para consumo (sábalos, lisas) con abundancias relativamente altas en el norte del área y que entran en esta zona de cabeceras en busca de alimento y probablemente con fines reproductivos. La similitud en las dos cuencas muestreadas fue de sólo un 27% de las especies.
Anfibios y reptiles	Los herpetólogos encontraron 108 especies, de las cuales 66 son anfibios y 42 son reptiles. Estimamos un total de 160 especies (80 anfibios y 80 reptiles) para la región. De las especies encontradas, 28 (21 anfibios y 7 reptiles) tienen distribución restringida a la región noroeste de la Amazonía que comprende Loreto, Ecuador, el sur de Colombia y el extremo noroeste de Brasil. Registramos dos especies amenazadas según la UICN e incluidas en la categoría Vulnerable, la rana arlequín (*Atelopus spumarius*, Fig. 6D) y la tortuga terrestre, conocida como motelo (*Chelonoidis denticulata*, Fig. 6N). Adicionalmente, registramos una especie de caimán de frente lisa (*Paleosuchus trigonatus*, Fig. 6M), categorizada como Casi Amenazada según la ley peruana. Otros hallazgos importantes incluyen una especie de rana del género *Pristimantis* que posiblemente sea nueva y el segundo registro para Perú de la rana arbórea *Osteocephalus fuscifascies* (Fig. 6L, con una extensión de más de 300 kilómetros al sur en su rango de distribución). En áreas con menor perturbación y cercanas a cabeceras de cuenca encontramos una mayor diversidad de anfibios, incluyendo especies cuyas poblaciones usan quebradas con aguas claras y fondo arenoso para reproducción (p. ej., la rana arlequín *Atelopus spumarius* y la rana de

	vidrio *Cochranella midas*). La protección de estas áreas no sólo asegurará la conservación de estas especies, sino también la calidad del agua en esas cuencas.
Aves	Los ornitólogos registraron 364 especies de las 500 que estiman para la región. La avifauna es diversa, típica de la región noroeste de la Amazonía y muy semejante a la encontrada en la región aledaña en las cuencas Apayacu, Ampiyacu y Yaguas. Una singularidad fue el grupo de aves registradas exclusivamente en las terrazas altas, en la cuenca del Putumayo: *Lophotriccus galeatus, Percnostola rufifrons, Neopipo cinnamomea* y *Herpsilochmus* sp. El *Herpsilochmus* (cf. Fig. 7G), que registramos en cada colina, fue recientemente descubierto en el río Ampiyacu y actualmente está siendo descrita como una especie nueva para la ciencia. Nuestro registro es solamente el segundo para esta especie. El número de bandadas mixtas del sotobosque fue inusualmente bajo en el área de Yanayacu, probablemente debido a la alteración de la estructura del sotobosque causada por la tala de madera. Registramos la ampliación de rango al este del río Napo para dos especies: *Neopipo cinnamomea* y *Platyrinchos platyrynchos.* Además registramos varias especies con rango restringido: 6 especies endémicas de la Amazonía noroccidental y 12 especies adicionales presentes sólo al norte del río Amazonas en el Perú. Aves de caza, especialmente paujiles (*Nothocrax urumutum* y *Mitu salvini*, Fig. 7H) y trompeteros (*Psophia crepitans*), son un importante objeto de conservación, especialmente en el sur del área.
Mamíferos medianos y grandes	La riqueza de especies de mamíferos medianos y grandes es alta en el área evaluada. Registramos un total de 32 especies de 59 esperadas. Sin embargo, las abundancias de los mamíferos de caza fueron bajas en el sur del área, donde intensa cacería. Por ejemplo, el mono choro, *Lagothrix lagotricha*, ha desaparecido de áreas a lo largo de la Quebrada Yanayacu donde en la última década la cacería y pesca eran intensivas. Los otros primates, incluyendo los pocos grupos observados del mono huapo, *Pithecia monachus*, se mostraron muy asustadizos ante nuestra presencia. Contrario a lo esperado, y casi ciertamente debido al impacto de la cacería, la calidad de los suelos no predice las abundancias de mamíferos. En el área del río Algodoncillo y en las colinas (cabeceras) donde los suelos son arcillosos y pobres en nutrientes, encontramos mayores abundancias de primates grandes (*L. lagotricha* y *P. monachus*) y ungulados. Esta diferencia puede explicarse por la accesibilidad limitada a esta zona para la extracción maderera y la práctica de cacería de subsistencia. Registramos también otorongo (*Panthera onca*, Fig. 8B), un depredador tope, y especies raras como el perro de monte, *Atelocynus microtis*, el oso hormiguero bandera, *Myrmecophaga tridactyla* y un individuo de delfín gris (*Sotalia fluviatalis*) en el río Algodoncillo.
Comunidades humanas	Las cuatro comunidades Maijuna en el área, organizadas en la Federación de Comunidades Nativas Maijuna (FECONAMAI), impulsan la creación del Área de Conservación Regional. Se trata de un área bien conocida por ellas, dado que constituye

Comunidades humanas (continuación)

parte de su territorio ancestral. En el área de influencia existen además comunidades nativas, comunidades campesinas y caseríos de identidad quechua y mestiza. Todos estos asentamientos cuentan con escuelas primarias y algunos con colegios secundarios. En la zona existe una cobertura de salud amplia. La creación de la ACR aseguraría a las comunidades Maijuna y a otras del entorno el acceso a recursos de la biodiversidad que, de ser bien manejados, les asegurarían bienestar. La gran fortaleza de la propuesta ACR es el hecho de que ésta haya sido promovida por las cuatro comunidades Maijuna, que consideran necesario proteger el bosque para su supervivencia cultural y económica a largo plazo.

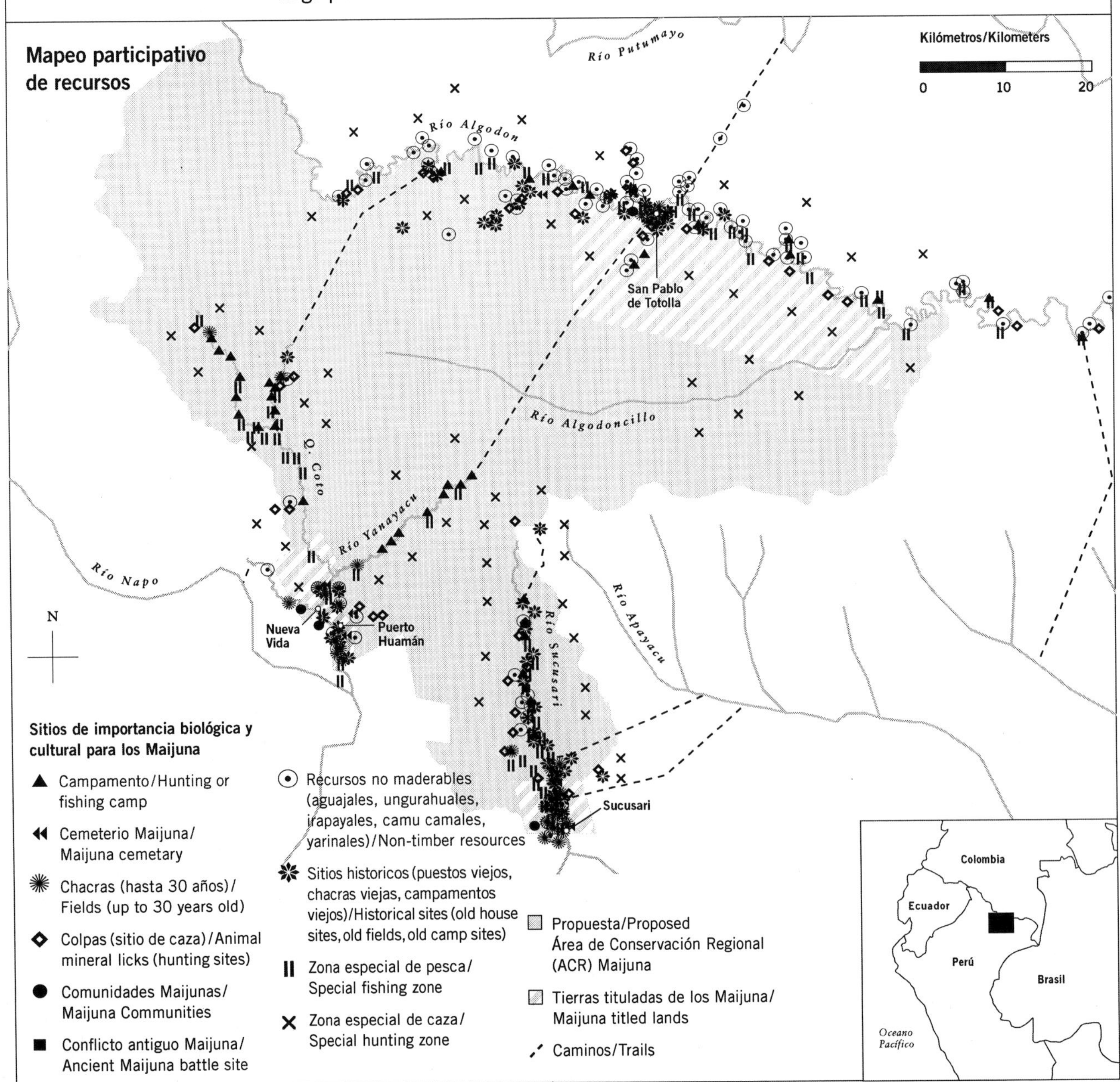

En colaboración con las cuatro comunidades Maijuna, M. Gilmore realizó un mapeo participativo que resultó en la identificación y ubicación de las coordenadas geográficas de más de 900 sitios con significancia biológica y/o cultural para ellos. El mapa demuestra que los Maijuna tienen un amplio conocimiento de los recursos en su territorio. Además, el mapa revela que los Maijuna raramente usan las áreas en el corazón de la propuesta ACR Maijuna, las cuales servirán no solamente para proteger las terrazas altas y planas y las cabeceras frágiles, sino también servirán como una fuente importante para la reproducción y conservación de especies de plantas y animales con importancia ecológica, económica y cultural para ellos.

Fortalezas principales para la conservación

Biológicas

01 Las terrazas altas (Figs. 2B, 3C), un hábitat previamente desconocido que alberga una flora única, nuevas especies, nuevos registros y endemismos

02 Extensiones de bosques altamente diversos y aún intactos, con una heterogeneidad de hábitats y suelos representando gran parte de la riqueza loretana

03 Cabeceras intactas de siete ríos que forman parte de dos grandes cuencas amazónicas (Napo y Putumayo)

Culturales

01 Territorio ancestral Maijuna y los conocimientos tradicionales Maijuna del área

02 Liderazgo por parte de las cuatro comunidades Maijuna en su trabajo para crear un Área de Conservación Regional (ACR)

03 La FECONAMAI y sus objetivos de mantener la identidad cultural, conservar los recursos naturales y fortalecer vínculos entre las comunidades Maijuna que asegurarán la implementación exitosa del ACR

Regionales

01 Visión establecida de conservación en el ámbito regional de Loreto y una ordenanza regional para proteger cabeceras

02 Un modelo participativo exitoso para Áreas de Conservación Regional en Loreto e institucionalidad para promoverlas

03 Junto con la propuesta ACR Ampiyacu-Apayacu, la propuesta ACR Maijuna formaría un corredor de sostenibilidad al norte del Napo.

RESUMEN EJECUTIVO

Objetos de conservación principales	01 Las terrazas altas, un tipo de hábitat previamente desconocido en la Amazonía peruana 02 Cabeceras intactas y su conectividad con las partes bajas de los ríos (importante para la reproducción de peces y la salud de la cuenca) 03 Animales y plantas de uso y consumo (aguaje y otros productos forestales no maderables, mamíferos grandes, aves, motelo, paiche, arahuana) 04 Poblaciones de especies amenazadas (UICN e INRENA) 05 Conocimiento tradicional ecológico de los Maijuna, sus prácticas tradicionales y culturales de usos compatibles con la conservación de recursos naturales y el idioma Maijuna 06 Especies (plantas medicinales, animales) y hábitats (irapayales, yarinales, aguajales) tradicionalmente importantes para los Maijuna
Amenazas principales	01 Propuesta de carretera de Bellavista a El Estrecho, con una franja de 5 kilómetros de desarrollo a cada lado del eje vial (Fig. 11A) 02 Tala ilegal de madera 03 Lotes de hidrocarburos
Recomendaciones principales	01 Crear el Área de Conservación Regional (ACR) Maijuna. ▪ Actuar sobre la iniciativa de las comunidades Maijuna y la visión de conservación del GOREL creando el ACR Maijuna (336,089 hectáreas), parte de la cual protegerá el territorio ancestral Maijuna y sus altos valores culturales y biológicos. 02 Detener las amenazas principales al ACR Maijuna ▪ Dados los importantes valores culturales y biológicos del área, la visión de conservación ya establecida por el PROCREL, y la ordenanza regional de protección de cabeceras, **replantear el proyecto de carretera Bellavista-Mazán-El Estrecho y buscar alternativas más viables.** ▪ **Detener la tala ilegal de madera en el ACR Maijuna**, fortaleciendo y respaldando el sistema ya desarrollado por los Maijuna vía FECONAMAI. ▪ Antes de permitir la extracción de hidrocarburos del ACR Maijuna, **exigir que las empresas desarrollen e implementen prácticas que minimicen impactos y que permitan un monitoreo independiente de estos impactos.**

03 Implementar el ACR Maijuna

- **Desarrollar e implementar un plan de manejo que se enfoque prioritariamente en los objetos de conservación biológicos y culturales** (incluyendo refugios de especies ya extintas en otras partes de Loreto) **y un plan de monitoreo** que permita afinar y ajustar las estrategias de manejo.
- **Establecer un sistema participativo de patrullaje,** enfocado en los puntos de acceso más vulnerables.
- Determinar un rango de usos compatibles de recursos naturales y desarrollar un plan de manejo para cada uno de esos recursos.
- **Promover alianzas estratégicas para la sostenibilidad** (biológica, cultural, y financiera) **del ACR a largo plazo.**

04 Fortalecer la capacidad y cultura tradicional Maijuna para una implementación exitosa del ACR.

¿Por qué el ACR Maijuna?

Extendiéndose entre las cuencas del Napo y el Putumayo—dos de los ríos más grandes de la Amazonía peruana—una vasta selva alberga una muestra completa de la megadiversidad típica de la Amazonía occidental, y sirve como una fuente vital de flora y fauna para los pobladores Maijuna. Hacia el norte y sur se encuentran cuatro comunidades Maijuna, cuyos residentes viven, cazan, pescan y recolectan en este bloque de 336,089 hectáreas de bosques.

Este es parte del territorio ancestral de los Maijuna; el destino de estos bosques y el de los Maijuna están fuertemente vinculados. Para asegurar tanto la diversidad biológica como sus tradiciones culturales a largo plazo, los Maijuna proponen un Área de Conservación Regional. Siendo un exitoso modelo de conservación en Loreto, las áreas de conservación regional enfatizan la importancia de la gestión participativa, los usos económicos compatibles con la conservación y el manejo adaptativo.

La propuesta área de conservación protegería una nueva joya en Loreto: un complejo de terrazas altas amazónicas—un hábitat desconocido hasta nuestro inventario—que resguarda especies nuevas, raras y especializadas de flora y fauna. Diferentes tipos de suelo subyacen estas terrazas junto a las partes más bajas del bosque, y dan origen a siete cuencas cuyas aguas abastecen a la flora y fauna del área, así como a sus residentes humanos.

La amenaza más inminente es una carretera propuesta que segaría el área en dos, resquebrajando así su balance ecológico y cultural. Históricamente, las carreteras en la Amazonía en su mayoría no han sido rentables. Y la destrucción de los hábitats, tanto por la construcción de la carretera en sí como por los impactos asociados como la colonización y la subsecuente deforestación, es irreversible. En marcado contraste, una protección formal de este paisaje boscoso como Área de Conservación Regional Maijuna aseguraría la integridad de las cuencas, agua limpia y la continuidad de los procesos ecológicos y evolutivos a largo plazo. Esta nueva área de conservación podría garantizar también la base de la vida y cultura para los Maijuna, así como para los otros residentes de las cuencas del Napo y Putumayo.

FIG. 1 Los Maijuna están comprometidos en mantener la integridad de sus bosques, aguas y modo de vida. / The Maijuna are committed to sustaining the integrity of their forests, waters, and way of life.

PERÚ: Maijuna

FIG. 2A Nuestro inventario centró en la selva amazónica en el norte del Perú, en el interfluvio entre los ríos Napo y Putumayo. El equipo biológico exploró dos sitios principales, Curupa en el drenaje del Napo y Piedras en el drenaje del Putumayo, además de dos sitios menores en el camino entre ambos. Los científicos sociales visitaron 24 comunidades, incluyendo las 4 comunidades Maijuna que iniciaron el proceso de crear un Área de Conservación Regional./ Our inventory focused on the Amazonian lowlands in northern Peru, in the interfluvium between the Napo and Putumayo rivers. The biological team surveyed two main sites, Curupa in the Napo drainage and Piedras in the Putumayo drainage, and two minor sites on the walk between the two. Our social scientists visited 24 communities, including the 4 Maijuna communities that initiated the process to create a regional conservation area.

Sitios del inventario social/ Social inventory sites

- Comunidad nativa/ Indigenous community
- Comunidad no-nativa/ Non-indigenous community
- Comunidades de origen desconocido/Communities of unknown origin

Sitios del inventario biológico/ Biological inventory sites

- Cu: Curupa, Pi: Piedras, Li: Limón, Ch: Chino

- Propuesta/Proposed Área de Conservación Regional (ACR) Maijuna
- Tierras tituladas de los Maijuna/ Maijuna titled lands
- Propuesta/Proposed ACR Ampiyacu-Apayacu
- Frontera internacional/ International border

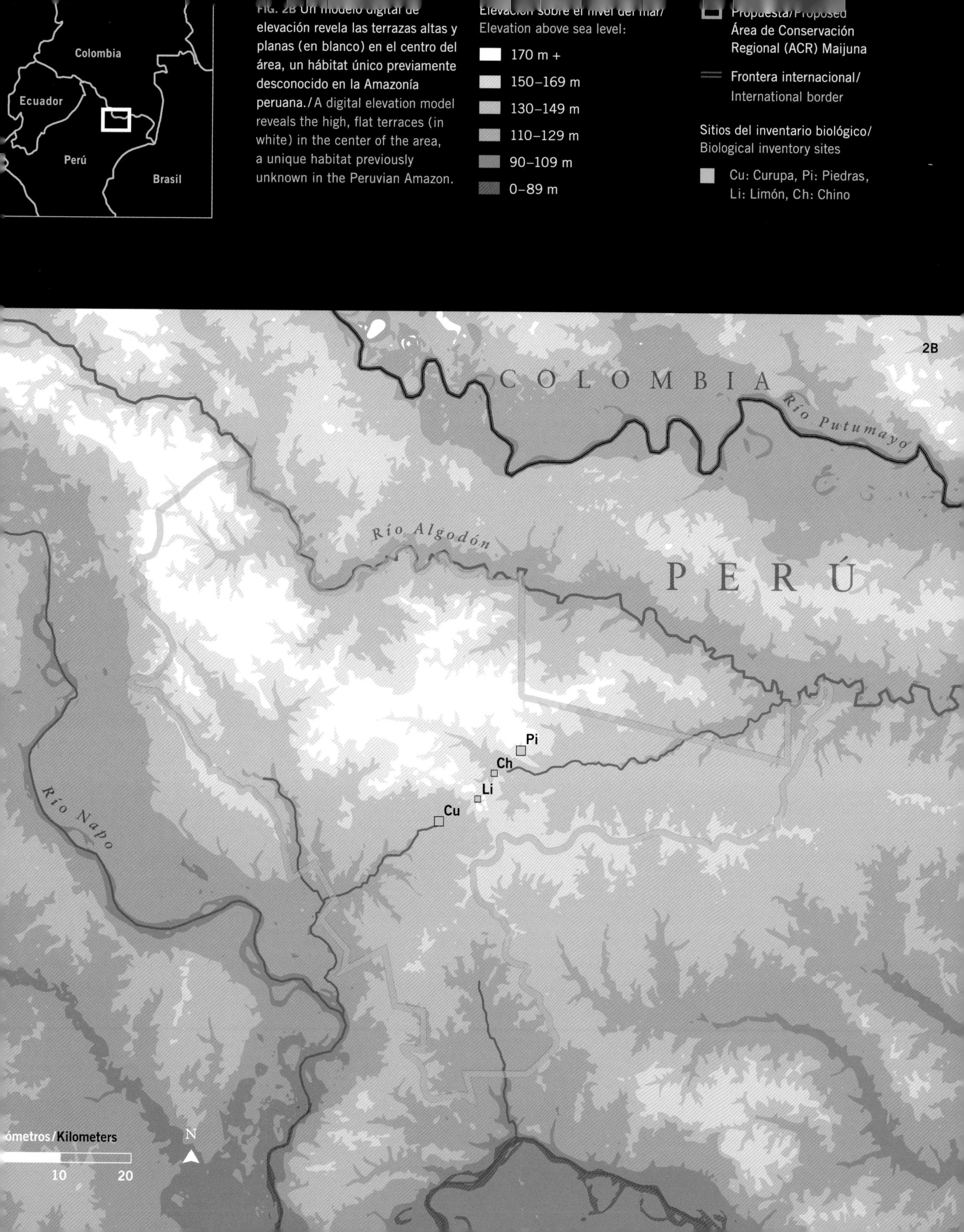

FIG. 2B Un modelo digital de elevación revela las terrazas altas y planas (en blanco) en el centro del área, un hábitat único previamente desconocido en la Amazonía peruana./A digital elevation model reveals the high, flat terraces (in white) in the center of the area, a unique habitat previously unknown in the Peruvian Amazon.

FIG. 3 Vistas aéreas de la propuesta ACR Maijuna/Aerial views of the proposed ACR Maijuna

3A Terraza con *Tachigali*, algunos muertos, algunos floreciendo/ Terrace with *Tachigali*, some dead, some flowering

3B Regeneración después de aplastamiento masivo por vientos/Regeneration after massive blowdown

3C Terrazas altas con *Clathrotropis macrocarpa* en flor/ High terraces with flowering *Clathrotropis macrocarpa*

3D CN San Pablo de Totolla, Río Algodón/Maijuna community of San Pablo de Totolla, Algodón River

3E Carretera abandonada/ Abandoned road

3F CN Nueva Vida/ Maijuna community of Nueva Vida

3G Nuestro sobrevuelo atravesó hábitats importantes, incluyendo las terrazas altas y planas (3C) con muchas especies nuevas para la ciencia/Our overflight crossed important habitats, including the high flat terraces (3C) with many species new to science

Ruta del sobrevuelo/ Overflight path

Propuesta/Proposed Área de Conservación Regional (ACR) Maijuna

Tierras tituladas de los Maijuna/Maijuna titled lands

3C
3E
3F
3D
3G
3E
Río Algodón
Río Putumayo
PERÚ
3D
San Pablo
de Totolla
3C
3A
3B
Nueva
Vida
Río Napo
3F
Puerto
Huamán
Kilómetros/Kilometers
N
0
10
20
Sucusari

4A
4B
4C
4E
4F
4G
4J
4K
4L
4M

G. 4 Los botánicos registraron proximadamente 800 especies, gunas comunes (4C) y otras raras D, 4F). Docenas de especies son evos registros para el Perú (4A,) y varias son probablemente evas (4B, 4H, 4N, 4O) o siblemente nuevas (4E, 4G, 4K, , 4M, 4P, 4Q) para la ciencia. mayoría de los registros nuevos ovienen de las terrazas altas./ e botanists registered proximately 800 species, some mmon (4C) and others rare D, 4F). Dozens of species are w records for Peru (4A, 4J) and veral are likely (4B, 4H, 4N, 4O) possibly (4E, 4G, 4K, 4L, 4M, 4P, 4Q) new to science. The majority of the new records are from the high terraces

4A *Croton spruceanus* (Euphorbiaceae)

4B *Dilkea* sp. (Passifloraceae)

4C *Scleronema praecox* (Malvaceae)

4D *Krukoviella disticha* (Ochnaceae)

4E *Guarea* sp. (Meliaceae)

4F *Pseudoxandra cauliflora* (Annonaceae)

4G *Esenbeckia* sp. (Rutaceae)

4H *Eugenia* sp. (Myrtaceae)

4J *Astrocaryum ciliatum* (Arecaceae)

4K–M Marantaceae spp.

4N *Calycorectes* sp. (Myrtaceae)

4O *Dacryodes* sp. (Burseraceae)

4P *Markea* sp. (Solanaceae)

4Q *Schoenobiblus* sp. (Thymelaeaceae)

4R Equipo botánico, Campamento Piedras/Botany team, Piedras Camp

5A
5B
5C
5D
6 cm
5E
11 cm
5F
3 cm
5G
3 cm
5H
8 cm
5J
6 cm
5K

5N

FIG. 5 Encontramos 132 especies de peces en los diversos cuerpos de agua del área (5A–D), incluyendo especies restringidas a cabeceras, especies de consumo (5M), varias anguilas (5N), especies potencialmente nuevas para la ciencia (5E), nuevos registros para el Perú (5G–J), extensiones de rango (5K) y más de 50 especies ornamentales (5F). / We found 132 species of fishes in the area's diverse waterways (5A–D), including species restricted to headwaters (5L), species eaten by local residents (5M), several eels (5N), species potentially new to science (5E), new records for Peru (5G–J), range extensions (5K), and more than 50 species of ornamentals (5F).

5A–D El sustrato de las aguas varía desde arcillas a piedras. / Substrates in waterways vary from clays to rocks.

5E *Bunocephalus* sp. (Aspredinidae)

5F *Bujurquina* sp. 3 (Cichlidae)

5G *Characidium pellucidum* (Crenuchidae)

5H *Melanocharacidium pectorale* (Crenuchidae)

5J *Jupiaba* aff. *abramoides* (Characidae)

5K *Hemibrycon* cf. *divisorensis* (Characidae)

5L *Centromochlus perugiae* (Auchenipteridae)

5M Pesca, Curupa / Fishing, Curupa

5N *Electrophorus electricus* (Gymnotidae), Curupa

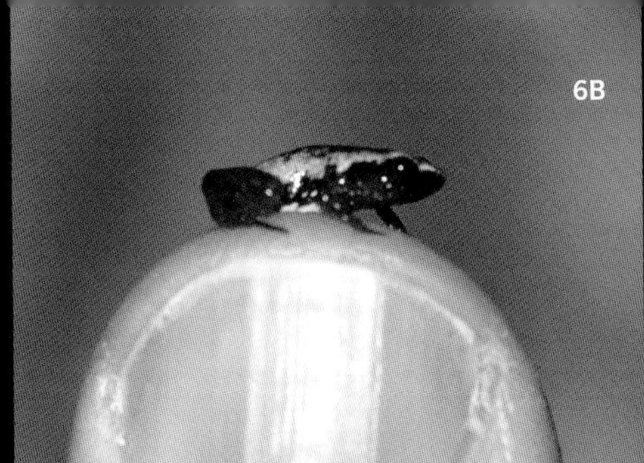

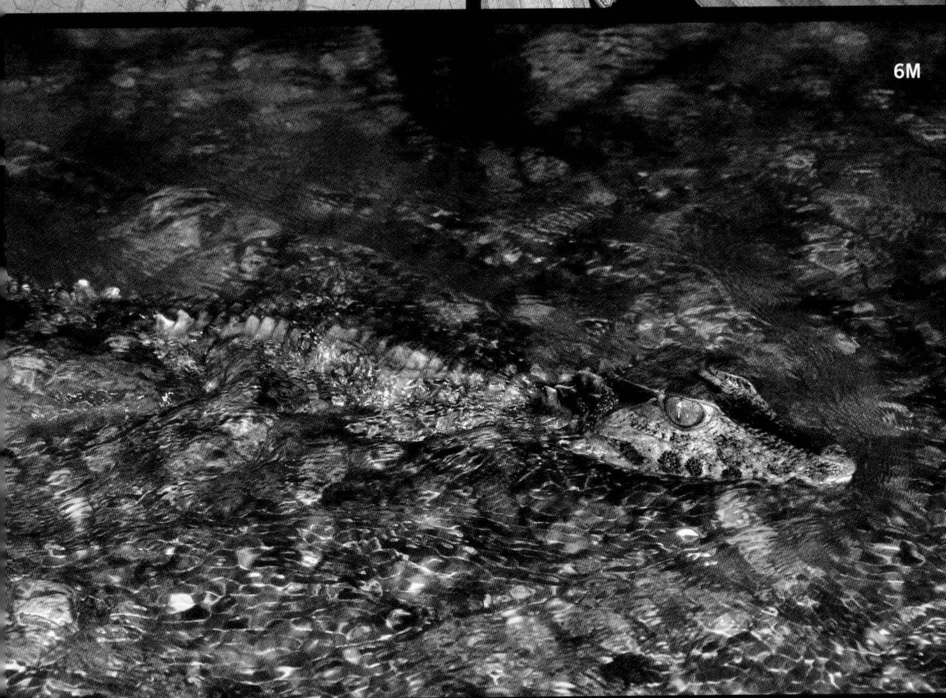

FIG. 6 Registramos 108 especies, 66 anfibios y 42 reptiles, incluyendo 28 especies restringidas al noroeste de la Amazonía, una especie potencialmente nueva (6A), extensiones de rango (6E) y especies consideradas vulnerables (6D, 6N) o casi amenazadas (6M). / We registered 108 species, with 66 amphibians and 42 reptiles, including 28 species restricted to northwestern Amazonia, a potentially new species (6A), range extensions (6E), and species considered vulnerable (6D, 6N) or near threatened (6M).

6A *Pristimantis* sp. (Strabomantidae)

6B *Syncope carvalhoi* (Microhylidae)

6C *Pristimantis delius* (Strabomantidae)

6D *Atelopus spumarius* (Bufonidae)

6E–F *Pristimantis lythrodes* (Strabomantidae)

6G *Leptodactylus diedrus (Leptodactylidae)*

6H *Dendropsophus koechlini* (Hylidae)

6J *Hemiphractus proboscideus* (Hemiphractidae)

6K *Rhinella margaritifera* (Bufonidae)

6L *Osteocephalus fuscifascies* (Hylidae)

6M *Paleosuchus trigonatus* (Crocodylidae)

6N *Chelonoidis denticulata* (Testudinidae)

6O *Chironius fuscus* (Colubridae)

6P *Lachesis muta* (Viperidae)

6D
6E
6F
6K
6L
6O
6P

7A
7C

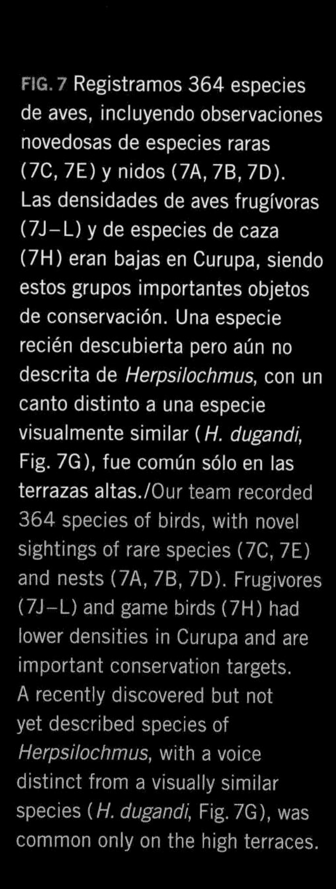

FIG. 7 Registramos 364 especies de aves, incluyendo observaciones novedosas de especies raras (7C, 7E) y nidos (7A, 7B, 7D). Las densidades de aves frugívoras (7J–L) y de especies de caza (7H) eran bajas en Curupa, siendo estos grupos importantes objetos de conservación. Una especie recién descubierta pero aún no descrita de *Herpsilochmus*, con un canto distinto a una especie visualmente similar (*H. dugandi*, Fig. 7G), fue común sólo en las terrazas altas./Our team recorded 364 species of birds, with novel sightings of rare species (7C, 7E) and nests (7A, 7B, 7D). Frugivores (7J–L) and game birds (7H) had lower densities in Curupa and are important conservation targets. A recently discovered but not yet described species of *Herpsilochmus*, with a voice distinct from a visually similar species (*H. dugandi*, Fig. 7G), was common only on the high terraces.

7A, B, F *Topaza pyra*

7C *Nyctibius bracteatus*

7D *Myrmeciza fortis*

7E *Micromonacha lanceolata*

7G *Herpsilochmus dugandi*

7H *Mitu salvini*

7J *Thamnomanes caesius* (hembra/female)

7K *Thamnomanes caesius* (macho/male)

7L *Tangara chilensis*

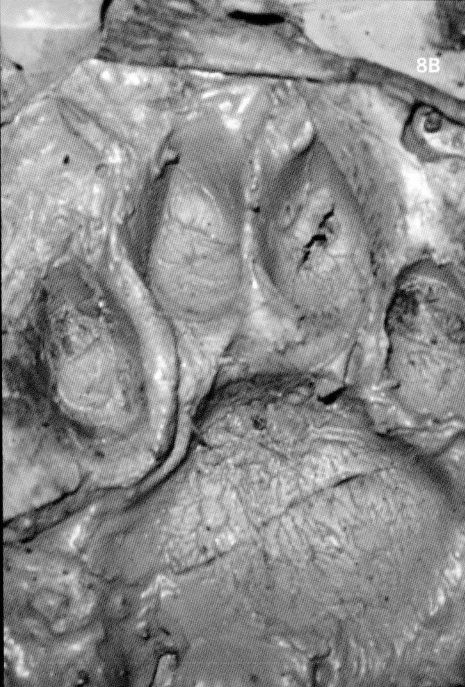

FIG. 8 Registramos 32 especies de mamíferos medianos y grandes, y 10 murciélagos. En Curupa, encontramos densidades más bajas de primates (8A, 8C–D) y evidencia de caza previa (8J). En Piedras encontramos una fauna más intacta (8G, 8H). Planes futuros de manejo deben incorporar el conocimiento indígena (8F). / We recorded 32 species of medium to large mammals, and 10 bats. In Curupa, we found lower primate densities (8A, 8C–D) and evidence of past hunting (8J). In Piedras we found a more intact fauna (8G, 8H). Future management plans should incorporate indigenous knowledge (8F).

8A *Alouatta seniculus*

8B *Panthera onca*

8C *Callithrix pygmaea*

8D *Saimiri sciureus*

8E *Mesophylla macconnelli*

8F Entrevistas con los Maijuna/ Interviews with the Maijuna

8G *Tapirus terrestris*

8H *Tayassu pecari*

8J Cartucho/Shotgun shell

8D
8E
8F
8G
8H
8J

9A
9B
9C
PERÚ
San Pablo de Totolla
Nueva Vida
Puerto Huamán
Sucusari
Kilómetros/Kilometers
0
10
20
N
Propuesta/Proposed Área de Conservación Regional (ACR) Maijuna
Tierras tituladas de los Maijuna/Maijuna titled land
Comunidad Maijuna/ Maijuna community
Sitios de importancia cultural y biológica para los Maijuna/Important biological and cultural sites to the Maijuna
Carretera abandonada/ Abandoned Road
Frontera internacional/ International border
9E
9F

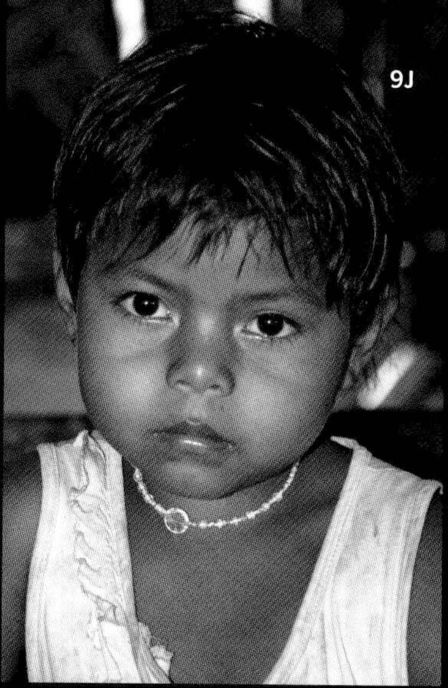

FIG. 9 Las cuatro comunidades Maijuna están impulsando la creación de un Área de Conservación Regional. Ellos han identificado más de 900 sitios de importancia cultural y biológica, con un sitio núcleo que sirve como fuente de flora y fauna y santuario para las cabeceras y terrazas altas (9D)./The four Maijuna communities are working to create a regional conservation area. They have identified more than 900 sites of biological and cultural importance, with a core area serving as a source of flora and fauna and as a sanctuary for headwater streams and the high terraces (9D).

9A CN Nueva Vida/Maijuna community of Nueva Vida

9B, C, F, H, J-M, O, P Los Maijuna tienen un vínculo profundo con el área./The Maijuna are deeply connected to the area.

9D Mapa participativo de uso de recursos indicando más de 900 sitios importantes usados por los Maijuna. La propuesta ACR Maijuna crearía áreas de uso directo, con un núcleo que protegería las terrazas altas y serviría como fuente de flora y fauna./Participatory resource-use map indicating more than 900 important sites used by the Maijuna. The proposed ACR Maijuna would create areas of direct use, as well as a core area that would protect the high terraces and serve as a source of flora and fauna.

9E Ancestro Maijuna con discos auriculars tradicionales./Maijuna ancestor with traditional ear disks.

9G CN Puerto Huamán/Maijuna community of Puerto Huamán

9N CN Sucusari/Maijuna community of Sucusari

10A
10C

FIG. 10 Las comunidades Maijuna manejan sus recursos de forma sostenible (10A–D) y son bien organizadas (10E). Ellos creen con firmeza que un área de conservación es clave para sustentar su forma de vida (10F–G)/Maijuna communities sustainably manage their resources (10A–D) and are well organized (10E). They firmly believe that a conservation area is crucial to sustain their way of life (10F–G).

10A, B Productos de palmeras/Palm products

10C, D Cosecha sostenible de aguaje/Sustainable palm fruit (*Mauritia flexuosa*) harvest

10E Comité de Yarina/*Yarina* palm (*Phytelephas macrocarpa*) management committee

10F, G Los Maijuna aportando para la conservacíon/The Maijuna advocating for conservation

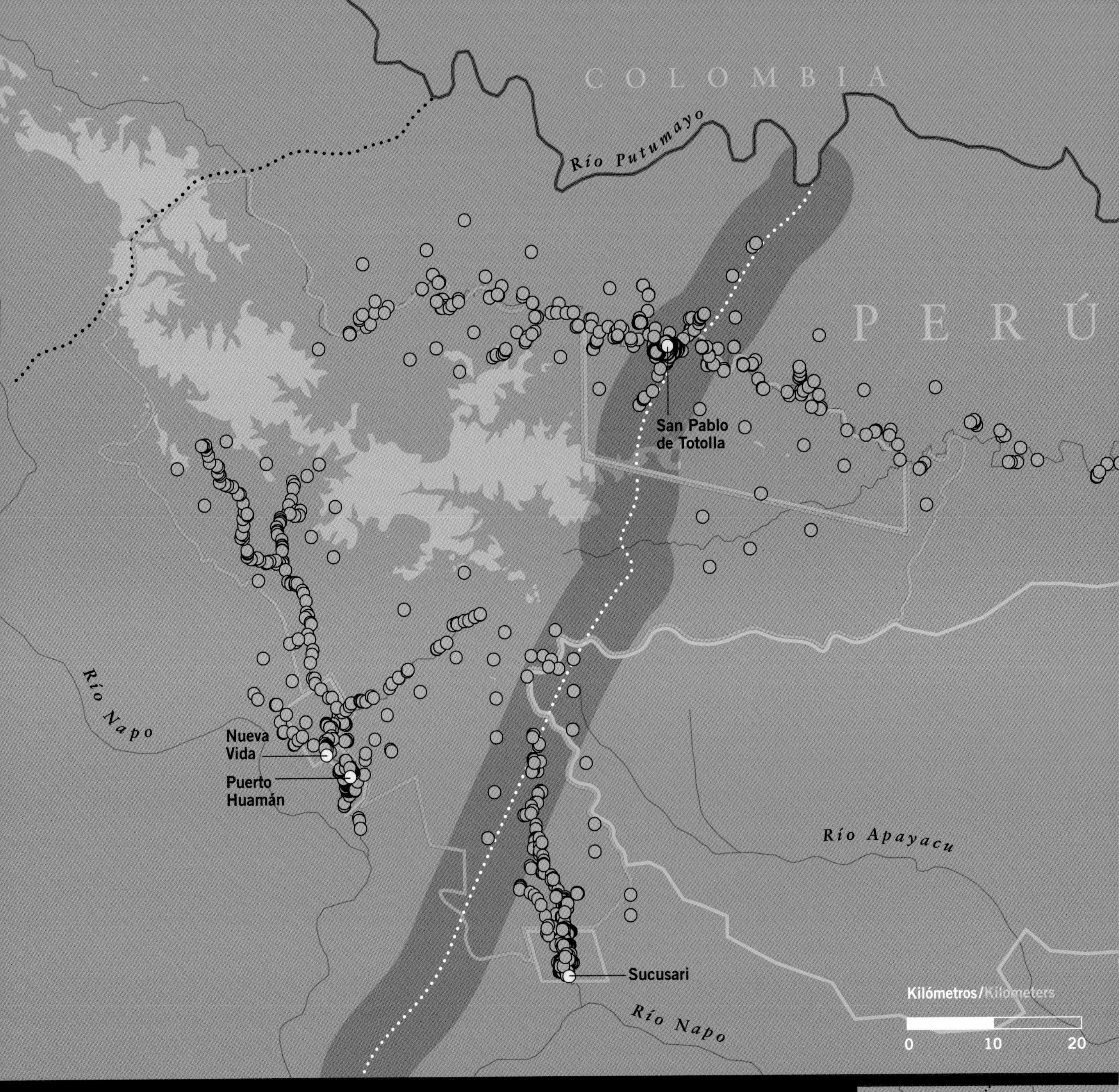

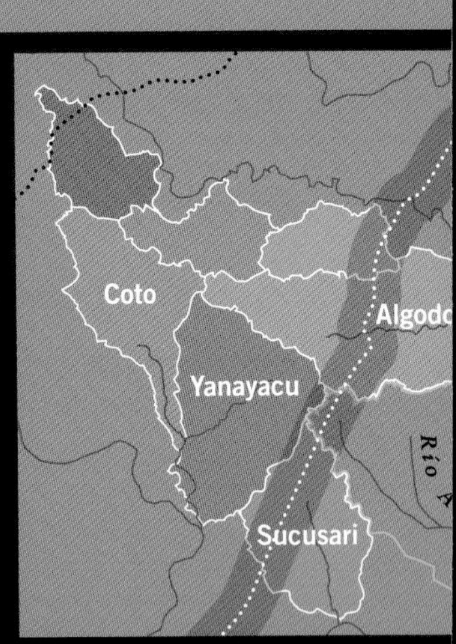

FIG. 11 La carretera propuesta/ The proposed road.

11A La carretera propuesta corta el área en dos, partiendo una comunidad Maijuna, importantes sitios culturales y biológicos, las terrazas altas y cuatro cabeceras. Tres de las cabeceras están dentro de la propuesta ACR Maijuna, la otra es la cabecera del río Apayacu en la propuesta ACR Ampiyacu-Apayacu. / A proposed road bisects the area, cutting through a Maijuna community, important biological and cultural sites, the high terraces, and four headwater streams. Three of the headwater streams are in the proposed ACR Maijuna, the other is the headwaters of the Apayacu River in the proposed ACR Ampiyacu-Apayacu.

- Sitios de importancia cultural y biológica para los Maijuna/Important biological and cultural sites to the Maijuna
- Carretera abandonada/ Abandoned road
- Carretera propuesta/ Proposed road
- Faja de desarrollo (130 km de largo, 10 km de ancho)/ Development belt (130 km long, 10 km wide)
- Terrazas altas/High terraces
- Propuesta/Proposed Área de Conservación Regional (ACR) Maijuna
- Tierras tituladas de los Maijuna/Maijuna titled lands
- Comunidad Maijuna/ Maijuna community
- Propuesta/Proposed Área de Conservación Regional (ACR) Ampiyacu-Apayacu
- Frontera internacional/ International border

11B Las siete cabeceras (en color) dentro de la propuesta ACR Maijuna./ The seven headwater areas (in color) in the proposed ACR Maijuna.

Conservación en el ACR Maijuna

OBJETOS DE CONSERVACIÓN

Culturales	▪ Conocimiento ecológico tradicional de los Maijuna y prácticas culturales de uso compatibles con la conservación de recursos naturales ▪ Especies (plantas medicinales, animales) y hábitats (irapayales, aguajales) tradicionalmente importantes—económica y culturalmente—para los Maijuna ▪ Idioma Maijuna
Biológicos	▪ Hábitat único y previamente desconocido de terrazas altas en suelos pobres (Figs. 2B, 3C) ▪ Cabeceras intactas y su conectividad con las partes bajas de los ríos (áreas criticas para reproducción de peces y salud de la cuenca) ▪ Plantas y animales de uso y consumo (aguaje, mamíferos grandes, aves, motelo [Fig. 6N], y peces como paiche y arahuana, entre otros) ▪ Poblaciones de especies amenazadas (según UICN y SERNANP)*

* La Union Internacional para la Conservación de la Naturaleza, y el Servicio Nacional de Áreas Naturales Protegidas por el Estado, respectivamente.

01 **Propuesta de carretera de Bellavista a El Estrecho, con una franja de 5 km de desarrollo a cada lado del eje vial.** El ACR Maijuna propuesta contiene áreas de alta fragilidad que serán destruidas con la carretera (Fig. 11A), incluyendo:

- Cabeceras excepcionalmente susceptibles a la erosión (Fig. 11B)
- Zonas inundables (tahuampas, pantanos y aguajales) importantes para especies de plantas y animales
- Áreas de alto valor cultural para los Maijuna (Fig. 9D)
- Áreas de caza, pesca y recolección de los Maijuna (Fig. 9D)
- Terrazas altas (Figs. 2B, 3C), un hábitat raro, y previamente no descrito con asociaciones únicas de plantas y animales

La carretera, además, sería inviable por la topología y las extensas áreas inundables en la propuesta ACR Maijuna. No sólo la construcción, pero el mantenimiento de la carretera sería exorbitante. Por otra parte la franja de desarrollo estaría sobre suelos infértiles e inapropiados para la agricultura. La carretera traerá otros impactos primarios y secundarios significativos:

- Destrucción de más de 130,000 ha de bosque para la carretera (130 km) y su faja de desarrollo (10 km)
- Colonización desordenada a lo largo de la carretera, con la deforestación y degradación subsecuente
- Cacería indiscriminada e insostenible debido al fácil acceso a áreas previamente remotas, llevando a la extinción local de especies vulnerables
- Contaminación de aguas por la erosión y sedimentación en las cabeceras durante la construcción y colonización, con impactos aguas abajo
- Tráfico de tierras
- Destrucción de la calidad de vida y de los recursos bioculturales Maijuna

02 **Tala ilegal de madera**

- Pérdida de flora y fauna (sobrecacería, pesca con barbasco, cambio en la estructura del bosque)

- Extinciones locales de especies maderables económica y ecológicamente valiosas
- Empobrecimiento de la calidad de vida de los Maijuna y comunidades vecinas al área propuesta

03 **Lotes de hidrocarburos** (Área XXVI y Área XXIX, bajo evaluación técnica)

- Posible obstáculo a la declaración del ACR Maijuna
- Contaminación de aguas
- Erosión de suelos vulnerables
- Disminución del bienestar local
- Degradación del territorio ancestral Maijuna

04 **Conflicto entre comunidades vecinas sobre el uso de los recursos en el territorio ancestral Maijuna**

05 **Fácil acceso al área por el río Napo y accesibilidad factible por el río Algodón**

06 **Falta de saneamiento físico-legal en las áreas aledañas a la propuesta ACR Maijuna, provocando presión sobre el bosque**

07 **Fuerte presión a través de los siglos que ha debilitado la seguridad de los Maijuna en su propia identidad, conocimiento y valores**

08 **Falta de mecanismos de comunicación eficiente entre las comunidades Maijuna y otros actores en Loreto**

09 **Emigración de jóvenes Maijuna**

FORTALEZAS

01 Culturales

- Territorio de uso ancestral Maijuna
- Conocimientos tradicionales del bosque y reconocimiento, por parte de los Maijuna y algunas comunidades vecinas, del valor del bosque, de los beneficios que éste provee y de la necesidad de manejar los recursos
- Iniciativa y liderazgo por parte de FECONAMAI y las cuatro comunidades Maijuna en crear un Área de Conservación Regional (ACR)
- FECONAMAI y sus objetivos de mantener la identidad cultural, conservar los recursos naturales y fortalecer vínculos entre las comunidades Maijuna que asegurarán la implementación exitosa del ACR
- Medidas existentes exitosas de control por parte de los Maijuna contra la tala y sobreexplotación de otros recursos naturales (p. ej., paiche y aguaje)
- Relaciones de parentesco entre las comunidades Maijuna
- Economía tradicional de subsistencia (que es compatible con la conservación del bosque)

02 Biológicas

- Terrazas altas, un hábitat previamente no descrito que a la fecha es único y no ha sido encontrado en alguna otra parte en la Amazonía peruana
- Alta diversidad biológica en todos los grupos muestreados
- Cabeceras intactas de siete ríos que forman parte de dos grandes cuencas amazónicas
- Grandes extensiones de bosques aún intactos
- Heterogeneidad de hábitats y suelos concentrada en un área relativamente pequeña, abarcando gran parte de la diversidad de Loreto

03 Políticas

- Visión de conservación en el ámbito regional de Loreto
- Ordenanza regional para proteger las cabeceras de cuencas

- Modelo participativo exitoso para las ACRs en Loreto e institucionalidad para promoverlas
- Pasos iniciales para formar un consenso de manejo en la futura Zona de Amortiguamiento de la propuesta ACR Maijuna

RECOMENDACIONES

Abajo listamos nuestras principales recomendaciones para conservar la propuesta ACR Maijuna frente a varias amenazas inminentes. Empezamos con recomendaciones para protección y manejo, seguido por sugerencias para investigaciones futuras, inventarios adicionales, monitoreo y vigilancia.

Protección y manejo

01 **Crear el Área de Conservación Regional (ACR) Maijuna.**

- Actuar sobre la iniciativa de las comunidades Maijuna y la visión de conservación del GOREL, y crear el ACR Maijuna para proteger el territorio ancestral Maijuna y sus altos valores biológicos y culturales.

02 **Detener las amenazas principales al ACR Maijuna.**

- Dados los valores biológicos y culturales del área, la visión de conservación ya establecida por el PROCREL y la ordenanza regional de protección de cabeceras, replantear el proyecto de carretera Bellavista-El Estrecho (con sus 5 km de desarrollo a cada lado del eje) y buscar alternativas económica-, biológica- y culturalmente más viables y sostenibles.
- Detener la tala ilegal de madera en el ACR Maijuna, fortaleciendo y respaldando el sistema exitoso ya desarrollado por los Maijuna vía FECONAMAI.
- Antes de permitir la exploración o extracción de hidrocarburos del ACR Maijuna, exigir que las empresas (1) desarrollen e implementen prácticas que minimicen los impactos negativos (biológicos y culturales) y (2) permitan un monitoreo independiente de éstos impactos.

03 **Implementar el ACR Maijuna.**

- Desarrollar e implementar un plan de manejo para el ACR Maijuna que enfoque prioritariamente en los objetos de conservación culturales y biológicos (incluyendo refugios de especies localmente extirpadas en otras partes de Loreto).
- Implementar el ACR Maijuna con un sistema participativo de control y vigilancia.
- Determinar una gama de usos compatibles de los recursos naturales y desarrollar planes de manejo para cada recurso.
- Seleccionar un sistema de monitoreo adaptativo que ayude (1) a evaluar los resultados de manejo y (2) a ajustar o cambiar las estrategias de manejo como sea necesario.
- Promover alianzas estratégicas para la sostenibilidad (biológica, cultural y financiera) del ACR a largo plazo.
- Definir la Zona de Amortiguamiento para el ACR y formar un comité de gestión participativo.
- Promover el saneamiento físico-legal de las comunidades en la Zona de Amortiguamiento para estabilizar el uso de tierras y sus recursos, reduciendo así la presión sobre el ACR.

- Integrar las comunidades en la Zona de Amortiguamiento en el manejo participativo del ACR Maijuna, fortalecer alianzas y acuerdos ya iniciados y capacitar a todos sobre los beneficios del manejo de recursos naturales.
- Formular un sistema de control con los Maijuna que se enfoque en las áreas de fácil acceso y formar alianzas con las fuerzas armadas para facilitar la vigilancia y control en el área de frontera.
- A través de FECONAMAI, difundir entre todos los pobladores de la Zona de Amortiguamiento la información que ya existe sobre (1) impactos de actividades extractivas en la Amazonía y (2) mejores prácticas de extracción.
- Implementar un sistema eficiente de comunicación en el ACR con los equipos necesarios, y capacitación y mantenimiento adecuados.

04 **Fortalecer la capacidad y cultura tradicional Maijuna para una implementación exitosa del ACR.**

- A través de apoyo a FECONAMAI, promover la validación de valores y conocimientos tradicionales Maijuna que fortalecerán el manejo del ACR (incluyendo cuentos y cantos tradicionales, conocimiento ecológico tradicional local y el uso tradicional de recursos y prácticas de manejo).
- Fortalecer esfuerzos para conservar el idioma Maijuna, incluyendo capacitación de maestros bilingües, uso del idioma en la vida cotidiana y desarrollo de un programa formal de revitalización del idioma.
- Mejorar el sistema de educación en las comunidades y capacitar a líderes jóvenes Maijuna a través de FECONAMAI.

Inventarios adicionales

01 **Muestrear los tipos de vegetación y suelos que no muestreamos durante el inventario rápido, además de hacer una evaluación e investigación más profunda en las terrazas altas:**

- Las terrazas altas (Figs. 2B, 3C) ameritan investigación adicional, para conocer si estas colinas altas están conectadas, hacia el norte y hacia el este, con otros parches de este hábitat de terrazas. Existe la posibilidad de adicionar varias especies de plantas a la flora peruana, así como nuevas especies para la ciencia.
- Bosques dominados por una especie de *Tachigali* (Fabaceae, Fig. 3A)— no observados por el equipo botánico pero vistos por R. Foster durante el sobrevuelo en el sector noreste de la propuesta ACR Maijuna—para entender mejor la flora del área.
- La vegetación en al menos cuatro subcuencas no visitadas en el inventario rápido, para evaluar si los patrones que encontramos son generales o exclusivos de las zonas visitadas.

RECOMENDACIONES

Inventarios adicionales (continuación)

02 **Inventariar los peces en las siguientes áreas:**

- Las cinco zonas de cabeceras no muestreadas dentro de la propuesta ACR Maijuna, lo que permitirá expandir la lista de especies ícticas.
- Cuerpos de agua lénticos particulares (aguajales y cochas dentro de la propuesta ACR Maijuna), que pueden estar asociados a especies nuevas y/o endémicas.
- El río Algodón y las lagunas asociadas a este río, incluyendo la estimación del tamaño de las poblaciones de paiche (*Arapaima gigas*) y arahuana (*Osteoglossum bicirrhosum*).

03 **Inventariar los anfibios y reptiles en más localidades, distintos tipos de vegetación, suelos y en diferentes épocas del año** para incrementar el número de especies registradas en la propuesta ACR Maijuna.

04 **Inventariar las aves en las siguientes áreas:**

- Las terrazas altas, puesto que estas formaciones podrían contener especies de aves especialistas de suelos pobres; incluso existe la posibilidad que las terrazas tengan especies aún no descritas (si se toma el caso de Allpahuayo-Mishana como referencia).
- Bosques estacionalmente inundables y aguajales a lo largo de los afluentes principales del río Napo (quebrada Coto y río Yanayacu), así como los ríos Algodón y Algodoncillo. Existe la posibilidad que el Paujil Carunculado (*Crax globulosa*), especie en Peligro Crítico, aún ocupe estos hábitats en la cuenca del Putumayo.
- Cochas asociadas a ambas cuencas (Napo y Putumayo).

Investigación

01 **Estudiar las poblaciones de especies de árboles maderables y su fenología, para implementar programas de reforestación en la Zona de Amortiguamiento.**

02 **Estudiar la dinámica de regeneración del bosque en la gran purma natural ubicada en el sector sureste de la propuesta ACR Maijuna (Figs 2A, 3B).** Esta información servirá para entender cómo eventos catastróficos afectan la composición y diversidad regional en la Amazonía.

03 **Realizar evaluaciones limnológicas para determinar la calidad de los cuerpos de agua y corroborar la presencia de indicadores biológicos.**

04 **Realizar una evaluación de las poblaciones de paiche (*Arapaima gigas*) y arahuana (*Osteoglossum bicirrhosum*) en la cuenca del río Algodón**, para determinar su potencial dentro de estrategias de su uso racional.

05 **Realizar un estudio de factibilidad para implementar la piscicultura en las comunidades Maijuna,** utilizando especies nativas de crecimiento rápido y bajo

costo como fuente de proteína animal, y como parte de un programa de generación de ingresos.

06 **Realizar un estudio de los peces de tipo ornamental y evaluar su posible uso dentro de un programa de generación de ingresos,** y establecer medidas para evitar la sobreexplotación.

07 **Investigar qué factores afectan la distribución espacial y temporal de los anfibios y reptiles en el área,** para determinar si existe una comunidad asociada a las terrazas altas.

08 **Realizar un estudio rápido de la nueva especie de *Herpsilochmus* en el área** (cf. Fig. 7G), para determinar la extensión de su rango de distribución.

09 **Llevar a cabo un estudio comprensivo y sistemático del idioma Maijuna, produciendo materiales de lenguaje (p. ej., diccionario, manuales) e implementar un programa de revitalización del idioma** para apoyar el deseo de los Maijuna de conservar su exclusivo idioma que se encuentra en vías de extinción.

10 **Emprender estudios etnobiológicos para investigar y documentar especies de plantas y animales que son económica- y culturalmente importantes para los Maijuna.** Esta información servirá para ayudar a enfocar los esfuerzos de conservación y planes de manejo para estas importantes especies y sus respectivos hábitats.

11 **Investigar las tradiciones y valores culturales Maijuna (incluyendo conocimiento ecológico tradicional, historias y canciones, y prácticas de uso de recursos y manejo), y trabajar con FECONAMAI para vigorizar y reforzar esas tradiciones y valores** que reforzarán el manejo y conservación de la propuesta ACR Maijuna.

Monitoreo y/o Vigilancia

01 **Implementar un programa de patrullaje alrededor y dentro de la propuesta ACR Maijuna, concentrándose en las áreas críticas de fácil ingreso a la ACR,** para garantizar que ésta mantenga su condición silvestre y siga funcionando como fuente de repoblamiento natural de especies de flora y fauna.

02 **Implementar un programa de reforestación de las especies maderables que han desaparecido del sector sur de la propuesta ACR,** p. ej., lupuna, cedro y cumalas, con énfasis en los pequeños claros que fueron abandonados cuando se sacaron los árboles.

03 **Establecer zonas de veda o protección estricta dentro de la propuesta ACR Maijuna,** para permitir la recuperación y el mantenimiento de poblaciones de vertebrados usados tradicionalmente como fuente de alimento por parte de la población local (incluyendo especies con baja tasa reproductiva, p. ej., mono choro, mono coto y sachavaca).

Monitoreo y/o Vigilancia
(continuación)

04 **Implementar un programa de monitoreo de especies amenazadas,** p. ej., la rana arlequín (*Atelopus spumarius*), el motelo (*Chelonoidis denticulata*), el caimán de frente lisa (*Paleosuchus trigonatus*) y el mono choro (*Lagothrix lagothricha*), algunas de las cuales son utilizadas como alimento por la población local.

05 **Implementar un programa de monitoreo de las poblaciones de irapay,** palmera usada como material de construcción.

06 **Establecer un programa de monitoreo del nivel y calidad de las aguas en las siete cuencas principales dentro de la propuesta ACR.** Investigar los factores principales de polución apenas se perciba deterioro del agua, para poder desarrollar medidas adecuadas para mantener las cuencas sanas.

07 **Prohibir el uso de métodos nocivos y no selectivos de pesca.**

08 **Establecer un plan de manejo para todas las especies de uso cultural- y económicamente importantes y dar seguimiento con un monitoreo adaptativo.**

Informe Técnico

PANORAMA REGIONAL, SOBREVUELO, INVENTARIO DE SITIOS Y COMUNIDADES VISITADAS

Autores: Corine Vriesendorp y Robin Foster

PANORAMA REGIONAL

Suelos y geología

Durante el Mioceno, gran parte del departamento de Loreto en el Perú estaba dominado por un lago que yacía sobre gruesas arcillas (conocida como la Formación Pebas). Este lago, el Lago Pebas, probablemente tuvo incursiones marinas, como se evidencia con las conchas marinas depositadas en las arcillas. Las arcillas Pebas representan los suelos más antiguos y ricos en la región de Loreto, y este lago probablemente cubrió antiguamente lo que ahora sería la propuesta Área de Conservación Regional (ACR) Maijuna.

El departamento de Loreto, incluyendo la propuesta ACR Maijuna, se caracteriza por tener suelos heterogéneos, incluyendo las antiguas arcillas Pebas, así como los depósitos aluviales recientes, franco-arenosos (*sandy loams*), arenas blancas y los suelos formados in situ. Los cambios de los cauces fluviales hacen que estas capas se redistribuyan y reorganicen constantemente. Cabe destacar que los Maijuna tienen nombres para por lo menos diez tipos de suelos (Gilmore 2005), incluyendo nombres específicos para las arcillas negras, blancas, amarillas y rojas.

La propuesta ACR Maijuna es relativamente plana, al igual que el resto de la Amazonía peruana (a excepción de la Sierra del Divisor). El punto más alto de este inventario fue de 200 m.s.n.m., indicando una reducción muy gradual de la elevación que comprenden los miles de kilómetros que existen hasta la desembocadura de Amazonas en el Atlántico. Aunque las elevaciones varían muy poco (desde 80 a 200 m; Fig. 2B), estas pequeñas diferencias son importantes. Las nubes van en sentido oeste a través de la Amazonía y se concentran en las colinas más elevadas. En la propuesta ACR Maijuna, los puntos más altos se concentraron en su mayoría en la cuenca del Putumayo, formando una banda que comienza en el este de la comunidad de San Pablo de Totolla y va de oeste a norte.

Estas elevadas colinas y terrazas estarían ubicadas en las afueras del Arco de Iquitos, un levantamiento geológico que atraviesa cientos de kilómetros desde Loreto hasta Colombia. Desde el aire y por medio de imágenes satelitales, se puede ver gran parte del Arco de Iquitos, como una franja grande de topografía empinada, extendiéndose hacia el noroeste desde la cuenca del río Yavarí hasta la cuenca del río Nanay, hacia el Putumayo, y a lo largo del Putumayo hacia el Güeppí. Otra posibilidad es que estos puntos elevados estén asociados con las formaciones geológicas del Amazonas colombiano, no tan radicales como el levantamiento de la Serranía de Chiribiquete, pero tal vez originadas por los mismos procesos.

Área del inventario y proyectos de carretera

Nuestro inventario se concentró en el territorio ancestral Maijuna, que alberga siete arroyos de cabecera dentro del interfluvio de los ríos Napo y Putumayo. La propuesta ACR Maijuna está inhabitada. Sus vecinos más cercanos son las localidades Maijuna: Sucusari en el río Sucusari en el sur, Puerto Huamán y Nueva Vida en el río Yanayacu al suroeste y San Pablo de Totolla en el río Algodón en el norte. Todas las demás comunidades humanas se concentran a lo largo del río Napo en el oeste. Al este, esta área está limitada por la propuesta ACR Ampiyacu-Apayacu.

En los años ochenta, los ingenieros iniciaron un proyecto de carretera a lo largo de 60 km en el extremo noroeste de la propuesta ACR Maijuna, entre los pueblos de Flor de Agosto y Puerto Arica, a lo largo de la porción más delgada de terreno que separa los ríos Putumayo y Napo. Sin embargo, la carretera Flor de Agosto-Puerto Arica fue abandonada—catalogada como excesivamente cara—debido a que más de 12 km estarían ubicados en aguajales (pantanos de palmeras) y esta carretera sería imposible de construir o mantener en estos suelos periódicamente inundados.

Un nuevo proyecto de ley, liderado por PEDICP (Proyecto Especial Binacional de Desarrollo Integral de la Cuenca del Río Putumayo, antiguamente conocido como INADE (Instituto Nacional de Desarrollo), propone construir una carretera entre Bellavista hacia Mazán y hacia Estrecho. La porción Mazán-Estrecho de la carretera propuesta podría cruzar más de 130 km de bosques y pantanos con el fin de unir los ríos Putumayo y Napo (Fig. 11A). Esta carretera podría cortar la propuesta ACR Maijuna, y los 5 km localizados a ambos lados de la carretera están proyectados a convertirse en un corredor de desarrollo, con énfasis en biodiesel, p. ej., palmeras para producción de aceite. Bajo el actual proyecto de carreteras del PEDICP, el corredor de desarrollo deforestaría 130,000 ha (es decir, una franja de 10-por-130-km) de bosque intacto. Más aún, cuando examinamos la topografía de la propuesta carretera de 130 km entre Mazán y Estrecho, estimamos que por lo menos 40 km podrían pasar a través de pantanos de palmeras y otros tipos de bosque inundable. Por lo tanto, no sólo la carretera propuesta tiene el doble de extensión del proyecto abandonado en los años 80, si no que el área localizada en el bosque inundado es tres veces mayor a la anterior.

SOBREVUELO EN LA ACR MAIJUNA Y ÁREA ALEDAÑAS

El 31 del octubre de 2009, sobrevolamos por tres horas en un hidroplano, cruzando numerosas veces el área para así sobrevolar los hábitats y formaciones principales. Los participantes fueron R. Foster y Á. del Campo (The Field Museum), S. Ochoa (FECONAMAI) y A. Vásquez (GOREL). El vuelo empezó en la esquina sureste de la propuesta ACR Maijuna, donde las colinas bajas y medianas dominan el paisaje, en combinación con aguajales pequeños. Volamos sobre un claro masivo ubicado en la imagen satelital (Figs. 2A, 3B, 3G), un área que cubre más de 1,500 ha con una cobertura casi uniforme de *Cecropia sciadophylla* (Cecropiaceae) y otras especies pioneras.

De ahí, viajamos de la parte noreste de la propuesta ACR, hacia las terrazas con una abundancia conspicua de individuos muertos y erectos de la planta monocárpica *Tachigali* (Fabaceae), localmente conocida como "tangarana" (Fig. 3A). No muestreamos esas áreas en el campo. Sin embargo, al colocar esta información junto con otra información adquirida en otros inventarios rápidos, especialmente el realizado en la parte superior del río Napo, cerca las cabeceras del Mazán, sugerimos que estas terrazas podrían ser parte del levantamiento del Arco de Iquitos (ver arriba).

Al este de las terrazas de *Tachigali*, sobrevolamos unas terrazas altas cubiertas de la floreciente *Clathrotropis macrocarpa* (Fabaceae, Fig. 3C). Nuestro segundo sitio del inventario (Piedras, ver más adelante) permitió el acceso a la parte este de esta área. Estas terrazas podrían ser parte del mismo levantamiento del Arco de Iquitos pero las formaciones parecen ser distintas a la de las terrazas de *Tachigali*. Éstas son un poco más elevadas, planas y separadas por valles muy angostos y empinados, casi como si un hacha hubiera cortado selectivamente una mesa grande. La humedad dentro de estos valles es muy alta, y la densidad de epífitas es substancialmente mayor en comparación con la existente en los valles anchos que separan las colinas bajas en la porción ubicada en el sur de la propuesta ACR, cerca de Curupa. Las terrazas altas parecen estirarse hacia el oeste, a lo largo del río Algodón, por decenas de kilómetros y luego se dirigen hacia las terrazas de *Tachigali*, hacia el extremo oeste de la propuesta ACR (Fig. 2B).

Durante nuestro vuelo a lo largo del río Algodón, el nivel del agua del río principal y sus tributarios estaba considerablemente bajo, en contraste con las aguas altas del río Napo. Esta diferencia enfatiza las diferencias estacionales de los cauces de agua alimentados por la descarga de los Andes (p. ej., río Napo) versus los cauces de aguas alimentados por fuentes amazónicas (p. ej., río Algodón).

Después de cruzar la frontera oeste de la propuesta ACR Maijuna, volamos hacia el sur a lo largo de la carretera entre Flor de Agosto y Puerto Arica (ver arriba; Figs. 3E, 3G). Una porción de esta carretera, probablemente unos 20 km de la porción ubicada en el extremo norte (que conecta con el Putumayo), parece estar siendo utilizada actualmente, con numerosas tuberías que le permiten persistir sobre una extensa red de quebradas que caracterizan a esta área. El resto de la carretera está abandonada, cubierta de bosque secundario. Desde el aire, parece que los esfuerzos de construcción de esta carretera se detuvo cuando se tuvo que enfrentar con los aguajales en los bancos ubicados al norte del río Napo.

Como una observación final, mientras volábamos a Iquitos, pasamos sobre el río Napo, cruzando el delgado istmo localizado entre Indiana (en el Amazonas) y Mazán (en el Napo). Cabe preguntarse hace cuanto fue que el Amazonas y el Napo se unían acá, aislando la curva del Napo ubicada en el norte (cerca de la comunidad Maijuna de Sucusari).

SITIOS VISITADOS POR EL EQUIPO BIOLÓGICO

Durante el sobrevuelo identificamos varios hábitats sin explorar, incluyendo cochas a lo largo del río Algodón y las terrazas de *Tachigali* en los bordes este y oeste de la propuesta ACR Maijuna. En esta sección proveemos más información sobre los hábitats que visitamos en el campo en los dos sitios del inventario en la propuesta ACR Maijuna: Curupa en el sur (en la desembocadura del río Napo) y Piedras al norte de la cuenca del Putumayo).

Para escoger nuestros sitios de estudio usamos un modelo de elevación digital e hicimos un cuidadoso estudio de las imágenes de satélite. Todos los viajes para este inventario fueron hechos en bote o a pie, acompañados de los Maijuna pertenecientes a las cuatro comunidades mencionadas anteriormente. Desde la comunidad Maijuna de Nueva Vida, subimos río arriba en una pequeña flotilla de peque-peques, y una canoa de mayor capacidad, viajando nueve horas para alcanzar la unión de la quebrada Curupa y el río Yanayacu; este fue el primer sitio que visitamos. Para ir de nuestro primer sitio al segundo, caminamos una trocha tradicionalmente usada por los Maijuna para movilizarse de Nueva Vida a Totolla. (Este tipo de ruta es típica para los habitantes indígenas de áreas interfluviales.) La caminata de una cuenca hacia la otra nos permitió obtener un mejor entendimiento de la variación de los tipos de hábitats y luego identificamos numerosas gradientes a lo largo de este territorio interfluvial.

Viajamos de sur a norte, desde áreas con extracción de madera selectiva hasta áreas intactas de bosques, desde lugares con una alta presión de cacería hasta áreas con poca o ninguna presión sobre las poblaciones animales, desde áreas cercanas a Iquitos (un gran centro poblacional regional con un mercado grande) hasta El Estrecho (pequeña ciudad fronteriza con mercado limitado), desde lugares con numerosos usuarios a lo largo del río Napo (foráneos y locales) hasta lugares con pocos usuarios a lo largo del río Algodón (remoto, acceso difícil), desde áreas con proximidad inmediata a la ley hasta lugares fronterizos y remotos, cercanos a áreas de conflicto civil armado en la vecina Colombia.

Dentro de cada sitio identificamos gradientes adicionales: desde áreas inundadas hasta tierra firme, desde áreas altamente dinámicas ubicadas en las partes bajas a áreas con procesos ecológicos lentos, ubicadas en las tierras altas (p. ej., tasa de descomposición de hojarasca), desde áreas de baja fertilidad en las colinas más altas hasta terrazas de alta fertilidad en los valles y las tierras bajas (se observa una pequeña relación inversa entre la fertilidad y topografía) y desde áreas con pocas trepadoras de árboles hasta áreas de alta humedad repletas de epífitas.

A escalas mayores, esta parte de la frontera con Perú y Colombia fue uno de los sitios más importantes durante el apogeo del caucho, en el cual se dio el maltrato más atroz de los indígenas del área, incluyendo a los Maijuna. Sin embargo, durante el inventario vimos pocos árboles de caucho natural (*Hevea*), posiblemente la mayor parte de la extracción de caucho ocurrió en la parte más al norte y este a lo largo de los valles de los grandes ríos.

Curupa (15–19 de octubre de 2009; 02°53'06.1" S, 73°01'07.2" O, 125–160 m)

Acampamos en un sitio con un mirador hacia la confluencia del río Yanayacu y la Quebrada Curupa. Nuestros 25 km de trochas nos permitieron explorar la mezcla de tierra firme y los bosques inundables que caracterizan a este lugar, desde las bajas colinas hacia los valles y las tierras bajas, así como terrazas elevadas ubicadas entre ellas. El área es un verdadero mosaico, con parches de aguaje dispersados a través de todo el paisaje.

En la imagen satelital (Fig. 2A), resalta un parche amarillo, como una mancha de color uniforme y que pareciera estar deforestada. Sin embargo, este parche es el resultado de un proceso natural—una caída de árboles masiva creada por un ventarrón—un fenómeno común que ocurre en la Amazonía. Nuestros guías locales nos dicen que este evento sucedió hace 25–30 años, y una de nuestras trochas nos permitió explorar esta gran área en proceso de regeneración (Fig. 3B).

Observamos una variación substancial en cada tope de colina en cuanto a la composición de plantas. Por ejemplo la colina en la cual acampamos contenía una forma de suelos ricos, dominada por Moraceae y especies en su mayoría ausentes de las colinas cercanas en el paisaje. En general el área parece tener suelos de fertilidad intermedia.

El río Yanayacu tenía unos 12 m de ancho durante nuestra visita y la quebrada Curupa tenía unos 8 m; los niveles de agua en ambos eran bastante bajos. Las aguas están por lo general mezcladas, con charcos de aguas negras en el bosque, pero mayormente los grandes arroyos y los ríos están mezclados con aguas blancas, o son de aguas blancas, sugiriendo una influencia persistente del río Napo. Durante los días que estuvimos en Curupa, fuimos testigos del incremento y descenso de los niveles de agua, típico de estas corrientes de agua, con incrementos de 0.5–1.0 m en los niveles de agua en el transcurso de 24 horas.

Durante la última década nuestro campamento fue el hogar de más de 100 personas que cazaban y cortaban madera en el área. Encontramos abundante evidencia de su presencia en todo el paisaje: tocones de árboles, trochas de extracción que iban desde árboles tumbados hasta los arroyos más cercanos (casi siempre pequeñas corrientes debido a nuestra proximidad con las cabeceras) y poblaciones de mamíferos huidizas. Por otro lado, dos años atrás, Puerto Huamán y Nueva Vida (con el apoyo del Proyecto Apoyo a PROCREL) han comenzado a controlar el acceso al área y han parado la extracción de madera ilegal. Para las especies más explotadas, el cedro (*Cedrela*) y la lupuna (*Ceiba*), las extinciones en el ámbito local son muy probables, y cualquier regeneración provendría de los pocos refugios que quedan—si existieran—y sería muy lenta.

Piedras (20–27 de octubre de 2009; ; 02°47'33.9" S, 72°55'02.9" O, 135–185 m)

Caminamos unos 18 km desde Curupa hasta nuestro segundo lugar, Piedras, alcanzando la divisoria de las cuencas de los ríos Napo y Putumayo, a unos 7 km. Acampamos en una pequeña elevación por encima del río Piedras (que tiene unos 4 m de ancho), al borde de una compleja extensión de terrazas altas (Fig. 2B).

Al cruzar sobre la cuenca del Putumayo, experimentamos el cambio dramático en la composición del río y arroyos, que contenían abundantes rocas y grava en vez de tener los fondos lodosos de la quebrada Curupa y sus tributarios. Una de las trochas pasaba a través de un campamento abandonado más de 12 años atrás, y que según nuestros informantes éste fue supuestamente creado por la FARC-EP (Fuerzas Armadas Revolucionarias de Colombia-Ejército del Pueblo).

Nuestros 18 km de trochas nos permitieron explorar las terrazas altas así como las grandes expansiones de tierras bajas inundadas. Los valles localizados entre las terrazas y las tierras bajas son altamente dinámicos, con caídas de árboles debido a ventarrones, rayos, avalanchas y huaicos pequeños. Muestreamos dos tributarios del río Algodón, el río Aguas Blancas (unos 12 m de ancho) y el río Algodoncillo (unos 14 m de ancho).

En Piedras encontramos los puntos más altos en el paisaje, terrazas muy empinadas con topes planos y largos, y pendientes abruptas de por medio. La descomposición pareciera ser muy lenta, con abundante hojarasca y una gruesa alfombra y esponjosa, compuesta de raíces. El departamento de Loreto, en especial el área de Iquitos, es famoso por sus hábitats extremos que crecen en arenas blancas, localmente conocidas como "varillales". En las terrazas altas de Piedras encontramos bosques con una estructura similar (alfombra gruesa de raíces, descomposición lenta de hojarasca, árboles delgados y enanos); sin embargo, los suelos subyacentes son arcillosos, y no de arena. A diferencia de los bosques de varillales localizados en otras partes de Loreto, estos bosques de suelos pobres albergan grandes árboles, que incluyen grupos impresionantes de los árboles madereros *Cedrelinga cateniformis* y *Clathotropis macrocarpa* (ambos Fabaceae; ver la sección de Sobrevuelo en la parte superior). Florísticamente, estas similitudes se comparten con los bosques localizados en la desembocadura del Caquetá en Colombia, las arenas blancas de Jenaro Herrera y a la parte superior del río Nanay, y las parcelas aisladas al norte del río Napo cerca de la desembocadura del Curaray. Al mirar los modelos de elevación y las imágenes satelitales, se puede deducir que podría existir un archipiélago de estas terrazas altas dispersadas a lo largo del río Putumayo con dirección norte hacia el río Güeppí.

Durante nuestra caminata desde Curupa hasta Piedras, atravesamos una gradiente que iba desde áreas sometidas a un fuerte uso de recursos naturales en la cuenca del río Napo hasta comunidades biológicas intactas en la cuenca del río Putumayo. Dentro del contexto regional de conservación, las áreas centrales o más remotas tales como Piedras, sirven de fuente de producción para productos forestales y animales de caza, mientras que las áreas aledañas son usadas directamente por la comunidad.

ExplorNapo Lodge/Estación ACTS (29–31 de octubre de 2009; 03°15'10.6" S, 72°55'03.6" O, 85–130 m)

El equipo permaneció dos días al final del inventario en la conocida estación biológica y albergue turístico que bordea la parte sur de la propuesta ACR Maijuna. Esta estación biológica, originalmente conocida como ACEER y ahora denominada ACTS, representa uno de los lugares más estudiados de la Amazonía peruana y ha sido visitada en los setentas y ochentas por grandes personalidades como Alwyn Gentry, Ted Parker, Rodolfo Vásquez, Bill Duelman y Lily Rodríguez. Caminamos por las trochas principales y los ictiólogos muestrearon el río Sucusari. También muestreamos durante la espectacular caminata de dosel (*canopy walkway*) que conecta, mediante puentes colgantes, 14 árboles grandes y se extiende por más de medio kilómetro. Sorprendentemente, esta área parece haber sufrido una constante cacería y es prácticamente un bosque vacío, sin la presencia de mamíferos grandes. Nuestro descubrimiento en esta área enfatiza la amenaza de una extracción sin control y la importancia de crear un área de conservación poderosa dentro de la propuesta ACR Maijuna.

COMUNIDADES VISITADAS DURANTE EL INVENTARIO SOCIAL

Las cuatro comunidades Maijuna enfocadas es este estudio estaban cerca de la propuesta ACR Maijuna: tres de éstas en la cuenca del Napo (Sucusari, Puerto Huamán, Nueva Vida) y una en la cuenca del Putumayo (San Pablo de Totolla) (ver Fig. 2A). Sucusari está situada a lo largo del río Sucusari y colinda con el alberge

ExplorNapo (ExplorNapo Lodge), Puerto Huamán y Nueva Vida con vecinos cercanos en el río Yanayacu, 10–14 km río arriba de la unión del río Yanayacu con el río Napo. San Pablo de Totolla está situada en las partes altas del río Algodón, lejos de todas las comunidades. Al igual que otras comunidades indígenas que viven entre las cuencas de ríos grandes de la Amazonía, estos han creado un sistema de trochas en toda el área, y su modo de vida y cultura depende casi en su totalidad de los recursos del bosque (ver el capítulo de Mapeo Participativo en este reporte y Fig. 9D). M. Gilmore, un etnobiólogo, ha estado trabajando con los Maijuna en la última década, y su trabajo nos provee de un contexto amplio para esta área.

Como complemento al trabajo de M. Gilmore, Alberto Chirif condujo una entrevista socio-económica de dos semanas en 24 comunidades: las cuatro comunidades Maijuna mencionadas arriba, más las otras 20 comunidades a lo largo del río Napo (Fig. 2A). Este trabajo se enfocó en la infraestructura, demografía y el uso de recursos naturales, y proveyó la base inicial para resolver conflictos existentes así como para construir alianzas alrededor de la propuesta ACR Maijuna.

VEGETACIÓN Y FLORA

Autores/Participantes: Roosevelt García-Villacorta, Nállarett Dávila, Robin Foster, Isaú Huamantupa y Corine Vriesendorp

Objetos de conservación: Terrazas altas que contienen una flora distinta y que era desconocida en el Perú antes del inventario rápido; una gradiente en tipos de suelo, desde suelos arcillosos pobres en nutrientes al norte de la propuesta Área de Conservación Regional Maijuna, hasta suelos arcillosos intermedios en el medio y el sur; bosques colinosos ubicados en el sector norte de Loreto con una composición de especies característica de la Amazonía colombiana y del noreste de la Amazonía del Brasil; pantanos de aguajales (*Mauritia flexuosa*); una muestra representativa de la flora de dos cuencas diferentes (Putumayo y Napo) protegida en ningún sistema de conservación del Perú; la flora de quebrada y cabeceras del noreste de Loreto que no se encuentra protegida en algún sistema de conservación de la región; poblaciones saludables de especies de palmera de amplio uso en Loreto, como irapay (*Lepidocaryum tenue*), ungurahui (*Oenocarpus bataua*) y shapaja (*Attalea butyracea*); poblaciones saludables de especies maderables amenazadas, como tornillo (*Cedrelinga cateniformis*) y marupá (*Simarouba amara*); bosques con poblaciones reducidas que pueden recuperarse con manejo apropiado de especies maderables de valor comercial alto (p. ej., cedro [*Cedrela odorata*] y lupuna [*Ceiba pentandra*]) e intermedio (las cumalas *Virola pavonis, Otoba glycycarpa, O. parvifolia*); nuevas adiciones a la flora del Perú, como la palmera enana *Astrocaryum ciliatum*; y 5–13 especies de plantas que podrían ser nuevas para la ciencia

INTRODUCCIÓN

Los bosques de la propuesta Área de Conservación Regional (ACR) Maijuna están situados en el interfluvio que alcanza la cuenca del río Putumayo por el norte y la cuenca del río Napo por el sur. El área no había sido explorada florísticamente hasta ahora. El mejor referente son los bosques cercanos a la comunidad Maijuna de Sucusari en la cuenca del Napo (Fig. 2A), dentro de los terrenos del albergue turístico ExplorNapo, donde se elaboró una flórula (Vásquez 1997). Asimismo, la flora y vegetación de los bosques al este y colindantes a la propuesta ACR Maijuna—en la cuenca alta de los ríos Apayacu, Ampiyacu y Yaguas—fueron estudiadas el 2004 por un inventario rápido (Vriesendorp et al. 2004). En cambio, la flora de la cuenca peruana del río Putumayo se mantiene casi complemente desconocida.

MÉTODOS

Caracterizamos la flora y vegetación de la propuesta ACR Maijuna mediante una combinación de métodos cuantitativos y colecciones y observaciones a lo largo del sistema de trochas. I. Huamantupa colectó también intensivamente a lo largo de la quebrada Yanayacu (cuenca del Napo) y la quebrada Algodoncillo (cuenca del Putumayo). N. Dávila y C. Vriesendorp estudiaron la flora leñosa mediante el establecimiento de dos parcelas sin área fija en la cual los primeros 100 tallos mayores entre 10 y 100 cm de DAP (diámetro a la altura del pecho) fueron identificados. R. García estableció diez transectos para estudiar la flora mayor a los 5 cm de DAP, ubicando los transectos en bosques distintos de acuerdo a su variación de color en la imagen satelital Landsat del área (Fig. 2A); ocho transectos tuvieron 5 x 100 m de superficie y dos de ellos no tuvieron área fija. R. Foster sobrevoló el área (Fig. 3G) y describió las diferencias en la vegetación y las especies de dosel y emergentes dominantes.

N. Dávila, I. Huamantupa y C. Vriesendorp tomaron más de 2,000 fotos, mayormente de especies fértiles pero también de especies estériles desconocidas. Estas fotos estarán disponibles en *www.fieldmuseum.org/plantguides.*

Depositamos las muestras en el Herbario Amazonense (AMAZ) de la Universidad Nacional de la Amazonía Peruana en Iquitos, y cuando era posible, depositamos duplicados en el Museo de Historia Natural de la Historia Universidad Nacional Mayor de San Marcos en Lima (USM) y triplicados en The Field Museum en Chicago (F).

RESULTADOS

Tipos de vegetación

Al menos cinco tipos de vegetación pueden ser encontrados en el área: (1) bosques de quebradas, (2) bosques de bajial, (3) aguajales, (4) bosques de colinas bajas y (5) bosques de terrazas altas (que son parte de un complejo que estamos llamando terrazas altas). En general creemos que el área representa una gradiente de fertilidad en el suelo, desde bosques de colinas con suelos arcillosos pobres en el norte (en la cuenca del Putumayo) hasta colinas medias con suelos arcillosos de fertilidad intermedia en el sur (cuenca del Napo).

Bosques de quebradas

En el bosque de quebradas en el sector del río Yanayacu (cuenca del Napo), fue común encontrar *Macrolobium acaciifolium* y *Parkia panurensis* (Fabaceae), *Apeiba membranacea* y *Cavanillesia umbellata* (Malvaceae sensu lato), *Ficus paraensis* (Moraceae), *Vochysia lomatophylla* (Vochysiaceae) y varias especies de *Inga* (Fabaceae) y de *Palicourea* y *Psychotria* (Rubiaceae), entre otras. El 70% de la flora colectada en estos bosques estuvo con frutos o flores.

Bosques de bajial

Los bosques de bajial fueron comunes a lo largo del sector estudiado, especialmente a lo largo del sistema de trochas que seguía la trayectoria de la quebrada Curupa hasta el punto conocido como Limón, donde empezaba el terreno colinoso. En este sector era común encontrar *Erisma* cf. *calcaratum* (Vochysiaceae) y *Socratea exorrhiza* (Arecaceae).

Aguajales

Ocupando los sitios con drenaje más pobre entre las colinas de tierra firme se encontraron parches pequeños de aguajales con *Mauritia flexuosa* (Arecaceae) y *Cespedesia spathulata* (Ochnaceae) entre las especies más comunes. Estos parches pequeños de aguajales de la tierra firme son abundantes en toda la propuesta ACR Maijuna, especialmente a lo largo de quebradas, y son claramente visibles en las imágenes satelitales del área (Fig. 2A).

Bosques de colinas bajas

El tipo de vegetación más extenso en el área corresponde a los bosques de colinas bajas. Es más extenso hacia la cuenca del Napo y ha sido sometido a una mayor intensidad de extracción maderera (que prevaleció en la zona hasta el 2007) que otras partes del área. El dosel del bosque tiene en promedio 28 m, mientras que las especies emergentes alcanzan los 35 m. Entre las especies arbóreas más comunes en el dosel y emergentes se encuentran *Scleronema praecox* (Malvaceae, Fig. 4C),

Iriartea deltoidea (Arecaceae), *Brownea grandiceps* y *Parkia nitida* (Fabaceae) y *Minquartia guianensis* (Olacaceae).

Bosques de terrazas altas

El hallazgo más inesperado fue el de las "terrazas altas" sobre suelo arcilloso amarillento y pobre en nutrientes que encontramos en Piedras. Estos bosques tienen una flora diferente a la observada en otros sectores del área estudiada. El suelo de estas terrazas está cubierto por una capa densa de raicillas y hojarasca que puede llegar a tener hasta 15 cm de grosor. La abundancia de epífitas (Araceae, Bromeliaceae y musgos) fue tan alta que a veces daba la impresión de estar caminando en el medio de bosques montanos en vez de los llanos amazónicos.

El "reemplazo" de especies dominantes desde Curupa hasta Piedras es tan dramático que aún familias enteras son reemplazadas en términos de dominancia en la comunidad de árboles en cada sitio. En Piedras, las familias Chrysobalanaceae, Sapotaceae y Lecythidaceae son dominantes y tienen una combinación de caracteres típicos de suelos oligotróficos (pobres en nutrientes): madera dura, látex abundante y hojas gruesas y duras (coriáceas).

En el mismo sector, pero ocupando áreas con materia orgánica y capa de raíces más finas (aprox. 5 cm), encontramos bosques dominados por *Clathrotropis macrocarpa* (Fabaceae, Fig. 3C). Estos bosques ocupan un área muy grande hacia el norte de Piedras y también fueron observados por R. Foster en su sobrevuelo del área. Plántulas de esta especie son comunes en el sotobosque y casi un tercio de los tallos ≥5 cm DAP en un transecto en este bosque pertenecen a esta especie. La densidad de tallos totales en el bosque dominado por *C. macrocarpa* es alta (79 tallos), sólo sobrepasado por el transecto en una otra terraza alta (95 tallos).

La transición entre Curupa y Piedras

En Curupa encontramos una flora con elementos característicos de suelos fértiles: *Quararibea wittii* (Malvaceae), *Iriartea deltoidea* y *Astrocaryum murumuru* (Arecaceae), *Virola pavonis* y *V. elongata* (Myristicaceae) y *Pseudolmedia laevis* (Moraceae). En el sector intermedio entre los campamentos Curupa y Piedras, encontramos una composición intermedia entre ambas floras. Limón presenta colinas más altas donde no encontramos irapay (*Lepidocaryum tenue*), a diferencia de los bosques de Curupa donde el irapay es abundante. Esta transición en la flora también está indicada por la presencia de individuos adultos del árbol maderable tornillo (*Cedrelinga cateniformis*), ausente en Curupa. Otro punto intermedio estudiado, Chino, presenta parches de suelos arcillosos con fertilidad intermedia que están junto a parches de suelos menos fértiles con abundante materia orgánica (aprox. 10 cm) en las cercanías de los aguajales. En este último es común encontrar individuos adultos de cashimbo *Cariniana decandra* (Lecythidaceae), *Guarea macrophylla* (Meliaceae), ungurahui (*Oenocarpus bataua*, Arecaceae) y una especie de *Vantanea* (Humiriaceae). También en este sector las especies arbóreas del sub-dosel empiezan a ser diferentes a lo que se encontró en Curupa, con las especies más comunes en el sub-dosel *Neoptychocarpus* sp. (Salicaceae), *Guarea cristata* (Meliaceae) y *Pseudosenefeldera inclinata* (Euphorbiaceae).

Una gran "purma" natural

Hacia el sureste, a aproximadamente 7 km del campamento Curupa, encontramos un bosque de aproximadamente 1,500 ha dominado por *Cecropia sciadophylla* y *C. membranacea* (Cecropiaceae, Fig. 3B). Esta gran purma natural fue ocasionada por un viento devastador que golpeó verticalmente el área hace 20–30 años. Además de las especies de *Cecropia*, otras especies fueron comunes en este lugar: *Socratea exorrhiza*, *Itaya amicorum* y *Phytelephas macrocarpa* (Arecaceae), y *Hevea guianensis* y *Nealchornea yapurensis* (Euphorbiaceae).

Riqueza y composición

Registramos aproximadamente 800 especies (Apéndice 1): 500 especies en el sitio Curupa y 530 especies en el sitio Piedras. Considerando el número de especies reportado para tres reservas biológicas en Loreto (Vásquez 1997), así como el número de hábitats diferentes encontrados, estimamos que el área podría contener 2,500 especies, un número bastante alto y representativo de la diversidad de plantas leñosas típicas del norte de la Amazonía peruana. En base a nuestras observaciones de campo y la composición de la flora en ambas cuencas, estimamos que estos dos sitios del inventario compartirían un 40% de especies.

Una parcela sin área fija fue ubicada en el sector de la gran purma natural y tuvo una superficie de 50 x 20 m. En esta purma natural fue común encontrar *Cecropia sciadophylla* como árbol emergente, junto con varias especies de *Pourouma* (Cecropiaceae). La palmeras yarina (*Phytelephas macrocarpa*) y pona (*Iriartea deltoidea*) fueron también relativamente comunes en el subdosel. Se encontraron entre 50–95 tallos en los ocho transectos de 5 x 100 m, con un promedio de 72 tallos por transecto. El transecto con el número más alto de tallos estuvo ubicado en el sector de las terrazas de suelos oligotróficos de Piedras, y el transecto con el numero más bajo de tallos se encontró en un sector intermedio entre ambas cuencas, en Chino.

Curupa

La comunidad de árboles dominantes en Curupa estuvo representada por varias especies de las familias Malvaceae, Myristicaceae, Moraceae y Arecaceae, las cuales ocurren frecuentemente en suelos arcillosos de fertilidad intermedia hasta suelos ricos en nutrientes: *Scleronema praecox* (Fig. 4C) y varias especies de *Matisia*, *Quararibea*, *Sterculia* y *Theobroma* (Malvaceae sensu lato); *Otoba glycicarpa*, *O. parvifolia* y *Virola pavonis* (Myristicaceae); *Brosimum parinarioides* y *B. lactescens*, *Perebea guianensis* subsp. *hirsuta*, *Pseudolmedia laevis* y varias especies de *Naucleopsis* (Moraceae); *Iriartea deltoidea* y *Socratea exorrhiza* (Arecaceae).

Los géneros más importantes en diversidad y abundancia en Curupa son *Naucleopsis* (Moraceae), *Matisia*, *Quararibea*, *Sterculia* y *Theobroma* (Malvaceae) y *Brownea* (Fabaceae). En el subdosel es común encontrar *Oxandra euneura* (Annonaceae) en relativa alta densidad. En el subdosel también son comunes los árboles *Pausandra trianae* (Euphorbiaceae), *Iryanthera laevis* (Myristicaceae), *Swartzia klugii* (Fabaceae), *Drypetes gentryi* (Putranjivaceae) y el helecho arborescente *Cyathea alsophylla* (Cyatheaceae). Agrupaciones densas de tres palmeras son comunes en el sotobosque y el subdosel de la tierra firme de Curupa: shapaja (*Attalea butyracea*), irapay (*Lepidocaryum tenue*) y *Astrocaryum murumuru var. macrocalyx*.

Piedras

En Piedras, la fisiografía del terreno es bastante ondulada y las partes más altas presentan una diferencia de 50–100 m en elevación con respecto a los demás puntos estudiados. Estas partes altas conforman terrazas planas que son disectadas por quebradas angostas de moderada profundidad y que contienen piedras redondeadas muy pequeñas y arenas de cuarzo finas. El suelo está formado por arcilla de color amarillento y cubierto por una gruesa capa de materia orgánica y raicillas de 5–15 cm de grosor, sin presentar rastros de arena en su composición.

Los bosques de tierra firme de Piedras tienen una composición bastante diferente de la flora en Curupa. Esta diferencia es tan contrastante que familias enteras son reemplazadas en la dominancia de la comunidad de árboles. El bosque en las terrazas está dominado tanto en diversidad como en abundancia por especies de las familias Chrysobalanaceae, Lecythidaceae y Sapotaceae. La comunidad de plantas en estas terrazas parece responder a una variación muy grande, y a corta distancia, en el nivel de nutrientes disponibles para las plantas. Un transecto donde estas familias son las dominantes y ubicado en la parte más alta de las terrazas estuvo separado por sólo 500 m de distancia de otra parcela en la que *Clathrotropis macrocarpa* (Fabacae) es la especie más importante. El bosque en las partes más altas de las terrazas tenía baja estatura, con un dosel no mayor de 20 m y emergentes hasta de 24 m. Estos bosques tienen la densidad más alta de tallos que otros sitios estudiados: encontramos 95 tallos ≥ 5 cm de DAP en un transecto de 5 x 100 m, versus un promedio de 66 tallos encontrados en tres transectos en Curupa.

Aunque no medimos la concentración de nutrientes en el suelo, utilizamos el grosor de la materia orgánica con presencia de raicillas sobre el suelo mineral como un indicador de la cantidad de nutrientes: mayor grosor de la materia orgánica significa menor cantidad de nutrientes disponibles para las plantas (Duivenvoorden y Lips 1995; Cuevas 2001). Así, las zonas más altas presentaron un capa orgánica y de raicillas muy gruesa (aprox. 10–15 cm) y conformada por una flora con especies de plantas típicas de las terrazas arcillo-arenosas del sur de Loreto (Yavarí, Pitman et al. 2003; Jenaro Herrera, N. Dávila pers. com.).

Especies comunes en este sector de las terrazas son *Anisophyllea guianensis* (Anisophylleaceae), *Chrysophyllum sanguinolentum*, *Micropholis guyanensis* subsp. *guyanensis* y *Pouteria torta* subsp. *tuberculata* (Sapotaceae), *Pourouma herrerensis* (Cecropiaceae), *Duroia saccifera* (Rubiaceae), *Iryanthera paraensis* y *I. tricornis* (Myristicaceae), *Hirtella physophora* (Chrysobalanaceae) y *Mabea angularis* (Euphorbiaceae). Especies generalistas de suelos pobres, y que ocurren comúnmente en suelos de arenas blancas (varillales), también son comunes aquí: *Parkia igneiflora* (Fabaceae), *Jacaranda macrocarpa* (Bignoniaceae), *Ocotea argyrophylla* (Lauraceae) y *Virola calophylla* subsp. *calophylla* (Myristicaceae).

El piso del bosque en el sector de las colinas dominado por *Clathrotropis macrocarpa* tiene un grosor de la capa orgánica y raicillas no mayor a los 5 cm de espesor. La altura del dosel en estos bosques es de 25 m mientras que los emergentes llegan hasta los 28 m. Otras especies comunes en este lugar son *Iryanthera tricornis*, varias especies de *Eschweilera* (Lecythidaceae), *Pouteria* (Sapotaceae), *Protium* (Burseraceae) y *Oenocarpus bataua* (Aracaceae).

Los géneros más diversos en Piedras son *Eschweilera* (Lecythidaceae), *Pouteria* (Sapotaceae), *Couepia* (Chrysobalanaceae) y *Sloanea* (Elaeocarpaceae). En este lugar *Clathrotropis* (*C. macrocarpa*) fue la especie dominante.

Especies de plantas arbustivas con frutos de bayas o drupas pequeñas, especialmente las familias Piperaceae y Rubiaceae, no son importantes en términos de diversidad y abundancia en el sotobosque en ambos sectores de las dos cuencas estudiadas. También registramos una baja diversidad de plantas del género *Heliconia* (Heliconiaceae).

La composición de las especies en los claros naturales pequeños también es atípica para los bosques de tierra firme de Loreto y está mayormente conformado por una combinación de *Conceveiba martiana*, *Croton matourensis*, *C. smithianus* y *Sapium marmieri* (Euphorbiaceae), y *Vismia sandwithii* y *V. amazonica* (Hypericaceae).

Especies de valor económico

El sector norte de la propuesta ACR Maijuna conserva poblaciones saludables de dos especies maderables importantes para la región: tornillo (*Cedrelinga cateniformis*, Fabaceae) y marupá (*Simarouba amara*, Simaroubaceae). Estas dos especies han sido extirpadas localmente en muchos sectores de la región Loreto, por lo que el ACR Maijuna representaría una fuente importante para su repoblamiento. Otra especie económicamente importante observada por el equipo de avanzada es el palo de rosa (*Aniba rosaeodora*, Lauraceae). Esta especie fue explotada por su esencia aromática para perfumería en condiciones insostenibles para un recurso renovable en los años 70.

El sector sur del área (cuenca del Napo) ha sido explotado intensamente hasta el año 2007 y especies maderables antes emblemáticas de estos bosques—cedro (*Cedrela odorata*, Meliaceae), las cumalas (*Virola pavonis, Otoba glycycarpa* y *O. parvifolia*) y lupuna (*Ceiba pentandra*, Malvaceae)—ya no son comunes en la comunidad de árboles. Los árboles de lupuna fueron tan comunes en el área que hasta una quebrada, Lupuna, lleva su nombre. Sin embargo, ahora esta quebrada es mudo testigo de la ausencia de esta especie.

Palmeras de importancia local

La palmera irapay (*Lepidocaryum tenue*) presenta poblaciones saludables en ambas cuencas. Las terrazas bien drenadas de arcillas pobres a ligeramente pobres parecen ser el hábitat perfecto para esta especie, así como para otras dos especies de palmera: shapaja (*Attalea butyracea*, en el sector de la cuenca del Napo) y una especie de *Geonoma* (en el sector de la cuenca del Putumayo). El ungurahui (*Oenocarpus bataua*) es más común en el sector de la terrazas altas del Putumayo, mientras que la pona (*Iriartea deltoidea*) es relativamente común en los bosques de la cuenca del Napo.

Especies nuevas y extensiones de rango

Encontramos al menos 13 especies que pensamos podrían ser especies nuevas para la ciencia. Encontramos más de la mitad de éstas en las terrazas altas en Piedras, en la cuenca del Putumayo. Es muy probable que un muestreo más completo de estas terrazas proporcione nuevas sorpresas en plantas, ya sea en términos de especies nuevas para la ciencia como también de nuevos registros para el Perú. Los bosques de quebrada y los bosques en colinas más bajas de ambas cuencas también contribuyeron al número de especies potencialmente nuevas para el área. A continuación se presenta una descripción breve de estas colecciones (ver el Apéndice 1 para información más detallada).

Probables especies nuevas

Encontramos dos especies de Myrtaceae ya confirmadas por especialistas como especies nuevas: un árbol con grandes flores blancas y cálices peludos de *Calycorectes* (Fig. 4N) y un arbolito con marcadas brácteas de *Eugenia* (Fig. 4H).

Dacryodes (Burseraceae) o *Talisia* (Sapindaceae)— Este arbolito de 7 m de altura fue colectado en las terrazas altas de Piedras, presenta un olor aromático, una extensa lámina foliar, y foliolos separados (Fig. 4O). La infrutescencia es bastante compacta. Los expertos no están seguros si entra en *Dacryodes* o *Talisia*, pero igual parece ser una especie nueva.

Dilkea sp. (Passifloraceae)—Colectamos este arbolito de 2–3 m de alto en las terrazas de Piedras, donde se mostraba como uno de los arbustos dominantes del sotobosque (Fig. 4B). Este espécimen presenta ornamentas a manera de brácteas y raíces aéreas y parece ser nueva, aunque hay varias muestras actuales en Missouri Botanical Garden mal identificadas como *D. parviflora*.

Posibles especies nuevas

Markea sp. (Solanaceae)—Esta hemiepífita arbustiva fue colectada en la ribera de la quebrada Curupa. Se diferencia de otras especies por sus hojas grandes (Fig. 4P). Sólo se conocen del Perú cinco especies en este género y sólo una de ellas es conocida para Amazonía de Loreto, *M. formicarum*.

Schoenobiblus sp. (Thymelaeaceae)—Colectado en alrededores de las colinas bajas y medias de Piedras, este arbusto puede llegar hasta los 2 m de altura. Tiene pubescencia pronunciada en las flores y frutos y un color blanquecino en el envés de las hojas (Fig. 4Q). Esta especie es completamente diferente a las siete especies de este género conocidas para Perú.

Erythroxylum sp. (Erythroxylaceae)—Este arbolito de 2–3 m lo colectamos en las inmediaciones de quebradas pequeñas entre las terrazas altas (cuenca del Putumayo). Aunque fue identificada como *Erythroxylum macrophyllum* var. *macrocnemium*, en este sitio está co-ocurriendo con *Erythroxylum macrophyllum* var. *macrophyllum*, sugieriendo que debería ser reconocida como una especie distinta. Presenta una lámina foliar muy grande, y no tiene el envés blanquecino como *Erythroxylum macrophyllum* var. *macrophyllum*.

Existen seis otras especies que pensamos que podrían ser nuevas por ser géneros conocidos que no corresponden a especie alguna que conocemos del Perú, entre ellos: *Esenbeckia* sp. (Rutaceae, Fig. 4G), *Guarea* sp. (Meliaceae, Fig. 4E) y tres especies de Marantaceae (Figs. 4K–M).

Registros nuevos

Astrocaryum ciliatum (Arecaceae)—Una palmera acaulescente (Fig. 4J), conocida del medio Caquetá hasta Leticia. Nuestro registro representa el primero para Perú.

Esenbeckia cf. *kallunkiae* (Rutaceae)—Se asemeja al arbolito conocido de Brazil (Rondonia) y Bolivia (Santa Cruz), pero falta revisar más cuidadosamente el espécimen.

Croton spruceanus (Euphorbiaceae)—El primer registro para el Perú, antes conocida sólo de Brazil y Venezuela (Fig. 4A).

Raramente colectadas

En adición, colectamos varias especies poco conocidas como *Pseudoxandra cauliflora* (Annonaceae, Fig. 4F), una especie rara y recién descrita con sólo cuatro colecciones conocidas (en Colombia, Brasil y Loreto), y *Krukoviella disticha* (Ochnaceae, Fig. 4D), una especie mayormente de elevaciones mayores a 600 m, conocida del sur de Ecuador, algunos registros en los departamentos de Amazonas, San Martín y Loreto en el Perú, y un sólo registro en Brasil.

DISCUSIÓN

Terrazas altas

Los bosques sobre las terrazas altas encontrados en la propuesta ACR Maijuna representan algo singular para la flora de la Amazonía peruana. Las partes más altas de las terrazas contienen una composición bastante similar a los bosques de terraza con suelo franco-arenoso, los cuales son más comunes en el sur de Loreto (entre el río Yavarí y el río Ucayali) pero que aún no se encuentran protegidos bajo algún sistema de conservación nacional o regional. Las tres familias más importantes en las terrazas altas de la propuesta ACR Maijuna (Lecythidaceae, Sapotaceae y Chrysobalanaceae) son también las más importantes en el sur de la Amazonía colombiana, la Amazonía central de Brasil y la región al sur del escudo de Guyana (Duivenvoorden 1994; Duivenvoorden y Lips 1995; Terborgh y Andresen 1998; ter Steege et al. 2000, 2006; Duque et al. 2003).

Bosques dominados por *Clathrotropis macrocarpa* (Fabaceae, Fig. 3C) han sido también encontrados en estas regiones y representarían la distribución más hacia el suroeste de esta especie especialista de suelos arenosos y arcillosos pobres (Milliken 1998; Duque et al. 2003; Soler y Luna 2007). Su dominancia en estos bosques podría deberse a su exitosa asociación simbiótica con hongos ectomicorrizos que les permite habitar suelos infértiles (Henkel et al. 2002). Este es el cuarto reporte de la presencia de esta especie para la Amazonía peruana, todas ellas ubicadas entre el Napo y el Putumayo. En el 2003, una expedición botánica en el medio y alto Napo peruano encontró esta especie dominando la flora arbórea de tres parcelas de 1 ha (Pitman et al. 2008). En 2004 y 2007, dos inventarios biológicos rápidos en las cuencas de los ríos Apayacu, Ampiyacu y Yaguas, y en la zona Cuyabeno-Güeppí, encontraron la misma especie en zonas aisladas (Vriesendorp et al. 2004, 2008). La extensión máxima de los bosques dominados por *C. macrocarpa* no alcanzaría a llegar al lado sur del río Amazonas: no se ha reportado en la región del Yavarí y Ucayali (Spichiger et al. 1996; Pitman et al 2003; Honorio et al. 2008). Su presencia y dominancia en el sector norte de la propuesta ACR Maijuna marcaría el encuentro de floras regionales diferentes.

Bosques arcillosos de la cuenca del Napo

Los bosques de tierra firme al sur de la propuesta ACR Maijuna se encuentran sobre suelos más fértiles que los suelos de las terrazas altas. Estos bosques también son más diversos, dominados por familias que son comunes para este tipo de suelos: Myristicaceae (*Virola*, *Otoba*), Malvaceae (*Ceiba pentandra*, *Sterculia*, *Theobroma*, *Quararibea*, *Matisia*), Arecaceae (*Astrocaryum murumuru*, *Iriartea deltoidea*) y Moraceae (*Naucleopsis*, *Pseudolmedia laevis*). Este tipo de flora es más típica para la región Loreto y se extendería hasta la parte más al sur del área, los bosques de tierra firme del sector de Sucusari (Vásquez 1997; Honorio et al. 2008). En el sector de Sucusari encontramos muchas de las especies que fueron observadas en el campamento Curupa aunque probablemente algo más diverso por su cercanía a bosques cercanos al río Amazonas y el lado opuesto del río Napo. En este lugar observamos que la especie indicadora de suelos ricos—yarina (*Phytelephas macrocarpa*)—forma densos agrupamientos en el subdosel del bosque.

Comparación con otros bosques loretanos

Los bosques de la propuesta ACR Maijuna no presentan la heterogeneidad de suelos de arcilla y arena blanca de cuarzo que se encuentra en los bosques del bajo y alto rio Nanay (Kauffman et al. 1998; Vriesendorp et al. 2007). El área tampoco presenta amplias terrazas franco-arenosas y arenosas intercaladas con bosques en arcilla (típicos del sureste de Loreto en los río Yavarí y Ucayali: Pitman et al. 2003; Fine et al. 2006). El campamento Aguas Negras del inventario rápido Cuyabeno-Güeppí también presenta una flora con especies características de suelos pobres (p. ej., *Neoptychocarpus killipii*) y donde domina la familia Chrysobalanaceae. *N. killipii* también fue encontrado dominando el subdosel en ciertas colinas a partir de nuestro campamento Chino y en el sector del campamento Piedras. *Clathrotropis macrocarpa*, aunque no dominante en estos bosques, también está presente en Aguas Negras (Vriesendorp et al. 2008). Aunque nuestro conocimiento de los patrones regionales de la flora de Loreto es aún fragmentado, creemos que existe suficiente evidencia (Pitman et al. 2008 y este estudio) para sugerir que la flora al noreste de Iquitos, entre el río Napo y el río Putumayo marca la transición hacia floras menos diversas que crecen sobre suelos arcillosos antiguos y pobres que caracterizan los bosques de la Amazonía central de Brasil, el sur de Colombia y la región de Guyana.

RECOMENDACIONES PARA LA CONSERVACIÓN

Manejo y monitoreo

- Garantizar que la parte central de la propuesta ACR Maijuna—el interfluvio Napo-Putumayo—se mantenga en condición silvestre para asegurar que siga funcionando como fuente de repoblamiento natural de las especies de flora y fauna en ambas cuencas.
- Implementar un programa de reforestación de las especies maderables ahora extintas localmente en el sector sur del área: lupuna *Ceiba pentandra* (Malvaceae), cedro *Cedrela odorata* (Meliaceae) y cumalas *Otoba glycicarpa*, *O. parvifolia* y *Virola pavonis* (Myristicaceae). Este programa de reforestación deberá utilizar plántulas del área para así evitar el ingreso de material genético foráneo dentro de la población. Por contener suelos y una comunidad de árboles diferente, el sector norte del área (cuenca del Putumayo) no representaría una fuente importante para el repoblamiento de árboles en el sector sur del área (cuenca del Napo).
- Implementar un programa de monitoreo de las poblaciones de irapay (*Lepidocaryum tenue*). Esta palmera es muy explotada como material de construcción y sin el manejo adecuado podría llegar a extinguirse localmente.

Investigación

- Tener un estudio más completo de las terrazas altas, tanto en la composición de su flora como en su extensión total. Necesitamos conocer si estas colinas altas están conectadas tanto hacia el norte (hacia la Zona Reservada Güeppí) como hacia el este del área (hacia el sector de las cuencas del Ampiyacu, Apayacu y Yaguas). Varias especies de plantas podrían adicionarse a la flora peruana desde esta zona, así como proporcionar nuevas especies para la ciencia.
- Estudiar los bosques dominados por una especie de *Tachigali* (Fabaceae, Fig. 3A)—no observados por el equipo botánico pero vistos por R. Foster durante el sobrevuelo en el sector noreste de la propuesta ACR Maijuna—para entender mejor la flora del área.
- Incluir estudios botánicos y de vegetación en al menos cuatro sub-cuencas no visitadas en el inventario rápido, para evaluar si los patrones que encontramos son generales o exclusivos de las zonas visitadas.
- Estudiar las poblaciones reducidas de especies maderables importantes, como el cedro (*Cedrela odorata*), lupuna (*Ceiba pentandra*) y cumalas (*Otoba glycicarpa*, *O. parvifolia* y *Virola pavonis*). Plántulas de estas especies podrían ser usadas para implementar programas de reforestación en el área.
- La gran purma natural (Fig. 3B) ubicada en el sector sureste de la propuesta ACR Maijuna representa una oportunidad para estudiar la dinámica de regeneración del bosque en condiciones naturales y para entender cómo eventos catastróficos en la Amazonía afectan la composición, dominancia y diversidad regional del área.

PECES

Autores: Max H. Hidalgo e Iván Sipión

Objetos de conservación: *Arapaima gigas* (paiche) y *Osteoglossum bicirrhosum* (arahuana), que son especies amenazadas y de alto valor socioeconómico presentes en la cuenca del río Algodón; una comunidad muy diversa de peces de cabeceras, adaptados a las condiciones naturalmente fluctuantes de las nacientes y asociados a los bosques ribereños; la conectividad de los ecosistemas acuáticos de cabeceras y áreas bajas (zonas inundables), la cual es importante para la persistencia de procesos ecológicos claves para especies migratorias de gran importancia en la alimentación Maijuna y regional de Loreto

INTRODUCCIÓN

La diversidad ictiológica en la propuesta Área de Conservación Regional Maijuna (ACR Maijuna) ha sido muy poco evaluada o explorada de manera sistemática. Esta región, ubicada en el punto medio de la parte sur de la zona interfluvial de las cuencas de los ríos Napo (al suroeste) y Putumayo (al noreste), contiene al menos siete cabeceras de tributarios que fluyen finalmente a estos dos grandes ríos. Los hábitats acuáticos dominantes en esta región son quebradas de primer y segundo orden (o nacientes) habitadas principalmente por especies de peces pequeños, los cuales están adaptados a las condiciones físicas y químicas fluctuantes que las caracterizan. Asimismo, estas especies de peces dependen de los recursos que el bosque puede proveer a los cuerpos de agua (Angermeier y Karr 1983; Winemiller y Jepsen 1998).

Estas características y otros factores (geográficos, históricos) explican por qué en estas áreas de cabeceras existe una alta diversidad de peces, a pesar de ser sistemas que son poco productivos y oligotróficos (Lowe-McConnell 1975). Adicionalmente, la similaridad de especies de peces observada entre estas nacientes y las zonas bajas o grandes hábitats (ríos, lagunas) puede ser muy baja dado que la composición de especies entre estas áreas es distinta (Barthem et al. 2003).

Estudios ictiofaunísticos recientes en áreas cercanas y hábitats similares han sido hechos principalmente en la cuenca de los ríos Ampiyacu y Arabela, pero adicionalmente en otras cuencas como el Apayacu, Yaguas, Alto Nanay y Güeppí (Hidalgo y Olivera 2004; Hidalgo y Willink 2007; Hidalgo y Rivadeneira 2008). También se han realizado inventarios en el sector colombo-peruano del río Putumayo (Ortega et al. 2006) y en la parte ecuatoriana del río Napo (Stewart et al. 1987). La meta del presente inventario ictiológico es determinar la diversidad y estado de conservación de las comunidades de peces de la propuesta ACR Maijuna, con el fin de sustentar su protección.

MÉTODOS

Trabajo de campo

Durante 11 días efectivos de trabajo de campo (16–30 octubre 2009), evaluamos todos los hábitats acuáticos posibles en las cuencas de los ríos Algodoncillo (afluente del Algodón, cuenca del Putumayo), Yanayacu y Sucusari (afluentes del Napo), y efectuamos colectas diurnas con un total de 12 estaciones de muestreo (una por día por lo general): 6 en Curupa, 5 en Piedras y 1 en el río Sucusari (entre ExplorNapo y la Comunidad Nativa Sucusari). El acceso a las estaciones fue por desplazamientos en embarcación a motor y/o terrestre por trochas, contando en todo momento con el apoyo de dos comuneros Maijuna en las actividades de pesca. Además de realizar el muestreo en el campo, conversamos con comuneros Maijuna sobre la pesca y sitios preferidos para esta actividad en el área de sus comunidades; esto nos permitió conocer qué especies forman parte de su alimentación y saber de otras especies presentes en la zona que no fueron capturadas en los muestreos.

Registramos la altitud y coordenadas geográficas de cada estación y describimos las características físicas del hábitat (Apéndice 2). Todas las estaciones de muestreo fueron del tipo lótico entre ríos y quebradas, incluyendo "cabeceras" que corresponden a quebradas de primer y segundo orden. Las estaciones estuvieron representadas en un 60% por aguas claras (transparentes sin coloración aparente) y mixtas (entre clara y blanca) y en 40% por aguas blancas (aguas turbias, de color marrón cremoso), siendo la última una característica típica de los ríos mayores evaluados. En algunas estaciones, muestreamos afluentes asociados a las quebradas principales evaluadas. No encontramos cuerpos de agua exclusivamente lénticos (tahuampas, aguajales y cochas), sin embargo algunas quebradas como Curupa y algunos tributarios del Algodoncillo presentaron zonas de muy escasa corriente que funcionarían como zonas lénticas. La ausencia de hábitats lénticos podría deberse a que la evaluación fue en época menos lluviosa (ya que bosques inundables están presentes en la zona) y a que estamos sobre la divisoria de aguas de tributarios del Napo y Putumayo.

Colecta y análisis del material biológico

Para las colectas ictiológicas utilizamos redes manuales de arrastre de 10 x 2 m y de 5 x 2 m con aberturas de mallas de 5 mm. Usamos estas redes en los diferentes microhábitats presentes: orillas de arena y arcilla, troncos y palizadas, hojarascas, vegetación enraizada y/o sumergida, residuos pequeños de material vegetal flotante y zonas de rápidos ("cachuelas") de poca profundidad, de fondo duro o blando. Adicionalmente, usamos una atarraya de 2 m de diámetro en el río Algodoncillo (cuya eficiencia fue baja debido a la gran cantidad de palizada presente en la mayor parte del cauce del río). Complementamos los muestreos con el uso de anzuelos en algunos puntos (Agua Blanca, Yanayacu).

El 95% de las capturas fueron fijadas como muestras biológicas y el otro 5% correspondió a especies capturadas, identificadas, fotografiadas y liberadas al río Sucusari. Algunas especies de tamaño mediano (>25 cm aprox.) capturadas por los Maijuna para alimentación y en la operación de colecta fueron identificadas y fotografiadas más no colectadas como muestras.

Fijamos las muestras con formol al 10% por 24 horas e inmediatamente las fotografiamos para posteriormente ser envueltas en gasas humedecidas con alcohol etílico al 70% y empaquetadas en bolsas de cierre hermético para su transporte final. La mayor parte del material biológico colectado formará parte de la colección del Departamento de Ictiología del Museo de Historia Natural de la UNMSM (en Lima) y algunas muestras fueron donadas al Instituto de Investigaciones de la Amazonía Peruana (IIAP, en Iquitos). Las identificaciones taxonómicas de individuos en campo que no fueron precisas al nivel de especie, las presentamos como "morfoespecies" (p. ej., Bujurquina sp. 2 y Bujurquina sp. 3). Esta metodología ha sido aplicada en otros Inventarios Biológicos Rápidos tales como Ampiyacu-Apayacu-Yaguas-Medio Putumayo y Nanay-Mazán-Arabela (Hidalgo y Oliveira 2004; Hidalgo y Willink 2007).

Breve decripción de los sitios evaluados

Curupa

Este sitio se ubica en la cuenca del río Napo, y evaluamos solamente la subcuenca del río Yanayacu, desde su confluencia con la quebrada Yarina hasta aguas arriba de la quebrada Curupa. Los ambientes acuáticos dominantes en este sistema son quebradas con poca corriente, de fondos arcillo-fangosos y muy sinuosas. Con excepción de la quebrada Yanayacu y la quebrada Curupa cerca de su confluencia con la primera, el resto de hábitats explorados corresponden a ambientes inmersos dentro del bosque. Estas características han determinado la composición de especies que registramos.

Piedras

Este sitio se ubica en la cuenca del río Putumayo, y corresponde a ambientes acuáticos en la cuenca pequeña del río Algodoncillo, tributario final del río Algodón. Esta zona, que contiene las colinas más altas que observamos durante el inventario, presentó dominancia de hábitats lóticos de moderada corriente, cauces sinuosos y quebradas mayormente encajonadas de sustrato suave a duro, con presencia más notoria de arena y grava. En ciertas secciones de las quebradas (en especial las de primer o segundo orden) se pudo observar zonas de torrentes someras (no más de 5 cm de profundidad) de fondo duro de grava y pequeñas piedras, características que eran relativamente comunes de observar en casi todas las quebradas pequeñas de bosque.

Sucusari

Este sitio se ubica en la cuenca del río Napo, y es un tributario principal de este río. El sector evaluado corresponde a la parte baja del río Sucusari, entre la comunidad de Sucusari y el albergue de ExplorNapo. El río es de agua blanca, turbia, con escasa transparencia y escasas playas arenosas. El sustrato dominante en las áreas donde se realizaron las colectas (sin preservación de material biológico) era arena y fango, mientras que la vegetación dominante es bosque primario no alterado.

No se exploraron tributarios del Sucusari debido al poco tiempo disponible para trabajos de campo en esta zona.

RESULTADOS

Riqueza y composición

Encontramos 132 especies de peces representando 6 órdenes, 28 familias y 83 géneros (Apéndice 3). La composición de especies muestra una dominancia de peces del Superorden Ostariophysi, que incluye a los órdenes Characiformes (peces con escamas sin espinas en las aletas) con 73 especies (55%), Siluriformes (bagres armados y de cuerpo desnudo o de "cuero") con 38 especies (29%) y Gymnotiformes (peces eléctricos) con 7 especies (5%). Adicionalmente, el órden Perciformes (peces con espinas en las aletas) presentó 12 especies (9%) y los órdenes Cyprinodontiformes (peces anuales) y Beloniformes (peces lápices) con una sola especie cada uno.

La gran diversidad específica exhibida por los órdenes Characiformes y Siluriformes, que en conjunto constituyen el 84% de la ictiofauna de la propuesta ACR Maijuna, refleja lo observado en otras partes de Loreto y de la Amazonía peruana. La familia Characidae (Characiformes), con 51 especies (39%), exhibió la mayor diversidad específica en este inventario. La mayoría de especies de Characidae son pequeñas (<10 cm de longitud total), incluyendo diez especies de *Moenkhausia* (el género con más especies en la propuesta ACR Maijuna), siete especies de *Hemigrammus* y seis de *Hyphessobrycon*. Registramos otros géneros de Characidae que alcanzan tallas grandes (entre 15 cm y más de 30 cm) y que son de importancia para el consumo local Maijuna y regional en la pesquería comercial de Loreto, como por ejemplo dos especies de sábalo (*Brycon cephalus* y *B.* cf. *hilarii*) y tres de pirañas (*Serrasalmus* spp.) y que fueron observadas en las quebradas grandes en la zona de estudio, en especial en la cuenca del río Algodoncillo.

En cuanto a Siluriformes, el grupo más representativo fue el de las carachamas (familia Loricariidae), de las que registramos 14 especies (11% del total). Casi todas las especies que identificamos son pequeñas y adaptadas a las quebradas de bosque de cabeceras. Resaltan por su importancia en procesos de degradación de materia orgánica *Hypostomus* spp. (del grupo "cochliodon") y *Panaque dentex,* cuyos dientes en forma de cuchara son una adaptación única entre los loricáridos y que les permite consumir madera (Schaefer y Stewart 1993; Armbruster 2003). De esta manera, en ambientes donde pudieran ser relativamente abundantes ayudarían en la degradación de restos de troncos que caen sobre las quebradas, como se observó frecuentemente en las cabeceras evaluadas y en donde el aporte de insumos del bosque a los cuerpos de agua es grande.

En general, la ictiofauna de la propuesta ACR Maijuna estuvo dominada por especies de peces pequeños (80% del total registrado). La mayoría de las formas registradas son micromnívoros que aprovechan cuanto recurso provenga del bosque (semillas, polen, frutos, restos vegetales, artrópodos), así como la poca producción natural acuática (microalgas sobre los sustratos duros y macroinvertebrados, principalmente). Esta categoría incluye a la mayoría de los carácidos (*Moenkhausia, Hemigrammus, Tyttocharax, Knodus*), los pequeños bagres auqueniptéridos (*Centromochlus, Tatia*) y heptaptéridos (*Myoglanis, Pariolius*), y varias de las especies de peces eléctricos (*Hypopygus, Gymnorhamphichthys)* y rivúlidos (*Rivulus*). Los eritrínidos (*Hoplias, Erythrinus, Hoplerythrinus*) y la anguila eléctrica *(Electrophorus electricus*) representan los depredadores tope de estas comunidades de peces de cabeceras. En particular, cabe resaltar que observamos varios individuos grandes (>1 m de longitud) de la anguila eléctrica habitando quebradas de menos de 30 cm de profundidad (Fig. 5N).

Curupa

Identificamos 85 especies de peces de un total de 1,187 individuos colectados u observados (42% del total del inventario: 2,822). El orden Characiformes, con 40 especies, y el orden Siluriformes, con 27 especies, exhibieron la mayor diversidad específica. Cincuenta especies de las 85 registradas (59%) fueron encontradas solamente en este sitio, mientras que las 35 restantes tienen distribuciones en otras cuencas de Loreto y de la Amazonía peruana en general. El registro de *Hemibrycon* cf. *divisorensis* representa una posible extensión de rango geográfico (Fig. 5K). Además, encontramos una especie potencialmente nueva del género *Pseudocetopsorhamdia* sp.

Las especies de mayor abundancia en Curupa fueron todas de la familia Characidae, de las cuales *Knodus orteguasae* fue la más común (342 individuos, 29% del total para el sitio). Esta especie, que fue encontrada en las quebradas en Curupa, tiene amplia distribución en la Amazonía peruana (hasta Madre de Dios y en el piedemonte andino hasta los 500 m). Otros carácidos típicos del llano amazónico que fueron abundantes en Curupa son *Hemigrammus* aff. *bellottii* (166 individuos, 14%) y *Tyttocharax cochui* (97 individuos, 8%). Esta última es una especie muy pequeña que alcanza la madurez sexual con tallas cercanas a 1 cm, y que habita principalmente las quebradas de bosque. El género *Tyttocharax,* de la subfamilia Glanduclocaudinae (Weitzman y Vari 1988), se caracteriza por poseer una glándula secretora de feromonas en la aleta caudal (Weitzman y Fink 1985), lo que representaría una adaptación reproductiva ventajosa ante su reducida capacidad de desplazamiento en comparación con especies de mayor tamaño, en un ecosistema muy fluctuante como son las quebradas en Curupa.

Las carachamas (familia Loricariidae), con nueve especies, fue otro grupo abundante en Curupa. La más común fue una especie de *Ancistrus*, registrada en casi todos los puntos de muestreo y encontrada tanto en las quebradas de aguas quietas de la parte baja del Curupa y Yanayacu así como en aguas más torrentosas y en sustratos duros cerca de la divisoria de aguas. El género *Ancistrus* tiene amplia distribución en Perú y es uno de los pocos dentro de la familia que han sido registrados desde el llano amazónico hasta más de 1,000 m de altura en los Andes orientales. Destacan también entre los loricáridos tres especies comedoras de madera (*Hypostomus ericeus, H. pyrineusi* y *Panaque dentex*).

Peces de consumo fueron poco frecuentes en Curupa, a pesar de que se empleó una red trampera en la quebrada Yanayacu. Esta red, llevada por los Maijuna de Nueva Vida para atrapar individuos con fines de alimentación, permitió la captura de algunas lisas (*Leporinus friderici, Schizodon fasciatus*), un cunchi (*Pimelodella* cf. *gracilis*), una piraña blanca (*Serrasalmus rhombeus*), una carachama (*Hypostomus ericeus*) y un cunchinovia (*Tatia dunni*).

En general, la abundancia en Curupa fue relativamente baja comparada con Piedras, lo cual fue reflejado por las bajas capturas con la red de espera. Registramos varias especies raras o poco frecuentes pero que tienen valor ornamental. Estas especies pertenecen a tres órdenes (Characiformes, Perciformes y Siluriformes) y son las siguientes: *Nannostomus trifasciatus, Batrochoglanis* cf. *raninus, Monocirrhus polyacanthus, Boehlkea fredcochui, Apistogramma luelingi,* y *Corydoras rabauti* y *C. semiaquilus.*

Piedras

Identificamos 73 especies de peces, entre 1,602 individuos colectados u observados (57% del total del inventario); 38 de las especies fueron encontradas solamente en este sitio (52% del total para Piedras). Los grupos dominantes en diversidad fueron Characiformes (con 49 especies) y Siluriformes (con 16). Comparado con Curupa, se obtuvo mayor abundancia en Piedras con un menor esfuerzo de muestreo (6 vs. 5 puntos de evaluación, respectivamente), lo que estaría relacionado a un mejor estado de conservación. En Piedras no se tuvo registro o indicios de pesca con tóxicos (barbasco específicamente) como si se realizó en Curupa (según lo mecionado por los Maijunas durante el inventario).

En este sitio, si bien hubo mayor abundancia de peces, las abundancias relativas por especie no fueron tan marcadamente dominantes como se observó en Curupa. Así, *Moenkhausia collettii, M. cotinho* y *Hyphessobrycon bentosi* presentaron cada una el 12% de lo que registramos para Piedras, todas de la familia Characidae. Sin embargo, estas especies no fueron tan comunes en el área (las registramos en 60% de los hábitats evaluados), en comparación con *Knodus orteguasae, Tyttocharax cochui* y Bryconops *caudomaculatus*, que fueron registradas en el 100% de los hábitats aunque en menores abundancias totales (entre 4% y 8%). Estas especies son de amplia distribución en la Amazonía peruana, en especial el llano amazónico para las especies de *Moenkhausia* e *Hyphessobrycon.*

Entre los Siluriformes, menos especies fueron registradas en Piedras que en Curupa, lo que también coincidió con una notoria menor abundancia de este orden. Así, registramos cinco especies de carachamas (Loricariidae), menor número que en Curupa (nueve), ocurriendo además que casi todas las especies fueron registradas sólo en el río Algodoncillo (con excepción de *Ancistrus* sp.). La menor abundancia de esta familia en el sitio Piedras (9 individuos vs. 31 en Curupa) pudiera estar relacionada a la menor frecuencia de troncos sumergidos en las quebradas pequeñas (con excepción del río Algodoncillo), que son sustratos muy aprovechados por carachamas para alimentación (raspando algas que crecen sobre ellos) o para refugio o sitio de anidamiento (Goulding et al. 2003).

El pequeño bagre *Centromochlus perugiae* (Fig. 5L), constituyó el siluriforme de mayor abundancia en este sitio, con 26 individuos colectados. Esta especie fue particularmente abundante en la quebrada Chino, donde colectamos 24 ejemplares. Especie de pequeño tamaño, durante el día se esconde dentro de huecos o canales de troncos sumergidos, para lo cual utiliza sus espinas pectorales a manera de ancla para evitar ser llevado por la corriente. Su patrón de pigmentación reticulado (manchas negras redondeadas entre bordes blancos) lo hacen atractivo como especie ornamental.

En este sitio registramos la mayor variedad y abundancia de especies de consumo de todo el inventario, las que habitan principalmente los hábitats acuáticos grandes como el río Algodoncillo y la quebrada Agua Blanca. Particularmente, en esta última fueron capturadas en un poco más de dos horas de pesca con anzuelo varios individuos de dos especies de sábalo (*Brycon* cf. *hilarii, B. cephalus*), lisas (*Leporinus friderici*) y pirañas (*Serrasalmus* cf. *maculatus* y *Serrasalmus spilopleura*), indicando condiciones óptimas para el establecimiento de poblaciones de peces migratorios medianos de importancia de consumo.

Sucusari

Identificamos 14 especies de peces, entre 33 individuos observados (1% del total del inventario). Estas especies corresponden a tres órdenes: Characiformes con diez especies, mientras que Siluriformes y Perciformes presentaron dos especies cada uno. Este resultado es bajo en riqueza y está relacionado principalmente al poco tiempo disponible para evaluar esta zona. En cuanto a la abundancia, si bien registramos pocas especies, esperabamos mayores cantidades de individuos de carácidos pequeños como suele observarse en hábitats abiertos similares (como son las playas de ríos con mucha exposición a la radiación solar y poca cobertura vegetal sobre el cuerpo de agua, según lo que se ha observado en otros inventarios rápidos como Ampiyacu, Güeppí y Yavarí).

Las especies registradas en el río Sucusari son en su mayoría de amplia distribución en Loreto y otras cuencas en el Perú. Sin embargo, ocho especies de este sitio no las habíamos registrado en Curupa o Piedras: *Leporinus aripuanaesis, Hemigrammus levis, Paragoniates alburnus, Prionobrama filigera, Carnegiella myersi, Limatulichthys griseus, Rhineloricaria* sp. 2 y *Biotodoma cupido*, es decir, el 57% de las especies en Sucusari fueron adiciones para la lista final de especies del inventario rápido. La mayoría de estas especies han sido registradas en otras cuencas en Loreto y otros ríos grandes, como el Urubamba hasta Madre de Dios (Ortega et al. 2001, Goulding et al. 2003), y su no registro en Curupa y Piedras puede deberse a que el Sucusari fue el hábitat más grande evaluado en el ACR Maijuna y que mayor influencia tiene de la cuenca principal del Napo por su cercanía (que ofrece hábitats donde estas especies suelen ser más comunes).

DISCUSIÓN

La diversidad de peces que encontramos en la propuesta ACR Maijuna es alta, pero subestimada según nuestras aproximaciones a la riqueza total para el área que podría significar casi el doble de las 132 especies que hemos identificado. Así, nuestro número estimado total de especies es alrededor de 240 especies, basado en cálculos hechos con la matriz de abundancia por puntos de muestreo en el programa EstimatesS (Colwell 2005).

Considerando que más del 90% de los hábitats evaluados correspondieron a aquellos más próximos de las nacientes, es de esperar que las zonas bajas y que atraviesan mayores periódos de inundanción contengan especies de mayores tamaños como muchas especies migratorias de escama y cuero, entre ellas curimátidos como la yambina y el yahuaraqui, otras especies como palometas, y grandes bagres como doncellas, zúngaros y dorados, que son de gran importancia biológica y económica (Goulding 1980).

De hecho, los Maijuna reportaron la presencia de gamitana (*Colossoma macropomum*), paco (*Piaractus brachypomus*), arahuana (*Osteoglossum bicirrhosum*) y paiche (*Arapaima gigas*) en la cuencas del Yanayacu y Algodón, y que representan una oportunidad grande para manejo de recursos en beneficio de ellos mismos. Los Maijuna mencionaron con mayor énfasis que las poblaciones de paiche en el Algodón están en recuperación debido a las medidas de control que ellos han estado aplicando en esta zona en los últimos dos a tres años para evitar su extracción indiscriminada por parte de pescadores foráneos. La conservación de estos recursos es una tarea prioritaria debido a su alta demanda comercial y la existencia de pocas áreas en el Perú donde legalmente están bajo protección (Ortega e Hidalgo 2008).

Observamos que de manera general el estado de conservación fue mejor en Piedras que en Curupa y Sucusari. Este resultado podría ser el reflejo del mayor impacto de la extracción de madera en el pasado (y otras actividades unidas a ella) en Curupa según lo manifestado por los Maijuna. Por ejemplo, se pudo observar una menor abundancia de peces en las capturas con la red de espera en Curupa. Asimismo, el uso de barbasco por parte de estos madereros (hecho también manifestado por los Maijuna) explicaría la baja abundancia de especies medianas y grandes las que estarían en recuperación luego de dos del años de cese de esta actividad. Nos fue mencionado que en la cuenca del Sucusari ha habido una extracción fuerte de recursos pesqueros asociado a un uso intenso del barbasco, lo que también fue señalado como causa de la escasez de peces en el río.

Otro factor que también influencia en la abundancia de peces en una determinada zona es la cantidad de nutrientes en el agua, lo que determina de manera directamente proporcional la productividad primaria. A mayor productividad primaria, mayor la abundancia de los cardúmenes de peces, lo que ocurre en áreas inundables de los ríos de aguas blancas (por ejemplo, las áreas de inundación del Ucayali, Amazonas, Yavarí), a diferencia de las similares en ríos de aguas negras que presentan escasos nutrientes (por ejemplo, las áreas de inundación del Nanay asociadas a aguajales). En este caso, nos fue mencionado que las áreas bajas del río Algodoncillo presentan buenas abundancias de peces. Si tenemos en cuenta que este río es una mixtura de agua negra y clara, se esperaría que la parte baja del Curupa que es de agua blanca tuviera buenas abundancias de peces, lo que nos fue manifestado ha disminuido debido a la pesca indiscriminada y con sustancias tóxicas por parte de los madereros.

Como se describió previamente, Characidae es la familia dominante en cuanto a diversidad, y de ésta los géneros *Moenkhausia*, *Hemigrammus* y *Hyphessobrycon* fueron los de mayor riqueza específica. La importancia de estos géneros y de otros carácidos pequeños es que constituyen parte de la biomasa principal de peces en estos ecosistemas de nacientes (Barthem et al 2003). Adicional a ello, la mayoría son típicos de la Amazonía baja loretana, y tienen valor ornamental (Campos-Baca 2006).

Así como detectamos la presencia de sábalos, pirañas y lisas en los ríos principales evaluados (en especial el río Algodoncillo), es de esperar que otras especies de importancia pesquera estén en este hábitat y en similares, y en abundancias grandes, lo que se puede deducir indirectamente por la presencia de especies piscívoras como el bufeo y nutrias de río, los que fueron observados en la zona de estudio por otros miembros del equipo del inventario rápido.

En general, los ecosistemas acuáticos de cabeceras son áreas donde se estarían dando procesos de especiación muy fuertes, debido a las condiciones fluctuantes de estos ecosistemas; es decir, quebradas que con lluvias temporales pueden incrementar su caudal hasta inundar el bosque aledaño por horas, para luego de ello disminuir a caudales pequeños menos de 2 m de ancho. Estas fuerzas modifican mucho el sustrato del fondo de los hábitats acuáticos, y las propiedades fisicoquímicas del agua (como la concentración de oxígeno disuelto, la turbidez, etc.), ante lo cual las especies tienen que presentar adaptaciones que les permitan soportar estas variaciones (Winemiller y Jepsen 1998). Sin embargo, a pesar de esta adaptabilidad, cuando ocurren cambios muy drásticos en el bosque ribereño que pueden ser irreversibles o reversibles en periodos muy largos de tiempo (p. ej., deforestación intensa, o contaminación fuerte) puede haber extinción local de las especies con reducciones de la diversidad en más del 50% (Sabino y Castro 1990).

Comparaciones con otros inventarios y otros sitios

Comparativamente con otras regiones de Loreto, la propuesta ACR Maijuna representa un área de alta diversidad en concordancia con lo observado para Ampiyacu-Apayacu-Yaguas-Medio Putumayo (Hidalgo y Oliveira 2004) y Nanay-Mazán-Arabela (Hidalgo y Willink 2007), que son las áreas ictiológicamente estudiadas más cercanas al ACR Maijuna. Con estas dos regiones comparte sistemas de drenaje tanto del Napo como del Putumayo, sin embargo la similaridad que encontramos fue relativamente baja. Por ejemplo, 39% de las especies que registramos en el ACR Maijuna estuvieron en Ampiyacu-Apayacu-Yaguas-Medio Putumayo, mientras que el 36% en Nanay-Mazán-Arabela, siendo el 20% de las especies en el ACR Maijuna comunes con ambos sitios.

En términos de diversidad ictiológica, este resultado sería un indicador de la alta riqueza y heterogeneidad de las comunidades de peces en Loreto, siendo el ACR Maijuna una pieza importante en este mosaico de comunidades fluctuantes. Con excepción de los potenciales nuevos registros y especies nuevas para la ciencia, más del 90% de las especies del ACR Maijuna están presentes en otras cuencas tanto de Perú (Ortega y Vari 1986) como sudamericanas (Reis et al. 2003), por lo que para intentar entender los patrones de distribución de las especies son necesarios aún muchos más estudios en áreas con vacíos de información, siendo interesante empezar por aquellas nunca exploradas y que están cercanas o aledañas a áreas previamente estudiadas como ANPs o cuencas ya inventariadas.

Especies raras, especies nuevas, extensiones de rango

La mayoría de especies encontradas corresponden a la ictiofauna típica de Loreto, especialmente del llano amazónico. Sin embargo, obtuvimos algunos registros notables como especies posiblemente nuevas y extensiones de rango geográfico. Las especies posiblemente nuevas pertenecen a tres géneros: *Pseudocetopsorhamdia* (encontramos la misma especie en la zona de Arabela durante el Inventorio Rápido Nanay-Mazán-Arabela; Hidalgo y Willink 2007); *Bunocephalus* (un pequeño bagre aspredínido conocido como sapocunchi o *banjo catfish* que registramos solamente en las quebradas de fondo arenoso en estas cabeceras de la propuesta ACR Maijuna, Fig. 5E); y *Bujurquina* (un especímen adulto muy colorido con tonos de rojo, turquesa en la cabeza, y que hasta la fecha no se conocía que especies de este género en Perú tuvieran estos patrones de coloración tan marcados, lo cual sí es típico en otros géneros de cíclidos, Fig. 5F). La mayoría de especies de esta familia tienen alto valor ornamental.

En Curupa encontramos una especie de *Hemibrycon* (Fig. 5K) que es muy parecido al *H. divisorensis* recientemente descrito de la Zona Reservada Sierra del Divisor durante el Inventario Rápido en este lugar (Bertaco et al 2007). No se han tenido registros de esta especie fuera de Sierra del Divisor, por lo que encontrarlo en la cuenca del Napo y en un hábitat relativamente similar (cabeceras, aguas con torrente, fondo pedregoso-arenoso, aguas claras) representaría una extensión de rango de más de 500 km. Es posible que también pudiera tratarse de una especie nueva para la ciencia.

En el río Algodoncillo encontramos *Corydoras ortegai*, el cual es un pequeño bagre calíctido que fue descrito de la cuenca del Alto Yaguas durante el Inventario Rápido de Ampiyacu (Britto et al. 2007). Este registro constituye una extensión del rango de distribución conocida de esta especie, la cual aparentemente sólo habita tributarios menores de la cuenca del Putumayo en el lado peruano.

Hay tres muy probables nuevos registros para el Perú—*Characidium pellucidum* (Fig. 5G), *Melanocharacidium pectorale* (Fig. 5H) y *Jupiaba* aff. *abramoides* (Fig. 5J)—que son resultados también de nuestro inventario ictiológico. Las primeras dos especies han sido reportadas para Leticia en el Putumayo colombiano (Galvis et al. 2006), pero no estaban registradas en la lista de peces del Perú (Ortega y Vari 1986; Chang y Ortega 1995). *Jupiaba* aff. *abramoides* está reportada para las Guyanas (Planquette et al. 1996) y es la más próxima a la especie de este género que encontramos en la cuenca del Algodoncillo.

RECOMENDACIONES PARA LA CONSERVACIÓN

Manejo y Monitoreo

- Consultar la Ordenanza Regional 020-2009- GRL-CR (*www.regionloreto.gob.pe*) vigente desde el 15 de octubre de 2009, referida a la conservación y protección de las cabeceras de cuenca de los ríos ubicados en la región Loreto, para tener el sustento legal de hacer respetar estas áreas en las cuencas de los ríos Yanayacu y Algodón, que se encuentran en buen estado y sustentan una alta diversidad de especies. Los variados microhábitats en la propuesta ACR Maijuna se presentan como lugares de alimentación, reproducción y cría de muchas especies de importancia ecológica y comercial. Esta característica convierte a la zona en una fuente de recursos ícticos para cada cuenca, y su protección permitirá sustentar la presión pesquera aguas abajo.
- Estudiar poblaciones de *Arapaima gigas* (paiche) y *Osteoglossum bicirrhosum* (arahuana) en la cuenca del río Algodón y los cuerpos de agua asociados al sector de la propuesta ACR Maijuna. Estudios enfocados en estas especies permitirán determinar el estado actual de sus poblaciones y en base a esta información establecer medidas adecuadas para el manejo de recursos por parte de las comunidades locales. Asimismo, recomendamos que se haga un diagnóstico objetivo de la pesquería de otras especies de peces de importancia económica para desarrollar estrategias de su uso racional.
- No permitir el uso de métodos nocivos de pesca y no selectivos en los diferentes cuerpos de agua. El establecimiento de campamentos asociados a la tala de árboles cerca de Curupa causó erosión de los suelos y alteración de hábitats acuáticos, además de promover una extracción inadecuada de los recursos ícticos. Aunque es difícil predecir el grado de impacto por el uso del barbasco en estas aguas hasta el año 2007, podemos suponer que los cuerpos de agua se encuentran en un estado de recuperación natural como ha sido observado en otras áreas en el Perú donde luego del no uso de barbasco ha habido recuperación de las poblaciones de peces (Rengifo com. pers.).

Investigación

- Llevar a cabo evaluaciones limnológicas que determinen la calidad de los cuerpos de agua trabajados, que permitirá posiblemente corroborar su buen estado debido a la presencia de indicadores biológicos observados como insectos de las familias Ephemeroptera y Plecoptera (Roldán y Ramírez 2008) y colectados como peces de la familia Heptapteridae que se encuentran asociados a cuerpos de agua de segundo orden (Reis et al. 2003).
- Incentivar y promover actividades de piscicultura en las comunidades Maijuna, no sólo como fuente de proteína animal sino también como parte de un programa de generación de ingresos alternativo por la venta de pescado de importancia comercial. Sábalos, boquichicos, tucunaré y paco son especies con experiencias desarrolladas y que tienen como base ser nativas, de crecimiento rápido y bajo costo.
- Realizar un estudio de los peces colectados en nuestro inventario que son considerados de tipo ornamental (53 especies, que es 45% de las especies colectadas). El uso posible de estos recursos potenciales está asociado a estrategias y manejos adecuados que eviten la sobreexplotación y que permitan una sostenibilidad en el tiempo.

Inventarios adicionales

- Inventariar las cinco zonas de cabeceras no muestreadas dentro de la propuesta ACR Maijuna, lo que permitirá expandir la lista de especies ícticas.
- Colectar en cuerpos de agua lénticos particulares (aguajales y cochas dentro de la propuesta ACR Maijuna) que pueden estar asociadas a especies nuevas y/o endémicas.
- Evaluar la diversidad de ictiofauna del río Algodón y las lagunas asociadas a este río, incluyendo la estimación del tamaño de las poblaciones de *Arapaima gigas* (paiche) y *Osteoglossum bicirrhosum* (arahuana).

ANFIBIOS Y REPTILES

Autores: Rudolf von May y Pablo J. Venegas

Objetos de conservación: Dos especies amenazadas incluidas en la categoría de Vulnerable según la Unión Internacional para la Conservación de la Naturaleza (IUCN 2009), la rana arlequín (*Atelopus spumarius*) y la tortuga "motelo" (*Chelonoidis denticulata*); una especie de caimán de frente lisa (*Paleosuchus trigonatus*), categorizada como Casi Amenazada según el gobierno Peruano (INRENA 2004); 28 especies (21 anfibios y 7 reptiles) con distribución restringida a la porción noroeste de la cuenca amazónica (Ecuador, sur de Colombia, noreste de Perú y extremo noroeste de Brasil); bosques intactos y cabeceras de cuenca habitadas por una alta diversidad de anfibios con desarrollo directo (*Pristimantis* spp.) y anfibios con desarrollo acuático asociados a quebradas de aguas claras y fondo arenoso (la rana arlequín y la rana de vidrio [*Cochranella midas*])

INTRODUCCIÓN

La región Loreto, junto a la Amazonía de Ecuador, sur de Colombia y extremo noroeste de Brasil, forma parte de una de las regiones con mayor diversidad de anfibios y reptiles en el ámbito mundial. No obstante, la herpetofauna en esta extensa región presenta patrones de distribución heterogéneos que dificultan una eficaz prospección (Duellman 1978). En las últimas décadas, muchos de los esfuerzos por documentar la diversidad de la herpetofauna de la cuenca amazónica se han concentrado en Loreto y Ecuador: herpetofauna de Santa Cecilia (Duellman 1978), reptiles de la región de Iquitos (Dixon y Soini 1986), anuros de la región de Iquitos (Rodríguez y Duellman 1994) y la herpetofauna del norte de Loreto (Duellman y Mendelson 1995). Asimismo, durante la última década se han realizado una serie de inventarios rápidos en las partes más remotas de Loreto con la finalidad de promover la protección de más áreas naturales. Estos inventarios han recopilado información muy valiosa acerca de la diversidad de anfibios y reptiles en la Amazonía: Yavarí (Rodríguez y Knell 2003); Ampiyacu, Apayacu, Yaguas y Medio Putumayo (Rodríguez y Knell 2004); Sierra del Divisor (Barbosa de Souza y Rivera 2006); Matsés (Gordo et al. 2006); Mazán-Nanay-Arabela (Catenazzi y Bustamante 2007); y Cuyabeno-Güeppí (Yánez-Muñoz y Venegas 2008). A pesar de estos esfuerzos por documentar la diversidad herpetológica de la Amazonía peruana, muchas áreas remotas aún esperan por ser estudiadas.

Con la finalidad de justificar la importancia biológica de la propuesta Área de Conservación Regional (ACR) Maijuna, documentamos la riqueza y composición de especies de herpetofauna encontrada durante dos semanas de inventario rápido. Además, para resaltar la particularidad de la propuesta ACR Maijuna en el contexto de la visión de conservación del Gobierno Regional de Loreto, comparamos nuestros resultados con los de otros sitios evaluados previamente mediante inventarios rápidos realizados en Loreto.

MÉTODOS

Realizamos el muestreo de campo entre el 15 y el 30 de octubre de 2009. Evaluamos dos sitios principales, Curupa (5 días efectivos de muestreo) y Piedras (7 días efectivos de muestreo), los cuales forman parte de dos cuencas diferentes (río Napo y río Putumayo, respectivamente). Incluimos un tercer sitio, Sucusari (cuenca del río Napo), como punto de comparación debido a que esa área está ubicada junto a la propuesta ACR Maijuna y ha sido objeto de estudios previos (Rodríguez y Duellman 1994). Muestreamos los alrededores del albergue de ExplorNapo (1.5 días efectivos) para caracterizar este tercer sitio.

En cada sitio realizamos búsquedas diurnas y nocturnas siguiendo el método de inventario libre en varios tipos de hábitat terrestre y acuático (Heyer et al. 1994). Los hábitats terrestres incluyeron bosques de tierra firme con varios tipos de vegetación y composición edáfica asociados a colinas altas y bajas, bosques de terraza inundable, aguajales pequeños y vegetación ribereña (lados de varias quebradas y lados del río Algodoncillo). Los hábitats acuáticos incluyeron quebradas de agua clara, quebradas de agua blanca y el río Algodoncillo (agua blanca). Adicionalmente, muestreamos 20 parcelas de hojarasca (Jaeger e Inger 1994) de 5 x 5 m (diez en Curupa y diez en Piedras), las cuales fueron instaladas en tierra firme, bosque de terraza inundable y la transición entre estos dos hábitats. En cada parcela, tres o cuatro observadores buscaron animales moviendo troncos, piedras y vegetación superficial.

Fig. 12. Ubicación de los dos sitios (Curupa y Piedras) evaluados durante el inventario en la propuesta ACR Maijuna en relación a otros sitios evaluados previamente mediante *Rapid Inventories* (inventarios rápidos) realizados en Loreto. Las líneas concéntricas indican las distancias alrededor del punto central entre los campamentos Curupa y Piedras.

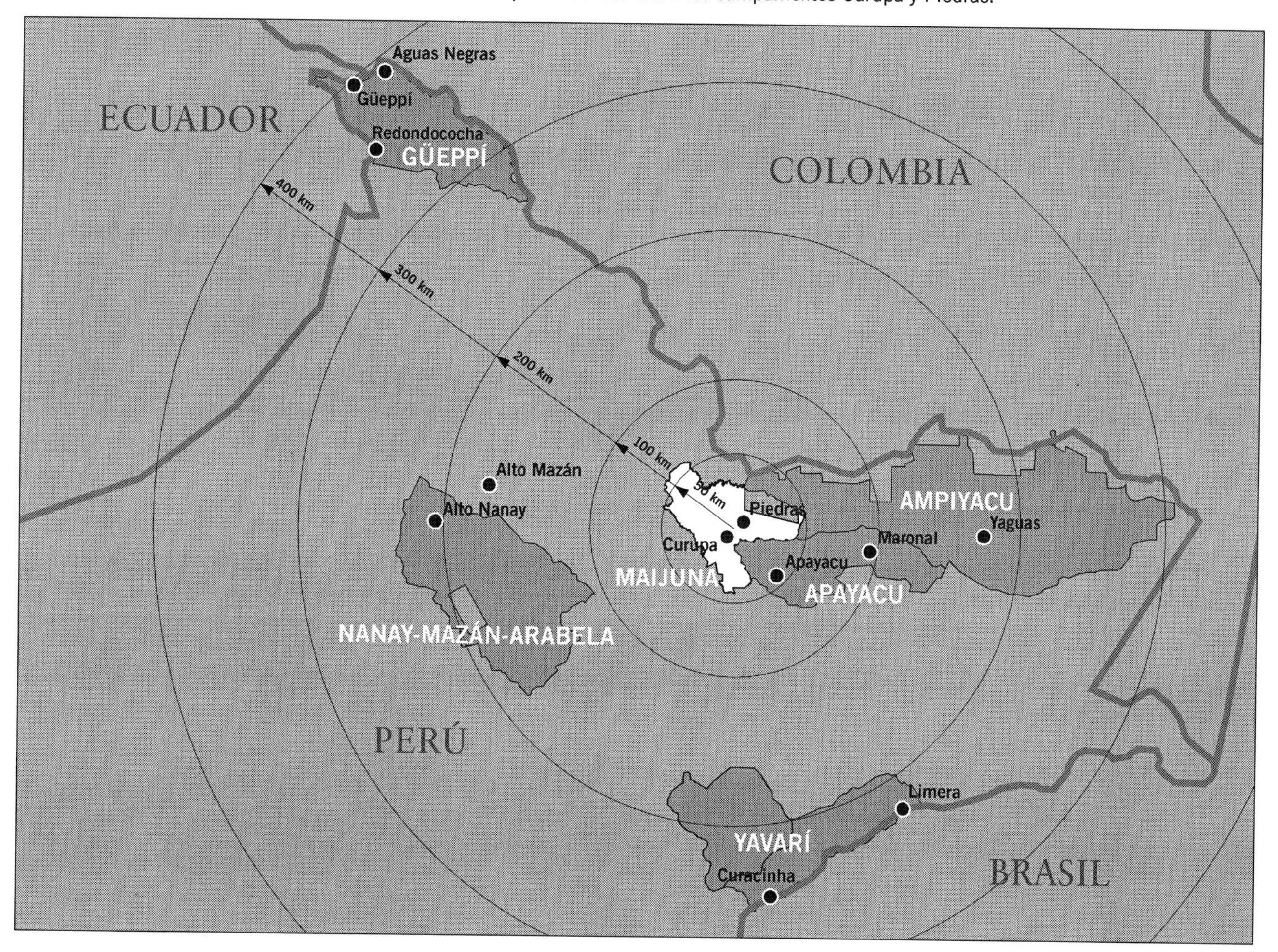

Evaluamos la riqueza y composición de especies en los dos sitios principales (Curupa y Piedras) e hicimos comparaciones con diez sitios muestreados en inventarios rápidos realizados anteriormente en Loreto. La selección de sitios para esta comparación se realizó en base a las observaciones de la vegetación, topografía y los suelos realizadas por parte del equipo de botánicos. Los sitios seleccionados exhibieron una diversidad edáfica, topográfica y de tipos de vegetación similar a la observada en el presente inventario. Además, estos sitios están distribuidos en áreas al este, norte y oeste de la propuesta ACR Maijuna (Fig. 12) y han sido muestreados con un esfuerzo similar al presente inventario (4–7 días por sitio). Específicamente, usamos los siguientes sitios para las comparaciones: Curacinha y Limera (campamentos 1 y 3 en Yavarí; Rodríguez y Knell 2003); Yaguas, Maronal y Apayacu (campamentos 1, 2 y 3 en Ampiyacu; Rodríguez y Knell 2004); Alto Mazán y Alto Nanay (campamentos 1 y 2 en Nanay-Mazán-Arabela; Bustamante y Catenazzi 2007); Redondococha, Güeppí y Aguas Negras (campamentos 2, 4 y 5 en Güeppí; Yánez-Muñoz y Venegas 2008). Excluimos otros sitios cercanos (p. ej., Zona Reservada Allpahuayo-Mishana) debido a que han sido muestreados con un esfuerzo mucho mayor (años en el caso de Allpahuayo-Mishana; Rivera y Soini 2002).

Para analizar nuestros datos, primero hicimos una comparación de la riqueza de especies y la abundancia relativa de la herpetofauna registrada en Curupa y Piedras. Esta comparación de abundancia relativa estuvo basada en datos estandarizados con respecto al número total de individuos encontrados por sitio. Para comparar Curupa y Piedras con otros sitios de Loreto, hicimos un análisis de cluster basado en una matriz de presencia/ausencia y el índice de similitud de Jaccard. Para este análisis usamos el programa PAST (Hammer et al. 2001). También evaluamos gráficamente la relación entre el número de especies compartido entre todos los pares de sitios posibles y la distancia geográfica. Adicionalmente, construimos una matriz de distancias geográficas para todos los pares de sitios posibles y utilizamos la prueba de Mantel (Mantel 1967) para evaluar si existe una correlación entre la similitud y la distancia geográfica. Para esta prueba usamos una hoja de Excel integrada con PopTools (*www.cse.csiro.au/poptools*).

Colectamos especímenes testigo para la mayoría de especies y tomamos fotografías de todas las especies encontradas en cada campamento. Los especímenes colectados fueron depositados en las colecciones herpetológicas del Centro de Ornitología y Biodiversidad (CORBIDI) y el Museo de Historia Natural de la Universidad Nacional Mayor de San Marcos (MUSM), ambos ubicados en Lima. Una muestra representativa de las especies más comunes fue depositada en la colección herpetológica del museo de Zoología de la Universidad Nacional de la Amazonía Peruana, en Iquitos.

RESULTADOS

Riqueza y composición

Encontramos 108 especies, de las cuales 66 son anfibios y 42 son reptiles (Apéndice 4). Registramos 12 familias y 27 géneros de anfibios, de los cuales destacan las familias Hylidae (19 especies, 6 géneros) y Strabomantidae (18 especies, 5 géneros). Registramos 13 familias y 32 géneros de reptiles, de los cuales destacan las familias Colubridae (10 especies, 10 géneros) y Gymnophtalmidae (6 especies, 4 géneros). De las especies registradas, 28 tienen distribución restringida a la porción noroeste de la cuenca amazónica (Ecuador, sur de Colombia, noreste de Perú y extremo noroeste de Brasil). La herpetofauna se encuentra principalmente asociada a cuatro tipos de hábitat terrestre: tierra firme con colinas altas y suelos pobres en nutrientes, bosque de terraza inundable, aguajales pequeños y vegetación ribereña o de quebrada.

Encontramos varias especies de anfibios en asociación a hábitats que pueden favorecer su reproducción. Por ejemplo, especies que usan cuerpos de agua temporales (ranas de los géneros *Leptodactylus, Hypsiboas* y *Dendropsophus*) son comunes en aguajales pequeños y el bosque de terraza inundable. Encontramos una alta riqueza de especies con desarrollo directo (géneros *Hypodactylus*, *Oreobates*, *Pristimantis* y *Strabomantis*) en los bosques de tierra firme con colinas altas. En colinas cercanas a aguajales y quebradas encontramos especies con estadío larval acuático (*Allobates femoralis*, *Ranitomeya duellmani*, *Osteocephalus planiceps*) que típicamente usan pequeños cuerpos de agua contenidos en troncos, hojas caídas, bromelias u otras plantas epífitas para reproducción. Encontramos una mayor abundancia de especies arborícolas (*Osteocephalus cabrerai*, *O. fuscifacies* [Fig. 6L], *O. taurinus* y *Cochranella midas*) asociadas a vegetación ribereña y quebradas.

Varias especies de reptiles también fueron comunes en hábitats terrestres o acuáticos particulares. Por ejemplo, cuatro lagartijas de hojarasca de la familia Gymnophtalmidae (*Cercosaura argulus* y tres especies del género *Alopoglossus*) fueron más abundantes en tierra firme y planicies con colinas bajas que en bosque de terraza inundable. Encontramos varias especies de lagartijas del género *Anolis* en mayor abundancia en los bosques de tierra firme de colinas altas que en otros tipos de bosque. Asimismo, encontramos el motelo (*Chelonoidis denticulata*, Fig. 6N) y serpientes venenosas como el jergón (*Bothrops atrox*) y la shushupe (*Lachesis muta*, Fig. 6P) en tierra firme. Encontramos otras serpientes (*Xenoxybelis argenteus*, *Bothrocophias hyoprora* y *Pseustes poecilonotus*) en bosques de terraza inundable. (Sin embargo, se necesita mucho más esfuerzo de muestreo para detectar si existe un patrón de uso de hábitat en el caso de serpientes.) En la vegetación ribereña y quebradas, encontramos especies de reptiles con hábitos acuáticos y semiacuáticos como el caimán de frente lisa (*Paleosuchus trigonatus*, Fig. 6M), la anaconda (*Eunectes murinus*) y la lagartija *Potamites ecleopus*.

Fig. 13. Abundancia relativa de las 16 especies más abundantes encontradas en dos sitios en la propuesta ACR Maijuna.

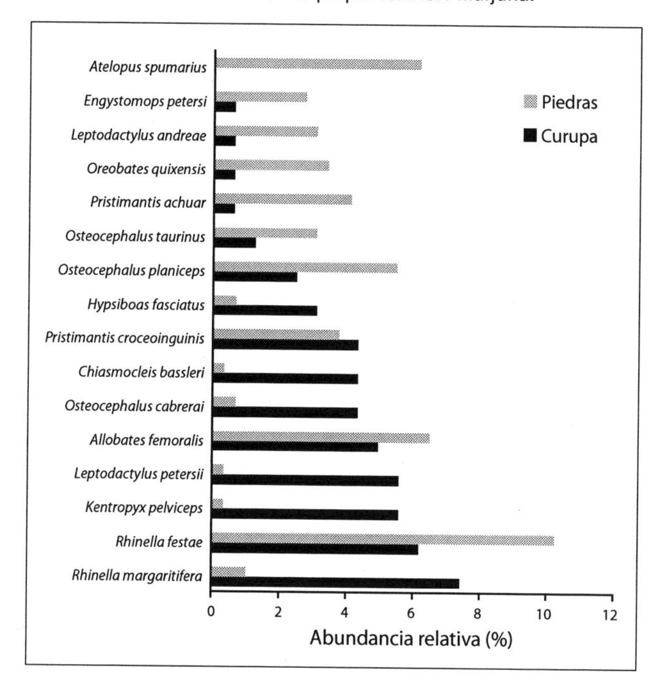

Comparación entre Curupa y Piedras

El esfuerzo de muestreo en Piedras fue mayor (7 días vs. 5 días en Curupa), pero no existió una gran diferencia en términos de riqueza de especies; la distancia entre ambos campamentos fue relativamente pequeña (15.3 km en línea recta). De las 108 especies registradas durante el inventario, registramos 68 especies en Curupa y 78 en Piedras. Ambos sitios compartieron más del 50% del total de especies registradas durante el inventario rápido. No obstante, existen ciertas diferencias en la disponibilidad de hábitats en cada sitio. Por ejemplo, en Piedras encontramos más quebradas con agua clara y fondo arenoso que en Curupa y es allí donde encontramos especies que usan quebradas con aguas claras y fondo arenoso para su reproducción (*Cochranella midas* y *Atelopus spumarius*, Fig. 6D); las larvas de ambas especies completan su desarrollo en este tipo de hábitat acuático (Rodríguez y Duellman 1994).

La estructura de la comunidad de herpetofauna puede ser caracterizada de manera preliminar en base a la abundancia relativa de las especies comunes encontradas en cada sitio (Fig. 13). La mayoría de estas especies fue detectada en ambos sitios, aunque su abundancia relativa varió con respecto al sitio. *Atelopus spumarius* fue la única especie común detectada en un solo sitio (Piedras). Otro grupo menos común, pero que exhibió diferencias en presencia/ausencia y abundancia relativa entre los dos sitios, incluye a lagartijas de la familia Gymnophthalmidae. Seis especies de Gymnophthalmidae fueron detectadas en Curupa y sólo tres en Piedras; dos de las tres especies presentes en ambos sitios fueron más abundantes en Curupa y estuvieron asociadas a bosques de tierra firme.

Especies raras, especies nuevas y extensiones de rango

Dos de las las especies registradas, la rana arlequín *Atelopus spumarius* (Fig. 6D) y la tortuga "motelo" *Chelonoidis denticulata* (Fig. 6N), se encuentran en la categoría de Vulnerable de acuerdo a la UICN (IUCN 2009). Además registramos el caimán de frente lisa *Paleosuchus trigonatus* (Fig. 6M), una especie que se encuentra en la categoría de Casi Amenazado según la ley peruana (INRENA 2004). La carne de las dos especies de reptil es consumida tradicionalmente por parte de la población local, al igual que la carne de una especie de anfibio (el *jojo*, o *hualo*, *Leptodactylus pentadactylus*). Cabe resaltar que *Atelopus spumarius* fue registrado en sólo 2 de los 12 sitios usados en nuestra comparación de sitios en Loreto. En Piedras encontramos 18 individuos con un esfuerzo menor a 2 horas-persona de búsqueda, mientras que en Alto Nanay se encontraron cinco individuos en ~2 horas-persona de búsqueda (Catenazzi y Bustamante 2007). Es importante resaltar que el género de ranas neotropicales *Atelopus* posee al menos 85 especies descritas, de las cuales 65 han sido categorizadas como en Peligro Crítico y 3 son consideradas extintas (IUCN 2009). Debido a que el conocimiento sobre el estado poblacional de *A. spumarius* es deficiente para una gran parte de su distribución (Lips et al. 2001), nuestro registro representa una observación puntual de una población con abundancia relativamente alta.

Registramos la segunda localidad conocida para Perú de las especies de rana *Osteocephalus fuscifacies* (Fig. 6L) y *Pristimantis delius* (Fig. 6C), ampliando su rango de distribución en más de 300 km al sur. Para el caso de

P. delius esta especie era conocida sólo para su localidad tipo en Andoas al norte de Loreto (Duellman y Mendelson 1995) y *O. fuscifacies* había sido registrado sólo en la localidad de Aguas Negras en la frontera con Colombia y Ecuador (Yánez-Muñoz y Venegas 2008). También registramos la tercera localidad para Perú de *Pristimantis lythrodes* (ver Duellman y Lehr 2009), ampliando su rango de distribución en 100 km al oeste. Además, registramos una posible nueva especie de *Pristimantis* (grupo *unistrigatus*; Fig. 6A) que difiere de todas las demás especies de *Pristimantis* registradas para la Amazonía peruana por la siguiente combinación de caracteres: (1) dorso totalmente liso, (2) vientre cremoso sin marcas, (3) región posterior de los muslos marrón e (4) iris bicolor (azul marino y rojo).

Conocimiento y uso de la herpetofauna por parte de la población Maijuna

Entrevistamos a dos pobladores Maijuna (Sebastián Ríos Ochoa y Liberato Mosoline Mojica, cuyos nombres Maijuna son Ma taque Dei Oyo y Saba Dei, respectivamente) para conocer sobre los nombres tradicionales y el uso de especies de anfibios y reptiles en el área. En base a láminas fotográficas conteniendo más de 200 especies de la región, los pobladores reconocieron 21 especies y se refirieron a ellas por sus nombres comunes en idioma Maijuna. Las siguientes especies de anfibios fueron reconocidas (nombre en Maijuna en paréntesis[1]): *Leptodactylus pentadactylus* (*jojo*), *Osteocephalus planiceps* (*eque*, reconocido típicamente por la vocalización de los machos), *Phylomedusa bicolor* (*uacuacodo*), *Siphonops annulatus* (*bachi*, palabra que también significa lombriz). Las siguientes especies de reptiles fueron reconocidas: *Ameiva ameiva* (*cochi chido*), *Amphisbaena fuliginosa* (*bachiucu*), *Anolis fuscoauratus* (*namamo*), *Boa constrictor* (*jaisuquiaqui aña*), *Bothriopsis bilineata* (*beco aña*), *Bothrops atrox* (*yiaya cotiaqui*; individuos juveniles de *B. atrox* son llamados *yie aña* en Maijuna y cascabel en castellano, aunque las verdaderas serpientes cascabel [*Crotalus* spp.] no habitan en la región de Loreto), *Chelonoidis denticulata* (*meniyo*), *Chelus fimbriatus* (*mio tada*, aunque esta especie, "mata mata", no fue registrada durante el inventario rápido), *Eunectes murinus* (*ucucui*), *Kentropix pelviceps* (*chido*), *Lachesis muta* (*ñene aña*), *Liophis taeniogaster* (*tota aña*, no registrada durante el inventario rápido), *Oxyrhopus* spp. (*ne aña* o *ma aña*; este nombre es usado para *O. melanogenys*, *O. formosus* y otras culebras rojas denominadas localmente "aguaje machaco", ninguna registrada durante el inventario rápido), *Paleosuchus trigonatus* (*ñucabi totoaco*; este nombre también es usado para refererirse a otros caimanes no registrados durante el inventario), *Platemys platycephala* (*pego*, no registrada durante el inventario rápido), *Siphlophis compressus* (*pede aña*) y *Tupinambis teguixin* (*miibi*).

Los Maijuna consumen tradicionalmente la carne de cuatro especies: *Chelonoidis denticulata*, *Paleosuchus trigonatus*, *Leptodactylus pentadactylus* y *Platemys platycephala*. El cuero de la lagartija *Tupinambis teguixin* es utilizado para fabricar pulseras y el caparazón de la tortuga *C. denticulata* es utilizado para fabricar silbatos que son usados para producir sonidos y supuestamente atraer animales de caza (p. ej., añuje, *Dasyprocta fuliginosa*). Los Maijuna tienen una canción basada en *C. denticulata* (*meniyo*), la cual es típicamente cantada por jóvenes. También tienen varios cuentos basados en varias especies de rana (p. ej., *Osteocephalus planiceps* y *L. pentadactylus*). Uno de los clanes tradicionales de los Maijuna fue *bachi baji* (*bachi* significa "lombriz", palabra también usada para identificar cecílidos; y *baji* significa "clan"). A diferencia de tres clanes existentes en la población Maijuna, el clan *bachi baji* ya no está representado en la actualidad (Sebastián Ríos Ochoa com. pers.).

DISCUSIÓN

Estimamos que la herpetofauna de la propuesta ACR Maijuna puede contener al menos 160 especies, de las cuales aproximadamente 80 son anfibios y 80 son reptiles. Este número estimado está basado en la riqueza de especies conocida para varias áreas de la Amazonía occidental (p. ej., Duellman 1978; Dixon y Soini 1986; Duellman y Mendelson 1995), aunque algunas áreas pueden contener una riqueza aún mayor. Para poner

1 Para una guía de pronunciación, vea el capítulo "Maijuna: pasado, presente y futuro" en este informe.

Fig. 14. Relación entre 12 sitios evaluados en inventarios rápidos en la región Loreto, Perú, basada en un análisis cluster usando el índice de similitud de Jaccard. El número de especies identificadas sin ambigüedad y el número de días efectivos de muestreo están entre paréntesis.

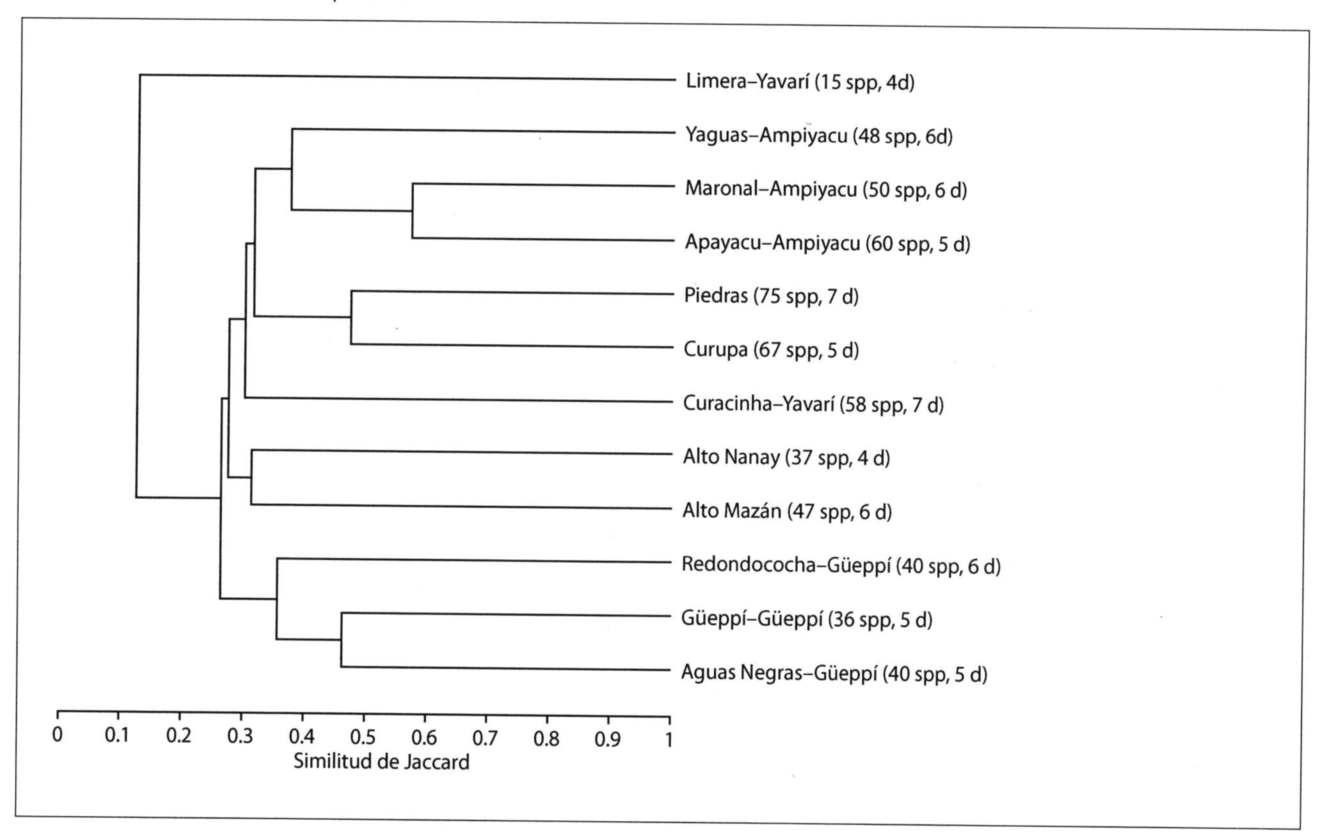

este número estimado en un contexto regional, la herpetofauna de algunos sitios en Loreto contiene más de 200 especies viviendo en un área igual o menor a la de la propuesta ACR Maijuna. Este es el caso particular de la Reserva Nacional Allpahuayo-Mishana, la cual fue muestreada por varios años (Rivera y Soini 2002). De manera similar, más de 200 especies han sido registradas en sitios cercanos en Ecuador (Estación Biológica Tiputini y el Parque Nacional Yasuní; Cisneros-Heredia 2006; Ron 2007). El número de especies que estimamos para la propuesta ACR Maijuna es menor al número de especies en Allpahuayo-Mishana debido a que la propuesta ACR Maijuna no cubre una diversidad edáfica tan grande como Allpahuayo-Mishana. Sin embargo, la singularidad del área Maijuna se basa en que ésta combina tipos de vegetación, suelos y topografía no observados previamente en la Amazonía peruana y es probable que contenga una riqueza de especies ligeramente mayor a la que estimamos aquí.

Comparación con sitios evaluados en otros inventarios rápidos en Loreto

La riqueza de especies de herpetofauna detectada durante nuestro inventario rápido en la propuesta ACR Maijuna (108 especies) está dentro del rango (90–120 especies) registrado en otras áreas evaluadas mediante inventarios rápidos en Loreto (Rodríguez y Knell 2003; Gordo et al. 2006; Bustamante y Catenazzi 2007; Yánez-Muñoz y Venegas 2008). Sin embargo, los dos sitios evaluados en este inventario (Curupa y Piedras) exhiben una riqueza de especies mayor a la encontrada en la mayoría de sitios evaluados individualmente en otras áreas de Loreto (con tres a cinco sitios evaluados por cada inventario rápido).

Nuestro análisis realizado en base a datos de presencia/ausencia en Curupa y Piedras indica que estos dos sitios formaron un grupo más relacionado a los sitios de Ampiyacu, región ubicada al este de la propuesta ACR Maijuna (Fig. 14). Los sitios seleccionados de otras áreas

Fig. 15. Para sitios evaluados previamente en inventarios rápidos en Loreto, el número de especies compartidas entre sitios es inversamente proporcional a la distancia geográfica (correlación de Spearman, r = –0.451, P < 0.001).

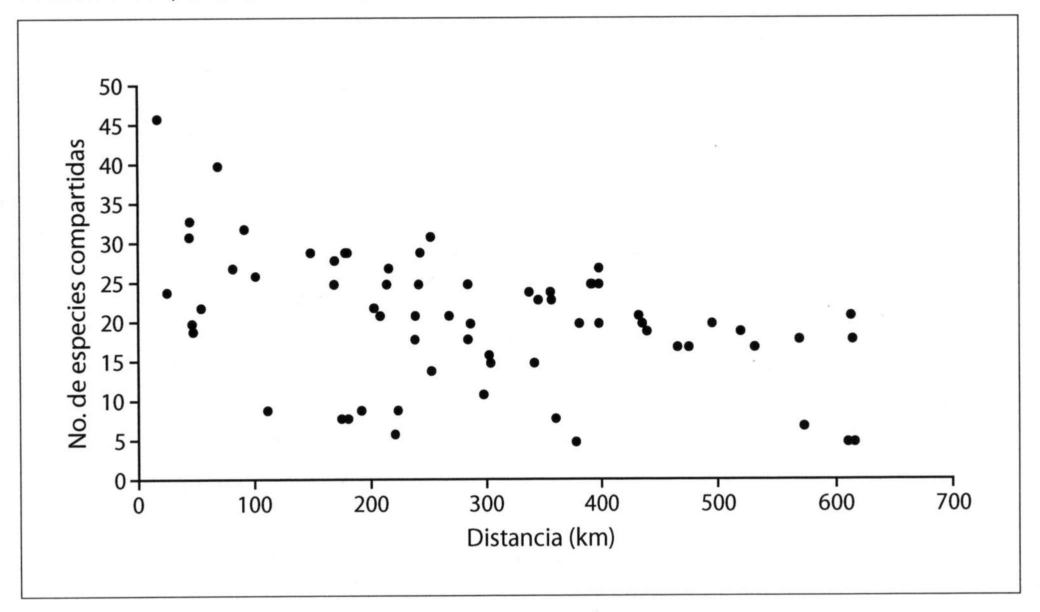

(Ampiyacu, Mazán/Nanay y Güeppí) también formaron grupos distintos, indicando que sitios cercanos son más similares en términos de composición de especies que sitios más alejados. La única excepción fueron los dos sitios evaluados en Yavarí (Limera y Curacinha). Esta discrepancia podría deberse al bajo número de especies identificadas en uno de los sitios (Limera). Sin embargo, si se toma en cuenta todos los pares de sitios posibles, encontramos que el número de especies compartido entre sitios es inversamente proporcional a la distancia geográfica que separa estos sitios (Fig. 15). Este resultado también fue confirmado por nuestro análisis basado en el índice de similitud de Jaccard y la distancia geográfica (prueba de Mantel, $r = -0.442$, $P < 0.001$).

RECOMENDACIONES PARA LA CONSERVACIÓN

Manejo y monitoreo

- Implementar un programa de monitoreo para las dos especies amenazadas e incluidas en la categoría Vulnerable según la UICN (IUCN 2009): la rana arlequín (*Atelopus spumarius*, Fig. 6D) y la tortuga "motelo" (*Chelonoidis denticulata*, Fig. 6N). En el caso particular del motelo, recomendamos llevar a cabo un registro mensual de animales capturados y su tamaño (longitud del caparazón), y evitar la saca de individuos reproductores (es decir, los de talla mayor a 25 cm medidos a lo largo del caparazón; Vogt 2009). Para la rana arlequín, *A. spumarius*, nuestra recomendación está basada en una adaptación del método de monitoreo de especies asociadas a cursos de agua sugerido por Lips et al. (2001). Sugerimos que la rana arlequín sea monitoreada dos veces al año a lo largo del bosque de ribera de la quebrada Piedras. Para este propósito, se podría establecer cuatro transectos de 2 x 400 m, dos a cada lado de la quebrada y separados por al menos 200 m (para mantener la independencia entre transectos). Cada transecto sería muestreado una vez durante el día y una vez durante la noche, con un esfuerzo total de dos días por visita. Los datos a tomarse en estos transectos serán número de individuos, sexo, número de parejas en amplexus, temperatura y humedad relativa. La información tomada en estos monitoreos deberá ser archivada y preparada para publicarse cada tres años en revistas herpetológicas (p. ej., Herpetological Review). Se recomienda que los monitoreos y decisiones de manejo, en caso de notar reducción en la abundancia relativa, sean supervisados por autoridades en conservación del Instituto de Investigaciones de la Amazonía Peruana (IIAP).

- Establecer zonas de veda dentro de la propuesta ACR Maijuna para permitir la recuperación y el mantenimiento de problaciones con individuos reproductores (>25 cm) de motelo, debido a que requiere 12–15 años para llegar a su madurez sexual (Vogt 2009), así como de muchos otros animales usados tradicionalmente por la población local. Estas zonas de veda o intangibles dentro de la propuesta ACR Maijuna serían determinadas de acuerdo a los patrones de reproducción de diferentes especies (reptiles, mamíferos, aves) de uso directo.

Prioridades de investigación e inventarios adicionales

El establecimiento de la propuesta ACR Maijuna asegurará la protección de un área singular para investigaciones sobre la ecología de bosques de colinas altas y suelos pobres típicos de Loreto. El área ofrece la oportunidad de evaluar dos o más sitios que representan varias gradientes en términos de fertilidad de suelos, tipos de vegetación, presión de caza, extracción de madera y de otros recursos, que podrían ser útilmente aprovechados para estudios sobre los patrones de abundancia de los anfibios y reptiles de la zona. Otros temas de importancia para tesistas locales e investigadores incluyen el estudio de los patrones de distribución espacial y temporal (estacionalidad), patrones de abundancia por hábitat, ecología de la comunidad de reptiles de hojarasca y ecología e historia natural de taxa seleccionados (p. ej., *Pristimantis* spp. *Paleosuchus trigonatus* y *Atelopus spumarius* [ver sección anterior]). Nuestro inventario tuvo una duración de sólo 12 días efectivos de muestreo en dos localidades. Inventarios posteriores con mayor duración e incluyendo más localidades, tipos de vegetación, suelos y en diferentes épocas del año incrementarán el número de especies registradas en el ACR Maijuna.

AVES

Autores: Douglas F. Stotz y Juan Díaz Alván

Objetos de Conservación: Aves de las terrazas altas (cuatro especies, incluyendo una especie no descrita de hormiguerito del género *Herpsilochmus*); aves de caza, especialmente el Paujil Nocturno (*Nothocrax urumutum*) y el Paujil de Salvin (*Mitu salvini*); seis especies endémicas de la Amazonía noroccidental; además, 12 especies cuyo límite de distribución en Perú se encuentra en áreas ubicadas al norte del Amazonas; comunidades diversas de aves de bosque

INTRODUCCIÓN

El área al norte del río Amazonas y al este del río Napo no ha sido sujeta a estudios ornitológicos detallados. En el pasado hubo varios colectores, incluyendo a Deville, Castelnau y los Ollala, que obtuvieron especímenes cerca de Pebas y Apayacu en la margen izquierda del Amazonas en el siglo XIX y a inicios del siglo XX (T. Schulenberg com. pers.). El inventario rápido Ampiyacu (Stotz y Pequeño 2004) es el punto de comparación más relevante para nuestro inventario. El sitio más cercano evaluado durante el inventario en Ampiyacu fue Apayacu, ubicado aproximadamente 43 km al sudeste del campamento Piedras que evaluamos en el presente inventario. Los sitios evaluados durante el inventario en Ampiyacu se parecen a los del presente inventario debido a que todos ellos se encuentran lejos de ríos grandes y de asentamientos humanos. Otras evaluaciones cerca de los sitios evaluados en el presente inventario incluyen las realizadas por equipos de Louisiana State University (LSU) cerca de Sucusari y a lo largo del río Yanayacu a inicios de la década de 1980. Las listas de especies colectadas en estos sitios están en Capparella (1987). Cardiff (1987) reporta datos importantes de distribución de Sucusari. Después de las publicaciones del equipo de LSU, Ted Parker examinó la avifauna alrededor de ExplorNapo Lodge cerca de Sucusari con mayor detalle al realizado durante el presente inventario rápido. Los registros de estas localidades fueron incluidos en una base de datos no publicada, que fue compilada por Tom Schulenberg y que nosotros usamos como referencia para compararla con los resultados de nuestra evaluación.

MÉTODOS

Realizamos este inventario en la propuesta Área de Conservación Regional Maijuna ("ACR Maijuna"), en el norte de Loreto, Perú (Fig. 2A). Invertimos cuatro días completos en Curupa (16–19 octubre 2009) y cuatro en Piedras (23–26 octubre). Nuestro inventario en Piedras fue complementado por observaciones durante una tarde y un día completo (20–21 octubre) en un campamento satélite, Chino, ubicado aproximadamente 6 km al suroeste del campamento Piedras. Stotz y Díaz pasaron 87 horas observando aves en Curupa y 101 horas en Piedras (incluyendo el tiempo alrededor de Chino). Nuestras observaciones también incluyeron 7 horas en Nueva Vida (14–15 y 28–29 octubre) y 16.5 horas de viajes en bote aguas arriba y aguas abajo en el río Yanayacu (15 y 28 de octubre). Visitamos ExplorNapo Lodge, cerca a la comunidad Maijuna de Sucusari, del 29 al 31 de octubre; los resultados de nuestras observaciones allí no fueron incluidos en el Apéndice 5 porque este sitio se encuentra fuera de la propuesta ACR Maijuna. Sin embargo, hacemos algunas comparaciones con este sitio en la Discusión, abajo.

Observaciones realizadas por José Rojas y Álvaro del Campo durante los trabajos de logística de avanzada en el periodo del 8 al 14 de junio están incluidas en el Apéndice 5 y en la sección de Resultados (abajo), como complemento a nuestras observaciones realizadas durante el inventario formal. Incluimos observaciones de Puerto Huamán, a lo largo del río Yanayacu, así como en los dos campamentos estudiados durante el inventario rápido. Asimismo, hemos incluido las observaciones realizadas en la quebrada Coto (no estudiada durante el inventario rápido), la cual desemboca en el Yanuyacu aguas arriba muy cerca de Nueva Vida (Fig. 2A). No proveemos estimados de abundancia para estas observaciones debido a la falta de estudios formales durante la expedición de avanzada a la región. Las comparaciones de nuestros resultados con otros inventarios y entre los sitios de estudio durante nuestro inventario no incluyen las observaciones del equipo de avanzada.

Nuestro protocolo consistió en caminar trochas, buscar y escuchar aves. Hicimos búsquedas por separado para incrementar el esfuerzo de muestreo por observadores independientes. Por lo general salíamos del campamento antes del amanecer y nos quedábamos en el campo hasta media tarde. Algunos días retornábamos al campo por una o dos horas antes del anochecer. Intentamos cubrir todos los hábitats y caminamos todo el sistema de trochas por lo menos una vez en cada campamento. Cada observador caminó una distancia diaria entre 5 y 12 km, que varió de acuerdo a la longitud de la trocha, el hábitat y la densidad de aves.

Díaz llevó una grabadora y un micrófono para documentar especies y confirmar identificaciones mediante *playback*. Mantuvimos registros diarios del número de cada especie observada y compilamos estos registros durante una reunión cada noche. Las observaciones de otros miembros del equipo de inventario, especialmente las de D. Moskovits, complementaron nuestros registros.

Durante el día, Stotz siguió las bandadas mixtas que encontró y registró la composición de especies y número de individuos de cada bandada. Cuando encontró batarás del género *Thamnomanes* (líderes de bandadas de sotobosque) o varias especies típicas de bandadas de dosel al mismo tiempo, dejó la trocha para seguirlas e intentar obtener una lista completa de especies presentes en la bandada. Si la composición de la bandada pareció estar significativamente incompleta, o si no pudo seguir la bandada por al menos 15 minutos, entonces no incluyó esa bandada o su composición en la discusión de bandadas (abajo). Stotz siguió 61 bandadas por períodos que varían entre 15 a 85 minutos (media 34 minutos, mediana 25 minutos). Los métodos usados para seguir las bandadas, registrar los números y determinar si una agregación de aves perteneció a una bandada o si una especie particular perteneció a una bandada siguieron Stotz (1993).

En el Apéndice 5, estimamos las abundancias relativas usando nuestros registros diarios. Debido a que nuestras visitas a estos sitios fueron breves, nuestros estimados son necesariamente preliminares y tal vez no reflejen la abundancia o presencia de aves durante otras épocas del año. Para los dos sitios principales de inventario, usamos cuatro clases de abundancia. "Común" indica aves observadas (es decir, vistas o escuchadas) diariamente y con un promedio de diez o más individuos por día;

"poco común" indica que una especie fue observada diariamente, pero que estuvo representada por menos de diez individuos por día; "no común" indica aves que fueron encontradas más de dos veces en un campamento, pero no avistadas diariamente; y "rara" indica especies de aves que fueron observadas sólo una o dos veces en un campamento de forma individual o en parejas. Debido a que el tiempo disponible para observación en Nueva Vida fue muy corto, así como en los viajes en bote aguas arriba y aguas abajo en el río Yanayacu (Fig. 2A), no intentamos estimar las abundancias en estas áreas.

RESULTADOS

Diversidad

Registramos 364 especies durante nuestro inventario de la propuesta ACR Maijuna. Encontramos 318 de estas especies en los dos sitios principales de inventario, Curupa y Piedras. Encontramos las 46 especies restantes durante breves periodos de observación en Nueva Vida, la comunidad Maijuna ubicada cerca de la boca del río Yanayacu, y durante los viajes en bote que hicimos por el río Yanayacu ida y vuelta entre Nueva Vida y Curupa. Registramos 30 de estas especies adicionales sólo en Nueva Vida, 6 sólo a lo largo del Yanayacu, y 10 tanto en Nueva Vida como en el río Yanayacu. Registramos 270 especies en Curupa y 267 en Piedras, y 108 especies en Nueva Vida y 91 por el Yanayacu aguas arriba de Nueva Vida. Observaciones realizadas en la región durante los trabajos del equipo de avanzada antes del inventario formal añadieron 29 especies a la lista final, incrementando a 393 el número total de especies de aves registradas en la región. Éstas observaciones añadieron 5 especies a nuestro total en Curupa, 8 en Piedras, 22 por el Yanayacu, y 26 en las inmediaciones de Nueva Vida y Puerto Huamán. Solamente una de estas nuevas especies fue encontrada sólo por la quebrada Coto, no estudiada durante el inventario rápido.

Registros notables

Encontramos dos especies, el Pico-Chato de Cresta Blanca (*Platyrinchus playrhynchos*) y el Neopipo Acanelado (*Neopipo cinnamomea*), que no eran anteriormente conocidas de áreas al norte del río Amazonas y al este del río Napo en Perú (Schulenberg et al. 2007). *P. playrhynchos* es conocida ampliamente de bosques de tierra firme en la llanura amazónica; la ausencia de esta especie en el noreste de Perú pareció una anomalía antes de nuestro registro. *N. cinnamomea* es una especie generalmente rara con distribución en parches asociados a suelos pobres por toda la Amazonía. La ausencia de registros de esta especie al este del río Napo en Perú previamente a nuestro registro probablemente refleje la escasez de evaluaciones hechas en la región, especialmente en áreas de suelos infértiles.

Encontramos cuatro especialistas de suelos pobres solamente en las terrazas altas: *Neopipo cinnamomea, Percnostola rufifrons, Lophotriccus galeatus* y una especie no descrita de *Herpsilochmus* (cf. Fig. 7G). En la sección de discusión incluimos información adicional sobre la avifauna asociada a suelos pobres. Díaz escuchó un ave distante en la noche del 25–26 de octubre cerca al campamento Piedras y piensa que se trata del Nictibio de Ala Blanca (*Nyctibius leucopterus*). Esta especie es conocida en Perú sólo de las áreas de arena blanca en Allpahuayo-Mishana (Álvarez y Whitney 2003), pero también se encuentra localmente distribuida en la parte norte de la Amazonía y al este de las Guyanas en un amplio rango de tipos de suelo pobre.

Encontramos varias especies de aves cuya distribución está restringida al norte de la Amazonía y que todavía son poco conocidas en Perú, incluyendo *Nyctibius bracteatus* (Fig. 7C), *Neomorphus pucherani, Microbates collaris* y *Touit purpurata.*

Bandadas mixtas

Stotz registró la composición de especies en 61 bandadas mixtas: 16 en Curupa en 48 horas de trabajo de campo, y 45 en Piedras en 60 horas de trabajo de campo. Las bandadas variaron en tamaño desde 6 hasta 26 especies, conteniendo entre 6 y 41 individuos. El promedio de tamaño y composición fue 19.3 individuos de 13.9 especies. En Curupa, las bandadas tuvieron un promedio de 20.3 individuos de 14.3 especies, mientras que en Piedras el tamaño promedio por bandada fue menor, con 19.0 individuos de 13.8 especies. Sin embargo, las diversidad de bandadas compuestas enteramente por especies de sotobosque tuvo un promedio mayor en Piedras (11.4 especies, 25 bandadas) que en Curupa (8.5 especies, 6 bandadas). Las bandadas en Curupa tuvieron un tamaño promedio más grande debido a la tendencia de estar compuestas por un elemento de dosel, además del sotobosque; 50% de las bandadas en Curupa versus 38% de bandadas en Piedras tuvieron ambos elementos.

DISCUSIÓN

Hábitats y avifaunas en los sitios evaluados

Curupa

Tanto Piedras como Curupa tienen avifaunas típicas de bosque amazónico distante de ríos principales. En Curupa, la tala selectiva realizada de manera extensiva ha abierto el sotobosque. Las bandadas de sotobosque parecen ser las más afectadas por la tala, puesto que éstas fueron menos comunes que lo usual y su riqueza de especies fue menor a la usualmente observada (ver una discusión más completa abajo). Aunque hubo una clara evidencia del efecto de la presión de caza sobre los mamíferos en este sitio, los efectos de la cacería no fueron claramente visibles en aves: *Penelope jacquacu* fue poco común y se registraron abundantes *Nothocrax urumutum*, perdices, trompeteros y codornices. *Mitu salvini* (Fig. 7H) fue registrado sólo una vez, pero esta especie es casi siempre rara incluso en áreas sujetas a poca cacería.

Hubo extensas áreas de bosque estacionalmente inundable alrededor de este campamento, y las especies asociadas a bosque inundable estuvieron bien representadas; sin embargo, la avifauna estuvo principalmente compuesta por especies de tierra firme. Varios grupos que frecuentemente son comunes en bosques amazónicos no fueron particularmente comunes en Curupa, incluyendo gavilanes, loros y guacamayos grandes, tangaras y especies que siguen a las hormigas soldado.

Piedras

Este sitio mostró poca evidencia de tala y las bandadas mixtas de sotobosque fueron comunes y relativamente grandes. Notamos extensas áreas de bosque estacionalmente inundable, especialmente a lo largo del río Algodoncillo, aproximadamente a 3.5 km del campamento. Sin embargo, el sitio comprendía principalmente tierra firme y la avifauna estuvo dominada por especies de este tipo de bosque. Como en Curupa, gavilanes, loros y guacamayos grandes, tangaras y especies que siguen a hormigas soldado estuvieron poco representadas, mientras que aves de caza fueron comunes. Aunque las tangaras y loros fueron poco comunes, los frugívoros más grandes de bosque—como palomas, trogones y quetzales, barbudos y tucanes—fueron generalmente comunes. De hecho, el Quetzal Pavonino (*Pharomachrus pavoninus*) fue notablemente más común en ambos campamentos que en cualquier otro sitio que hemos evaluado en la Amazonía. Y, en base al registro de vocalizaciones, la especie más abundante en el bosque pudo haber sido el Barbudo Brilloso (*Capito auratus*).

Río Yanayacu

Evaluamos el río Yanayacu durante dos viajes en bote entre Nueva Vida y Curupa. Encontramos cinco especies (*Ardea cocoi*, *Egretta thula*, *Geranospiza caerulescens*, *Hydropsalis climacocerca* y *Cissopis leveriana*) sólo en el río Yanayacu. El carácter de la avifauna a lo largo del Yanayacu cambió conforme nos desplazamos río arriba. A lo largo de los primeros 30 km, el río es relativamente ancho y el dosel sobre el río es abierto. Más arriba de este punto, el río es más angosto y el dosel es cerrado. Por el bajo Yanayacu, hay menos especies de bosque y más especies que también fueron registradas en Nueva Vida. A lo largo del alto Yanayacu, la avifauna está compuesta por más especies de bosque y menos especies asociadas a ríos grandes y hábitats secundarios. Durante los dos viajes en bote, encontramos menos del 50% de superposición de especies registradas entre las partes alta y baja del río. Los bosques a lo largo del bajo Yanayacu podrían tener un número de especies de hábitats inundables que no encontramos en Curupa o Piedras. Debido a que bosques como estos han sufrido una alta perturbación a lo largo de muchos ríos amazónicos, esas especies tienen un valor de conservación. El río Algodón permanece completamente inexplorado y podría tener más de estas especies que el Yanayacu.

Nueva Vida

Nueva Vida es una pequeña comunidad típica del Amazonas, con un claro ocupado por construcciones, una reducida cantidad de animales de cría y pequeñas chacras, y está rodeada por bosque perturbado. Encontramos algunas especies características de hábitats perturbados y una pequeña cantidad de aves acuáticas asociadas al río. No exploramos exhaustivamente el bosque alrededor de la comunidad, pero encontramos algunas especies de bosque. Los hábitats secundarios alrededor de Nueva Vida podrían tener un número adicional de especies comunes y de amplia distribución que no encontramos (y que no esperaríamos encontrar) en Curupa y Piedras. Estas especies incrementarían el número de especies en la propuesta ACR Maijuna, pero contribuirían poco al valor de conservación del área.

Comparación con el inventario rápido de Ampiyacu y otros estudios

El inventario rápido de Ampiyacu realizado muy cerca (Stotz y Pequeño 2004) es la comparación más importante con este inventario. Allí, estudiamos hábitats similares, igualmente lejanos a ríos grandes, tanto en la cuenca del Amazonas como en la del Putumayo dentro del interfluvio hacia el este del Napo y hacia el norte del Amazonas. No sorprende que los resultados del inventario de Ampiyacu son muy similares. Encontramos 59 especies en este inventario de la propuesta ACR Maijuna (además de 10 especies adicionales registradas durante los trabajos de avanzada que no fueron encontradas durante el periodo principal de estudio) que no encontramos en el inventario de Ampiyacu (marcadas en el Apéndice 5 con un asterisco), mientras que 50 especies fueron registradas en Ampiyacu y no aquí. La mayoría de especies registradas en la propuesta ACR Maijuna, pero no en Ampiyacu, fueron especies raras (20); o especies encontradas en Nueva Vida y Puerto Huamán o en la parte baja del río Yanayacu, y por consiguiente especies de hábitats secundarios de ríos más grandes (24); o especies migratorias de Norteamérica (10). El estudio en Ampiyacu fue notable por su carencia de especies de hábitat secundario, aunque sólo considerando los sitios principales de este inventario (Curupa y Piedras), las especies de hábitats secundarios también fueron pobremente representadas. Debido a la época en que se realizó el inventario de Ampiyacu (agosto), las especies migratorias de Norteamérica no habían llegado aún al Perú. Hubo sólo cinco especies que encontramos que fueron por lo menos inusuales en el inventario Maijuna que no fueron registradas en Ampiyacu: dos picaflores *Phaethornis bourcieri* y *Heliodoxa aurescens*; el *Herpsilochmus* no descrito de las terrazas altas (pero que ha sido registrado en zonas de suelos pobres dentro del área de inventario de Ampiyacu); y dos especies de hábitats bajos, Saltarín de Barba Blanca (*Manacus manacus*) y Hoja-Rasquero de Corona Castaña (*Automolus rufipileatus*).

Asimismo, la mayoría (35) de las 50 especies encontradas en Ampiyacu pero no en el inventario Maijuna fueron raras en Ampiyacu. Diez fueron especies asociadas con bosque bajo y una pequeña cocha en el campamento Yaguas. Las cinco restantes son especies de bosque para las que no existe razón obvia por la que no podrían estar en los bosques de nuestro estudio en este inventario. Estas son Lechucita Amazónica (*Glaucidium hardyi*), Colibrí de Nuca Blanca (*Florisuga mellivora*), Hormiguero Bandeado (*Dichrozona cincta*), Virreón de Gorro Apizarrado (*Vireolanius leucotis*) y Bolsero Moriche (*Icterus chrysocephalus*).

Comparando los principales sitios de estudio del inventario Maijuna con los de Ampiyacu, encontramos que nuestros dos sitios tienen mayor similitud con Yaguas y Apayacu en el estudio de Ampiyacu que con el tercer sitio Maronal. Los valores del Índice de Similitud Jaccard entre los sitios de estudio del inventario Ampiyacu fueron desde 0.66 para Yaguas-Apayacu hasta 0.55 para Maronal-Yaguas. Maronal, esencialmente tierra firme, sobresale de los otros dos sitios de inventario en Ampiyacu así como de los sitios en Maijuna. Los dos sitios en Maijuna, en comparación a Yaguas y Apayacu, tienen valores más altos del Índice Jaccard de lo que estos dos sitios tienen en comparación con Maronal. En general, estos valores reflejan la similitud extrema entre todos estos campamentos y el hecho de que la propuesta ACR Maijuna sea prácticamente la extensión occidental de la propuesta ACR Ampiyacu-Apayacu. El establecimiento de la ACR Maijuna podría resaltar sobremanera el valor actual de la protección que dicha área está recibiendo ahora al incrementar el área contigua bajo protección.

Avifauna de suelos pobres

Al norte de nuestro campamento Piedras, la trocha principal recorría una serie de colinas de cima aplanada ("terrazas altas") que alcanzan una elevación de 180 m (cerca de 20 m por encima de la elevación del campamento) por una distancia de unos 5 km. Los suelos de estas colinas constan de arcilla erosionada y tienen baja fertilidad. Una vegetación particular crece aquí, similar a los varillales emplazados al norte de los ríos Amazonas y Marañón en Loreto. Estudiamos estas colinas buscando aves por cuatro días, y encontramos una avifauna de bosque de tierra firme algo escasa con unas cuantas especies asociadas a suelos pobres.

Hubo cuatro especies que parecían tener claros vínculos con los suelos pobres de las terrazas: *Percnostola rufifrons*, una nueva especie de *Herpsilochmus*, *Lophotriccus galeatus* y *Neopipo cinnamomea*. Además, los únicos registros de *Neomorphus pucherani*, *Deconychura longicauda*, *Platyrinchus platyrhynchos* y *Schiffornis turdina* los obtuvimos de las terrazas. Tuvimos sólo observaciones aisladas de las primeras tres especies, por lo que su vínculo con las terrazas no es claro. Sin embargo, *Schiffornis* fue poco común en las terrazas y no la encontramos en algún otro lugar en ambos campamentos. Mientras que ésta no es una especie de suelos pobres, es una especie frecuentemente asociada a áreas de relieve significativo.

El *Herpsilochmus* no descrito fue muy común en las terrazas altas, con muchos individuos cantando desde cada colina. Esta especie había sido hallada en dos sitios de suelos pobres ubicados más lejos hacia el este: sus cantos fueron grabados y especímenes fueron colectados por el río Ampiyacu, unos 117 km al sureste de este sitio de inventario, e individuos fueron también grabados a lo largo del río Apayacu aproximadamente 90 km al sureste del campamento Piedras (Lars Pomara com. pers.). La extensión de las terrazas altas al noroeste de nuestro campamento Piedras (Fig. 2B) sugiere que esta área alberga probablemente la mayor población de esta especie. Hacia el este, las colinas son más bajas y más divididas.

En Perú, *Percnostola rufifrons* pertenece a la subespecie *jensoni*, descrita de especímenes colectados cerca de Sucusari (Caparrella et al. 1997). Esta población tiene un reducido rango conocido, habiendo sido registrada en Apayacu (Stotz y Pequeño 2004) a pesar del tipo de localidad. Las aves que encontramos son las primeras de la cuenca del Putumayo, y representan los registros obtenidos más hacia el norte y el oeste. En gran manera, esta población y *P. rufifrons minor* del este de Colombia y el oeste de Venezuela tienen mayor similitud con *P. arenarum*—especie recientemente descrita especialista de bosque arena blanca de las cuencas del Tigre y Nanay al oeste de Iquitos—que con la denominada *rufifrons* de la Amazonía nororiental. *P. rufifrons jensoni* fue poco común en las terrazas altas, sugiriendo que, ecológicamente hablando, la subespecie podría parecerse más al especialista de arena blanca *arenarum* que al más generalizado *rufifrons*. *Lophotriccus galeatus* es una especie de amplia distribución en el norte de la Amazonía. Fue registrada durante el inventario rápido en Apayacu, donde fue encontrada en pequeñas cantidades en bosque de tierra firme, no particularmente en suelos pobres (Stotz y Pequeño 2004). Más lejos hacia el este en su rango, no está particularmente vinculada a suelos pobres, aunque aparenta sobremanera ser especialista de suelos pobres en su rango peruano. *Neopipo cinnamomea* es una especie distribuida en parches por toda la Amazonía que posiblemente sea más común en la Amazonía occidental en áreas de suelos pobres.

Entre los ríos Tigre y Nanay al oeste de Iquitos hay un grupo de unas 19 especies de aves asociadas con varillales en arena blanca, los cuales alcanzan una máxima diversidad y abundancia en Allpahuayo-Mishana (Álvarez y Whitney 2003). Este grupo de aves incluye cinco especies recientemente descritas que son endémicas de la región, pero también incluye especies con rangos mucho más amplios a través de la Amazonía norte. La mayoría de ellas ocurren hacia el este de la región del Escudo de Guyana del noreste de la Amazonía de Brasil. Algunas de estas especies, como el Tirano-

Saltarín de Cresta Azafrán (*Neopelma chrysocephalum*) son especialistas de arena blanca por todo su rango, pero otros incluyendo *Nyctibius leucopterus* tienen tolerancias ecológicas más amplias. Estas especies que no están estrictamente tan vinculadas a arena blanca podrían buscarse en las terrazas altas en inventarios posteriores, como por ejemplo Perdiz de Patas Grises y Perdiz Barreteada (*Crypturellus duidae* y *C. casiquiare*), Buco Pardo Bandeado (*Notharchus ordii*), Tirano Todi de Zimmer (*Hemitriccus minimus*), Pico-Chato de Cresta Canela (*Platyrinchus saturatus*) y Cotinga Pomposa (*Xipholena punicea*).

Sin embargo, los hábitats de arena blanca son bastante predecibles con respecto a la presencia de estas aves: En un estudio de tres días de bosque de arena blanca en Alto Nanay (Stotz y Díaz 2007), aparte de encontrar tres de las cuatro especies endémicas recientemente descritas, encontramos ocho de las más ampliamente distribuidas especialistas de suelos pobres para un total de 11 de 19 especies descritas como especialistas de suelos pobres por Álvarez y Whitney (2003). En Piedras encontramos sólo cuatro de estas especialistas de suelos pobres, además del nuevo *Herpsilochmus* y *Percnostola rufifrons*, ninguno de los cuales se encuentra en las cuencas del Tigre o Nanay. Dos de las especies listadas especialistas de suelos pobres, *Nyctibius bracteatus* y *Conopias parvus* tuvieron amplia distribución durante el inventario, como en Ampiyacu (Stotz y Pequeño 2004), y no aparentan estar particularmente vinculadas a suelos pobres en la región. El haber encontrado solamente un pequeño grupo de especialistas de suelos pobres en Piedras sugiere que la avifauna especializada de la región Tigre-Nanay es largamente restringida en Perú a esas áreas de arena blanca, y no se encontrarán con búsquedas adicionales de las terrazas altas.

Reproducción

Hubo relativamente poca evidencia de reproducción activa durante nuestro inventario. En unas cuantas especies en las bandadas mixtas, observamos adultos acompañados de inmaduros mayores. Las colonias de oropéndolas (*Psarocolius* spp.) y caciques (*Cacicus cela*) construían activamente sus nidos en forma de péndulo, aunque aparentemente no hubo mayor actividad reproductiva inminente. El 23 de octubre en Piedras, Stotz encontró un Ermitaño Rojizo (*Phaethornis ruber*) construyendo un nido en un árbol caído, unos 5 m por encima del suelo en la hoja más alta de una espinosa palmera *Astrocaryum*. El 25 de octubre, el nido parecía estar intacto pero el ave no fue vista.

El 24 de octubre en Piedras, Pablo Venegas, nuestro colega herpetólogo, encontró un nido de Hormiguero Tiznado (*Myrmeciza fortis*) ubicado en una cavidad creada en la hojarasca colectada en la base de las hojas de una pequeña palmera de sotobosque, unos 1.3 m por encima del suelo. La hembra estaba activamente incubando dos huevos al momento de nuestro estudio (Fig. 7D). Dos nidos del Parque Nacional del Manu fueron los primeros descritos de esta especie (Wilkinson y Smith 1997). Estos dos nidos difieren del descrito primero en cuanto a su emplazamiento debido a que estaban ubicados en montículos de hojarasca en el suelo, pero aparentemente tenían una estructura similar al nido que encontramos.

El 2 de octubre, Álvaro del Campo halló un pequeño nido en forma de copa (de aproximadamente 7 cm de diámetro y profundidad) con dos huevos blancos colgando de una delgada raíz aérea (Fig. 7A) unos 2 m por encima de la superficie del río Algodoncillo. El 21 de octubre, el nido contenía dos pequeños pichones (Fig. 7B). Sin embargo, la identificación de la especie no fue confirmada hasta el 26 de octubre cuando uno de nosotros (Stotz) vio una hembra del picaflor Topacio de Fuego (*Topaza pyra*, Fig. 7F) al borde del nido dando sombra a los pichones para protegerlos del sol intenso. El nido de *T. pyra* no es muy conocido, pero una descripción del nido de esta especie en el alto Río Negro en Brazil, realizada por W. H. Edwards y citada por Brewer (1879), se asemeja mucho al nido que hallamos. Asimismo, el nido de Edwards, y nidos hallados en Ecuador (Hilty y Brown 1986), estaban sujetos a la vegetación que colgaba cerca del agua. El nido del estrechamente relacionado Topacio Carmesí (*Topaza pella*) de la Amazonía nororiental también es muy similar al nuestro, aunque aparentemente por lo general está adornado con telas de araña. Se cree que las fibras que conformaban el nido de *T. pella* provienen de frutos de lupuna (*Ceiba* sp.), pero esto permanece sin confirmar (Tostain et. al. 1992). La coloración marrón pálida así como la textura esponjosa del nido que encontramos de *T. pyra* coincide con las descripciones de los nidos de ambas especies de *Topaza* (Brewer 1879; Tostain et al. 1992; Haverschmidt y Mees 1994), sugiriendo que estas especies utilizan las mismas fibras.

Migración

El tiempo de nuestro inventario correspondió al tiempo en que muchas especies migratorias de Norteamérica llegan a la Amazonía de Perú. Los playeros (Scolopacidae) son un grupo potencialmente diverso de aves migratorias a lo largo de los ríos amazónicos; sin embargo, registramos sólo una especie, el Playero Coleador (*Actitis macularius*). Vimos pequeños grupos de tres especies de golondrinas migratorias, Golondrina Tijereta (*Hirundo rustica*), Golondrina Ribereña (*Riparia riparia*) y Golondrina Risquera (*Petrochelidon pyrrhonota*) sobre el río Yanayacu en Nueva Vida, aunque vimos cientos de Golondrinas Tijeretas y Golondrinas Ribereñas sobre el río Napo el 14 de octubre. Otras especies migratorias de Norteamérica incluyeron al Aguilucho de Ala Ancha (*Buteo platypterus*); el Chotacabras Migratorio (*Chordeiles minor*); tres especies de atrapamoscas, Pibí Oriental (*Contopus virens*), Pibí Boreal (*Contopus cooperi*), y Mosquero de Vientre Azufrado (*Myiodynastes luteiventris*); Zorzal de Cara Gris (*Catharus minimus*); y Víreo de Ojo Rojo (*Vireo olivaceus*) y Víreo Verde-Amarillo (*V. flavoviridis*). Consideramos que todas las especies migratorias, a excepción del Víreo de Ojo Rojo, son raras.

A pesar de no formar un grupo muy diverso, las especies migratorias representan un componente típico de la selva baja del noreste de Perú. La Golondrina Risquera es conocida en Perú sólo en base a registros aislados en la mayor parte del país. El Aguilucho de Ala Ancha se encuentra en pequeñas cantidades en la llanura amazónica durante el invierno boreal. El avistamiento de Stotz de 26 de ellos migrando hacia el sur a gran altura sobre el río Algodoncillo el 22 de octubre en una serie de pequeños grupos durante 15 minutos podría representar el número más grande visto en un día en Perú.

Nuestro inventario fue realizado en octubre, después de la partida de la mayoría de especies migratorias australes. La única que observamos, en pequeñas cantidades fue el Mosquero-Pizarroso Coronado (*Empidonomus aurantioatrocristatus*).

Bandadas mixtas

Las bandadas mixtas son un componente importante de la avifauna de los bosques tropicales. En los bosques amazónicos, las bandadas son parte integrante durante todo el año. Estas son bandadas de sotobosque lideradas por batarás *Thamnomanes* (Munn y Terborgh 1979; Powell 1985), y bandadas de dosel menos estables comprendidas por especies insectívoras y grupos fluidos de tangaras frugívoras. Aparte de algunas especies de tangaras, las especies dentro de una bandada son por lo general representadas por una pareja, y tal vez algún juvenil de esa temporada. Muchas especies ocupan completamente el rango de la bandada como su territorio (Munn y Terborgh 1979), y son eficazmente miembros a tiempo completo de las bandadas.

Las bandadas, tanto en Curupa como en Piedras fueron algo menos estables que las de los bien estudiados sistemas en Manaus, Brasil (Powell 1985) y Cocha Cashu en el Parque Nacional del Manu en el sureste del Perú (Munn y Terborgh 1979; Munn 1985). Las bandadas de sotobosque semejaban las de Manaus y Cocha Cashu, aunque algo menores, pero las bandadas independientes de dosel fueron bastante raras y por lo general pequeñas en ambos sitios. Se notó una marcada coexistencia de especies de bandadas de dosel con las estables bandadas de sotobosque. La relativa escasez de tangaras en ambos campamentos podría haber contribuido a esto reduciendo el número y diversidad de especies de bandadas de dosel. Es incierto si las cantidades de tangaras fueron bajas debido a una escasez temporal de recursos alimenticios apropiados, o si la diversidad y abundancia son bajas todo el año. La escasez de bandadas de dosel diversas y numerosas en ambos sitios podría deberse a una condición permanente, debido a que en la mayoría de localidades estudiadas en la Amazonía (Munn 1985; Powell 1985; Stotz 1993), las bandadas de dosel ocupan territorios permanentes y no varían en abundancia según la estación, aunque la presencia de las tangaras puede variar por temporada.

Las bandadas en los dos campamentos fueron muy similares en cuanto a tamaño y composición. Sin embargo, Stotz encontró en Piedras índices más altos de bandadas que en Curupa (0.75 vs. 0.33 por hora, respectivamente). Aunque en general el tamaño de bandada fue similar en ambos sitios, las bandadas de sotobosque fueron 30% más grandes en Piedras. Este mayor tamaño se debió principalmente al mayor número de especies de hormigueritos y furnáridos en las bandadas de sotobosque. Entre los hormigueritos en Piedras, las bandadas promediaron 2.1 especies vs. 3.2 en Curupa; más de la mitad de las bandadas del campamento de Piedras tuvieron un complemento total de cuatro especies de hormigueritos de sotobosque (una de las especies de *Epinecrophylla*, además de *Myrmotherula axillaris, menetriesii* y *longipennis*), mientras que ninguna de las bandadas de Curupa alcanzó las cuatro especies. Las especies de furnáridos presentes en las bandadas de sotobosque fueron mucho más variables, pero las bandadas en Piedras tenían mayor probabilidad de tener especies de trepadores mas allá de las dos especies comunes—Trepador de Garganta Anteada (*Xiphorhynchus guttatus*) y Trepador Pico de Cuña (*Glyphorynchus spirurus*)—y limpia-follajes de los géneros *Automolus, Ancistrops, Philydor* e *Hyloctistes* fueron mucho más regulares en las bandadas de Piedras que en las de Curupa. En Curupa, las bandadas mixtas promediaron 1.5 especies de trepadores y 0.6 especies de limpia-follajes por bandada, mientras que en Piedras, el promedio de bandada tenía 2.4 especies de trepadores y 1.2 especies de limpia-follajes.

Esta diferencia en tamaño y abundancia de bandadas de sotobosque entre los dos campamentos se debe probablemente a los cambios estructurales en este estrato del bosque debido a la tala selectiva en Curupa. En una localidad que había sido talada selectivamente en Roraima, Brasil, Stotz (1993) encontró que las bandadas de sotobosque evitaban las partes del bosque donde los árboles habían sido extraídos y por consiguiente el dosel se había abierto. Asimismo, cerca de Manaus, Stotz concluyó que las bandadas de sotobosque evitaban los bordes de los parches de bosque donde se encontraba la mayor intensidad de luz, especialmente a los lados los cuales estaban directamente expuestos a la radiación solar.

AMENAZAS Y RECOMENDACIONES

Amenazas

La principal amenaza para la avifauna en la región de la propuesta ACR Maujina es la pérdida de la cobertura boscosa. La tala en sí puede potencialmente causar problemas locales y degradación del bosque, pero la carretera propuesta que cruzaría la región tiene un potencial mucho mayor de causar daño a una escala mucho más grande y profunda tanto mediante la destrucción del bosque para dar paso al corredor vial, como de manera mucho más general mediante la colonización y tala que el acceso de la carretera podría generar. La cacería es una amenaza secundaria, la cual afecta a una pequeña cantidad de especies y probablemente signifique un problema en áreas taladas o colonizadas por personas que no pertenecen a las comunidades Maijuna.

Recomendaciones

Protección y manejo

En el caso de las aves, es poco lo que necesita hacerse con respecto a manejo para los objetos de conservación. El mantenimiento de la cobertura boscosa será, en gran parte, una estrategia suficiente para conservar las aves de la región. Sin embargo, la protección de las aves de caza requerirá del manejo de la presión de caza en parte de la propuesta ACR. Para mantener la cobertura boscosa, la colonización de la región deberá ser limitada y la tala ilegal deberá ser eliminada. Si la carretera no llegara a ser construida, las áreas más vulnerables son los bosques a lo largo de los ríos, en particular los afluentes del Napo. La identificación de una alternativa viable a la carretera es de alta prioridad debido a que, de ser construida, la carretera pasaría por el centro de la propuesta ACR Maijuna y abriría el área a la colonización y la tala ilegal. Las terrazas deberían recibir la más alta protección posible debido a que éstas tienen una agrupación característica de aves y son susceptibles a la erosión asociada a la deforestación.

Las aves ocupan un nivel de prioridad menor al de los mamíferos en la caza de subsistencia, por lo cual la reducción de la presión de caza mediante el término de la tala ilegal, y la reducción del ingreso de cazadores que no pertenecen a comunidades Maijuna, permitirá la recuperación de poblaciones de aves de caza en la propuesta ACR Maijuna, salvo en las áreas más perturbadas cerca de comunidades y caseríos. Probablemente no sea necesario limitar la cacería por parte de los Maijuna en cuanto a alguna especie de ave, con la posible excepción de *Mitu salvini* en áreas donde las cantidades ya han disminuido sustancialmente.

Inventarios adicionales

Los inventarios adicionales dentro de la propuesta ACR Maijuna deberán estar enfocados en dos zonas: las terrazas altas (Fig. 2B) y las áreas bajas a lo largo de los ríos principales. Las terrazas altas podrían contener especies de aves especializadas en suelos pobres. Si Allpahuayo-Mishana fuera un indicativo de esto, la posibilidad de encontrar especies no descritas en las terrazas no debería ser descartada. Además de una evaluación más detallada (tanto en tiempo como en geografía) de las aves en las terrazas, una evaluación más rápida debería estar enfocada en la nueva especie de *Herpsilochmus*. Debido a su abundancia y su vocalización característica y persistente, la extensión de su distribución podría ser determinada rápidamente mediante visitas cortas a otras partes de las terrazas. Reconocemos que en la actualidad el acceso a la mayoría de estas terrazas es limitado o inexistente.

Los bosques estacionalmente inundables y aguajales (pantanos dominados por la palmera *Mauritia*) a lo largo de los afluentes principales del Napo (Quebrada Coto y río Yanayacu), así como los ríos Algodón y Algodoncillo, deberían ser inventariados. Estos hábitats son muy poco conocidos al norte del Amazonas en Perú, mientras que el drenaje del Putumayo se mantiene completamente desconocido. Existe la posibilidad que el Paujil Carunculado (*Crax globulosa*), una especie clasificada como Vulnerable según UICN (IUCN 2009), todavía ocupe estos hábitats en el drenaje del Putumayo. Las cochas asociadas a estos hábitats también son de alta prioridad para un inventario, puesto que tienen una fauna especializada.

MAMÍFEROS

Autor/Participante: Adriana Bravo

Objetos de conservación: Poblaciones abundantes de especies de mamíferos amenazadas o localmente extintas en otros lugares de la Amazonía: el lobo de río (*Pteronura brasiliensis,* un depredador tope listado En Peligro por INRENA y UICN, y En Vía de Extinción por CITES), el delfín amazónico o bufeo colorado (*Inia geoffrensis,* listado como Vulnerable por CITES e INRENA) y el delfín gris (*Sotalia fluviatilis,* listado En Vía de Extinción por CITES) a lo largo del río Algodón; poblaciones de primates sensibles a la cacería intensiva e importantes dispersores de semillas, como el mono choro (*Lagothrix lagotricha,* listado como Vulnerable por INRENA) y el mono coto (*Alouatta seniculus,* listado como Casi Amenazado por INRENA, Fig. 8A); depredadores tope, p. ej., otorongo (*Pantera onca,* regulador clave de poblaciones presa, Fig. 8B); la sachavaca (*Tapirus terrestris,* importante dispersor de semillas, listado como Vulnerable por CITES, INRENA y UICN, Fig. 8G); y especies raras como el perro de monte (*Atelocynus microtis*) y el oso hormiguero bandera (*Myrmecophaga tridactyla*)

INTRODUCCIÓN

Los bosques amazónicos tienen una alta diversidad de mamíferos. Así, Voss y Emmons (1996) estimaron 200 especies de mamíferos para la llanura amazónica del sureste Peruano, lo cual representa ~40% del total de las especies registradas en Perú (508 especies; Pacheco et al. 2009). Sin embargo, pese a que existe cierta información regional sobre la distribución y presencia de especies de mamíferos (Voss y Emmons 1996; Emmons y Feer 1997; Pacheco 2002; Pacheco et al. 2009), la información a escala de comunidades locales para la región amazónica es aún limitada (Pacheco 2002; Pacheco et al. 2009). A pesar de los esfuerzos de investigación en algunas áreas del norte de Perú, p. ej., la cuenca del Itaya, la cuenca del Napo y la Reserva Nacional Pacaya-Samiria (Aquino y Encarnación 1994; Aquino et al. 2001; Aquino et al. 2009b), aún existen comunidades de mamíferos poco conocidas. Este es el caso del área ubicada en el interfluvio entre los ríos Napo y Putumayo, en la región Loreto.

En este reporte, presento los resultados de un relevamiento rápido en la propuesta Área de Conservación Regional (ACR) Maijuna (Fig. 2A), en el interfluvio entre los ríos Napo y Putumayo en la parte norte de Loreto, Perú. Comparo la riqueza de especies y la abundancia de mamíferos entre dos sitios, resalto los registros notables, identifico las amenazas, identifico los objetos de conservación y proveo recomendaciones de conservación.

MÉTODOS

Entre el 14 y 31 de octubre de 2009, evalué la comunidad de mamíferos en dos localidades dentro de la propuesta ACR Maijuna: Curupa, en la cuenca del río Yanayacu, y Piedras, en la cuenca del río Algodón (Fig. 2A). Usé observaciones directas y señales para evaluar la comunidad de mamíferos medianos y grandes, y redes de neblina para evaluar la comunidad de murciélagos. No evalué la comunidad de mamíferos pequeños no voladores debido a limitaciones de tiempo.

En cada sitio, caminé a una velocidad de 0.5–1.0 km/h por un periodo de 6–8 horas, comenzando a las 7 a.m., a lo largo de senderos previamente establecidos. También hice caminatas nocturnas por un periodo de 2 h a la misma velocidad comenzando aproximadamente a las 7 p.m. Para cada especie observada registré la fecha y hora, ubicación (nombre y distancia del sendero), nombre de la especie y número de individuos. También registré señales secundarias como huellas, heces, madrigueras, refugios, restos de comida, senderos y/o vocalizaciones. Para determinar la correspondencia de estas señales con una especie usé una combinación de guías de campo (Emmons y Feer 1997; Tirira 2007), mi experiencia y el conocimiento local. Además, usé las observaciones realizadas por otros miembros del equipo del inventario, asistentes locales y miembros del equipo de avanzada. También, mostré a la gente local las láminas de una guía de campo (Emmons y Feer 1997) para determinar la presencia de mamíferos medianos y grandes en el área.

Capturé murciélagos usando cinco a cuatro redes de neblina de 6 m a lo largo de transectos previamente establecidos y/o claros por un periodo de 3 h (~5:45–9:00 p.m.). Cada murciélago capturado fue identificado y posteriormente liberado.

Además de la información obtenida durante el estudio en Curupa y Piedras, Sebastián Ríos, Marco Sánchez (de las comunidades Maijuna de Sucusari y San Pablo de Totolla, respectivamente) y Dr. Michael Gilmore proveyeron información sobre la comunidad de mamíferos medianos y grandes del río Algodón (Apéndice 7).

RESULTADOS Y DISCUSIÓN

La propuesta ACR Maijuna contiene una alta diversidad de mamíferos medianos y grandes. El número de especies que se esperaba encontrar en esta área fue ~59, basado en mapas de distribución publicados (Aquino y Encarnación 1994; Emmons y Feer 1997; Eisenberg y Redford 1999). Durante dos semanas de evaluación recorrí 52 km (21 en Curupa y 31 en Piedras) y registré 32 especies, que representan ~53% del número de especies esperadas (Apéndice 7). Registré 9 de las 13 especies esperadas de primates, 7 de 16 carnívoros, cinco de ocho roedores, cuatro de cinco ungulados, cuatro de nueve edentados, dos de seis marsupiales, uno de dos cetáceos y ningún sirénido.

En base a investigaciones sobre murciélagos en otras áreas tropicales (Eisenberg y Redford 1997), estimó que la propuesta ACR Maijuna puede tener ~70 especies de murciélagos. Con un esfuerzo de captura de 27 horas/red (15 en Curupa y 12 en Piedras) capturé diez especies durante dos noches, lo cual representa ~ 14% de especies esperadas.

A continuación, presento el panorama para cada uno de los dos sitios evaluados, seguido por una comparación entre estos sitios y la comparación con otros estudios realizados en la Amazonía peruana.

Curupa

En cuatro días, registré 22 especies de mamíferos medianos y grandes, incluyendo 7 especies de primates, 5 roedores, 3 ungulados, 4 carnívoros, 2 edentados y 1 marsupial (Apéndice 7). Especies grandes sensibles a la cacería intensiva estuvieron ausentes. Por ejemplo, no registré mono choro (*Lagothrix lagotricha*), mono coto (*Alouatta seniculus,* Fig. 8A) o huanganas (*Tayassu pecari*). De otro lado, algunas especies registradas tenían abundancias bajas. Así, registré grupos pequeños de mono huapo (*Pithecia monachus*), mono tocón (*Callicebus torquatus*) y poca evidencia que indicara la presencia de sachavaca (*Tapirus terrestris*, Fig. 8G).

Además de recorrer las trochas establecidas para el campamento, visitamos una *collpa* o saladero de gran tamaño (aproximadamente 50 x 35 m) guiados por Grapulio Tamayo de la comunidad Maijuna de Nueva Vida. Esta collpa está ubicada a ~4 km del campamento base y al parecer fue intensamente usada por los madereros para cacería (G. Tamayo com. pers.). Allí observé un número exorbitante de huellas frescas de sachavacas (*T. terrestris*, Fig. 8G), incluyendo huellas de individuos jóvenes (determinado por el tamaño de las huellas). También registré algunas huellas de venado colorado (*Mazama americana*) y sajinos (*Pecari tajacu*) en los alrededores. La presencia de estas especies de ungulados en la collpa puede explicarse por la importancia que tienen estos lugares como fuentes de minerales escasos en la Amazonía, como por ejemplo el sodio (Montenegro 2004; Tobler 2008; Bravo 2009).

A pesar del impacto fuerte de cacería en especies sensibles, un miembro del equipo biológico (Á. Del Campo) registró por observación directa un otorongo (*Panthera onca,* Fig. 8B). Igualmente, otros miembros del equipo biológico registraron numerosas huellas frescas de posiblemente este mismo individuo y una cría (determinado por el tamaño) en el sendero entre Curupa y Limón.

Respecto a los murciélagos, registré ocho especies. Cinco de estas eran especies frugívoras (Carollinae y Stenodermatinae), dos insectívoras (*Phyllostomus elongatus, Rhinchonycteris naso*) y una omnívora (*P. hastatus*) (ver Apéndice 8).

Piedras

En cuatro días, registré 28 especies de mamíferos grandes y medianos, incluyendo 8 primates, 5 roedores, 5 carnívoros, 4 ungulados, 4 edentados, 1 cetáceo y 1 marsupial (Apéndice 7). La riqueza de especies encontrada fue mayor que en Curupa. Registré especies sensibles a la cacería intensiva, tales como mono choro (*Lagothrix lagotricha*), mono coto (*Alouatta seniculus*, Fig. 8A), huangana (*Tayassu pecari*) y sachavaca (*Tapirus terrestris*). A pesar de la disminución de nutrientes disponibles en el suelo a lo largo del transecto entre Curupa y Piedras (ver el capítulo de vegetación y flora), la abundancia de ciertas especies de mamíferos aumentó. Por ejemplo, registré grupos grandes de mono choro (30–40 individuos), varios grupos de mono huapo (*Pithecia monachus*) y numerosas trochas de sachavaca. Estas mayores abundancias podrían estar relacionadas al mínimo efecto antropogénico en el área. El difícil acceso y la poca evidencia de extracción maderera en esta área sugiere que la cacería intensiva no afectó las poblaciones de mamíferos medianos y grandes. Sin embargo, al norte del campamento Piedras, en las zona de colinas, registré pocos grupos de primates y sólo un grupo pequeño de huanganas (~4 individuos, Fig. 8H). El único grupo de mono choro que observé en las colinas fue de ~30 individuos. Este grupo permaneció por varias horas consumiendo frutas de un único árbol de Sapotaceae. La mayoría de los primates y otros mamíferos, incluyendo la única observación de mono coto, los registré en la parte baja del bosque en las cercanías del río Algodoncillo. En general, los primates al darse de cuenta de nuestra presencia nos observaban curiosos y pocas veces huían.

Miembros del equipo biológico registraron por observación directa una sachavaca y un oso hormiguero bandera (*Myrmecophaga tridactyla*) en los alrededores de Chino, el campamento intermedio en la cuenca del Algodón entre Curupa y Piedras. Además, registraron un individuo de delfín gris o bufeo (*Sotalia fluviatilis*) en el río Algodón. Esta especie podría ser indicador de una buena calidad del agua y una alta abundancia de peces en el área.

En cuanto a los murciélagos, registré cuatro especies (Apéndice 8), entre ellos *Glossophaga soricina* (importante polinizador de varias especies de plantas), dos especies insectívoras (*Glyphonycteris daviesi* y *Rhinchonycteris naso*) y una especie frugívora (*Mesophylla macconnelli*, Fig. 8E).

Río Algodón

El área del río Algodón, ubicada al norte de Piedras, tiene una alta diversidad de mamíferos medianos y grandes. Ríos, Sánchez y Gilmore registraron una alta riqueza (26 spp., Apéndice 7) y abundancia de mamíferos, especialmente de especies sensibles a la cacería. Por ejemplo, registraron numerosas tropas grandes de monos choro (*Lagotrix lagotricha*), muchos grupos de monos coto (*Alouatta seniculus,* Fig. 8A), piaras grandes de huanganas (*Tayassu pecari,* Fig. 8H) y evidencia clara que indicaba la presencia de sachavacas (*Tapirus terrestris,* Fig. 8G). También en el río Algodón hicieron una observación directa de un grupo de lobos de río (*Pteronura brasiliensis*), depredador tope actualmente categorizado como En Peligro de Extinción (UICN 2009) debido a la fuerte presión de cacería que sufrió en décadas pasadas. De igual forma, observaron bufeo gris (*Sotalia fluviatilis*) y bufeo colorado (*Inia geoffrensis*).

La abundancia de mamíferos medianos y grandes alrededor del río Algodón puede deberse a la presencia de aguajales grandes de *Mauritia flexuosa* y también a la presencia de más de 30 collpas o saladeros (Gilmore com. pers.). Las collpas son un recurso clave para muchas especies de mamíferos en bosques amazónicos (Montenegro 2004; Gilmore 2005; Tobler 2008).

Comparación entre los sitios del inventario

La composición de especies de mamíferos medianos y grandes registrados en Curupa y Piedras difirió en más de un 40%, pues sólo 18 de 32 especies fueron registradas en ambos campamentos (Apéndice 7). En base a la literatura (Aquino y Encarnación 1994; Emmons y Feer 1997; Eisenberg y Redford 1999), estimé que cada lugar puede tener aproximadamente 59 especies. Sin embargo, durante la evaluación registré menos especies en Curupa que en Piedras (22 y 28 especies, respectivamente). La abundancia de ciertas especies, especialmente las sensibles a la presión de cacería, también difirió entre ambos sitios.

Estas diferencias en la riqueza de especies y las abundancias puede deberse tanto a factores ambientales como antropogénicos. Así, la poca disponibilidad de frutos de aguaje (*Mauritia flexuosa*) durante el inventario podría haber afectado la presencia y/o abundancia de ciertas especies de primates y ungulados. Sin embargo, debido a la evidencia clara de extracción comercial intensiva de madera en esta área (numerosos campamentos abandonados y viales madereros), es probable que la fuerte presión de cacería asociada a la extracción maderera sea la razón principal para la ausencia de ciertas especies y la poca abundancia de otras. Como evidencia, a lo largo de las trochas encontré numerosos casquillos de cartuchos de escopeta. Además, la gente local reporta que hasta más de 100 personas a la vez trabajaron en la extracción maderera (L. Mosoline com. pers.). Este alto número de personas obviamente demandó el consumo de grandes cantidades de carne de monte. Como consecuencia poblaciones de especies con tasas reproductivas bajas como primates grandes y sachavacas disminuyeron dramáticamente. Por esta razón, a pesar que estas actividades extractivas se han detenido hace aproximadamente dos años, con excepción de la zona de collpa, registré poca evidencia de sachavaca: algunas huellas viejas cuyos individuos probablemente abandonaron el área al notar nuestra presencia. Además especies de primates, como el mono choro y el mono coto, no se registraron en el área. Además del efecto de la cacería sobre la riqueza y abundancia de mamíferos en Curupa, el comportamiento también se vió afectado. Primates, como el mono huapo (*Pithecia monachus*) y el mono tocón de manos amarillas (*Callicebus torquatus*), eran ariscos y huían rápidamente emitiendo vocalizaciones de alarma al darse cuenta de nuestra presencia.

De otro lado, a pesar de la disminución gradual de nutrientes disponibles en los suelos entre Curupa y Piedras, registré una mayor riqueza de especies desde Chino hacia el norte (Fig. 2A), incluyendo especies ausentes en Curupa: mono choro, mono coto y huanganas (*T. pecari,* Fig. 8H). De igual forma, las abundancias fueron mayores entre Chino y Piedras comparado con las abundancias en Curupa. En Piedras, registré grupos grandes de mono choro y muchos grupos de mono huapo, la mayoría de ellos en el bosque de planicie o lomas bajas. Registré pocas especies en la zona de colinas altas, las cuales tienen suelos arcillosos pobres.

Tanto en Curupa como en Piedras existen registros de especies raras como perro de monte (*Atelocynus microtis*), especie de amplia distribución pero de difícil observación debido a su comportamiento silencioso. Adicionalmente, el oso hormiguero bandera (*Myrmecophaga tridactyla*) fue registrado cerca de Piedras y un delfín gris (*Sotalia fluviatilis*) en el río Algodocillo.

Registros notables

Hubo varios registros notables durante el inventario en la propuesta ACR Maijuna. Curupa fue la única localidad donde registré el mono machín negro (*Cebus apella*). La presencia de esta especie al norte del río Napo contradice la distribución sugerida por Tirira (2007), quien sugiere la restricción de su distribución al norte del río Napo, como se encontró para Güeppí-Cuyabeno (Bravo y Borman 2008).

Un hallazgo importante fue la presencia dentro de la propuesta ACR Maijuna de especies en estado crítico de conservación. En el río Algodón, gente local y M. Gilmore (com. pers.) reportan la presencia de lobos de río (*Pteronura brasiliensis*), especie categorizada En Peligro por el Decreto Supremo 034 (INRENA 2004). De la misma forma, en Curupa registramos otorongo (*Panthera onca*), categorizado como especie en Peligro de Extinción (CITES 2009).

Durante el inventario, tuvimos dos registros de especies raras. En Curupa y Piedras, se observó el perro de monte (*Atelocynus microtis*), una especie de amplia distribución pero rara de ver y de la cual se conoce muy poco acerca de su biología. Del mismo modo, en Piedras se observó el oso hormiguero bandera (*Myrmecophaga tridactyla*), que a pesar de su amplia distribución, es muy raro de observar.

Objetos de conservación

Veintinueve especies de mamíferos medianos y grandes observadas en la propuesta ACR Maijuna son consideradas objetos de conservación dentro de la categorias En Vía de Extinción o Vulnerable por la UICN (2009) y 11 especies consideradas En Peligro o Vulnerables por CITES (2009; Apéndice 7). En el ámbito nacional, según el Decreto Supremo No. 034 (INRENA 2004), 11 de las especies observadas son consideradas como especies amenazadas. Una especie En Peligro Crítico (*Pteronura brasiliensis*) y dos especies En Peligro (*Inia geoffrensis* y *Sotalia fluviatilis*) están presentes en el área. Muchas especies amenazadas y muchas veces exterminadas localmente en otros lugares de la Amazonía (p. ej., *Lagothrix lagotricha, Tapirus terrestris*) son aún abundantes en el partes intactas del área.

Comparación con otros sitios

La diversidad de especies de mamíferos medianos y grandes registrados en este inventario es similar a la de otros inventarios en el norte de la Amazonía peruana. En el inventario rápido del área de conservación Güeppí-Cuyabeno, entre el interfluvio Napo-Putumayo, Bravo y Borman (2008) registraron 46 especies de mamíferos medianos y grandes en un período de cuatro semanas en cinco sitios. En cuanto a primates, registraron diez especies comparado con nueve especies registradas en este inventario. A diferencia de este inventario, Bravo y Borman (2008) registraron el mono leoncito (*Callithrix* [*Cebuella*] *pygmaea*) y mono tocón (*Callicebus cupreus*) en los sitios de muestreo. En este inventario, estas especies fueron registradas dentro del área propuesta como ACR Maijuna pero no en los dos sitios evaluados. La primera fue vista en el río Sucusari (Fig. 8C) y la segunda fue reportada para el río Algodón (M. Gilmore com. pers.). La presencia de *C. cupreus* en el interfluvio Napo-Putumayo es interesante, ya que no existe consenso claro sobre su distribución. Emmons y Feer (1997), Tirira (2007) y van Roosmalen et al. (2002) predicen su presencia, sin embargo Aquino y Encarnación (1994) sugiere que esta especie está restringida al sur del río Napo. Además, en el inventario de Güeppí-Cuyabeno no se registró mono machín negro (*Cebus apella*), que sí fue registrado en Curupa. La distribución de esta especie en la Amazonía tampoco es muy clara. Según Aquino y Encarnación (1994) y Emmons y Feer (1997), ésta es una especie esperada en el interfluvio Napo-Putumayo; pero Tirira (2007) sugiere que ésta especie está al sur del río Napo.

Durante el inventario rápido de Ampiyacu, en el interfluvio Amazonas-Napo-Putumayo, 39 especies de mamíferos medianos y grandes fueron registrados (Montenegro y Escobedo 2004). Las principales diferencias con la propuesta ACR Maijuna son la presencia de el mono pichico (*Saguinus fuscicollis*), y la ausencia de mono tocón y mono nocturno (*Aotus vociferans*), en Ampiyacu. De acuerdo a Emmons y Feer (1997), *S. fuscicollis* es una especie esperada en el interfluvio Napo-Putumayo; sin embargo Tirira (2007) restringe esta especie hacia el sur del Napo. Al igual que en la propuesta ACR Maijuna, el mono machín negro fue registrado en Ampiyacu (específicamente en el río Yaguas). La ausencia del mono tocón es como Aquino y Encarnación (1994) predicen, pero contrario a la distribución dada por Emmons y Feer (1997) y van Rossmalen et al. (2002). Al igual que en el ACR Maijuna, en Ampiyacu y Güeppí-Cuyabeno, el mono araña (*Ateles belzebuth*) estaba ausente. Según Aquino y Encarnación (1994) y Emmons y Feer (1997), esta especie estaría presente en Ampiyacu, pero Montenegro y Escobedo (2004) atribuyen su ausencia a la intensa presión de cacería. Sin embargo, contrario a Aquino y Encarnación (1994) y Emmons y Feer (1997), Tirira (2007) sugiere que la distribución de el mono araña (*A. belzebuth*) es hacia el sur del río Napo. Recomiendo estudios más detallados en el ámbito local para determinar con precisión la correcta distribución de estas especies.

Para el inventario rápido en Cabeceras Mazán-Nanay-Arabela, área ubicada al sur del río Napo en Perú, fueron registradas 35 especies de mamíferos medianos y grandes (Bravo y Ríos 2007). A diferencia del inventario en la propuesta ACR Maijuna, Bravo y Ríos registraron mono araña (*A. belzebuth*), mono huapo (*Pithecia aequatorialis*), mono pichico y mono choro (*Lagothrix poeppigii*). Según algunos autores (Tirira 2007; Aquino et al. 2009a), la distribución de estas especies están restringidas al sur del río Napo. Sin embargo, la distribución de *A. belzebuth* según Aquino y Encarnación (1994) y Emmons y Feer (1997) alcanza también la región norte del río Napo. Al sur del Napo, *L. lagotricha* y *S. fuscicollis* son sustituidos por *L. poeppigii y S. nigricollis* (Tirira 2007). Debido a la falta de consistencia en las distribuciones de varias especies de primates, recomiendo hacer más estudios detallados para esclarecer sus distribuciones.

CONCLUSIONES

El ACR Maijuna contiene una comunidad sumamente rica y diversa de mamíferos. En apenas dos semanas registré 32 especies de mamíferos medianos y grandes y diez especies de murciélagos. Muchas de estas especies juegan roles importantes en el mantenimiento de la alta diversidad de los bosques tropicales, incluyendo especies dispersoras de semillas (sachavaca, mono choro, mono coto y murciélagos frugívoros), y depredadores tope (lobo de río y otorongo). Conservar esta comunidad de mamíferos es indispensable para asegurar la persistencia de un ecosistema de bosque tropical funcional, y de especies fuertemente amenazadas (lobo de río) o localmente extintas (mono choro, huangana, sachavaca) en otras partes de la Amazonía.

AMENAZAS Y RECOMENDACIONES

Amenazas

La extracción comercial de madera es la principal amenaza de la comunidad de mamíferos en la propuesta ACR Maijuna. Esta actividad trae como consecuencia la cacería indiscriminada de mamíferos, especialmente de primates grandes y ungulados, para obtener volúmenes grandes de carne de monte que sirven como alimento. El impacto de esta actividad puede ser dramático y muchas veces irreversible. Así, poblaciones de monos choros y huanganas han sido localmente exterminadas de algunas áreas de la Amazonía (Peres 1990, 1996; Di Fiore 2004), tal como se observó en uno de los campamentos visitados en este inventario. Así como la extracción comercial de madera, la exploración y extracción de petróleo, la agricultura a gran escala y la ganadería intensiva podrían generar la destrucción del hábitat en la región. Por ejemplo, la contaminación del agua por actividades de extracción petrolera pondría en riesgo la existencia de especies que ahora están en peligro de extinción, como lobo de río, delfín rosado y delfín gris.

Recomendaciones

Recomendamos la urgente protección de la propuesta Área de Conservación Regional Maijuna por varias razones. Esta área alberga una alta diversidad de mamíferos, incluyendo el lobo de río (*Pteronura brasiliensis)* y el manatí (*Trichechus inunguis*), especies en peligro de extinción, y varias especies amenazadas o localmente extintas en la Amazonía debido a una cacería desmedida y sin manejo. En especial, recomendamos el control de las actividades de extracción comercial de madera, que trae como consecuencia el consumo de grandes cantidades de carne de monte por parte de los trabajadores que se internan por largos periodos de tiempo en el bosque. También, consideramos crítica la participación de las cuatro comunidades Maijuna y de las comunidades aledañas en el control y manejo del consumo de carne de monte en el área de protección. Recomiendo especialmente el control estricto de consumo de especies que tienen bajas tasas reproductivas como primates grandes (mono choro y coto) y sachavaca. Estas medidas asegurarán que el área protegida funcione como una unidad de protección para la comunidad de mamíferos medianos y grandes. Finalmente, recomiendo implementar programas de educación ambiental para los moradores del área, incluyendo comunidades aledañas.

PANORAMA SOCIAL REGIONAL

Autor: Alberto Chirif

INTRODUCCIÓN

Las comunidades Maijuna y su federación FECONAMAI[1] presentaron, en agosto de 2008, una solicitud al GOREL[2] pidiendo la creación del Área de Conservación Regional (ACR) Maijuna en el espacio interfluvial ubicado entre el curso bajo del Napo y el medio del Algodón, un área que representa su tierra ancestral. Desde entonces han tenido apoyo del Proyecto Apoyo al PROCREL[3] (PAP) para gestionar la declaración de dicha ACR. Con este propósito, han recibido capacitación general sobre áreas naturales protegidas y ACRs, así como capacitación específica sobre el uso sostenible de los recursos naturales.

Durante el mes de julio de 2009, el PAP contrató nuestros servicios "para realizar una evaluación socioeconómica corta de las comunidades asentadas en el área de influencia de la propuesta ACR Maijuna".

De acuerdo al plan de trabajo presentado, los objetivos[4] de nuestra misión eran:

(1) Levantar información socioeconómica y cultural sobre la población de las comunidades indígenas y mestizas del área de estudio de la propuesta ACR Maijuna, que incluya información sobre aspectos demográficos, servicios sociales, uso de recursos, conflictos con terceros y percepción acerca de la propuesta;

(2) Evaluar las amenazas actuales y potenciales relacionadas con la creación del ACR Maijuna;

(3) Informar a las comunidades del área sobre los objetivos e importancia del ACR Maijuna; y

(4) Procesar y analizar la información recogida en las comunidades y elaborar un informe que dé cuenta de su situación, en los aspectos definidos en el primer objetivo y otros que fueran relevantes y resultaran del trabajo de campo.

MÉTODOS

La metodología implicó revisar y sistematizar la información existente sobre el área de estudio y las comunidades, elaborar instrumentos para levantar la información, realizar trabajo de campo visitando a las comunidades seleccionadas por el PAP con la finalidad de entrevistar a dirigentes y comuneros y redactar un informe final dando cuenta de los resultados del estudio.

Luego de coordinaciones en la oficina del PAP con la coordinadora institucional y con la responsable del trabajo en la propuesta ACR Maijuna, programé una salida de campo para visitar las comunidades entre el 11 y el 24 de julio de 2009, tiempo en el cual participé en el IV Congreso de la FECONAMAI, realizado en la comunidad de Sucusari, entre el 17 y 20 de julio.

1 Federación de Comunidades Nativas Maijuna.
2 Gobierno Regional de Loreto.
3 Programa de Conservación, Gestión y Uso Sostenible de la Diversidad Biológica en la Región Loreto.
4 Estos objetivos vienen del contrato entre A. Chirif y el Proyecto Apoyo al PROCREL.

Dado el corto tiempo previsto para el estudio, determiné reunir representantes de dos o tres comunidades en la sede de una de ellas, para levantar juntos los datos necesarios. En esas reuniones apliqué una encuesta elaborada por el PAP, a la que añadí algunos otros temas (como fecha de fundación de la comunidad o caserío, elementos para entender su historia, fecha de inicio de clases y permanencia de los docentes en la escuela, entre otros). También trabajé con los "mapas parlantes", en los que los representantes de las comunidades y caseríos indicaron las zonas donde cazaban, pescaban y extraían madera y otros productos forestales no maderables.

Durante mi visita a las comunidades estuve acompañado por el Sr. Rusbel Tangoa, dirigente de la FECONMAI que, en el último congreso, fue elegido vice-presidente de la federación. Fui acompañado durante el desarrollo del estudio por la bióloga Natalí Pinedo y la estudiante de ecología Ana Puerta, que trabaja como voluntaria en el PAP, dos excelentes compañeras de viaje que han prestado un apoyo invalorable para la elaboración de los mapas parlantes. Al término del viaje, y luego de una reunión con la coordinadora y personal del PROCREL, así como de la FECONAMAI, del IBC[5] y con el etnobiólogo Michael Gilmore, procedí a sistematizar la información de campo y a redactar el presente informe.

RESULTADOS Y DISCUSIÓN

Fundación, población e identidad de comunidades y caseríos

El trabajo realizado abarcó 24 comunidades, de las cuales 9 son nativas (4 Maijuna y 5 Quechua), 2 campesinas y 13 caseríos (Tabla 1). Sólo una de las comunidades Maijuna no fue visitada, San Pablo de Totolla, a causa de su lejanía (se encuentra en el río Algodón, cuenca del Putumayo), pero sí conversé con sus representantes, que asistieron al IV Congreso de FECONAMAI, realizado en la comunidad de Sucusari. Las comunidades, en función de derechos reconocidos en leyes especiales, acceden a la propiedad de sus tierras mediante un trámite realizado por el Ministerio de Agricultura. Los caseríos no tienen propiedad colectiva sobre las tierras que ocupan, aunque sus integrantes pueden tener títulos individuales. A diferencia de las comunidades, tanto las nativas (indígenas) como las campesinas, que son inscritas como personas jurídicas, los caseríos no tienen esta característica.

Las comunidades Maijuna están literalmente dentro de la propuesta ACR Maijuna—tres en afluentes de la cuenca del Napo y la cuarta en un afluente del Putumayo—aunque ellas hayan decidido que, al momento de declararla, se considere que sus territorios están fuera del ACR, a fin de no perder el derecho que les da la ley de comunidades nativas de aprovechar sus recursos forestales. En esta misma situación sólo están dos caseríos no indígenas: Tutapishco y Nueva Floresta, en la margen izquierda del Napo, aguas abajo de la boca del Yanayacu (Fig. 2A). Ambos han solicitado su inscripción y titulación como comunidades campesinas, pero hasta el momento su pedido no ha sido atendido. Todas las demás comunidades están o en la margen derecha del Napo o en la izquierda, pero no colindan con la propuesta ACR Maijuna.

A continuación presento un cuadro general de todas las comunidades de la zona de trabajo. Como gran parte del llano amazónico loretano, el Napo es un lugar de confluencia de identidades muy diversas. Esto es fruto de una dinámica registrada desde la Colonia, cuando los misioneros fundaron reducciones donde reunieron personas de diversa procedencia étnica, pero también de procesos posteriores, como la expansión tanto de personas de origen Quechua como de la misma lengua desde el Ecuador, lo que ha dado como resultado que ésta se imponga en toda la cuenca. Al respecto, los pobladores entrevistados en Morón Isla señalaron que parte de ellos provenían de Ecuador.

Se puede afirmar con certeza que todas las comunidades tienen población de origen indígena. Sólo como muestra podemos citar algunas referencias obtenidas en las entrevistas durante el trabajo de campo: en Tutapishco existe población Quechua y Maijuna; en Nueva Floresta, hay moradores que se reconocen como Iquitos; en San Francisco de Buen Paso, Huitoto; en Cruz de Plata, Cocamilla; y en Huamán Urco, Nuevo Oriente y Nuevo Leguízamo, Quechua. Asimismo, en Lancha Poza

5 Instituto del Bien Común.

Tabla 1. Comunidades y caseríos asentados en el área de influencia de la propuesta ACR Maijuna (CA = caserío, CC = comunidad campesina, CN = comunidad nativa).

Nombre	Categoría	Fecha de fundación	Familias	Individuos	Identidad
Copalillo	CA	1973	26	200	Quechua
Cruz de Plata	CN	1920	32	179	Quechua
Huamán Urco	CC	1920	89	547	Mestizo
Morón Isla	CN	1980	47	296	Quechua
Nueva Argelia[a]	CN	1988	14	91	Quechua
Nueva Floresta	CA	1959	14	78	—
Nueva Florida	CA	2000	18	98	Mestizo
Nueva Libertad	CA	1962	30	160	Quechua
Nueva Unión	CA	1981	14	89	Quechua
Nueva Vida	CN	1986	25	130	Maijuna
Nuevo Leguízamo	CA	1996	15	70	Quechua
Nuevo Oriente	CA	2002	32	200	Quechua
Nuevo San Antonio de Lancha Poza	CN	1981	33	199	Quechua
Nuevo San Juan	CA	1965	?	350	Mestizo
Nuevo San Román	CC	1979	30	169	Quechua
Nuevo San Roque	CN	1991	22	130	Quechua
Puerto Arica	CA	1989	17	95	Quechua
Puerto Huamán	CN	1963	22	176	Maijuna
San Francisco de Buen Paso	CA	1962	26	180	—
San Francisco de Pinsha	CA	1960	26	180	Quechua
San Pablo de Totolla	CN	1968	18	45	Maijuna
Sucusari (Orejones)	CN	1978	30	136	Maijuna[b]
Tutapishco	CA	1902	63	450	Mestizo[c]
Vencedores de Zapote	CA	1989	30	180	Quechua

a Nueva Argelia no es una comunidad independiente, sino un anexo de Cruz de Plata.

b El directorio de comunidades de Loreto (PETT) la considera equivocadamente como comunidad huitoto-murui.

c En Tutapishco existen pobladores Quechua y Maijuna. Era fundo del patrón José Ríos, que trabajaba palo de rosa, balata y madera.

nos indicaron que parte de los fundadores provenían del río Igaraparaná, afluente del Putumayo, en Colombia, zona de asentamiento tradicional del pueblo Huitoto, por lo que probablemente la población sea de este origen. De hecho, la comunidad de Negro Urco (no se trabajó en ella), asentada en la margen derecha del Napo, pertenece al pueblo Huitoto. Algunos de estos poblados declararon su interés en ser inscritos como comunidades nativas (como Nueva Floresta o Nuevo Oriente) o campesinas (San Francisco de Pinsha y Tutapishco).

De todos, el asentamiento más antiguo de la zona es el caserío de Tutapishco, que data de 1902, seguido por el de Huamán Urco y la comunidad nativa Quechua de Cruz de Plata, ambas de 1920. En las décadas de 1950 y 1960 encontramos la fundación de siete caseríos en la zona (Tabla 1); todas las demás son posteriores. Los dos asentamientos más recientes son Nueva Florida y Nuevo Oriente, que datan de 2000 y 2002, respectivamente. La población de este último nos indicó que quiere tramitar su inscripción como comunidad nativa Quechua. Antes de agruparse, la gente vivía dispersa o en diversas comunidades. La fundación de dos de las comunidades Maijuna se ubica en la década de 1960 (Totolla y Puerto Huamán), mientras que la de Sucusari es de 1978 y la de Nueva Vida 1986.

Como muchos pueblos indígenas de la región de Loreto, los Maijuna no fueron ribereños en el pasado, sino que se asentaron en la zona interfluvial comprendida entre el Napo y el Putumayo. En este sentido, privilegiaron el monte como su hábitat y las trochas a los ríos como vías de comunicación. Su reubicación en espacios ribereños comenzó a partir de su concentración en reducciones misionales, las más antiguas de cuales datan de inicios del siglo dieciocho. Este proceso continuó durante la época del caucho y con los "patrones" que se establecieron después para explotar productos naturales como la yarina (o "tagua" o "marfil vegetal", *Phytelephas macrocarpa*), el palo de rosa (*Aniba rosaedora*), la leche caspi (*Couma macrocarpa*) y el barbasco (*Lonchocarpus* sp.). La creación de escuelas durante la década de 1960 reforzó los asentamientos ribereños y la concentración de los Maijuna.

La población de las comunidades y caseríos es variable y fluctúa entre 45 (San Pablo de Totolla) y 547 habitantes (Huamán Urco). Sólo seis de los asentamientos visitados sobrepasa los 200 habitantes (Tabla 1).

De los centros poblados visitados durante el trabajo, sólo dos están constituidos formalmente como comunidades campesinas (Tablas 1 y 2): Nuevo San Román (inscrita en 2002) y Huamán Urco (inscrita en 1998 y titulada en 2003, la única comunidad campesina de las visitadas que tiene título de propiedad). Además de las cuatro comunidades Maijuna (Nueva Vida, Puerto Huamán, San Pablo de Totolla y Sucusari), existen otras cuatro de la identidad Quechua que están inscritas y tituladas (Cruz de Plata, Morón Isla, Nuevo San Antonio de Lancha Poza y Nuevo San Roque; Tabla 2). Todos los demás asentamientos están constituidos por caseríos, aunque algunos quieren ser inscritos y titulados como comunidades campesinas o nativas.

Población y tierras de las comunidades Maijuna

El nombre oficial de Sucusari es Orejones.[6] Es un calificativo que disgusta a la gente, de allí el haber cambiado el nombre de la comunidad en la práctica. La población vivía antes aguas arriba en el mismo Sucusari, como a una hora de su actual ubicación, en un sitio llamado Nueva Esperanza, donde se asentaron en 1963. Bajaron más cerca de la boca del río en 1970 para estar mejor comunicados. Algunos pobladores son de origen Quechua.

La comunidad colinda con la propiedad de la empresa turística Explorama, con la cual mantiene una relación ambigua. Por un lado, se escuchan algunas quejas de sus dirigentes que señalan que la empresa ha invadido parte de su territorio, pero, por otro, acude a ella en búsqueda de apoyo para sus eventos, en especial, de gasolina para movilizarse. Adicionalmente, reciben apoyo puntual de Conservación de la Naturaleza Amazónica del Perú (CONAPAP), ONG formada por la empresa con la finalidad de garantizar cierto orden y limpieza en algunas comunidades visitadas por sus turistas. De hecho, Sucusari es una comunidad limpia (existen basureros en diversos puntos de su núcleo central) y ordenada.

La comunidad de San Pablo de Totolla tiene la mayor extensión de tierras tituladas de las cuatro comunidades Maijuna, pero es la de menor población (apenas 45 personas). Parte de su población procede originalmente de la comunidad de Nueva Vida, según expresaron los informantes. Su nombre alude a la característica barrosa de las aguas del río Algodón (*totoya* en lengua Maijuna). Fue inscrita en 1976 y recibió un primer título el año 1978, pero en 1991 su territorio fue ampliado mediante una segunda titulación de 9,923.50 ha. Este trabajo fue realizado por la sede regional de AIDESEP[7] en Iquitos (hoy ORPIO[8]), que realizó un amplio trabajo en ese sentido, en toda la cuenca del Putumayo. A raíz

6 Su nombre oficial alude a la antigua costumbre de los Maijuna de perforarse el lóbulo de las orejas para introducir trozos de madera redonda de topa (*Ochroma pyramidale*), decorados con arena blanca y un pedazo de la semilla de huicungo (*Astrocaryum murumuru*), cada vez más grandes conforme la carne de esa parte se va estirando. De hecho, esta costumbre ha dejado de ser practicada hace ya varias décadas.
7 Asociación Interétnica de Desarrollo de la Selva Peruana.
8 Organización Regional de Pueblos Indígenas del Oriente.

Tabla 2. La situación general de las comunidades inscritas y tituladas.

Nombre	Año de inscripción	Año de titulación	Tierras tituladas (ha)	Identidad
Copalillo	—	—	0	Quechua
Cruz de Plata	1978	1979	2,158.00	Quechua
Huamán Urco	1998	2003	3,348.28	Mestizo
Morón Isla	1990	1992	5,636.35	Quechua
Nueva Argelia[a]	—	—	0	Quechua
Nueva Floresta	—	—	0	—
Nueva Florida	—	—	0	Mestizo
Nueva Libertad	—	—	0	Quechua
Nueva Unión	—	—	0	Quechua
Nueva Vida	1976	1977	8,085.00	Maijuna
Nuevo Leguízamo	—	—	0	Quechua
Nuevo Oriente	—	—	0	Quechua
Nuevo San Antonio de Lancha Poza	1990	1992	12,010.00	Quechua
Nuevo San Juan	—	—	0	Mestizo
Nuevo San Román	2002	—	0	Quechua
Nuevo San Roque	1990	1991	11,957.50	Quechua
Puerto Arica	—	—	0	Quechua
Puerto Huamán	1976	1976	1,154.00	Maijuna
San Francisco de Buen Paso	—	—	0	—
San Francisco de Pinsha	—	—	0	Quechua
San Pablo de Totolla[b]	1976	1978 y 1991	14,441.54	Maijuna
Sucusari (Orejones)	1975	1978	4,470.69	Maijuna
Tutapishco	—	—	0	Mestizo
Vencedores de Zapote	—	—	0	Quechua

a Nueva Argelia no es una comunidad independiente, sino un anexo de Cruz de Plata.

b San Pablo de Totolla fue titulada por primera vez en 1978 (4,518.04 ha), pero en 1991 su territorio fue ampliado mediante una segunda titulación de 9,923.50 ha.

de estas dos titulaciones, la comunidad cuenta con 14,441.54 ha. Un dato curioso es que hay más gente de esta comunidad viviendo fuera de ella que dentro. En efecto, 52 de sus comuneros radican en El Estrecho. El dato es preocupante porque puede implicar que su baja población cause el cierre de determinados servicios públicos, como la escuela, que tiene apenas siete alumnos, y el puesto de salud del MINSA[9] (la única comunidad Maijuna que cuenta con este servicio). Por otra parte, el reducido tamaño de su población puede redundar de manera negativa en el trabajo de gestión y control del ACR Maijuna.

9 Ministerio de Salud del Perú.

Nueva Vida y Puerto Huamán son comunidades colindantes, asentadas ambas en la cuenca del Yanayacu, donde cada una ocupa ambas márgenes de este río. Parte de los habitantes hoy concentrados en Puerto Huamán vivían en la cocha Zapote y otros en la misma zona, pero dispersos. Señalan que su nombre proviene de un cuerpo de agua existente en su territorio donde abunda la huama o guama (*Inga* sp., Fabaceae). Existen algunos pobladores mestizos y Quechua en esta comunidad.

Tabla 3. Educación en las comunidades y caseríos, según servicios educativos.

Nombre	Inicial		Primaria		Secundaria	
	alumnos	docentes	alumnos	docentes	alumnos	docentes
Copalillo			18	1		
Cruz de Plata			48	2		
Huamán Urco	35	1	57	3	47	3
Morón Isla			73	2		
Nuevo Argelia			23	1		
Nueva Floresta[a]			22	2		
Nueva Florida			—	1		
Nueva Libertad			42	2		
Nueva Unión			22	1		
Nueva Vida[b]			26	1		
Nuevo Leguízamo			25	1		
Nuevo Oriente			51	1		
Nuevo San Antonio de Lancha Poza			62	2		
Nuevo San Juan	16	1	62	2	19	2
Nuevo San Román[c]			56	2		
Nuevo San Roque			40	1		
Puerto Arica			23	1		
Puerto Huamán			28	1		
San Francisco de Buen Paso			25	1		
San Francisco de Pinsha			33	1		
San Pablo de Totolla			7	1		
Sucusari (Orejones)			35	1		
Tutapishco[d]	25	1	56	4	36	?
Vencedores de Zapote[e]			57	1		
SUMAS	**76**	**3**	**891**	**36**	**102**	**5**

a Son dos profesores asignados a esta escuela, pero en realidad sólo uno da clases en ella, ya que el otro ha sido reasignado por falta de alumnos.
b La comunidad quiere cambiar al profesor que lleva 22 años en ella. Han decidido dejarlo que termine el año antes de cambiarlo.
c Hay dos plazas para docentes en esta escuela, pero sólo uno dicta clases.
d El colegio secundario funciona desde 1994. Cuenta con un albergue para alojar alumnos de otras comunidades.
e Hay dos plazas para docentes en esta escuela pero sólo uno dicta clases.

Nueva Vida era antes considerada parte de Puerto Huamán, situación que duró hasta que consiguieron su propia escuela. Ambas comunidades fueron inscritas en 1976, año en que Puerto Huamán consiguió su título de propiedad sobre 1,154 ha, lo que la califica como la comunidad Maijuna con menor territorio. La otra fue titulada un año más tarde con 8,085 ha.

Los servicios comunitarios

Servicios educativos

Todas las comunidades y caseríos visitados cuentan con escuela primaria, la cual es por general uni-docente (Tabla 3). Las cuatro comunidades Maijuna están en esta situación. Sólo nueve de los centros poblados de la zona de estudio cuentan con dos y hasta cuatro profesores. Considerando que la primaria tiene seis grados, de todas maneras ellos están obligados a dictar clases, de manera simultánea, para alumnos de diferentes grados. La escuela es probablemente el primer servicio reclamado por los moradores de un asentamiento, antes incluso que la titulación. De hecho todos los asentamientos tienen una escuela, pero no todos cuenta con títulos.

Sólo hay una comunidad campesina y dos caseríos que tienen escuela inicial, escuela primaria y colegio secundario: Huamán Urco, Nuevo San Juan y Tutapishco, que son, a su vez, los centros poblados con mayor población. Si bien casi todos los alumnos terminan primaria, son muy pocos los que siguen estudios secundarios, como se puede ver en la Tabla 3, que pone en evidencia que el número de estudiantes en secundaria (102) es menor que los que estudian primaria (891). Para los padres y madres de familia, enviar a sus hijos a la secundaria significa un gasto difícil de afrontar puesto que en la mayoría de casos significa que deben asumir los costos de alojamiento y alimentación en los centros poblados donde funcionan los colegios. La cosa se complica si el colegio secundario más cercano está en alguna de las capitales distritales, en vez de funcionar en una comunidad o caserío, porque allí es más difícil encontrar familiares que faciliten la estadía de los alumnos.

Son muy pocos los alumnos de comunidades Maijuna egresados de colegios secundarios. De hecho, en Sucusari nos indicaron que ningún alumno procedente de esa comunidad ha terminado secundaria. Uno de los acuerdos del IV Congreso ha sido pedir la creación de un colegio secundario para alumnos Maijuna, que deberá funcionar en Nueva Vida, lugar determinado por los representantes comunales como el más céntrico.

A pesar de la existencia de nueve comunidades nativas en la zona visitada (incluyendo Nueva Argelia, ex anexo de Cruz de Plata), en ninguna se imparte educación intercultural bilingüe. Aunque los padres de familia entrevistados suelen atribuir a esta ausencia y al hecho de que algunos docentes, a pesar de ser indígenas, no enseñan la lengua de sus ancestros (Maijuna o Quechua), la verdadera razón de la paulatina pérdida es que en el hogar ellos la han reemplazado por el castellano. La escuela no es el espacio para aprender una lengua, sino la casa. Las causas de la reducción de la lengua materna son varias. Una son los matrimonios mixtos entre indígenas y mestizos, lo que determina que los esposos deban comunicarse en una lengua conocida por ambos. Otra razón, que puede tener mayor peso entre los Maijuna es la vergüenza de expresar un elemento fundamental de la cultura que identifica el origen de una persona. Es probable que la larga historia de patrones que han dominado a los Maijuna y los complejos que han internalizado como consecuencia de esta relación expliquen este comportamiento. FECONAMAI deberá diseñar y poner en marcha una estrategia que permita superar este complejo, más presente entre los jóvenes, si es que quiere cumplir con uno de los objetivos que se ha propuesto: revalorar la cultura Maijuna.

Más allá de la cuestión lingüística, la educación en general en la zona (fenómeno común todas las áreas rurales del país), puede ser calificada de desastrosa. Dos indicadores que demuestran esto son que las clases comienzan, en el mejor de los casos, un mes más tarde de la fecha oficial y que los profesores abandonan las aulas con frecuencia, sin siquiera molestarse en explicar las razones de su salida.

A continuación se presentan algunos ejemplos para ilustrar lo señalado. Aunque el inicio oficial de clases escolares está fijado en todo el Perú para el mes de marzo, en San Pablo de Totolla las clases se iniciaron este año en mayo y en Puerto Huamán y en Nueva Vida, en abril.[10] En la primera comunidad, como dato adicional, nos dijeron que en años anteriores el inicio había sido recién en junio. En los tres casos señalados, los entrevistados señalaron que los profesores viajaban frecuentemente. Preguntados sobre el promedio estimado de clases dictadas por el profesor desde el inicio de clases, nos contestaron que lo calculaban en tres y dos meses, y en tres semanas, respectivamente.[11] Nueva Vida, donde el incumplimiento del profesor es mayor que en las otras comunidades, ha pedido formalmente al Ministerio de

10 No nos fue posible conseguir este dato en el caso de Sucusari, porque al parecer el profesor entrevistado lo quiso guardar en secreto.

11 El propio Ministerio de Educación ha contribuido a este desastre al suspender el dictado de clases en todo el país durante la primera semana de julio (normalmente se paralizan en la última por las celebraciones de Fiestas Patrias), dando como razón la amenaza de la "fiebre porcina", sin siquiera averiguar en qué zonas específicas existía esta enfermedad.

Educación que cambie a este profesor. Esto no se ha conseguido debido a que el régimen laboral del profesor le ofrece estabilidad en el cargo.

La situación en las demás comunidades visitadas en la zona es similar, con el inicio de clases en abril o en mayo y con viajes constantes de los docentes fuera de la comunidad. La excepción es Lancha Poza, donde el ciclo escolar comenzó el 13 de marzo y hasta la fecha [julio de 2009], en promedio, el docente ha dictado tres meses y medio de clases. El menor tiempo de clases dictadas es en Copalillo, con apenas 22 días desde que comenzaron en mayo.

Además de la irresponsabilidad que los docentes ponen de manifiesto mediante su comportamiento y de la falta de interés del Ministerio de Educación para corregir la situación, el funcionamiento del sistema también hace evidente el escaso interés de los padres y de las madres de familia para corregir el problema. La situación es tan irregular que los maestros ni siquiera comunican a las autoridades comunales que van a viajar—simplemente desaparecen.

En muchos de los casos consultados, los padres de familia, articulados en las llamadas APAFA (Asociación de Padres de Familia) ni siquiera se quejan ante el maestro o ante sus autoridades superiores, lo que puede expresar su falta de interés en la educación que reciben sus hijos o su convencimiento de que sus reclamos no recibirán algún tipo de atención por dichas autoridades. En efecto, en varias comunidades los entrevistados nos indicaron que sus reclamos no habían originado mejora alguna. En algunos casos, además, los docentes han respondido airadamente ante las quejas formales de los padres de familia, señalando que ellos son autónomos y que sólo las autoridades del Ministerio pueden controlarlos. Esto pone en evidencia el carácter formal de las APAFA, que si recibieran apoyo de las autoridades del Ministerio, podrían cumplir un rol importante para corregir el comportamiento de los docentes.

Servicios de salud

La situación de los servicios de salud es mejor que la de educación. Funcionan puestos de salud del Ministerio de Salud (MINSA) en las comunidades de Huamán Urco, San Francisco de Buen Paso, Tutapishco y San Pablo de Totolla. Estos puestos están atendidos por dos técnicos sanitarios, los cuales tienen un ámbito que abarca entre seis y ocho comunidades y caseríos. En algunos otros centros poblados existen promotores comunales de salud que administran un botiquín, aunque el funcionamiento de éstos es irregular.

Los servicios higiénicos de las dos comunidades que declaran tenerlos (Sucusari y Nueva Vida) pertenecen en realidad a la escuela. En el caso de Sucusari, si bien se trata de baños bien construidos y con aparatos sanitarios, los servicios carecen por lo general de agua. En el otro caso, son letrinas rústicas. En Puerto Huamán observamos una letrina muy precaria cercana al local comunal.

Sólo en San Pablo de Totolla existe un puesto de salud del MINSA, el cual cuenta con un técnico. En los cuatro casos existen promotores de salud de la propia comunidad. Se trata de personas que trabajan *ad honorem* y han sido capacitadas por alguna ONG, la Iglesia Católica o el propio Estado. Ellas administran un botiquín comunal constituido con un fondo semilla, que en estos casos ha sido dado por la Municipalidad de Mazán y de El Estrecho (Totolla). No obstante, ninguno funciona por haberse descapitalizado como consecuencia de que los usuarios no hayan pagado las medicinas que utilizan. Se trata de un fenómeno común a todas las comunidades visitadas, cuyos pobladores alegan que si las medicinas han sido donadas, ¿por qué deben pagarlas?

En general, sin embargo, el servicio de salud pública en la cuenca cumple un papel importante y la calidad de la atención es regular. El sistema de vacunación funciona de manera permanente, y cada tres meses los técnicos de los tres puestos de salud visitan las comunidades de su red, en compañía de personal de los centros de salud de Mazán o Santa Clotilde, para inmunizar a los recién nacidos.

El programa "Vaso de Leche", gestionado por las municipalidades, está presente en todas las comunidades y caseríos visitados. Este programa proporciona desayuno a los estudiantes de las escuelas primarias.

Otros servicios

Ninguna de las cuatro comunidades Maijuna cuenta con teléfono y, a pesar de que tres de ellas declaran tener servicio de radiofonía, ninguno de los equipos funciona. La falta de batería y/o cables y accesorios (Puerto Huamán y Nueva Vida) es una de las causas de la carencia de servicio de radiofonía. En otros casos esto se debe a que el aparato en sí está malogrado (Totolla). Sucusari tuvo un equipo, pero fue robado. De las demás comunidades y caseríos, existe servicio telefónico en Huamán Urco, Tutapishco y Nuevo San Juan. En la primera de las nombradas, el puesto de salud cuenta incluso con Internet y energía eléctrica permanente generada mediante paneles solares. Los dos primeros centros poblados tienen además, junto con Morón Isla, veredas peatonales.

El aprovechamiento de los recursos

Consideraciones generales

Dentro del espacio propuesto para el ACR Maijuna no existen comunidades (Fig. 2A). Aunque las cuatro comunidades Maijuna colindan con el área, ellas han resuelto que sus territorios sean excluidos al momento de declararse el ACR Maijuna, ya que caso contrario perderían su actual derecho de explotar de manera comercial la madera existente dentro de sus tierras tituladas. Sólo dos caseríos mestizos colindan con el área: Tutapishco y Nueva Florida.

Si bien la propuesta debe contemplar como principales beneficiarios a las comunidades Maijuna (por ser ellas las promotoras de la iniciativa sobre un área que es parte de su territorio ancestral), la cercanía de otras comunidades y caseríos, y el hecho real de que ellas usan recursos dentro de la zona, determina que deban ser tratadas como parte de la "Zona de Amortiguamiento". Salvo los entrevistados de las comunidades de Lancha Poza y Nuevo San Roque,[12] los habitantes de las demás comunidades señalaron realizar actividades dentro del área de la propuesta.

El reglamento de la ley de Áreas Naturales Protegidas (ANP, Arts. 61-64) señala que las zonas de amortiguamiento son "espacios adyacentes a las Áreas Naturales Protegidas del SINANPE, que por su naturaleza y ubicación requieren un tratamiento especial que garantice la conservación del Área Natural Protegida" (Art. 61.1) y que éstas deben ser establecidas "en el Plan Maestro del Área Natural Protegida" (Art. 61.3). Definiciones de algunos especialistas recalcan que el objetivo de estas zonas es "brindar protección adicional a la reserva y compensar a los pobladores locales por la pérdida de acceso a los recursos de la diversidad biológica de la reserva". Lo dicho en el reglamento establece con precisión que una zona de amortiguamiento es el espacio adyacente a un ANP que requiere de un tratamiento especial para garantizar la conservación de ésta. Por esta razón, la zona de amortiguamiento debe ser establecida en los planes maestros del ANP por crearse, señalándose su extensión y las funciones que debe cumplir. Como su nombre lo indica, esta zona sirve para "amortiguar" los impactos sobre el área de conservación, por lo que su relación con ésta es de estrecha colaboración.

La "amortiguación" de impactos de una zona así sólo será posible si se trabaja en este sentido, ya que limitarse a declararla no significa avance alguno. Por el momento hemos aprendido dos cosas a consecuencia de nuestra visita a las comunidades aledañas a la propuesta ACR Maijuna. La primera es que la franja ubicada en el entorno de la propuesta ACR Maijuna es la zona desde la que se lanzan o "disparan" las presiones sobre los recursos del interior del área; y la segunda es que PAP, además de haber informado a las comunidades y caseríos sobre la propuesta en un par de oportunidades, no tiene una estrategia para desarrollar el carácter amortiguador de la zona aledaña.

En realidad, la actitud general por parte del Estado en todas las áreas de amortiguamiento ha consistido en dejarlas de lado y considerar que su declaración hace parte del cumplimiento de un requisito formal impuesto por la ley. No conozco casos de trabajo sostenido con las poblaciones asentadas en el entorno de ANPs, que son las que históricamente han utilizado los recursos de éstas. Prima la concepción de las ANPs como claustros, es decir como espacios encerrados en sí mismos. Por otro lado, las limitadas iniciativas de manejo realizadas por el Estado u ONGs en algunas comunidades asentadas dentro del área (p. ej., en el caso de la Reserva Nacional Pacaya-Samiria), no son de ninguna manera suficientes para ordenar el uso de los recursos y promover su aprovechamiento sostenible. En este sentido, creemos que el trabajo con las

12 Advertimos sobre el carácter subjetivo del método y la información, porque el hecho de que los delegados de la comunidad dijeran que ellos no cazan, pescan o extraen recursos forestales del área de la propuesta, no afirma ni niega que alguna persona de esa comunidad lo haga.

comunidades del entorno es tan importante como el que se realice con las cuatro comunidades Maijuna que deben ser las beneficiarias directas del ACR Maijuna.

En las líneas siguientes preciso sobre las zonas donde se encuentran los recursos utilizados por las comunidades del entorno de la propuesta ACR Maijuna, comenzando con los Maijuna. La información sobre el tema ha sido obtenida mediante "mapas parlantes" elaborados en entrevistas con representantes de las 24 comunidades que conforman este estudio. Reconozco el carácter subjetivo de la información recogida en rápidos diálogos con algunas personas, que calificaron la existencia de recursos como "abundantes", "regulares" o "pocos". En este sentido, la información que presento debe tomarse como referencial y deberá ser corregida y complementada con la que provenga de estudios adicionales: (1) el inventario biológico rápido en la propuesta ACR Maijuna y (2) el estudio detallado realizado por el etnobiólogo Michael Gilmore, quien ha hecho también "mapas parlantes" en las comunidades Maijuna y la comprobación de campo y georeferenciación de lugares.

El uso de los recursos por las comunidades Maijuna

Sucusari

Los entrevistados de la comunidad señalaron que usan la cuenca del río Sucusari para realizar sus diversas actividades extractivas. Para cazar indicaron zonas muy cercanas al poblado de la comunidad, ubicadas hacia el este de ese río, en dirección a las cabeceras del Apayacu. Señalaron que en general sigue habiendo bastantes animales, aunque la sachavaca (*Tapirus terrestris*) ha disminuido.

Respecto a la madera, indican que hasta el año 2007 se extraía mucha madera pero que ahora se tala menos porque la comunidad ha comprobado que está disminuyendo la población de especies valiosas, en especial, el cedro (*Cedrela odorata*). Como zona de extracción señalaron también la cuenca del Sucusari. Ellos tramitaron un permiso para aprovechamiento comercial de la madera comunal que luego entregaron a unos madereros que los engañaron (no les pagaron lo que les habían ofrecido). Sospechan que el permiso se usó también para legalizar madera extraída de otros lugares.

Pescan en la cuenca del Sucusari con anzuelos, trampas (de 2.5 y 3.0 pulgadas) y flechas. Antes llegaban botes congeladores, pero ahora les han prohibido entrar. Capturan diversas especies, pero señalan que el sábalo (*Brycon* spp.) ha disminuido. El aprovechamiento de aguaje (*Mauritia flexuosa*), ungurahui (*Oenocarpus bataua*) y chonta (*Bactris* sp.) lo hacen en una zona llamada Tutapishco, ubicada a dos días aguas arriba hacia las cabeceras del Sucusari.

San Pablo de Totolla

Esta comunidad realiza gran parte de la cacería dentro del propio territorio comunal, aunque también en las cabeceras del río Algodoncillo (dentro del área de la propuesta), para lo cual hacen viajes que demoran varios días debido a la lejanía del lugar, y al norte del Algodón, en bosque declarado de producción permanente (BPP). Califican de abundante la existencia de animales de monte. "Se caza de todo", señalan los entrevistados.

Para pescar señalan que existen cochas grandes fuera del área de la propuesta, al norte del Algodón, en el mismo BPP, aunque dentro de la comunidad también hay pequeños cuerpos de agua, como Cocha Negra, Sombrero Cocha y Arana Cocha. Indican que en la zona han visto presencia de lobos de río e incluso de manatíes.

Los productos no maderables están por muchos lugares: dentro de la comunidad, del BPP y del área de la propuesta. Estos productos son variados: ubos, ungurahui, aguaje, irapay, chambira, camu-camu y otros.

Nueva Vida

Miembros de esta comunidad cazan dentro del área de la propuesta, en dirección noreste, hasta aproximadamente encontrar la trocha por la que debe atravesar la carretera propuesta hacia El Estrecho. Señalan que en ese trayecto hay diversas collpas donde encuentran venados, sajinos, huanganas y sachavacas, además de una variedad de aves. Señalan que entran cazadores por el Yanayaquillo (que vierte sus aguas en el Yanayacu cerca de la desenbocadura de éste en el Napo) provenientes de Pinsha, Nueva Unión, Zapote y otros caseríos. Indican que han disminuido especies como el perezoso (*pelejo*) y los monos coto, choro y machín.

Realizan la pesca en el Yanayaquillo y en algunas cochas. Señalan la existencia de diversas especies, entre ellas, arahuana, aunque indican que ya no hay gamitana ni paco. Han visto lobos de río, pero no manatíes.

Desde el año 2007 no trabajan madera. "Ahora los árboles son delgados", afirman. Extraían de las quebradas Coto y Sabalillo, en el límite noroeste de la propuesta. Otro informante indica haber trabajado en la zona de quebradas ubicadas en el centro de la propuesta del ACR Maijuna y en las cabeceras del Yanayacu. Por el límite sur de la comunidad, afirman haber visto lupuna y cumala. Los patrones pagaban S/. 0.20 por pie de cumala y S/. 0.50 por el de cedro. Actualmente extraen productos no maderables cerca de la comunidad, hacia el noreste, donde encuentran aguaje, irapay, ungurahui, huasaí, sinamillo y chambira, entre otros.

Puerto Huamán

Los informantes de esta comunidad, en su mayoría jóvenes muy conocedores de su medio, señalan que cazan en su propio territorio y al norte de éste, dentro del área de la propuesta. Señalan el añuje como especie abundante y al mono choro como una de las que ha disminuido. Se quejan por el ingreso de cazadores ilegales provenientes de Puerto Arica, Cruz de Plata y Nuevo Argelia, quienes entran por un varadero que va de este último caserío hasta las cabeceras de la quebrada Coto. "Son una tres horas de camino", afirman.

Pescan en Sapo Cocha y Pantalón Cocha y en diversas quebradas. Capturan especies como fasaco, shuyo, bujurqui, mojarra y paña, usando trampas de 2.5 y 3 pulgadas. Señalan que han disminuido el tucunaré y los zúngaros. En la zona dicen haber visto lobos de río. Hay foráneos que entran a pescar con barbasco.

Señalan que ya no trabajan madera, aunque hasta el año pasado sí lo hacían entrando por todas las quebradas: Coto, Sabalillo, Paña y otras, por las que también cazan. Los patrones pagaban S/. 0.25 el pie de cumala y S/. 0.80 el de cedro. Dicen que actualmente hay foráneos que entran por el varadero de Nuevo Argelia y desde allí van hacia la parte central del área de la propuesta para sacar madera. Luego la bajan por la quebrada Coto. Sacan cumala, tornillo, cedro, marupá, moena y tornillo. "Ya no hay tanta madera", señalan.

La zonas de extracción de productos no maderables están muy cerca a la comunidad, lo que es buena señal acerca de su abundancia. Hay irapay, shapaja, madera redonda, aguaje, ungurahui y otros.

El uso de los recursos por otras comunidades y caseríos

Huamán Urco

Los comuneros indicaron como zonas de caza el área de influencia de las quebradas Supay, Huacana y Huamán Urco, ubicadas dentro de sus tierras; aunque también señalaron que siguen la ruta del proyecto de carretera hacia El Estrecho, hasta la altura de las cabeceras del Sucusari. Afirman que ahora no trabajan madera, cosa que sí hicieron antes, pero sólo de zonas próximas a la comunidad, fuera de la propuesta ACR Maijuna. Indicaron tener una zona de conservación que la protegen con la esperanza de obtener buenos precios en sus negociaciones con una empresa. Allí existe principalmente capinurí, capirona y cumala. Pescan fuera del ámbito de la propuesta, en cochas y quebradas dentro de la comunidad y en la margen derecha del Napo. Además, obtienen productos no maderables cerca de sus tierras. Existe irapay, shapaja y chambira, pero yarina, aguaje y huasaí son escasos.

Buen Paso

En el caserío de Buen Paso los informantes señalaron que para cazar se dirigen hacia el norte, siguiendo la trocha de la propuesta carretera hacia El Estrecho, hasta llegar a las cabeceras del Algodoncillo, donde encuentran huanganas, sajinos y venados, aunque ya no hay sachavacas. A veces venden la carne, "a S/. 3 el kilo si es fresca y S/. 5 si es seca." Señalaron que pescan poco, "sólo cuando pasa mijano; antes había de todo". Capturan boquichicos y palometas, y usan mallas de 2 pulgadas. Afirman no trabajar madera desde el año 2008. Cuando la trabajaban, la cortaban dentro de los límites de su asentamiento. Antes extraían cedro y cumala de la parte alta del Yanayacu y por quebradas afluentes, como Coto y Jergón. También por el trazo del proyecto de la carretera hacia El Estrecho y por quebradas en las cabeceras del Sucusari. "Sacábamos puro cedro, pero ya no hay, y hay poca cumala. Sí hay tornillo, pero en el canto de la quebrada ya no hay." Sobre productos no maderables, mencionaron tener importancia el irapay, el aguaje, la chambira y el ungurahui.

Nuevo San Juan, Copalillo y Nuevo Leguízamo

Señalaron como principales zonas de caza la cuenca del Yanayacu y de una quebrada llamada Yachapa, que nace en la parte central de la propuesta ACR Maijuna y desciende hacia el sur para desaguar en el Napo, cerca de la comunidad de Copalillo. Indicaron que en sus expediciones de caza llegan cerca de las cabeceras del Algodoncillo. Señalan extraer madera en la parte baja de la quebrada Yachapa, en especial en una quebrada llamada Pava que desagua en ésta, ubicada en el límite sur de la propuesta ACR. Allí mismo extraen productos no forestales, que también consiguen en áreas aledañas a sus comunidades.

Nueva Unión y Vencedores de Zapote

Señalaron como zona de caza principalmente la cuenca del Yanayacu, que era también de donde extraían madera. "La extracción de madera es lo que más impacta a la fauna, porque hay que alimentar a las brigadas que tumban los árboles y por el ruido de las motosierras". Antes también entraban hacia el centro de la propuesta ACR Maijuna, hasta las cabeceras del Algodoncillo. Respecto a la pesca, señalan que ahora es escasa y que la extración la realizan fuera del ámbito de la propuesta ACR. También extraen productos no maderables por el Yanayacu y por el Yanayaquillo. "Es sólo para nuestro consumo, no vendemos".

San Francisco de Pinsha y San Román

Los comuneros indicaron que sus zonas de caza están en la margen derecha del Napo, dentro del bosque de producción permanente, en una amplia área que llega hasta el Mazán. Allí mismo existen algunas cochas y quebradas que les proveen de peces y áreas para extraer productos no maderables. Realizaban extracción forestal en la cuenca del Yanayacu y Yanayaquillo, dentro del área de la propuesta ACR.

San Francisco de Pinsha y su vecina Nuevo Unión

Tienen un problema con su territorio, que quieren titular, pero no lo logran porque una franja de tierra que queda en la margen izquierda del Napo (entre el río y el bosque de producción permanente) es muy estrecha e inundable. La primera de ellas, además, está asentada en una isla, que según la legislación peruana no puede ser titulada. La única zona que podría ser titulada, porque tiene tierras de altura, está dentro del bosque de producción permanente y forma parte de un lote forestal que ha sido entregado en contrato a una señora. "Ella nunca ha sacado un palo de ese lote, pero cada año presenta y paga su POA [Plan Operativo Anual]", afirman los comuneros. Claramente se trata de pretexto para legalizar madera extraída de cualquier parte.

Nuevo Oriente

Los comuneros indicaron que cazan en una amplia área dentro de la propuesta ACR Maijuna, ubicada detrás de Tutapishco y Nueva Florida e incluye hacia el este las cabeceras del Sucusari y las del Apayacu. Sin embargo, también cazan en zonas aledañas a su comunidad y a las vecinas Buen Paso, Puerto Leguízamo y Copalillo. En la margen derecha del Napo, cazan dentro del bosque de producción permanente. Aseguraron que a veces van más lejos, hacia el Algodoncillo e incluso el Algodón: "hay más recursos que cerca de la comunidad." Aunque se ven pocos monos, sí hay sajinos, huanganas, sachavacas y venados. Señalaron que no extraen madera y que, cuando lo hacen, se limitan al área de su propia comunidad sin ingresar al ámbito de la propuesta ACR Maijuna. Afirman que las especies forestales comerciales, como cedro, cumala y lupuna, son escasas. Respecto a la pesca, dicen que es sólo para consumo y que la realizan en cochas y quebradas cercanas a la comunidad, fuera del área de la propuesta; afirman que existen diversas especies, "aunque ya no hay gamitana." Los productos no maderables los obtienen igualmente cerca de la comunidad. Existe irapay, el ungurahui es escaso y no hay aguaje.

Tutapishco, Nueva Libertad y Nueva Florida

Los comuneros señalaron como zonas de caza las cuencas del Yanayacu y Yanayaquillo y, hacia el norte, del centro del área de la propuesta ACR hasta las cabeceras del Algodoncillo. Aparentemente estos caseríos ejercen la mayor presión contra los recursos del área. De hecho, fue

Tutapishco el único caserío donde encontramos oposición a nuestro trabajo, señalando que a ellos no se les podía prohibir el acceso al área, como ya estaban haciendo los Maijuna con el puesto de control que habían establecido en la boca del Yanayacu. Acusaron a los Maijuna de estar tumbando aguajes e insinuaron amenazas contra ellos, en caso de que continuaran impidiéndoles entrar a la zona. En esa misma extensa área cazan, extraen productos no forestales en especial aguaje y ungurahui y pescan, aunque esta actividad también la realizan en algunos cuerpos de agua ubicados dentro de las tierras comunales.

Cruz de Plata y su anexo Nuevo Argelia

Indicaron que cazan por Coto Quebrada, que desagua en el Napo, pero que al parecer tiene origen dentro del vértice noroeste de la propuesta. Por esa parte ingresan al ámbito de la propuesta ACR Maijuna. También cazan en las cabeceras del Yanayacu, donde obtienen monos, añujes, majaces, carachupas y diversos tipos de aves, pero afirman que son escasas las sachavacas, paujiles y pucacungas. Extraen madera por las mismas zonas de caza, unas dentro y otras fuera de la propuesta ACR Maijuna, donde encuentran cumala y marupá. Realizan la tala por cuenta de habilitadores. Para pescar aprovechan cochas ubicadas fuera de la propuesta ACR: Loma, Soldado, Shansho, Puma, Papaya y otras. Encuentran yaraquíes, sábalos y tucunarés. Los productos no maderables los extraen fuera del ámbito de la propuesta, tanto en la margen derecha (donde se ubica el centro poblado de Cruz de Plata) como en la izquierda (donde está el del anexo Nuevo Argelia). Son abundantes, según declararon: shapaja, yarina, chambira, ungurahui, aguaje y otros.

Morón Isla

Los comuneros señalaron cazar en el vértice noroeste del ámbito de la propuesta ACR, por las quebradas Morón y Aguas Blancas que desaguan en el Napo, y que por allí también entran hacia el Algodón. Encuentran diversas especies: añuje, sajino, huangana y varias especies de aves. A veces venden la carne de monte que cazan, pero sólo en la comunidad, cobrando entre S/. 4 y 4.50 por kilo. Sacan madera de la comunidad, pero también por las quebradas antes mencionadas, que están dentro de la propuesta ACR Maijuna. No se habilitan con patrones, sino que extraen la madera con sus propios recursos. Hay cumala, principalmente. Pescan también en las quebradas de Morón, Aguas Blancas y Achual. "Hay todo tipo de peces, aunque el paco y la gamitana son escasos". Los productos no forestales los extraen cerca de la comunidad, fuera de la propuesta ACR Maijuna.

Puerto Arica

Los comuneros indicaron que cazan por el abandonado trazo del proyecto de carretera Puerto Arica (Vidal) a Flor de Agosto, en el Putumayo. Por esa trocha llegan hasta la parte alta del Algodón. De acuerdo a lo que indicaron, sólo tocarían de manera tangencial el vértice noroeste de la propuesta. Afirman que allí existen diversas especies. Ellos señalan que no talan madera dentro de la propuesta ACR Maijuna, pero que sí han visto que foráneos lo hacen en el mencionado vértice, aunque no saben de dónde proceden éstos. Explotan madera de terrenos de la comunidad, donde también pescan y extraen productos no maderables.

Lancha Poza y Nuevo San Roque

Los comuneros cazan fuera de los límites de la propuesta ACR Maijuna, en terrenos comunales y también del Estado, ubicados hacia el norte hasta llegar a las alturas del Algodón. En estas mismas zonas existen cochas y quebradas donde pescan, y bosques con productos no forestales que extraen para su uso. Estas dos comunidades serían las únicas de las incluidas en el presente estudio que no realizan algún tipo de actividades extractivas dentro de la propuesta ACR Maijuna. Sin embargo, subsiste la duda sobre si la información da cuenta de las actividades de toda la comunidad o sólo de la de los entrevistados.

Actividades extractivas

Actividad petrolera

Sobre la superficie prevista para crear el ACR Maijuna y su zona de influencia, se superpone un lote petrolero y dos áreas de evaluación técnica. El Lote 122, entregado bajo contrato de explotación a la empresa Gran Tierra

Tabla 4. Metales pesados, aceites y grasas en tres lugares muestreados del río Napo (según Sáenz Sánchez [2008]).

Lugar de la muestra	Tipo de análisis			
	aceites y grasas (mg/L)	bario (mg/L)	cadmio (mg/L)	cromo (mg/L)
Flautero	1.1	2.0	0.01	0.01
Petrona Isla	1.2	1.0	0.001	0.01
Santa Rosa	1.0	1.0	0.001	no determinado
Límite máximo permisible	0.5–1.5	0.3	0.004	0.0002

Energy Inc., toma, en su límite este, el curso bajo del río Napo comprendido entre Mazán y la boca del Yanayacu. La empresa, con sede en Calgary, Canadá, está presente actualmente en Argentina, Colombia y Perú. No obstante, hasta el momento no ha iniciado sus operaciones.

Por otra parte, como su nombre lo indica, las áreas de evaluación técnica no constituyen aún lotes negociables, en la medida que todavía se realizan en ellas evaluaciones para determinar su potencial. No obstante, a mediano plazo, sí constituyen una amenaza para la seguridad del ACR Maijuna y el buen uso de sus recursos. El límite este del Área de Evaluación Técnica XXVI sube de manera perpendicular hacia el norte por el curso del río Sucusari hasta, aproximadamente, la altura de las cabeceras del Apayacu, desde donde parte una línea, con dirección noroeste, que pasa por la comunidad de Morón Isla en el Napo y continúa por la margen izquierda de este río hasta más arriba de Santa Clotilde (Fig. 2A). La otra área de evaluación técnica, la XXIX, abarca todo el resto de la propuesta del ACR y más, en la medida que su límite norte llega hasta el Putumayo, aguas arriba y abajo de la localidad de El Estrecho.

Durante una evaluación realizada en el marco de la zonificación ecológica económica del área Bellavista-Mazán (comprendida en el triángulo formado por la desembocadura del río Napo en el Amazonas y, en su límite oeste, por el curso del Momón, desde su boca, subiendo luego sus aguas hasta su parte media, desde donde una línea cierra el polígono en la comunidad de Santa Marta en el Napo), se tomaron muestras de aguas para determinar la calidad de éstas en diferentes lugares de la zona. En el caso del Napo, las muestras fueron tomadas en las localidades de Flautero, Petrona Isla y Santa Rosa, ubicadas en el curso bajo de este río. Sobre la base de dicho estudio he preparado la Tabla 4.

Los resultados de los análisis indican que los parámetros de los aceites y grasas en los tres casos bordean el límite máximo permisible (LMP) . Sin embargo, la concentración del bario es entre tres y casi siete veces por encima del LMP, la del cadmio en Flautero es 2.5 veces por encima, y la del cromo en Flautero y Isla Petrona es 50 veces por encima. Es probable que la presencia de metales pesados en la cuenca se deba a las explotaciones de hidrocarburos en el Napo ecuatoriano, que ya tiene muchos años de antigüedad.

Es previsible que estos parámetros se incrementarán en los próximos años debido a la presencia de nuevas empresas petroleras en la zona. Además de Gran Tierra Energy (antes mencionada), otras dos empresas han suscrito contratos con el Estado y por los menos una de ellas, Perenco, ya ha comenzado sus trabajos de prospección en los lotes 67A, 67B, 121A y 121B. La otra empresa es Petrobras, cuyo lote, el 117, abarca la parte alta de las cuencas de los ríos Napo y Putumayo, superponiéndose con la Zona Reservada de Güeppí, que colinda con Ecuador y Colombia y constituye parte del territorio tradicional de los Airo Pai (o Secoya), pueblo del mismo tronco lingüístico que los Maijuna.

Además de metales pesados, el mayor tráfico de embarcaciones fluviales incrementará los índices de aceites y grasas en los ríos de la cuenca. Estos aceites y grasas "tienden a formar películas finas en la superficie de los cuerpos de agua e impiden que los rayos solares penetren fácilmente hacia la columna de agua evitando que la fotosíntesis se desarrolle normalmente, dificultando el crecimiento del fitoplancton". Por su parte, los metales pesados, "como bario, cadmio y cromo hexavalente, son peligrosos y cancerígenos, se depositan en el fondo de los cuerpos de agua (lodo), son captados y asimilados por especies acuáticas que allí se alimentan, se acumulan en sus tejidos y no son biodegradables. Pasan al hombre a través de su consumo y comprometen a toda la cadena trófica" (Sáenz Sánchez 2008: 23).

Actividad aurífera

En nuestro reciente viaje a la zona, observé cinco dragas trabajando en el curso del río Napo comprendido entre Bellavista, ubicado arriba de Negro Urco, y Tacsha Curaray. En consultas anteriores realizadas ante la Dirección Regional de Energía y Minas de Loreto, ésta ha señalado que esas dragas no tienen permiso para explotar oro, sino sólo para realizar cateos. La intensidad del trabajo que hemos observado y la presencia permanente de esta maquinaria desde hace ya algunos años, indica que el argumento del cateo es sólo un pretexto, por lo demás muy ventajoso para los dueños de las dragas, que evidentemente no están pagando derechos mineros al Estado, ni están sujetos a ninguna norma de cuidado ambiental.

Actividad forestal

La actividad forestal en la cuenca del Napo es ilegal, como en casi todo el país, no obstante existen bosques de producción permanente declarados y bajo contratos forestales firmados por el Estado con diferentes empresas. El problema es que al final éstas talan donde más les conviene sin respetar las áreas asignadas. La tala ilegal dentro del ámbito de la propuesta ha comenzado a ser frenada por las comunidades Maijuna, que están ejerciendo control en las bocas de los principales ríos que dan acceso a ella, lo que es un signo valioso de fortaleza organizativa y de convicción en la iniciativa.

En las tres comunidades Maijuna asentadas en tributarios de la cuenca del Napo existen "puestos de control" que están funcionando, lo que demuestra la voluntad de los comuneros para controlar el acceso al territorio de la propuesta ACR Maijuna. Esas comunidades están asentadas en las dos principales vías fluviales de acceso al interior del área, que son el Yanayacu y el Sucusari. Esto es importante para el control de la tala ilegal, ya que si bien existen otras vías de acceso desde el Napo hacia la zona de la propuesta, se trata de varaderos por los cuales los extractores informales pueden entrar caminando, pero no pueden transportar la madera que talen. Es importante notar que esta situación ayudará a controlar la caza y pesca irracional también, porque no habrá madereros que se alimenten de la fauna silvestre.

San Pablo de Totolla (asentado en el río Algodón) no tiene un puesto de control, pero, según declararon los informantes, han logrado que los extractores colombianos que operan en la cuenca del Putumayo no entren al territorio titulado de la comunidad.

La extracción maderera es particularmente intensa en las inmediaciones de Mazán, río del cual procede gran porcentaje de la madera que produce la cuenca del Napo. En la capital del distrito funcionan varios aserraderos. La margen derecha del río Napo, en toda la zona comprendida a lo largo de los límites sur y suroeste de la propuesta ACR Maijuna, está considerada como bosque de producción permanente y ha sido dividida en lotes forestales. Sin embargo, la madera se extrae de cualquier lugar sin que el Estado tenga posibilidad alguna de controlar el proceso (aunque con frecuencia éste tampoco tiene interés en hacerlo).

Un caso que comprobamos fue el de una señora Rivadeneyra, tía del anterior presidente regional, que consiguió el contrato de uno de esos lotes, aledaño a la comunidad de Pinsha, durante el gobierno de su sobrino. Los comuneros de ésta y otras comunidades vecinas nos aseguraron que la titular del contrato jamás ha cortado un solo árbol del lote, pero que cada año paga puntualmente su Plan Operativo Anual. Es claro que ese documento le sirve para legalizar la madera que corta en diferentes lugares.

Otra forma de legalización de madera de las empresas y habilitadores es mediante contratos suscritos con las comunidades, para lo cual las ayudan a gestionar permisos de extracción ante la autoridad forestal de la región. Con estos contratos, ellos extraen madera de cualquier lugar que, al mismo tiempo, facturan con el RUC[13] de las comunidades. Muchas de ellas han sido notificadas por SUNAT[14] porque por los volúmenes de madera que en teoría han extraído, hacen que figuren como "primeros contribuyentes" en la región. Recién entonces las comunidades se dan cuenta de que han sido estafadas.

Los planes regionales—La carretera

Durante el año 2008 el Estado, a través del PEDICP[15], realizó un estudio de zonificación ecológica-económica de la zona Bellavista-Mazán, cuya ubicación y límites generales ya hemos señalado líneas arriba. Se trata de un área de aproximadamente 196,000 ha, donde existen tres capitales distritales—Francisco de Orellana (en el río Napo), Indiana (en el Amazonas) y Mazán (en el Napo)—y alrededor de 125 centros poblados rurales, entre comunidades campesinas y nativas y caseríos.

Este año [2009], la misma institución contrató a un grupo de especialistas de diversas disciplinas para elaborar, sobre la base los resultados de la ZEE[16] y de nuevos estudios, un plan de ordenamiento territorial de dicha zona. Entre otras cuestiones, este plan incluye la construcción de una carretera que deberá unir Bellavista (en el Nanay) con Mazán. De hecho, Mazán se ha convertido ya en un puerto privilegiado del Napo, porque desde allí, usando el varadero que comunica esta cuenca con la del Amazonas, se acortan las distancias para comunicarse con Iquitos.

Esta carretera es un primer tramo de la que deberá seguir, luego de cruzar el Napo, con dirección noreste hacia El Estrecho, en el Putumayo. El trazo previsto corta en dos la propuesta del ACR Maijuna, cruza el vértice noroeste la propuesta ACR Ampiyacu-Apayacu, y atraviesa los ríos Algodoncillo y Algodón y la comunidad San Pablo de Totolla antes de alcanzar su meta (Fig. 11A).

La carretera prevista considera además un "plan de desarrollo" que consiste en asentar colonos, en una franja de 5 km a cada lado de su eje. Las razones que se esgrimen para realizar la vía, además del "desarrollo", incluyen las de "seguridad nacional", alegando que el Putumayo es un río de difícil acceso desde Iquitos (la navegación fluvial hasta El Estrecho toma al menos 20 días e implica pasar por territorio brasileño), donde el Estado peruano tiene poca presencia. (Esto último no es tan cierto, ya que desde hace al menos diez años se han construido numerosas guarniciones de las Fuerzas Armadas y Policiales a lo largo de este río, lo que ciertamente no ha implicado mejores condiciones ni para la seguridad nacional ni para el cuidado de los recursos naturales del país, dado que ciudadanos colombianos ingresan cotidianamente para explotar madera en territorio peruano.)

Hace más de 20 años se intentó conectar las cuencas del Napo y del Putumayo mediante la construcción de la carretera Puerto Arica (Vidal) a Flor de Agosto, proyecto que finalmente fue abandonado por el Estado por razones técnicas y financieras, luego de haber invertido un fuerte presupuesto (Fig. 11A).

Es claro que la propuesta de carretera es una seria amenaza para la iniciativa de creación del ACR Maijuna. De prevalecer el proyecto de construir esta vía, no tendría sentido establecer el área de conservación, dado que la zona se vería desbordada por la invasión de colonos y madereros.

Es preocupante que el gobierno regional no haya hecho hasta el momento algún intento para frenar la iniciativa y, sobre todo, que algunos de sus más altos funcionarios se muestren favorables a la propuesta, asumiendo los argumentos de desarrollo y de seguridad nacional. Sin duda, su actitud muestra las incoherencias que existen dentro de él, ya que por un lado avala la creación del ACR Maijuna y, por otro, aprueba la construcción de una carretera que generará procesos que la destruirán.

Frente a esto, sólo la solidez que puedan demostrar las comunidades Maijuna para hacer valer su propuesta puede lograr que la iniciativa de construir la carretera sea descartada. Un argumento de peso es que, una vez más, el Estado no ha consultado con las comunidades indígenas un proyecto que claramente afectará sus derechos

13 Registro Unificado del Contribuyente.

14 Superintendencia Nacional de Adminstración Tributaria.

15 Proyecto Especial Binacional de Desarrollo Integral de la Cuenca del Río Putumayo (que antes pertenecía al INADE [Institución Nacional de Desarollo] pero desde este año, es parte del Ministerio de Agricultura).

16 Zonificación Ecológica Económica para el Ordenamiento Territorial de Loreto.

territoriales adquiridos (comunidad de San Pablo de Totolla) y pretendidos, por constituir la zona parte de su territorio ancestral.

CONCLUSIÓN

La mayor amenaza actual sobre la futura ACR Maijuna es el plan para construir la carretera que una Iquitos con El Estrecho atravesando el área de la propuesta.

Sólo los entrevistados de dos comunidades señalaron no extraer recursos dentro del área de la propuesta. Visiblemente, la actividad de mayor impacto ha sido la maderera, que es frenada parcialmente por los puestos de control establecidos por las comunidades Maijuna en las bocas del Yanayacu y Sucusari. Controlando el desarrollo de esta actividad se reducirá al mismo tiempo la caza y pesca, que en muchos casos es subsidiaria de la anterior. Sin embargo, por la información recibida también hay personas que entran al área sólo para cazar. Las actividades de pesca y de extracción de productos no maderables no parecen constituir un peligro especial para el área.

LOS MAIJUNA: PASADO, PRESENTE Y FUTURO

Autor: Michael P. Gilmore

INTRODUCCIÓN

Los Maijuna del noreste de la Amazonía peruana tienen una cultura rica y peculiar, y una historia marcada tanto por la persistencia como por el cambio. Este capítulo resume el recuento cultural y etnohistórico de los Maijuna—desde los primeros encuentros con los europeos hasta el presente—y la descripción de las amenazas a los recursos bioculturales de los Maijuna, para llegar a un entendimiento adecuado del contexto sociocultural de la propuesta Área de Conservación Regional (ACR) Maijuna y el lugar y rol de los Maijuna dentro de ella. También describiré el actual fortalecimiento político comunitario de los Maijuna, con su énfasis en la organización comunitaria y la conservación de recursos culturales y biológicos, para enfatizar una característica sociocultural clave de los Maijuna, que es fuertemente compatible con el uso sostenible y el manejo de la propuesta ACR Maijuna.

LA ETNOHISTORIA DE LOS MAIJUNA

Los Maijuna pertenecen al grupo "Tucano Occidental" (Steward 1946; Bellier 1993, 1994, como "Mai huna"; Gordon 2005); actualmente se encuentran en el noreste de la Amazonía peruana. Bellier (1994) afirma que no hay duda que los Maijuna son Tucano, dada la estructura de su lenguaje, la etimología desde las palabras Maijuna y su sistema de parentesco, entre otras cosas. En total unas 25 lenguas han sido clasificadas como Tucano (Gordon 2005). Adicionalmente a Maijuna, otras lenguas existentes y extintas han sido clasificadas como Tucano Occidental, tales como Koreguaje, Macaguaje, Secoya, Siona, Tama y Tetete. El lenguaje Maijuna se clasifica a sí mismo por una división sureña de las lenguas Tucano Occidental, mientras que las otras lenguas Tucano Occidental mencionadas anteriormente son clasificadas en la división del norte.

Como otros grupos indígenas, los Maijuna son conocidos por una variedad de diferentes nombres. Los nombres más comunes de los Maijuna en la más reciente literatura son Orejón o Coto (Koto), mientras que Payagua es el nombre más común usado por los Maijuna en la literatura más antigua (Steward 1946; Bellier 1993, 1994). El nombre de Orejón es de origen castellano y tal como su nombre lo indica es "una oreja grande" haciendo referencia a los grandes discos de palo balsa que los hombres Maijuna llevaban tradicionalmente en las orejas (Fig. 9E). Este nombre de Orejón ha producido una gran confusión debido a que también le dieron este nombre a otros grupos indígenas en Sudamérica, que también llevaban discos en las orejas, incluyendo a una cercana tribu de lengua Huitoto (Steward 1946; Bellier 1993, 1994). El nombre Coto es una palabra Quechua que denomina al coto mono o mono aullador (*Alouatta seniculus*, Fig. 8A) y hace referencia a la antigua costumbre Maijuna de pintarse el cuerpo y cara con la *Bixa orellana* L. (Velie 1975; Bellier 1993, 1994). Marcoy (1866, citado en Bellier 1994: 37), quien viajó por el área comprendida por los ríos Amazonas, Napo y Putumayo entre 1848 y 1869, también menciona que los Maijuna llevaban el nombre de Coto por la excelente imitación de la vocalización que producen los coto monos. Igualmente, Velie (1975), en referencia al nombre Coto, menciona la costumbre Maijuna de cantar una melodía monótona durante varias horas por la noche. El nombre Maijuna tiene un origen diferente que los nombres anteriores debido a que es una autodenominación. El nombre Maijuna será usado en adelante debido a que los nombres de Orejón y Coto son derogativos y la gente Maijuna usa y prefiere el término Maijuna.

Bellier (1993, 1994) provee de un recuento etnohistórico muy detallado de los Maijuna, que nos indica que los Orejón, Coto, y ahora Maijuna, son descendientes de los Payagua. Estas transiciones resultaron de las migraciones, y de las relaciones e interacciones intra- e interétnicas. A continuación se expone un breve resumen de su trabajo.

Durante el siglo dieciséis, los Tucano Occidental ocuparon un área extensiva comprendida dentro de la cuenca del río Amazonas. De acuerdo a Bellier, estos fueron encontrados en el área ubicada ente los ríos Napo y Putumayo (que ahora pertenece al Perú) y se extiende en el presente hacia regiones colombianas de los ríos Caguán y Caquetá hacia el norte y al este hacia el río Yarí (Fig. 16). En 1682, los misioneros jesuitas hicieron contacto con lo que ellos se refirieron como la "Provincia de Payahua", aparentemente en la región baja del río Napo. De acuerdo a los individuos que fueron capturados, la Provincia de Payahua albergaba a 16,000 personas. Los historiadores consideran a este suceso como el primer contacto con los Payagua, aunque la ubicación y afiliación cultural de la gente contactada no es muy clara. Dado el alto número de pobladores de la Provincia de Payahua, podría ser que esta población estaba conformada por los diferentes grupos Tucano Occidental, no sólo los Payagua, habitando el área comprendida entre el río Napo y Putumayo, desde sus desembocaduras hasta sus orígenes (Bellier 1993). Bellier propone una hipótesis en que el origen de los Payagua es el noroeste y sugiere que éstos arribaron y habitaron en la región general del bajo Napo, hacia finales del siglo diecisiete.

Durante el siglo dieciocho, los Payagua eran muy móviles y estuvieron en contacto con una variedad de grupos indígenas Tucanoan y no-Tucanoan. El trabajo de los misioneros se intensificó al inicio del siglo dieciocho, y los Payagua fueron afectados por los misioneros franciscanos por el norte y los Jesuitas por el sur. Los misioneros no fueron muy exitosos debido a que los Payagua se acercaban por lo general a las misiones para obtener herramientas de metal y se marchaban tan pronto como las obtenían. Las epidemias invadieron la región y los Payagua se rebelaron debido al temor de ser maltratados o esclavizados. La población Payagua declinó principalmente debido a las epidemias, las pobres condiciones de vida en la misión, y las guerras internas por motivos tradicionales y para abastecer al mercado de esclavos.

A finales del siglo dieciocho, algunos Payagua vivían en el área comprendida entre los ríos Napo y Putumayo, desde el río Tamboryacu hasta el río Ampiyacu (Fig. 16), un área considerada como territorio ancestral tradicional por los Maijuna de hoy (las cuatro comunidades Maijuna actual están localizadas en esta área). De acuerdo a Bellier, los lazos entre estos Payagua del sur y los Maijuna pueden ser claramente detectados. Las relaciones entre los Tucanoan del norte y los Maijuna se debilitan a principios del siglo diecinueve. Durante este periodo, los Payagua del norte no son mencionados en la literatura, y de acuerdo a Bellier, estos fueron divididos o absorbidos por los Tama, Macaguaje y los Siona.

Durante el siglo dieciocho, el gobierno peruano promovió y alentó la migración de colonos—especialmente Europeos y sus descendientes—hacia esta región. Los misioneros jesuitas fueron expulsados en 1768, marcando el fin de su influencia en los Payagua. Después de la independencia del Perú en 1821, la explotación de los indígenas se intensificó. Durante este periodo en general, lo primeros patrones (los colonos y sus descendientes que explotaron la mano de obra indígena) se establecieron en esta región y capturaron a numerosos indígenas, incluyendo a los Payagua, bajo su control en los años siguientes. A mitad del siglo dieciocho los nombres Coto y Orejón (junto con otros nombres) son mencionados con bastante frecuencia en

Fig. 16. Ubicación de las cuatro comunidades Maijuna (Sucusari, Puerto Huamán, Nueva Vida y San Pablo de Totoya), incluyendo los alrededores.

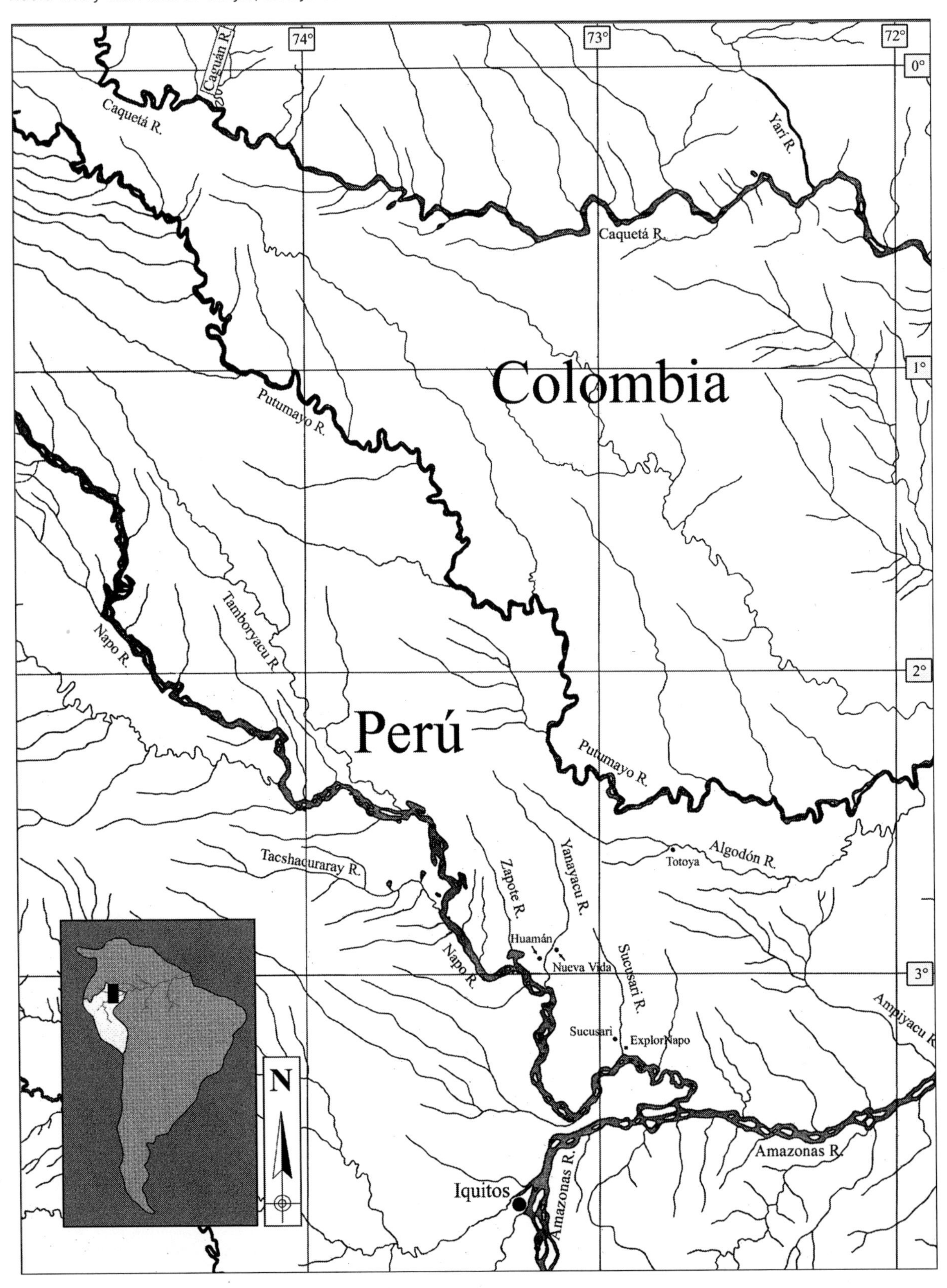

los registros históricos. La última referencia conocida para los Payagua es a principios de 1900 y su ubicación corresponde exactamente al área de los Coto y Orejón. De aquí en adelante serían conocidos por los nombres que los patrones y comerciantes les daban, tales como Coto y Orejón.

La fiebre del caucho que transcurrió a finales del siglo diecinueve y a principios del siglo veinte tuvo grandes impactos sobre la cultura y la población de los Maijuna y otros pueblos indígenas de la región. Durante este periodo, el gobierno peruano instaló a varios patrones de diversas nacionalidades para supervisar los territorios. Con la tierra asignada a estos patrones, se incluía a los indígenas que vivían en éstas, los cuales fueron controlados y forzados a trabajar. Durante la fiebre del caucho los Maijuna principalmente cumplían el deber de proveer de madera a los barcos de vapor y llevar el caucho entre las cuencas de los ríos (i.e., entre los ríos Putumayo y Napo).

En 1925, Tessmann (citado en Bellier 1993: 72, y 1994: 37) pasó un tiempo con los "Koto" (Coto) y documentó que estos residían entre los ríos Napo y Algodón. Los Koto que Tessmann observó estaban localizados cerca de la laguna Zapote (río Zapote) a lo largo del río Sucusari (Fig. 16). Él mencionó que los Koto también fueron conocidos con el nombre de Orejón, debido a sus discos auriculares, y se notó que en tiempos antiguos estos se llamaban Payagua, Payaua y Tutapishco. De acuerdo a los cálculos de un colono, en ese entonces había una población aproximada de 500 Koto viviendo en el área principal.

Tessmann (1930) nos da una buena descripción física de los Koto, la cual Bellier la tradujo del alemán y la resume en su trabajo (Bellier 1993, 1994). Cuando Tessmann se encontró con los Maijuna, los hombres estaban desnudos, y se amarraban el pene a partir de los seis años de edad, mientras que las mujeres Maijuna usaban batas largas hechas de corteza y pintadas de rojo. Tanto los hombres como las mujeres pintaban sus cuerpos con *Bixa orellana* y *Genipa americana*, y oscurecían sus labios con *Neea* sp., y tenían el rostro ligeramente tatuado. También tenían el pelo largo y las cejas, sienes, axilas, barbilla y región púbica, depiladas.

Tessmann también registró que los hombres Koto llevaban discos en las orejas. Estos discos auriculares (de varias pulgadas de diámetro) estaban hechas de palo balsa, *Ochroma pyramidale*, y estaban adornadas en el centro con la semilla negra de la palmera *Astrocaryum murumuru* (Bellier 1993, 1994). Las orejas de los niños se perforaban al inicio de la pubertad, lo que hacía que éstos se incorporaran a la adultez. La perforación de las orejas ocurría durante "el ritual del primer pijuayo (*Bactris gasipaes*)" y los discos auriculares eran gradualmente aumentados a través de los años. Es importante resaltar que las mujeres Maijuna no usaban discos auriculares; sólo los hombres usaban este símbolo de identidad.

Después de la desaparición de la fiebre del caucho en los años 1920, los Maijuna se encontraron atrapados trabajando bajo el mando de una serie de patrones. Varios de estos patrones fueron particularmente brutales y fueron los responsables del exterminio y matanza de los Maijuna del río Tacshacuraray y Lagartococha, y ocasionando que los Maijuna huyeran del río Zapote, áreas que tradicionalmente fueron ocupadas por ellos (Fig. 16). Desde 1920 hasta los años cuarenta ellos explotaron la leche caspi (*Couma macrocarpa*), el marfil vegetal obtenido de la palmera *Phytelephas macrocarpa* y el palo de rosa (*Aniba rosaeodora*) para sus patrones. También cazaban numerosos animales por su piel y su cuero. Durante la guerra con Ecuador en 1941, el gobierno peruano, entre otras cosas, usó a los Maijuna para cargar municiones y provisiones a los soldados. Después de la guerra, los Maijuna volvieron a trabajar para sus patrones, en diferentes actividades que incluían la extracción de marfil vegetal, caucho, barbasco (*Lonchocarpus* sp.) y cuero y pieles de animales. Estos mismos patrones los hacían cultivar caña de azúcar y criar ganado. Recientemente la explotación de marfil vegetal, animales, caucho y barbasco para los patrones ha terminado, y los Maijuna han trabajado para varios patrones en la extracción de especies madereras valiosas de su territorio ancestral.

Desde 1955–1975 una nueva influencia afectó a los Maijuna. Durante ese periodo el gobierno peruano y el Instituto Lingüístico de Verano (actualmente conocido como SIL Internacional) hicieron un convenio formal que autorizaba a que los Maijuna sean influenciados e instruidos por los misioneros protestantes. No sorprende que esta introducción y la continua enseñanza de valores cristianos debilitan las creencias tradicionales de los Maijuna. Por esos tiempos también se instaló una escuela bilingüe y la educación impartida en castellano a los niños Maijuna favoreció el habla de este idioma. La erosión de las creencias tradicionales de los Maijuna y la marginalización y subsiguiente declive de su lenguaje son elementos claves en la historia reciente de los Maijuna, lo que conlleva a la degradación de su conocimiento tradicional y prácticas culturales. Por otro lado, al finalizar este periodo, el gobierno peruano reconoció a los grupos indígenas, definió sus derechos y les garantizó la titulación de algunas porciones de sus tierras ancestrales. Durante este periodo final se da también un proceso de liberación de la influencia de los patrones quienes controlaban forzadamente comunidades enteras de Maijuna.

AMENAZAS Y RETOS PARA LOS RECURSOS BIOCULTURALES DE LOS MAIJUNA

Aproximadamente unos 400 pobladores Maijuna viven ahora a lo largo de los ríos Yanayacu, Algodón y Sucusari en el noreste de la Amazonía peruana. Los ríos Yanayacu y Sucusari son tributarios del río Napo y el río Algodón es tributario del río Putumayo (Figs. 2A, 16). Ésta es el área general que ha sido habitada por los Payagua por lo menos desde finales del siglo diecisiete y, más específicamente, todos estos ríos se encuentran en el área que los Payagua del sur ocupaban al finalizar el siglo dieciocho.

Hay cuatro comunidades Maijuna localizadas en los ríos mencionados anteriormente: Puerto Huamán y Nueva Vida en el río Yanayacu, San Pablo de Totoya (Totolla) en el río Algodón y Sucusari en el río Sucusari (Fig. 2A). Los residentes de estas comunidades Maijuna emplean una variedad de estrategias de supervivencia, incluyendo actividades de cacería, pesca, agricultura de roza y tumba, y recolección de numerosos productos forestales. Las cuatro comunidades Maijuna son reconocidas como Comunidades Nativas por el gobierno peruano y se les ha otorgado la titulación de parcelas de tierras en las cuales sus respectivas comunidades están localizadas (Brack-Egg 1998). Desafortunadamente, las tierras tituladas que los Maijuna han recibido constituyen sólo una pequeña porción de sus territorios ancestrales. Por lo tanto, cientos de miles de hectáreas de tierra tradicional Maijuna dentro de las cuencas de los ríos Yanayacu, Algodón y Sucusari, que constituyen la gran mayoría de tierras, actualmente están desprotegidas.

La naturaleza intacta de las cuencas de los ríos Yanayacu, Algodón y Sucusari, y la diversidad biológica presente en ella, es un testamento pasado y presente de la protección ambiental ejercida por los Maijuna y de la sostenibilidad del uso de sus recursos naturales y estrategias de manejo. Desafortunadamente, debido a que las tierras ancestrales Maijuna son ricas en recursos, están actualmente amenazadas por las incursiones ilegales de los madereros, cazadores, pescadores y extractores de recursos provenientes de otras comunidades; por lo tanto se requiere urgentemente algún tipo de protección formal. Adicionalmente, el gobierno peruano ha propuesto recientemente la construcción de una carretera que atravesaría las tierras tituladas y tradicionales de los Maijuna (Ministerio de Agricultura del Perú 2007). Los Maijuna se oponen fuertemente a la construcción de esta carretera, incluso ésta todavía tiene que ser consultada por los Maijuna y ser estudiada para ver sus ramificaciones biológicas y culturales.

Así como otros grupos indígenas amazónicos, los Maijuna de ahora han sido influenciados culturalmente y cambiados a través del tiempo por las presiones de los misioneros, el sistema de patronaje, el gobierno peruano, los mestizos, la sociedad regional y el sistema de educación formal, entre otros (Bellier 1993, 1994). Por estas razones, muchas de las tradiciones Maijuna y prácticas culturales ya no son ejercidas o han sido alteradas. Por ejemplo, alrededor de 1930, los Maijuna dejaron de perforar los oídos de los adolescentes y de pintarse el cuerpo para minimizar así las burlas y el desprecio que experimentaban por parte de los patrones y de los foráneos, y de acuerdo a Bellier (1994), los últimos dos Maijuna que usaron los discos auriculares murieron en 1982. Además, el estilo de las casas y la ubicación de las residencias descritas por Bellier como tradicionales para los Maijuna fueron abandonadas alrededor de 1930 (Bellier 1993, 1994). Antes de este periodo, los Maijuna vivían tradicionalmente en grandes casas multifamiliares, rodeadas de pequeñas casas para dormir (las "casas mosquito"). Estos grupos de casas fueron construidas en las regiones interfluviales hacia las cabeceras de los ríos o arroyos y estaban aproximadamente a un día de camino de otros grupos de casas. Los habitantes que vivían en cada grupo de casas, considerado una unidad residencial, llevaban a cabo sus actividades dentro de su territorio. Después de este periodo, los Maijuna se mudaron a lo largo de las partes bajas de los ríos y adoptaron una arquitectura mestiza para sus casas. De acuerdo a Bellier, estos cambios fueron impuestos por los patrones de los Maijuna y los misioneros, para así controlarlos mejor, y la adopción de este sistema de vivienda finalmente llevó a la redistribución de unidades sociales. Los Maijuna viven actualmente en caseríos conformados por casas pequeñas unifamiliares o multifamiliares, agrupadas de tal manera que pueden intercambiar productos y servicios entre ellos. Ultimamente este patrón habitacional ha sido reforzado y perpetuado por los Maijuna con el deseo de tener un mejor contacto con las comunidades externas y sus servicios (Gilmore obs. pers.).

Desafortunadamente, la intensidad de estas presiones convergentes en las prácticas culturales y creencias tradicionales Maijuna se han incrementado severamente en los últimos 50 años y como resultado la lengua Maijuna está en peligro de extinción, el conocimiento biológico y ecológico tradicional está rápidamente desapareciendo y las prácticas culturales y tradiciones Maijuna (ceremonias, canciones, historias, etc.) se están perdiendo rápidamente (Gilmore 2005; Gilmore et al. in press). Si esta tendencia no se revierte pronto, una porción significativa de las tradiciones culturales Maijuna se perderán irreversiblemente en un futuro no muy lejano. Más importante aún, es el hecho que los Maijuna reconocen y son conscientes de la degradación de su conocimiento tradicional, tradiciones culturales y recursos biológicos, y están tomando medidas para asegurar la supervivencia de sus recursos bioculturales.

FECONAMAI Y EL FORTALECIMIENTO POLÍTICO DE LOS MAIJUNA

Como se describe arriba, los Maijuna enfrentan numerosos retos para el futuro, tanto biológicos como culturales. Para poder enfrentar estos retos, bajo sus propios términos y tomar control de su destino, los líderes de las diferentes comunidades Maijuna contactaron al autor de este artículo en el 2004 para que los ayude a organizar una federación indígena Maijuna. Es importante mencionar que las diferentes comunidades Maijuna han pertenecido a otras federaciones indígenas multiétnicas en el pasado, pero de acuerdo a consultores Maijuna, ellos no han tenido resultados satisfactorios con estas organizaciones debido a una marginalización evidente, falta de ayuda para las comunidades Maijuna y una falta de progreso y acciones en general. Adicionalmente, los consultores también nos indicaron que hay una brecha significativa en el entendimiento entre los numerosos grupos indígenas en estas federaciones indígenas multiétnicas. Por lo tanto, los Maijuna sintieron que una federación netamente Maijuna podría ayudar a incrementar comunicación efectiva, acciones y progreso, debido a que estas cuatro comunidades hablan el mismo idioma y tienen necesidades y retos similares.

A través de esta iniciativa, la Federación de Comunidades Nativas Maijuna (FECONAMAI) fue establecida el 11 de agosto de 2004 (FECONAMAI 2004). Sin embargo, no fue hasta el 8 de marzo de 2007 que FECONAMAI fue reconocida, oficial y legalmente, como organización sin fines de lucro en el ámbito nacional por la SUNARP (Superintendencia Nacional de los Registros Públicos) (FECONAMAI 2007). Desde su formación, los objetivos principales de la FECONAMAI, que oficialmente representa a las cuatro comunidades Maijuna, son (1) conservar la cultura Maijuna, (2) conservar el ambiente y (3) mejorar la organización comunal Maijuna. Su estructura gubernamental consiste en una junta directiva conformada por un presidente, vice-presidente, secretario, tesorero, fiscal y una vocal.

Hasta el reciente establecimiento de FECONAMAI, los habitantes de los ríos Sucusari, Yanayacu y Algodón tenían muy poco contacto, formal o informal, entre ellos. Estos eran políticamente y económicamente independientes y no estaban ligados por intercambio formal y recurrente, lo que hacía que las comunidades de las diferentes cuencas estén aisladas unas de las otras (Bellier 1993, 1994; Gilmore obs. pers.). Al establecerse FECONAMAI, los Maijuna están trabajando para conectarse, unirse y establecer un diálogo constante entre sus comunidades distantes (Romero Ríos-Ushiñahua com. pers. 2009). Por último, FECONAMAI provee una institución a escala macro muy importante que promueve los intereses culturales, biológicos y políticos de las cuatro comunidades Maijuna de una manera cohesiva y continua.

Desde el establecimiento de la FECONAMAI se han llevado varias acciones y avances claves e importantes. Por ejemplo, la FECONAMAI ha realizado cuatro congresos intercomunitarios por varios días, uno en cada una de las cuatro comunidades Maijuna (FECONAMAI 2004). Durante estos congresos los Maijuna se reunieron para debatir, discutir y aclarar asuntos de crítica y gran importancia para las comunidades y la federación. Por ejemplo, ellos han usado los congresos para exponer hechos tales como la constitución y los deberes de la federación, la creación de un Área de Conservación Regional (ACR), el desarrollo y la implementación de planes estratégicos para la federación, el desarrollo de planes de manejo de recursos comunales, planeamiento de proyectos relacionados con la salud humana, y el desarrollo de iniciativas de conservación cultural tales como la revitalización de la lengua Maijuna, entre otras cosas (FECONAMAI 2004).

Muy importante también es el hecho de que estos congresos intercomunitarios han juntado amigos y familiares de varias generaciones Maijuna, separados por la distancia, muchos de los cuales no se habían visto durante décadas, reafirmando así los lazos familiares y sociales y la identidad Maijuna. Para atender a estos congresos intercomunitarios los individuos y familias Maijuna de las cuencas de los ríos Sucusari, Yanayacu y Algodón tuvieron que viajar grandes distancias, por río y/o a pie, mostrando últimamente una dedicación extrema hacia la FECONAMAI y sus objetivos principales. Por ejemplo, numerosos pares de padres de familia Maijuna caminaron con sus hijos por tres días desde la comunidad de Sucusari a San Pablo de Totoya (Totolla) atravesando el bosque localizado en las tierras ancestrales Maijuna para así atender el tercer congreso intercomunitario en el 2008.

Además de organizar y planear congresos intercomunales, la FECONAMAI también ha trabajado en construir alianzas estratégicas y colaboraciones con instituciones locales, nacionales e internacionales, incluyendo al Proyecto de Apoyo al PROCREL, The Field Museum, Instituto del Bien Común (IBC) y el Instituto de Investigaciones de la Amazonía Peruana (IIAP) (FECONAMAI 2004; Romero Ríos-Ushiñahua com. pers. 2009). También se ha afiliado a organizaciones indígenas regionales como ORAI (Organización Regional AIDESEP Iquitos), quien a su vez está afiliada con la organización indígena nacional AIDESEP (Asociación Interétnica de Desarrollo de la Selva Peruana) y la organización indígena internacional COICA (Coordinadora de las Organizaciones Indígenas de la Cuenca Amazónica). Adicionalmente, la FECONAMAI está actualmente colaborando con un grupo de científicos internacionales para desarrollar e implementar un proyecto multidisciplinario y comunal de conservación biocultural, que tiene como objetivo el uso sostenible y el manejo de los recursos biológicos Maijuna y la documentación y revitalización de la lengua Maijuna, así como otras facetas de su conocimiento tradicional, prácticas y creencias (FECONAMAI 2004). En breve, todas estas instituciones nacionales e internacionales, y alianzas estratégicas han ayudado a la FECONAMAI a trabajar hacia la realización de sus objetivos y planes de trabajo. Anticipo que la FECONAMAI continuará con su trabajo con estos colaboradores y buscará otros colaboradores institucionales claves y aliados para continuar trabajando para alcanzar los objetivos principales de la organización: conservación ambiental, conservación cultural y organización comunal.

De acuerdo a Romero Ríos-Ushiñahua (com. pers. 2009), el presidente actual de la FECONAMAI y miembro fundador de la federación, de todos los asuntos e iniciativas en los cuales ha trabajado la FECONAMAI hasta la fecha, los Maijuna consideran que la creación de una ACR podría legalizar y proteger formalmente sus tierras ancestrales a perpetuidad, su objetivo número uno y de mayor prioridad. La idea de conservar sus tierras ancestrales vino originalmente de los Maijuna y han trabajado sin descanso para lograr este objetivo. Ellos creen fervientemente que la supervivencia de sus gente y el mantenimiento de sus prácticas culturales, tradiciones únicas y estrategias de supervivencia tradicional dependen de un ecosistema sano, intacto y protegido.

De hecho, este conocimiento Maijuna es fundamentado científicamente. Por ejemplo, se ha descubierto que cuando las personas indígenas son forzadas a vivir en áreas desprotegidas, con ecosistemas degradados y con una disminuida biodiversidad, o son expulsados de sus territorios tradicionales, hacen que las prácticas culturales que dependen de dichos recursos y diversidad pierdan relevancia y la transmisión intergeneracional se rompa. Mientras esto ocurre, las prácticas culturales, tales como las estrategias tradicionales del uso de recursos y las prácticas de manejo que una vez mantuvieron o promovieron la biodiversidad biológica, sean reemplazadas por otras prácticas que son biológica y ambientalmente poco sostenibles (Maffi 2001). En breve, esto resume el nexo inextricable e interdependiente que existe entre la diversidad cultural y biológica, y refuerza la necesidad de proteger las tierras tradicionales Maijuna si se quiere que sus tradiciones culturales y creencias persistan—y vice versa.

En resumen, FECONAMAI es una institución a escala macro críticamente importante que oficial y legalmente promueve y representa los intereses culturales, biológicos y políticos de las cuatro comunidades Maijuna. Como se ve en los objetivos principales de la organización, FECONAMAI está muy comprometida con la conservación de las tradiciones culturales Maijuna y la integridad ecológica de los territorios ancestrales Maijuna con los recursos biológicos y culturales presentes en ella. Finalmente, FECONAMAI es un beneficio sociocultural clave que tiene valores, objetivos, y estructura y capacidad organizacional altamente compatibles con el uso sostenible y el manejo de la propuesta ACR Maijuna.

PROYECTO DE MAPEO PARTICIPATIVO MAIJUNA: MAPEANDO EL PASADO Y EL PRESENTE PARA EL FUTURO

Autores: Michael P. Gilmore y Jason C. Young

INTRODUCCIÓN

El proceso de mapeo participativo hace que los pobladores de una región dibujen mapas de sus tierras, incluyendo información referente al uso de la tierra, distribución de recursos y sitios culturalmente importantes, entre otras cosas (Smith 1995; Herlihy y Knapp 2003; Corbett y Rambaldi 2009). Estos mapas finalmente ilustran la percepción local de sus tierras y recursos, representando así sus propios mapas cognitivos. El mapeo participativo ha sido usado exitosamente por comunidades indígenas y tradicionales en todo el mundo por varias razones: ilustra sistemas de manejo de tierra, y estrategias de manejo, tradicionales (Sirait 1994; Chapin y Threlkeld 2001; Gordon et al. 2003; Smith 2003); recolecta y conserva el conocimiento tradicional (Poole 1995; Chapin y Threlkeld 2001); establece prioridades en los planes de manejo de recursos (Jarvis y Stearman 1995; Poole 1995; Chapin y Threlkeld 2001); y establece fronteras de propiedades establecidas (tanto del presente como del pasado), establece las bases de los reclamos territoriales y defiende las tierras comunales de incursiones foráneas (Arvelo-Jiménez y Conn 1995; Neitschmann 1995; Poole 1995; Chapin y Threlkeld 2001). Tal vez, de mayor importancia, el mapeo participativo ha demostrado su capacidad de fortalecer comunidades, mejorar la unión cultural y comunitaria y promueve la transferencia de conocimientos a través de generaciones. (Flavelle 1995; Sparke 1998; Chapin y Threlkeld 2001; Gilmore y Young obs. pers.).

En este capítulo, describimos detalladamente el proyecto de mapeo participativo que llevamos a cabo en cuatro comunidades Maijuna en el noreste de la Amazonía peruana. Usamos técnicas de mapeo participativo para proveer de un entendimiento adecuado de cómo cada una de las comunidades Maijuna percibe, valora e interactúa con sus tierras ancestrales y tituladas y con los recursos biológicos y culturales contenidos en éstas.

MÈTODOS

La investigación realizada en campo para este estudio fue completada durante las temporadas de campo comprendidas entre el 2004 y el 2009. Toda la investigación se llevó a cabo en las comunidades Maijuna de Puerto Huamán y Nueva Vida en el río Yanayacu, San Pablo de Totoya (Totolla) en el río Algodón y Sucusari en el río Sucusari, todas ellas localizadas en el noreste de la Amazonía peruana (Fig. 2A). Empezamos el trabajo de mapeo participativo en cada una de estas comunidades Maijuna, explicando los objetivos y métodos de los ejercicios de mapeo participativo, incluyendo una conversación de los problemas potenciales y beneficios de este tipo de investigación (Chapin y Threlkeld 2001). Adicionalmente, se mostró a los Maijuna numerosos ejemplos de mapas producidos en otros estudios (Kalibo 2004) para el mejor entendimiento de este proceso y de los potenciales resultados finales de este proyecto.

Después de recibir el apoyo y el consentimiento comunitario, se empezaron los ejercicios de mapeo participativo en cada una de las comunidades con los participantes Maijuna, dibujando las características hidrológicas de las cuencas que ellos habitan, incluyendo características claves como ríos, lagos y arroyos. Después de producir el mapa base por consenso general, se pidió a los participantes que identifiquen, localicen y mapeen los sitos biológicos y culturales que consideren importantes, tales como antiguas y nuevas viviendas y chacras, y lugares de pesca, caza y recolección de plantas usualmente visitados por ellos. La metodología específica es una versión modificada de la metodología descrita por Chapin y Threlkeld (2001).

Las sesiones de mapeo duraban típicamente varios días. El mapeo se hacía generalmente en la mañana. Se proveyó de desayuno y almuerzo a los participantes, siguiendo una estructura similar de las mingas o trabajo comunal realizado por los Maijuna para limpiar las chacras, colectar hojas de palmera (*Lepidocaryum tenue*) y para construir canoas, etc. (Gilmore et al. 2002; Gilmore 2005). Adicionalmente, los participantes Maijuna en las sesiones de mapeo fueron tanto mujeres como hombres de diferentes edades, asegurando así la inclusión en los mapas de una gran variedad de perspectivas, puntos de vista y experiencias, haciéndolos instrumentos verdaderamente representativos de las comunidades.

Después de completar cada mapa, miembros de un equipo Maijuna eran seleccionados en cada comunidad para trabajar con los investigadores y fijar la localización de la mayor cantidad de sitios identificados que fuera posible usando aparatos GPS[1] portátiles (Sirait et al. 1994; Chapin y Threlkeld 2001). Cabe mencionar que los miembros del equipo Maijuna incluían a los individuos que son reconocidos en sus comunidades respectivas por su conocimiento tradicional en temas culturales, biológicos, ecológicos y geográficos. Las visitas físicas y la localización de los lugares identificados generalmente requerían que los equipos de campo viajen cientos de kilómetros por río y a pie, por numerosas semanas dentro de sus respectivas cuencas. Después de regresar del campo, los investigadores utilizaban el programa ArcGIS de ESRI, un paquete de sistemas de información geográfica (SIG), para integrar, organizar, analizar y espacialmente representar todos los datos colectados (Sirait et al. 1994; Scott 1995; Duncan 2006; Corbett y Rambaldi 2009; Elwood 2009). Los geógrafos han usado ampliamente este programa SIG para "integrar el conocimiento local e indígena con los datos de los 'expertos'" y así conferir validez científica a los mapas participativos (Dunn 2007: 619).

Los datos presentados en este capítulo comprenden una pequeña porción de todos los datos colectados y de la investigación conducida. Por ejemplo, la información clave y detallada que corresponde a la etnohistoria, estrategias de uso de recursos e historias tradicionales para cada sitio fueron también documentadas mediante técnicas de entrevistas etnográficas y grabadas con grabadoras, cámaras y video cámaras. Toda esta información está siendo usada para desarrollar una base de datos multimedia SIG participativa que servirá finalmente como depositario de conocimientos y creencias tradicionales de los Maijuna relacionadas a sus tierras ancestrales y recursos bioculturales encontrados en éstas.

---

1 *Global Positioning System* o Sistema de Posicionamiento Global.

RESULTADOS Y DISCUSIÓN

Cada una de las cuatro comunidades Maijuna trazaron mapas detallados y comprensivos de sus tierras tradicionales y tituladas respectivamente (p. ej., Fig. 17), los cuales fueron usados por los equipos de campo como guías para localizar y fijar las coordenadas geográficas de casi 900 sitios cultural y biológicamente importantes dentro de las cuencas de los ríos Sucusari, Yanayacu y Algodón. Estos importantes lugares han sido organizados en diez categorías diferentes, para facilitar el análisis de datos y la visualización de éstos, y han sido mapeados usando ArcGIS para representar espacialmente los datos (Fig. 18). Estas categorías de sitios cultural y biológicamente importantes son: comunidades Maijuna, chacras (de hasta 30 años de antigüedad), cementerios, sitios históricos, campos de batalla, lugares de recursos no maderables, colpas[2] de animales (lugares de cacería), zonas especiales de pesca, zonas especiales de cacería y campamentos de pesca o cacería. Cada una de estas categorías será explicada detalladamente, junto con una discusión de su importancia, para entender cómo los Maijuna perciben, valoran e interactúan con sus tierras y los recursos bioculturales.

Una de las primeras cosas que cada comunidad Maijuna hizo cuando se inició el mapeo de sus tierras tradicionales y tituladas fue la identificación de la localización de su comunidad. Esto los ayudaba a ubicarse y orientarse a sí mismos en el resto del ejercicio de mapeo. Puerto Huamán y Nueva Vida están localizadas en el río Yanayacu, San Pablo de Totoya (Totolla) en el río Algodón y Sucusari en el río Sucusari (Fig. 18). Estas comunidades son relativamente jóvenes en términos de la historia general de los Maijuna. Puerto Huamán fue fundada en 1963, San Pablo de Totoya (Totolla) en 1968, Sucusari en 1978 y Nueva Vida en 1986. Esto se debe a que los Maijuna vivían tradicionalmente en las regiones interfluviales, hacia las cabeceras de los ríos Sucusari, Yanayacu y Algodoncillo, y sólo a partir de los años 1930 se mudaron río abajo donde eventualmente formaron las comunidades actuales (ver el capítulo titulado "Los Maijuna: Pasado, Presente y Futuro" para mayor información).

2 Se escribe "collpas" en el Perú, también.

Adicionalmente al mapeo de sus comunidades, los consultores Maijuna identificaron sus chacras (de hasta 30 años de antigüedad) y los cementerios que se encontraron dentro de sus tierras tituladas y tradicionales (Figs. 17, 18). La limpieza, uso y existencia de cementerios, llamados *mai ta̱te taco*[3] por los Maijuna, es un fenómeno reciente y no-tradicional ya que sus predecesores Maijuna quemaban a sus muertos en piras funerarias (Gilmore 2005). En cuanto a las chacras, de menos de 30 años de antigüedad, se identificaron y localizaron más de 140 de estos sitios, y sus coordenadas geográficas fijadas dentro de las cuencas de estos tres ríos durante el desarrollo de este proyecto. No nos sorprende que tanto las chacras como los cementerios fueron localizados relativamente cerca de las comunidades actuales de los Maijuna (Fig. 18).

Todas las chacras de más de 30 años fueron clasificadas y representadas aparte (mediante ArcGIS) como sitios históricos (Fig. 18) debido a su antigüedad, estado de sucesión y al hecho de que los Maijuna clasifican y nombran a estas áreas de manera diferente que a las chacras recientes y a las tierras sin preparar (es decir, tierras en barbecho). Hay que destacar que los Maijuna clasifican y llaman a las chacras antiguas con bosques maduros secundarios como *ai bese yio* ("chacra antigua o vieja") o *doe bese yio* ("previa y antigua chacra"). Las chacras de los ancianos y ancestros Maijuna son identificadas y localizadas hoy en día por los Maijuna basándose en historias orales, memoria y por plantas de especies características de estas tierras tales como *maquɨ ñi* (*Cecropia* spp.), *edo ñi* (*Croton palanostigma*), *yibi ñi* (*Ochroma pyramidale*), *maso ñi* (*Ficus insipida*), *ɨ̱tayo ñi* (*Miconia minutiflora*), *jati ñi* (*Xylopia sericea*), *neaca̱ ñi* (*Guatteria latipetala*) y *suña eo* (*Lonchocarpus nicou*) (Gilmore 2005). Para facilitar el análisis de datos y la visualización de éstos, los lugares

3 La transcripción de palabras Maijuna fue lograda con la ayuda de S. Ríos Ochoa, un Maijuna bilingüe e instruido, utilizando una ortografía práctica previamente establecida por Velie (1981). La ortografía práctica desarrollada por Velie consiste en 27 letras que son pronunciadas como si se leyeran en castellano, salvo las siguientes excepciones: En una posición entre dos vocales, la *d* es pronunciada como la "r" castellana; la *ɨ* se pronuncia como la "u" castellana pero sin redondear o fruncir los labios; y *a̱*, *e̱*, *i̱*, *o̱*, *u̱* e *ɨ̱* se pronuncian como "a", "e", "i", "o", "u" e *ɨ* pero nasalizadas. Asimismo, la presencia de un acento indica un tono elevado de voz; los acentos son utilizados solamente cuando la entonación es la única diferencia entre dos palabras Maijuna y el significado de las palabras no es aclarado por el contexto. Las 27 letras que comprenden el alfabeto Maijuna son *a*, *a̱*, *b*, *c*, *ch*, *d*, *e*, *e̱*, *g*, *h*, *i*, *i̱*, *j*, *m*, *n*, *ñ*, *o*, *o̱*, *p*, *q*, *s*, *t*, *u*, *u̱*, *y*, *ɨ*, *ɨ̱*.

Fig. 17. Resultados de las sesiones del mapeo participativo efectuado a fines de julio de 2004. A la izquierda: una parte del mapa, (todo del mapa es una recopilación de cinco piezas de papel rotafolio, cada uno de 68 por 82 cm., posicionados de un extremo al otro). A la derecha: un primer plano de la leyenda del mapa en su totalidad, con traducciones al inglés incorporadas.

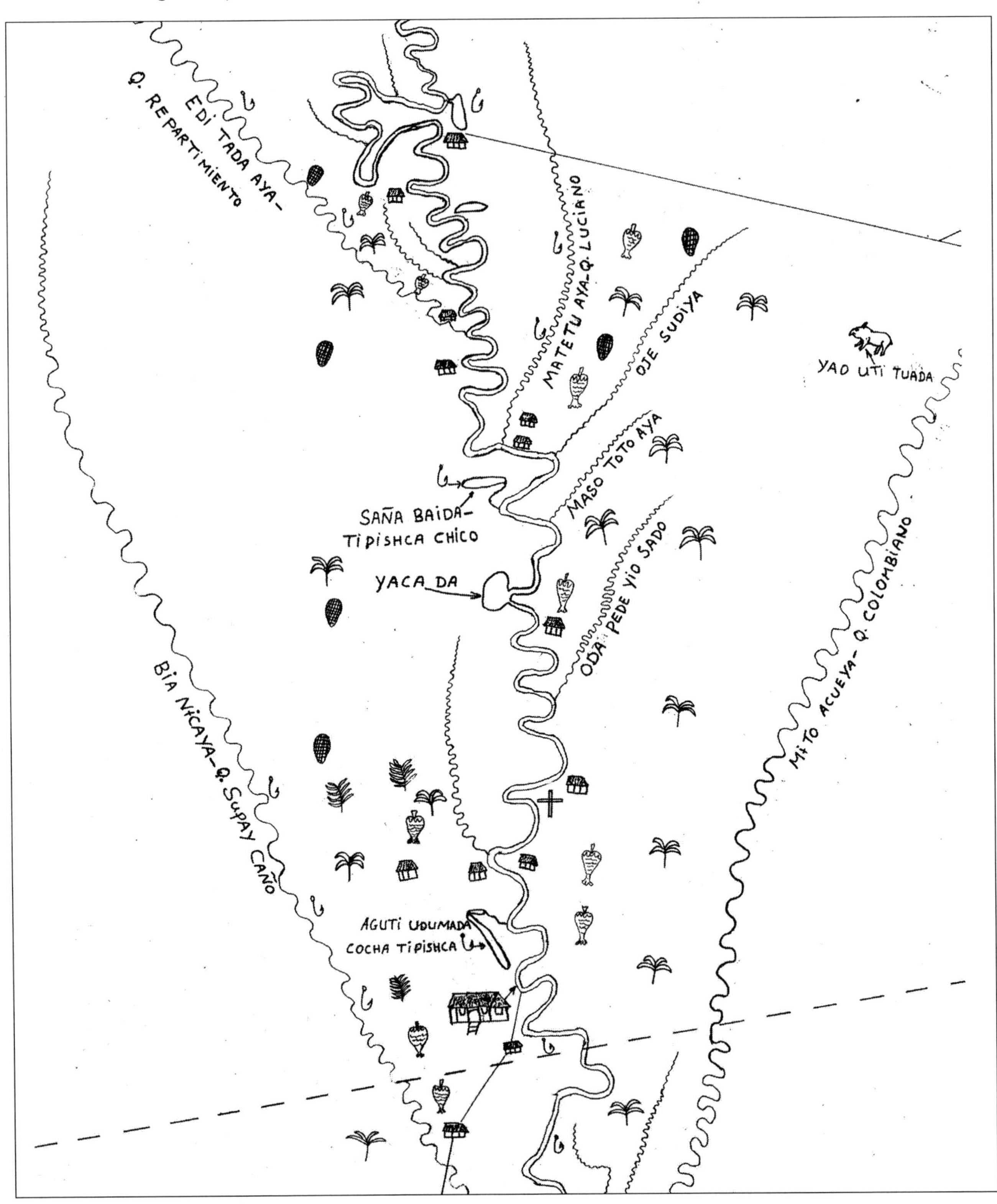

Maijuna	Castellano	English
Socosani Ya	Río Sucusari	*Sucusari River*
Yadi ya	Quebrada	*Stream*
Yiquʉ yao	Terreno titulado	*Titled land*
Ma	Camino	*Trail*
Chitada	Cocha	*Lake*
Mai jai juna baidadi	Comunidad	*Community*
Ue	Casa	*House*
Ai bese taco	Puesto viejo	*Old or ancient house site*
Maca ue tete taco	Campamento	*Hunting camp*
Maca ai ue tete taco	Campamento viejo	*Old or ancient hunting camp*
Ai bese yioma	Purma antigua	*Old or ancient swidden fallow*
Yioma	Chacra	*Swidden*
Mɨ̱i nui nɨcadadi	Irapayal	*Lepidocaryum tenue palm forest*
Edi nui nɨcadadi	Shapajal	*Attalea racemosa palm forest*
Ne cuadu	Aguajal	*Mauritia flexuosa palm swamp*
Osa nui nɨcadadi	Ungurahual	*Oenocarpus bataua palm forest*
Yadidbai baidadi	Lugar especial para pescar	*Special place to fish*
Tuada	Colpa	*Animal mineral lick*
Bai baidadi	Lugar especial para casar	*Special place to hunt*
Mai ta̱te taco	Cementerio	*Cemetery*

Fig. 18. Un mapa destacando más de 900 sitios de importancia biológica y cultural para los Maijuna de las cuencas de los ríos Sucusari, Yanayacu y Algodón.

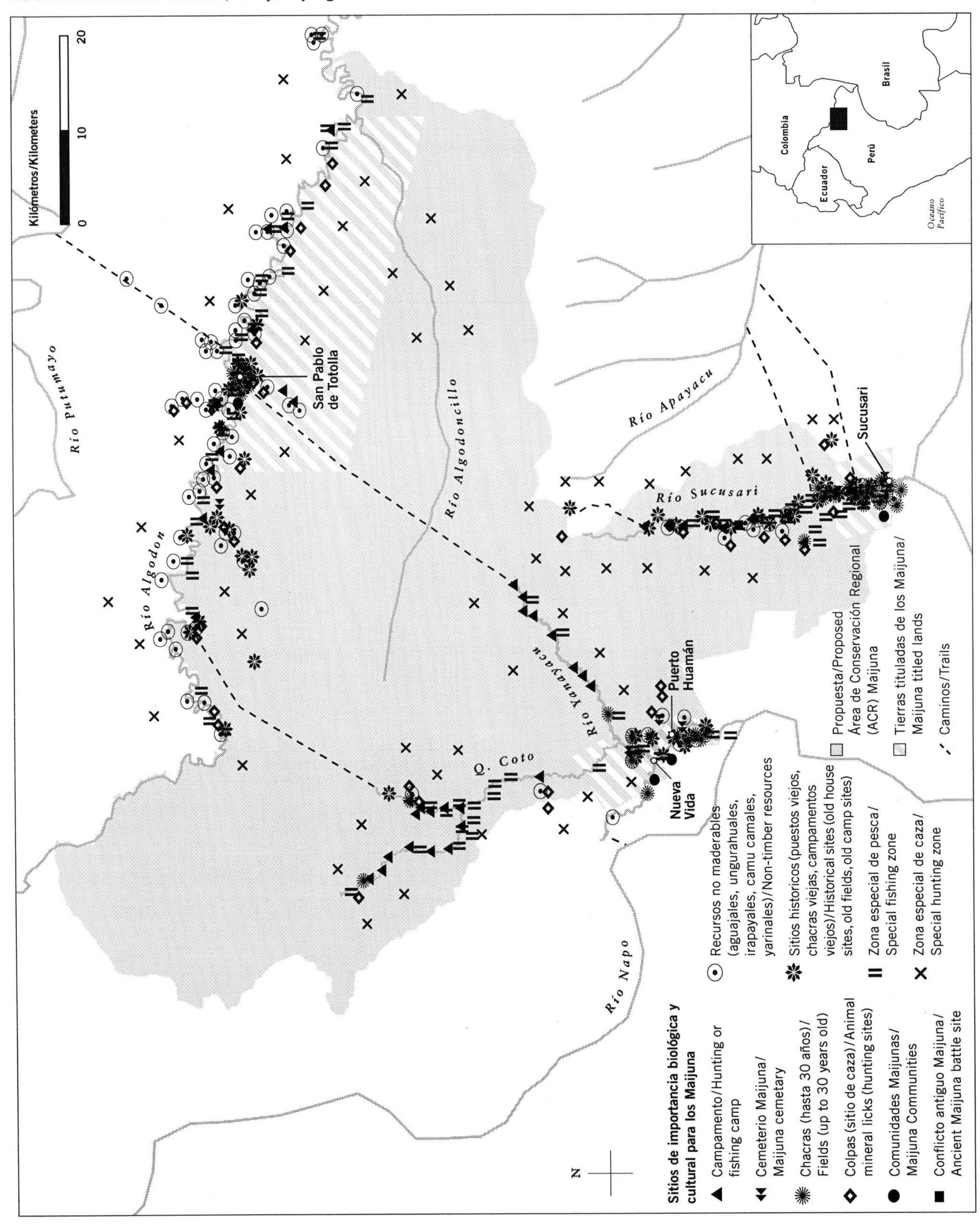

de las casas antiguas de los Maijuna y los campamentos antiguos de cacería o pesca fueron clasificados y mapeados en ArcGIS como sitios históricos a lo largo de tierras de cultivo antiguas (Fig. 18). Muy importante es reconocer que los Maijuna reconocen la diferencia entre los lugares de vivienda y los campamentos, nuevos y viejos, y al igual que las chacras viejas o antiguas, estas son localizadas e identificadas en base a la historia oral, memoria, especies de plantas indicadoras y/o presencia de restos de cerámica.

En total, se identificó y localizó más de ciento sesenta sitios históricos, y se fijaron sus coordenadas geográficas durante el transcurso de esta investigación. Es crítico mencionar que este número sólo representa a una pequeña porción de los sitios históricos Maijuna que se encuentran en las cuencas de los ríos Sucusari, Yanayacu y Algodón. Esto se debe a que muchos de estos sitios son muy remotos y no fue posible visitarlos a todos dentro del tiempo establecido para esta investigación. Adicionalmente, el lugar exacto de muchas de estas localidades (sólo se fijaron geográficamente localidades específicas y precisas) se ha perdido con el pasar del tiempo ya que los Maijuna tienen una cultura oral, más no escrita, y actualmente no viven ahí y raramente viajan a las regiones donde antiguamente vivieron sus antepasados. Por lo tanto, el conocimiento detallado de estos sitios históricos mantenidos por los Maijuna es limitado.

También fue identificada otra colección de localidades Maijuna culturalmente importantes, incluyendo tres campos de batalla Maijuna; estos lugares fueron fijados y agrupados (Fig. 18). De acuerdo a los consultores Maijuna, estos lugares marcan la ubicación de batallas antiguas entre los ancestros Maijuna y los hostiles invasores (p. ej., colonos o soldados). Interesantemente, se afirmó por unanimidad y consistentemente que los Maijuna salieron victoriosos en cada uno de estos encuentros sangrientos. Estas áreas fueron clasificadas y mapeadas, con el programa ArcGIS, por separado de otros sitios históricos debido a su peculiaridad y la importancia que los Maijuna dan a estos lugares.

Dentro de las tres cuencas, se identificaron más de 130 lugares de recursos no maderables, siendo localizados y fijados geográficamente (Fig. 18). Estos sitios incluyen pantanos de palmeras *Mauritia flexuosa* (*ne cuadu* en Maijuna; aguajales en Español), bosques con un sotobosque dominado por la palmera *Lepidocaryum tenue* (*miibi* o *mii nui nicadadi*; irapayales), bosques dominados por la palmera *Oenocarpus bataua* (*bosa nui nicadadi* uosa *nui nicadadi*; hungurahuales o ungurahuales), bosques con un sotobosque dominado por la palmera *Phytelephas macrocarpa* (*miibi* or *mii nui nicadadi*; yarinales), y áreas ribereñas dominadas por la planta *Myrciaria dubia* (*atame nui nicadadi*; camu camales). Todos estos sitios corresponden a tipos de hábitats denominados y clasificados por los Maijuna (como se indica en los nombres mencionados arriba) y todas estas especies de plantas que dominan estos hábitats son usados por los Maijuna de diferentes maneras y en diferentes épocas del año, tanto cultural como económicamente (Tabla 5) (Gilmore 2005).

Más de 40 colpas de animales, llamadas *tuada* u *onobi* en Maijuna, fueron identificadas y visitadas dentro de las cuencas del los ríos Sucusari, Yanayacu y Algodón (Figs. 17, 18). Las colpas son muy importantes tanto cultural como económicamente para los Maijuna debido al número de animales y aves que visitan estos sitios durante todo el año, tanto en el día como en la noche. De acuerdo a los consultores Maijuna, nueve especies diferentes de animales han sido encontradas y cazadas en estas áreas (Tabla 6). Notoriamente, la gran mayoría de las colpas localizadas dentro de las tierras tituladas y tradicionales de los Maijuna tiene nombres propios Maijuna. Los Maijuna denominan a las colpas con nombres de personas, plantas, animales y perros de caza, entre otros (Gilmore 2005). Este proceso de denominación de colpas es un signo inequívoco de la importancia de estos lugares para los Maijuna.

Además de mapear lugares de cacería específicos, los Maijuna también identificaron zonas especiales de cacería (*bai baidadi*) que ellos visitan (Figs. 17, 18). En vez de ser puntos geográficos específicos como las colpas, estas áreas son más amplias y conocidas por tener una alta concentración de animales de caza. Esto es igual para las zonas especiales de pesca (*yadibai baidadi*), las cuales son elegidas por su alta concentración de especies cultural y económicamente importantes (Figs. 17, 18).

Tabla 5. Información etnobotánica de las especies de plantas dominantes en los lugares de recursos no maderables que fueron mapeados, localizados y geográficamente fijados dentro de las cuencas de los ríos Sucusari, Yanayacu y Algodón (Gilmore 2005).

Especie	Nombre Maijuna	Nombre en castellano	Uso	Método de colecta	Tiempo de cosecha[a]
Lepidocaryum tenue Mart. (Arecaceae)	*mɨi̲ ñi*	irapay casas	**hojas:** techo para las casas (esta es la planta más popular e importante para el techado de casas y ocasionalmente se vende)	sin tumbar (excepto cuando es muy alto)	todo el año
Mauritia flexuosa L.f. (Arecaceae)	*ne ñi*	aguaje	**frutas:** comestibles, también se usan para hacer una bebida y se procesan para aceite; venta ocasional de frutas	trepando, tumba, colecta del suelo	~mayo — agosto
			frutas: pedazos usados como carnada de pesca	igual que el anterior	igual que el anterior
			hojas: las hojas secas y viejas son usadas como combustible para secar canoas y empezar fuegos en tierras agrícolas recién limpiadas y secadas	hojas viejas y colgantes cortadas del árbol	todo el año
			pecíolos: jirones de fibra usados para hacer petates y usados como base para tejer bolsas de fibra de palmera	sin tumbar (cosechada de plantas pequeñas)	todo el año
			tronco: alberga dos especies de larvas de escarabajos que se comen y se usan como carnada para pesca	tumbada para incentivar el crecimiento larval (también crecen en árboles naturalmente caídos)	todo el año
Oenocarpus bataua Mart. (Arecaceae)	*bosa ñi, osa ñi*	hungurahui, ungurahui	**frutas:** comestibles, también usadas para hacer una bebida y procesadas para hacer aceite; ocasionalmente se venden las frutas	trepando, tumbado, colecta del suelo	~noviembre -- marzo y junio -- agosto
			frutas (inmaduras): procesadas como medicina (tuberculosis)	trepando, tumbado	~todo el año
			hojas: usadas para hacer canastas temporales	sin tumbar (cosechadas de plantas pequeñas)	todo el año
			hojas: techo para albergues temporales	sin tumbar (excepto cuando es muy alto)	todo el año
			tronco: alberga una especie de larva de escarabajo que se come y se usa como carnada para pesca	tumbada para incentivar el crecimiento larval (también crece en árboles naturalmente caídos)	todo el año
			fibras de la base de la hoja: afiladas y usadas para perforar el oído de los hombres para colocar los discos[b]	sin tumbar	todo el año
			fibras de las base de la hoja: como combustible para el fuego[b]	tumbada	todo el año
Phytelephas macrocarpa Ruiz & Pav.(Arecaceae)	*mɨi̲ ñi*	yarina	**frutas:** comestibles (líquido/endospermo inmaduro)	recogida, tumbada	todo el año
			hojas: techo para albergues temporales y bordes de los techos	sin tumbar (excepto cuando es muy alto)	todo el año
			frutas: el duro endospermo se colecta y se vende como marfil vegetal	colectada del suelo	todo el año
Myrciaria dubia (Kunth) McVaugh (Myrtaceae)	*atame ñi*	camu camu	**frutas:** comestibles; las frutas se comen ocasionalmente y se usan para hacer una bebida; raramente se vende las frutas	recogida	desconocida

a Los tiempos de cosecha indicados en la tabla se basan en los testimonios de los consultores Maijuna y no se ha verificado independientemente por los investigadores. Por lo tanto para estos periodos (especialmente los de fructificación) deberían ser consideradas figuras preliminares y aproximadas.

b Actualmente no son usados así por los Maijuna.

Tabla 6. Aves y mamíferos vistos y sacrificados por los Maijuna en las colpas de animales dentro de las cuencas de los ríos Sucusari, Yanayacu y Algodón (Gilmore 2005).

Especie	Nombre en inglés	Nombre Maijuna	Nombre en castellano	Tiempo de encuentro	Uso
Aves					
Pipile cumanensis (Cracidae)	*Blue-Throated Piping-Guan*	*uje*	pava	día	comida, venta (carne), para hacer abanicos para avivar el fuego (plumas), adornos (se hace "pintura" de las patas)
Mamíferos					
Agouti paca (Agoutidae)	*paca*	*seme, oje beco, pibɨ aco*	majaz	noche	comida, venta (carne), artesanías para turistas (dientes)
Alouatta seniculus (Cebidae)	*red howler monkey*	*jaiquɨ*	coto mono	día	comida, venta (carne), artesanías para turistas (hueso hiodes localizado en la garganta)
Mazama americana (Cervidae)	*red brocket deer*	*bosa, miibɨ aquɨ*	venado colorado	noche, raramente en el día	comida, venta (carne), medicinal (cuernos), adorno de casas (cuernos), para tambores (cuero)
Dasyprocta fuliginosa (Dasyproctidae)	*black agouti*	*maitaco, moñeteaco, codome*	añuje	día	comida, venta (carne), artesanías para turistas (dientes)
Coendou prehensilis (Erethizontidae)	*Brazilian porcupine*	*toto*	cashacuchillo	noche	comida, artesanías para turistas (espinas)
Tapirus terrestris (Tapiridae)	*Brazilian tapir*	*bequɨ, jaico*	sachavaca	noche	comida, venta (carne), medicinal (cascos), artesanías para turistas (cascos)
Tayassu pecari (Tayassuidae)	*white-lipped peccary*	*sese, bɨdɨ*	huangana	día	comida, venta (carne y cuero), artesanías para turistas (dientes), para hacer tambores (cuero)
Tayassu tajacu (Tayassuidae)	*collared peccary*	*caocoa, yau*	sajino	día	comida, venta (carne y cuero), artesanías para turistas (dientes), para hacer tambores (cuero)

Aunque los Maijuna elijan principalmente estas zonas especiales de cacería y pesca, también cazan y pescan una gran cantidad en otras áreas no tan prolíficas a lo largo de su territorio titulado y ancestral. Esto se debe a que muchas de estas zonas especiales de cacería y pesca están localizadas en áreas remotas generalmente en las cabeceras de ríos y arroyos. Esto no debería ser sorprendente ya que mientras más remota sea el área, la presión de cacería y pesca será menor, permitiendo que las poblaciones de mamíferos, aves y peces sean más abundantes. Por lo tanto, muchas familias Maijuna mantienen campamentos de pesca o cacería (*maca ue tete taco*) en estas áreas remotas, las cuales son visitadas por largos periodos para proveerse de estos valiosos recursos. Más de 40 de estos campamentos de pesca o cacería actualmente usados fueron identificados (Fig. 18).

CONCLUSIONES

Más de 900 lugares cultural y biológicamente importantes para los Maijuna fueron visitados, identificados y geográficamente fijados dentro de las cuencas de los ríos Sucusari, Yanayacu y Algodón durante el desarrollo de este proyecto de mapeo participativo, enfatizando el detallado y vasto conocimiento tradicional que los Maijuna tienen acerca de sus tierras ancestrales. En combinación con documentos históricos, investigación antropológica y tradiciones orales Maijuna, esta información apoya irrefutablemente el hecho de que la propuesta ACR está conformada por territorios ancestrales Maijuna.

Los mapas que se produjeron durante este estudio también facilitan un mejor entendimiento de cómo los Maijuna perciben, interactúan y valoran sus tierras tituladas y ancestrales y los recursos bioculturales que hay en ellas; y estas pueden ser utilizadas para facilitar la conservación y el manejo de la propuesta ACR. Por ejemplo, conocimiento del uso espacial de los recursos y hábitats (Figs. 17, 18), incluyendo cómo y cuándo éstos son utilizados (ver las Tablas 5 y 6), es muy importante porque esta información puede ser utilizada para establecer planes de manejo de recursos y estrategias para la propuesta ACR Maijuna.

RECOMENDACIONES

Los tres siguientes cursos de acción facilitarían la conservación y el manejo de la propuesta ACR y ayudarán a validar y fortalecer a las comunidades Maijuna. Tenemos la certeza de que estas recomendaciones, si son acatadas, ayudarán a asegurar el éxito a largo plazo de la propuesta ACR Maijuna y el mantenimiento de la diversidad biocultural.

- Los resultados y el mapa ArcGIS (Fig. 18) de este proyecto deberían ser usados para asegurar que las fronteras finales de la propuesta ACR reflejen exactamente los patrones espaciales del uso de recursos y la historia cultural de los Maijuna dentro de las cuencas de los ríos Sucusari, Algodón y Yanayacu. Adicionalmente y dentro de lo posible, la gran mayoría de los sitios cultural y biológicamente importantes mapeados por los Maijuna deberían ser incluidos dentro de la propuesta ACR.
- Los resultados y el mapa ArcGIS de este proyecto deberían ser utilizados para ayudar al establecimiento de estrategias y planes de manejo de recursos ya que contienen información crítica concerniente a la distribución espacial y el uso temporal de los importantes recursos culturales, biológicos y económicos.
- El núcleo de las tierras ancestrales Maijuna— el encuentro de las cabeceras de los ríos Sucusari, Yanayacu y Algodoncillo—debería recibir el más estricto grado de protección que sea posible. Los Maijuna raramente entran y usan esta área (Figs. 2A, 9D, 18) y podría servir como un importante lugar de reproducción y "área fuente" para las especies de animales y plantas que tienen importancia biológica, económica y cultural. Vale recalcar que esta área es la misma en la que se identificaron las "terrazas altas" durante este inventario (ver el capítulo de Flora y Vegetación), por lo que un nivel de protección estricta también protegería estos particulares y previamente desconocidos tipos de vegetación.

COMUNIDADES HUMANAS: OBJETOS DE CONSERVACIÓN, FORTALEZAS, AMENAZAS Y RECOMENDACIONES

Author: Alberto Chirif

INTRODUCCIÓN

En vista de la información presentada en los tres capítulos anteriores, aquí presento una lista combinada de las fortalezas, los objetos de conservación, amenazas y recomendaciones para los Maijuna y otras comunidades humanas asociadas con la propuesta Área de Conservación Regional Maijuna.

OBJETOS DE CONSERVACIÓN

Estos objetos son los más críticos para la conservación de las comunidades humanas en la propuesta ACR Maijuna:

01 Lengua Maijuna

02 Conocimiento ecológico de los Maijuna

03 Prácticas culturales Maijuna compatibles con la conservación de recursos naturales (Figs. 10A–D)

04 Especies tradicionalmente usadas por los Maijuna (plantas medicinales, animales) y hábitats como el de la palmera irapay (*Lepidocaryum tenue*)

05 Agua limpia, sin contaminación de grasas y metales pesados

FORTALEZAS

01 La propuesta de declaración del ACR Maijuna parte de las propias comunidades, es decir, es iniciativa de ellas y está impulsada por FECONAMAI.[1] Fundan su pedido en el hecho de que el área es parte del territorio ancestral del pueblo Maijuna y en su voluntad de proteger la biodiversidad de ella, ahora amenazada por la incursión de extractores ilegales.

02 El conocimiento de los Maijuna del área solicitada ha quedado demostrado mediante el trabajo de mapas participativos coordinados por el etno-biólogo Michael Gilmore y sus estudiantes. En ellos, los comuneros han reconstruido la geografía cultural Maijuna, ubicando ríos, quebradas, aguajales, antiguos asentamientos y lugares relacionados con hechos históricos y míticos de su pueblo, que demuestran su conocimiento sobre el área (Figs. 9D, 18).

03 Las comunidades Maijuna se articulan mediante una amplia red de relaciones de parentesco, lo que significa una fortaleza para realizar propuestas conjuntas y perseverar para su cumplimiento y respeto.

04 La economía Maijuna orientada a satisfacer necesidades de consumo y no de mercado, es una garantía de que los recursos naturales no estarán sometidos a presiones excesivas y destructoras.

05 Aunque el territorio ha sufrido incursiones de extractores ilegales interesados (en especial, en la explotación de maderas comerciales), el impacto hasta ahora no ha sido determinante para afectar la biodiversidad del área, que mantiene intacta gran parte de la riqueza de fauna y flora. Sin duda, un buen aprovechamiento de esta riqueza será importante para mejorar la calidad de vida de los Maijuna, una vez declarada el ACR Maijuna.

06 La vigilancia ejercida por las comunidades, especialmente de Puerto Huamán, Nueva Vida y Sucusari es signo claro de la decisión y compromiso de los Maijuna de asumir seriamente el cuidado de la biodiversidad del área y el control de las actividades ilegales. De manera un poco más tímida, San Pablo de Totolla ha frenado la actividad de extractores colombianos que entran por el río Algodón, evitando que talen dentro de su territorio titulado, aunque sí siguen afectando otras zonas, entre ellas, parte de las incluidas en la propuesta del ACR Maijuna.

07 La ubicación de las tres comunidades Maijuna asentadas en la cuenca del Napo (Sucusari, Puerto Huamán y Nueva Vida) es estratégica para el cuidado del área, en la medida que controlan los dos principales ríos, Sucusari y Yanayacu, que provienen de su interior. Si bien los extractores ilegales de madera pueden entrar por los diversos varaderos existentes, la madera sólo puede salir por alguno

1 Federación de Comunidades Nativas Maijuna.

de esos ríos, lo que hace que el control ejercido por las comunidades sea muy efectivo y, luego de algunos decomisos, sirva para desanimar nuevas incursiones ilegales.

08 El control de la tala ilegal de madera tendrá repercusiones positivas en otras actividades depredadoras, como la caza y la pesca realizadas por los extractores como actividades subsidiarias. En otras palabras, estas actividades disminuirán porque los foráneos que entran al área sólo a cazar y pescar son muy pocos y sólo lo hacen aquellos que viven en comunidades vecinas.

09 La rápida internalización de la propuesta por parte de la población es consecuencia de haber ella entendido que la buena administración del área les ofrece beneficios económicos (p. ej., la cosecha sostenible de frutos de palmeras) y mejoras importantes en su calidad de vida.

10 Constituye también una fortaleza el hecho de que los comuneros hayan incorporado a su lenguaje y conocimientos nuevos conceptos y estrategias relacionadas con el control de la biodiversidad, como cosecha sostenible, grupos de manejo de recursos y comités de control y vigilancia comunal, entre otros.

AMENAZAS

01 La principal amenaza actual contra la propuesta ACR es el proyecto nacional de construir una carretera entre Iquitos y El Estrecho, que atravesaría el área por su parte media y cortaría el área de la comunidad de San Pablo de Totolla (Fig. 11A). La amenaza es aún mayor considerando que el proyecto, que de por sí generará un mayor flujo de población hacia la zona y el asentamiento desordenado a lo largo de la carretera, contempla la puesta en marcha de un plan de colonización, en una franja de 5 km a cada lado del eje vial.

02 La posición de algunos funcionarios del GOREL, favorables al proyecto de carretera, es una amenaza para la propuesta, en la medida que la debilitará desde dentro. Es fundamental que el GOREL, que impulsa la propuesta a través de PROCREL, adopte una voz unificada para oponerse a esta carretera.

03 Otra amenaza grave en el mediano plazo de la propuesta ACR Maijuna es la explotación petrolera. Aun sin existir por el momento dicha actividad, existen niveles preocupantes de contenido de substancias nocivas presumiblemente procedentes del Napo ecuatoriano en las zonas del río Napo vecinas a la propuesta ACR. La explotación de petróleo dentro de la propuesta ACR afectará directamente los cursos de agua que nacen en ella.

04 La incursión ilegal de extractores colombianos por la cuenca del Algodón, quienes llegan hasta el área de la propuesta, es una seria amenaza por la violencia con que ellos pueden actuar en caso de que sientan amenazados sus intereses. (Algunos que intentaron frenarlos fueron asesinados y otros tuvieron que abandonar la zona.) Es fundamental que las Fuerzas Armadas, que patrullan el río y tienen puestos de vigilancia en zonas estratégicas, controlen decididamente las incursiones de estos extractores. Si esto no ocurre y se construye la carretera, el narcotráfico existente se expandirá también.

05 La comunicación entre las comunidades y de ellas con las instituciones de apoyo y el GOREL es limitada por la falta de equipos de radiofonía. La coordinación de eventos y, en el futuro, de estrategias para el desarrollo del área, será limitada mientras no se solucione este problema.

06 Constituye un problema actual la falta de buena comunicación entre las comunidades Maijuna y las demás comunidades y caseríos del entorno. Se trata de un problema que debe ser encarado principalmente de dos maneras: el reconocimiento oficial de las comunidades Maijuna como guardianas del área y la comunicación con las demás comunidades y caseríos del entorno, para que entiendan los beneficios ambientales que el ACR Maijuna traerá a todos los moradores.

07 No obstante los avances, muchos comuneros continúan realizando prácticas no sostenibles para la extracción de recursos, como la tala de palmeras o el

uso de tóxicos para la pesca. Por otro lado, es lógico que esto suceda, considerando que el proceso es aún reciente y que no ha sido muy intenso el trabajo realizado por el PAP con las comunidades.

08 El proceso organizativo de las comunidades y de la federación es también incipiente y va a requerir de mayor capacitación a líderes y comuneros de base, mayor claridad en el diseño y puesta en marcha de estrategias para el logro de los objetivos, más eventos de reflexión conjunta entre representantes de comunidades y más fluidez en las comunicaciones entre ellas y los dirigentes de la FECONAMAI.

09 La identidad Maijuna ha sido afectada por procesos de evangelización, colonización y dominación ejercidos por patrones que en el pasado se instalaron entre ellos para usarlos como mano de obra para sus propios intereses. Todos los agentes externos, incluido el Estado, han contribuido a minar la seguridad de la población en su propia identidad, conocimientos, valores, prácticas e instituciones. La pérdida de la lengua Maijuna es importante en este sentido, no porque consideremos que las culturas deben permanecer inmóviles a lo largo del tiempo (de hecho, ninguna cultura es estática), sino porque en este caso dicha pérdida es expresión de vergüenza frente a lo propio y de deseo de la gente de esconder su origen. Este sentimiento de vergüenza frente a lo propio es un elemento corrosivo para la construcción de un presente digno que mire con seguridad el futuro.

10 Los problemas de identidad afectan mayormente a los jóvenes, que son los que más contacto tienen con el mundo de las ciudades y que son más sensibles a las modas y, a la vez, a las manifestaciones de racismo. Son a su vez los más proclives a emigrar hacia las ciudades.

11 La pérdida de la lengua entre los Maijuna es también consecuencia de numerosos matrimonios mixtos, especialmente con Quechua del Napo y con mestizos, lo que hace que la comunicación cotidiana se realice en castellano, que es la lengua conocida generalmente por la pareja. Aunque muchas personas de las comunidades, e incluso líderes de la FECONAMAI, atribuyan la pérdida de la lengua a la falta de profesores bilingües, la causa principal es el retroceso del uso de la lengua vernácula en el hogar, lugar donde ésta debe aprenderse.

12 El consumo exagerado de bebidas alcohólicas, que se ha extendido en los últimos diez años y afecta en mayor medida a las comunidades del Yanayacu, es probable que exprese los problemas de la gente causados por la desarticulación social y la pérdida de confianza en sus propias creencias e instituciones.

13 La situación sanitaria de las comunidades, si bien no es una amenaza para el impulso de la propuesta ACR Maijuna, sí lo es para la salud de la gente y para la comprensión más cabal del concepto de medio ambiente, que debe comenzar precisamente en el entorno inmediato del lugar donde uno vive. Además de las letrinas que, cuando las hay, son escasas y en mal estado, existe el problema derivado de la crianza de animales domésticos en estado de libertad total. De esta manera vacas y "búfalos" deambulan por la comunidad y riegan sus excretas en cualquier lugar. Más grave aún es el problema que hemos observado con los cerdos en Nueva Vida y Puerto Huamán, mucho más numerosos que los animales antes mencionados y, sobre todo, de mayor impacto en la sanidad de las comunidades. Los cerdos se refugian en la parte baja de las casas, donde se genera un lodo mezclado con tierra, excrementos y orina, que es caldo de cultivo para todo tipo de enfermedades. La situación llega al extremo cuando con frecuencia se ve a cerdos hozando dentro de las propias letrinas.

RECOMENDACIONES

01 La declaración del ACR Maijuna debe indicar claramente que las promotoras de la propuesta y principales beneficiarias de ésta, así como los responsables de su gestión, son las comunidades Maijuna, representadas por su federación. Argumento importante para justificar esta decisión es el carácter de territorio ancestral que tiene el área para el pueblo Maijuna.

02 Los resultados y el mapa ArcGIS del Proyecto Maijuna de Mapeo Participativo deben ser utilizados para asegurar que los límites definitivos de la ACR Maijuna reflejen de manera precisa los patrones espaciales de uso de recursos e historia cultural de los Maijuna dentro de las cuencas del Sucusari, Algodón y Yanayacu. La mayoría de los sitios de mapeo biológica- y culturalmente significativos (Figs. 9D, 18) deberían ser incluidos dentro de la propuesta ACR.[2]

03 El núcleo de los territorios ancestrales Maijuna—donde se encuentran las cabeceras de los ríos Sucusari, Yanayacu y Algodoncillo—debe recibir la protección más estricta posible. Los Maijuna raramente entran y usan esta área (Figs. 2A, 9D, 18), la cual puede servir como territorio de reproducción y "área de recursos" para especies de animales y plantas económica- y culturalmente importantes. Esta es la misma área donde fueron identificadas las "terrazas altas" durante el inventario rápido, por lo que un grado estricto de protección podría también salvaguardar tipos de vegetación únicos y previamente desconocidos.[3]

04 No obstante lo señalado en los acápites anteriores, no se debe impedir que otras comunidades del entorno puedan usufructuar ciertos recursos siempre y cuando cumplan con las normas establecidas para manejarlos, en términos de sostenibilidad de las cosechas, volúmenes de extracción por tipo de recurso y destino no comercial del uso.

05 Para viabilizar lo anterior, es necesario definir con mucha claridad los caseríos y comunidades del entorno del ACR Maijuna que conformarán parte de su Zona de Amortiguamiento. Proponemos que los siguientes asentamientos formen parte de la Zona de Amortiguamiento de la propuesta ACR Maijuna: Tutapishco, Nueva Florida y Nueva Unión (las dos primeras al lado de la propuesta ACR Maijuna y la tercera, muy cerca); aguas arriba, Cruz de Plata (que a pesar de estar en la margen derecha del Napo usa recursos en el ámbito de la propuesta ACR) y su anexo Nueva Argelia, además de Morón Isla y Nuevo San Roque (estas tres últimas, en la margen izquierda, cerca del límite del ACR Maijuna); y aguas abajo de Tutapishco: Copalillo, Puerto Leguízamo, Nuevo Oriente, Buen Paso y Sara Isla. Dada la ubicación de estas comunidades, el PROCREL deberá considerarlas como parte de la Zona de Amortiguamiento y, según lo establece la ley de ANP, darles un "tratamiento especial que garantice la conservación del Área Natural Protegida" (Art. 61.1), el que deberá contemplar saneamiento legal, lo que incluye consolidar su personería jurídica como comunidades (sean nativas o campesinas) y la titulación de sus tierras. En el caso de las dos ubicadas en la margen derecha del Napo, es decir, vecinas a la propuesta ACR Maijuna, sus límites deberían llegar hasta el límite del área.

06 Proveer capacitación sobre la importancia del manejo del medio ambiente y de la cosecha sostenible de productos forestales no maderables, así como de peces y otras especies de fauna; asimismo, capacitación sobre las normas que deberán seguir para acceder a los recursos del ACR Maijuna.

07 Usar los resultados y el mapa ArcGIS del Proyecto Maijuna de Mapeo Participativo (ver el capítulo en este informe) para ayudar a establecer planes y estrategias de manejo de recursos debido a que contienen información crítica concerniente a la distribución espacial y uso temporal de recursos cultural-, biológica-, y económicamente importantes.[4]

08 Reforzar el trabajo que están haciendo las comunidades Maijuna de la cuenca del Napo (Sucusari, Puerto Huamán y Nueva Vida) para controlar la explotación ilegal de recursos dentro del espacio solicitado para la creación del ACR Maijuna. Aun cuando el área no haya sido creada hasta ahora, el hecho de existir una solicitud en este sentido que ha dado lugar a un proceso para su establecimiento y, sobre todo, de no estar declarada como bosque de producción permanente ni, por tanto, existir contratos forestales, son razones suficientes para que el GOREL apoye a las mencionadas comunidades

2 Esta recomendación proviene de M. Gilmore.
3 Esta recomendación proviene de M. Gilmore.
4 Esta recomendación proviene de M. Gilmore.

mediante la atribución especial de funciones que les permitan controlar actividades ilícitas en el área.

09 Adicionalmente a lo señalado en el párrafo anterior, se debe dar publicidad a dicha atribución de funciones en la radio, la televisión y la prensa escrita, así como también en letreros colocados en las tres comunidades—con el logo del GOREL—en donde se exprese que las comunidades tienen autoridad para controlar el ingreso de foráneos al área que tengan intensiones de realizar actividades prohibidas (la tala comercial de madera) o contrarias al manejo de recursos (pesca con tóxicos o aparejos vedados o en volúmenes que excedan las necesidades de consumo y se estime que tienen como fin el comercio).

10 En el caso de la comunidad de San Pablo de Totolla, ubicada en el Algodón, además de lo recomendado para las otras comunidades Maijuna en los párrafos anteriores, es indispensable establecer coordinaciones con la V Región Militar, dado que gran parte del problema de la extracción ilegal de madera por colombianos se debe a la pasividad del Ejército. La guarnición existente en la boca del Algodón en el Putumayo debe controlar el ingreso de madereros colombianos y peruanos ilegales por esa cuenca y no acceder, como ahora sucede, a los intereses de ellos.

11 Una recomendación adicional para que la guarnición del Algodón y, en general, todas las existentes en el Putumayo cumplan su función de controlar el ingreso ilegal de madereros, sería sugerir a la V Región que los efectivos destacados a ellas no permanezcan en el puesto más de seis meses, a fin de protegerse de las presiones de los extractores ilegales.

12 El proyecto de carretera Bellavista-Mazán-El Estrecho (Fig. 11A) debe ser frenado. Se trata de un plan que nunca ha sido consultado con las comunidades, lo que constituye claro incumplimiento del derecho de consulta (Convenio 169 y de la Declaración de los Derechos de los Pueblos Indígenas de la ONU). La carretera afectará sus derechos territoriales y su propuesta de creación del ACR Maijuna, en la medida que atraviesa un territorio que el pueblo considera ancestral e incluso una comunidad (San Pablo de Totolla) que está titulada desde hace años. Como lo hemos expresado en otra parte de este informe, si no se logra frenar dicho proyecto, no tendría sentido continuar con la propuesta del ACR Maijuna, ya que la vía implica también la puesta en marcha de un plan de colonización a ambos lados de su eje.

13 Se debe atender el tema de la identidad de los Maijuna, que constituye además uno de los objetivos de FECONAMAI. En este sentido es importante el aporte que dará una iniciativa liderada por una lingüista de los Estados Unidos, que comenzará un proyecto el próximo año para estudiar la lengua, sistematizarla y producir un diccionario y cartillas para su aprendizaje. Es importante que estos textos se inserten en un proceso de enseñanza de la lengua, a fin de que no queden solamente como documentos de archivo.

14 La visita de líderes de otras organizaciones indígenas para comunicar sus experiencias organizativas tendrá gran importancia para el proceso organizativo de los Maijuna. Será importante lograr la presencia de líderes de pueblos indígenas que hablan su propia lengua y expresan sin complejos los elementos de su propia identidad.

15 Solucionar el problema de aislamiento existente en las comunidades por falta de equipos de radiofonía o por estar éstos malogrados, lo que impide que puedan comunicarse entre sí para acordar eventos, coordinar acciones de protección del área y otros fines, y con instituciones de apoyo y el GOREL.

16 Reforzar la capacitación sobre técnicas de cosecha sostenible de productos de la biodiversidad (aguaje y otras palmeras), y de manejo de cuerpos de agua y de fauna silvestre. Este trabajo que debe hacerse en las comunidades Maijuna y en las que se ubiquen en la Zona de Amortiguamiento.

17 Con respecto a la cosecha de frutos de palmeras, debe promoverse la incorporación de la enseñanza de técnicas de manejo sostenible (uso de subidores y otras; Fig. 10D) en el currículo de instituciones educativas de primaria y secundaria por la importancia que tienen esos recursos para la propuesta ACR Maijuna y, en general, para toda la región de Loreto.

18 Preparar material de difusión sencillo y claro que explique en qué consistirá el ACR Maijuna, quiénes serán los responsables de su gestión, cuáles actividades estarán prohibidas y cuáles permitidas de realizar en ella y los procedimientos que deberán seguirse para lograr permiso de acceso al área. Finalmente, el documento también debe contener las sanciones que se impondrán a quienes infrinjan las normas.

19 PAP debe reforzar su trabajo de capacitación a los comuneros para impulsar la creación del comité de control y vigilancia, tarea que debe asumir de manera perentoria.

20 Identificar los cuerpos de agua dentro del área y en la Zona de Amortiguamiento, así como sus usuarios, a fin de gestionar que su manejo y usufructo sean asignados a las comunidades que los aprovechan. Esta estrategia permitirá superar la actual situación de uso caótico, generado por un ministerio (de la Producción) sin presencia ni capacidad de controlar la manera cómo se realiza explotación pesquera en la zona y que entrega permisos de extracción sin tener conocimiento del área.

21 Para que una medida como la propuesta en el acápite anterior sea exitosa, debe ir acompañada del fortalecimiento de comités de pesca comunales y del diseño de normas claras sobre el uso de aparejos, épocas de captura y de veda, prohibición de sustancias tóxicas y volúmenes permitidos de captura.

22 Solucionar el problema sanitario creado en Puerto Huamán y Nueva Vida como consecuencia de la crianza de cerdos, de ganado vacuno y de búfalos, que esparcen sus excrementos por toda el área de viviendas. La crianza en espacios controlados (potreros) es la única manera de controlar focos infecciosos de alto riesgo para la población y, a la vez, de promover el buen aprovechamiento de los pastos. Como para el caso de los cerdos esto requerirá un nuevo sistema de alimentación, es conveniente averiguar sobre la posibilidad de fabricar pequeños molinos que rompan las semillas de aguaje, ricas en proteínas y grasas, con la finalidad de preparar un concentrado que podrían complementarse con otros frutos cultivados en la zona, como pijuayo y pan de árbol.

23 Solicitar al Proyecto Especial de Desarrollo Integral de la Cuenca del Putumayo (PEDICP) información cartográfica ya que la disponible de PAP es muy limitada: en especial, información actualizada de ubicación de centros poblados en las márgenes del Napo, en la parte del curso de este río cercana a la propuesta de ACR Maijuna. No obstante es probable que el PEDICP cuente también con información cartográfica sobre potencial de recursos en el área de trabajo.

24 Para futuros trabajos que emprenda el PROCREL y el PAP es recomendable que inicie su trabajo con un estudio de las características al que ahora presentamos, dado que servirá para complementar el inventario biológico rápido y también para proporcionar los insumos necesarios para elaborar un plan de trabajo fundado en información de primera mano sobre la zona.

25 Llevar a cabo un estudio comprensivo y sistemático del idioma Maijuna, produciendo materiales de lenguaje (p. ej., diccionario, manuales) e implementar un programa de revitalización del idioma para apoyar el deseo de los Maijuna de conservar su exclusivo idioma que se encuentra en vías de extinción.[5]

26 Emprender estudios etnobiológicos para investigar y documentar especies de plantas y animales que son económica- y culturalmente importantes para los Maijuna. Esta información servirá para ayudar a enfocar los esfuerzos de conservación y planes de manejo para estas importantes especies y sus respectivos hábitats.[6]

27 Investigar las tradiciones y valores culturales Maijuna (incluyendo conocimiento ecológico tradicional, historias y canciones, y prácticas de uso de recursos y manejo), y trabajar con FECONAMAI para vigorizar y reforzar esas tradiciones y valores que reforzarán el manejo y conservación de la propuesta ACR Maijuna. [7]

5–7 Estas recomendaciones provienen de M. Gilmore.

YOSE YIOSADE JɨQUI JA	
Eja Yosaose Dadima Ja, Yao Yija Ñiacanisaoyo Maijuna Oijɨ Jɨqui	
Maca bejɨ yose	Aquɨ da yochiquɨna: 14–31 de octubre de 2009 Aquɨ tea yocaichiquɨna: 11–24 de julio de 2009 Iti tea yiosaobɨ M. Gilmore (Toto Mio) bequɨ yose Maijuna janu 10 años baquɨ.
Ɨbese dadi	Doe aquɨ baijɨ baise dadi mai yao yija. Maca dadima Napo ya tea Putumayo ya iti dadi yao jai dadi ɨsaso baijɨ 336,089 mai ñicanisaoyo ijɨ oijɨ jɨca dadi. Iti yao mai oijɨ jɨca dadi baijɨ 60 kilómetros saiyi Iquitos tea ɨdɨdea sɨijɨ Ampiyacu Apayacu yao yija mai mɨidudo. Napo ya aquɨ nui ñi baiyi mai tome dudu Totoya baijɨ mai ɨjati (Fig. 2A).
Maca toyase dadi	Aquɨ da doachiquɨna te dadima ñiabɨ: mɨto ɨo ya Napo ya baijɨ ata ya Putumayo ya baijɨ. Tea jaye aquɨna maca dojɨ toyachiquɨna te pe bejɨ cajɨ ExplorNapo baidadi Socosani ya, iti dadi nui toyasaose dadima ja iti dadi aquɨna tea ɨdɨdea baiyi mai yao yija oijɨ jɨca dadi. Mɨto ɨo ya 15–19 de octubre de 2009 Ata ya 20–27 de octubre de 2009 Socosani (ExplorNapo) 29–31 de octubre de 2009 Del 11 al 24 de julio de 2009, aquɨ juna maca toyachiquɨna jɨca asabɨ 24 comunidades iti juna Napo aquɨna ja (te juna ja Totoya baijuna) Totoya chuchi ya quido ajejɨ: Copalillo, Cruz de Plata, Huamán Urco, Lancha Poza, Morón Isla, Nueva Floresta, Nueva Florida, Nueva Libertad, Nueva Unión, Nueva Vida, Nuevo Argelia, Nuevo Leguízamo, Nuevo Oriente, Nuevo San Juan, Nuevo San Román, Nuevo San Roque, Puerto Arica, Puerto Huamán, San Francisco de Buen Paso, San Francisco de Pinsha, San Pablo de Totolla, Sucusari, Tutapishco y Vencedores de Zapote. Tea bajɨ aquɨna maca toyaquɨna iti 4to congreso mai jai juna yisenu Socosani, Nueva Vida, Puerto Huamán, San Pablo de Totoya tea ñinisaobɨ te dadi.
Iti maca ñiajɨ toyase ja	Maca mani saoi ja, yadi bai ja, eque na ja, aña na ja, jajɨcona ja, jaicona ja, oyo na ja
Maide ñiai ja	Ue nei ja, mai jai juna baidadi ñiasaoyi
Maca manisaoi ñiase ja bainade ñiase ja	Nui jaye jɨquɨ ja iti mai yao yija. Taidiya quido yadi tɨtɨ baijɨ ao dei nui etama dadima ja. Te bainade nui jaso jeayi. Cudu ñi ma nui tañujeabɨ, yao meto ñi ma ja, jai suqui ñi ma ja. Aico aga ya quido baijɨ ɨmɨ tɨtɨ ma ja coti ma ja ɨsama jɨcayi (*terrazas altas*) iti dadima ao etamajɨ. Maca acona tea beoyi tea dei nui so saimajɨ ñiayi. Iti juna toyase dadi socu uijɨ 20 kilometros saijɨ juajayi, iti dadi jai ɨmɨ bajɨ 120 metros tayo jaijɨ iti tea jai bese ja ñiasaomayi.

YOSE YIOSADE JIQUI JA

Maca manisaoi ñiase ja bainade ñiase ja

Iti ñiaji toyase ja			Iti tea oiji ñiase ja
	Mito io ya	Ata ya	Saogui	Mai yao yija
Suqui ñima	~500	~530	~800	2,500
Yadi baina	85	73	132*	240
Jojo na	40	55	66*	80
Aña na	28	23	42*	80
Jaji cona	270	267	364	500
Oje ucacona ja	22	28	32	59

* Tea toya siobi Socosani yose Explornapo dadi.

Maca manisaoi

Tea ñiabɨ maca bai ñima te jɨtɨ ñima: (1) yiaya aquima, (2) yiaya cotima aquima, (3) ne cuadu, (4) ɨmɨ tɨtɨ dajebɨ aquima, (5) dajebɨ tɨtɨ ma yadi tɨtɨ ma ɨsama jɨcayi *terrazas altas* (Fig. 2B). ɨmɨ tɨtɨ dajebɨ aquima nui baijɨ suqui ñi ma. Yiquɨ jiase dadi chuchi ya quido uijɨ, yequɨna ñiamabɨ iti maca ñima mama jiabɨ. Iti tea ñai dadi ma ja bichi mema nui uijɨ. Iti tea ao etama dadi ma ja, yeque dadima cama bamajɨ cama ñiajɨ manu yequede yeteyo. Yeque dadima beojɨ saojeaguɨ *Clathrotropis macrocarpa* (Fabaceae, Fig. 3C) iti tea ñiase ja Caquetá yiaya Colombia quido. Iti tea teade bai ja Chrysobalanaceae, Sapotaceae, y Lecythidaceae teade bajɨ ao dei nui etama dadi ma, tea jaye bajɨ Nanay sani dadu, Jenaro Herrera, y Sierra del Divisor. Teajaye *terrazas altas* jɨcayi Iquitos baidadi tea cama neyo basayi archipiélago Güeppí quido teajaye Ampiyacu quido. (Napo ya biado) tea jaye juajajɨ tutu tañujease dadi nui jai dadi iti 1,500 bajɨ. Jana iti dadima yeque suqui etaminijeaguɨ *Cecropia sciadophylla* (Cecropiaceae), iti tutu yose doecu ja 20–30 años bajɨ (Fig. 3B).

Suqui ñima

Suqui ñiaquɨna juajajɨ 800 tea jaye basayi manu nui baijɨ 2,500 iti maca yao dadi. Tea jaye maca yao dadi beobese manisaojɨ mai ñiasaoima. Tea mama juajajɨ babɨ ñima mai chia ñiajami jana cama ñiajɨ yeteyo: (1) yadi suqui ñi *Eugenia* (Myrtaceae, Fig. 4H), (2) suqui ñi te bajɨ bo jai jadama *Calycorectes* (Myrtaceae, Fig. 4N) y (3) suqui ñi mai chia ñiamayi mama ñi ja *Dilkea* (Passifloraceae, Fig. 4B). Iti maca yao ñiajɨ toyase dadi yequede bajɨ ao etadima ja yeque dadima ao etama dadi ja *terrazas altas* quido ao dei etamajɨ iti tea baijɨ suqui ñima mɨa ñi ja (*Cedrelinga catenaeformis*) y biyoco ñi ja (*Simarouba amara*) yeque dadima tea baijɨ cuaduma suqui cuese dadima ja yao meto ñi ma ja (*Cedrela odorata*), cudu ñi ma ja (*Virola pavanis, V. elongata, Otoba glycicarpa, O. parrifolia*), y jai suqui ñi ma ja (*Ceiba pentandra*).

Yadi baina

Yadi bainade ñiajɨ toyaquɨna juajajɨ 132 aconade cama basayi manu nui baiyi 240 dea baiyi. 60%–80% yadi baina yadi ya sani baiyi ɨjaco ñina ja yecona 10 cm bayi. Yadi baina acue tome quɨde aijɨ baiyi tejaye aiyi maca titi nade, yeque beose anisaoyi. Yadi baina tea saojea eo enijeatu yadi ya sani tea baiyi chidiyo (Heptapteridae) iti oco deodaca bajɨ. Tea baijɨ chidiyo *Bunocephalus* (Fig. 5E) chidiyo yede bajɨ mama ñiase ja cama ñiajɨ

	manu yequede yeteyo, tea jaye baijɨ̱ *Pseudocetopsorhamdia* chia vesɨyi i̱ti. Te juajajɨ bababɨ aconade Perú ñiajaye (Figs. 5G–J). Tea juajajɨ 53 aconade yadi bai ɨjaco ñinade basa yiode bacona ja̱. Tea ñiabɨ bɨaco ago sanu aquɨna nui bayi i̱ti do yadi bai jaicona tea so daojɨ̱ baiyi a̱o̱ cuejɨ̱ yiaya sanima ca̱do daojɨ̱ yia bayi. Ca̱ i̱tijuna ñiase dadi 27% tea jaye baquɨ yeque dadima tea jaye baimajɨ̱.
Jojo na aña na	Jojonade toya yete quɨna juajajɨ 108 aconade cama ɨ̱jɨ̱ 66 jojona ja̱ 42 dea añana ja̱. Jana i̱ti 28 acona (21 jojona, 7 añana) i̱ti ñiona baidadi Amazona quido baiyi cama jɨcadadi Loreto dadi ja̱ Ecuador dadi ja̱ Colombia quido ja̱ Brasil sodadi tea baiyi. Tea jaye juajajɨ̱ tepe aconade doe saoje̱a̱yi UICN jojona mami arlequín (*Atelopus spumarius*, Fig. 6D) tea ñiabɨ meniyode (*Chelonoidis denticulata*, Fig. 6N). Toto acode (*Paleosuchus trigonatus*, Fig. 6M) tea juajajɨ ca̱o̱na tea doe saoje̱a̱yi cama ɨ̱jɨ̱ Perú. Tea juajajɨ e̱quenade *Pristimantis* mama ñiachico na ja̱ yeco teo e̱que su̱qui baico *Osteocephalus fuscifascies* (Fig. 6L). E̱que ñio baidadi 300 km sur quido. Mai beo dadi baiyi yiayama sani baiyi yiaya sanima juajajɨ jojona ja̱ e̱quena ja̱, yiaya unuma ta̱i̱jɨ̱i̱ babiyoje̱a̱yi (*Atelopus spumarius*, *Cochranella midas*). Cama ɨ̱jɨ̱ oiyi mai yao yija cama bacona baidadi ja̱ ɨ̱jɨ̱ cama ɨ̱jɨ̱ 160 acona baiyi (80 jojona, 80 añana ja) ɨdadi baiyi.
Jajɨcona	Jajɨconade yetequɨna juajajɨ 364 aconade ɨ̱dadi mai baidadi 500 acona tea baiyi jajɨcona nui baiyi amazona dadi. Teade bajɨ̱ Apayacu, Ampiyacu, y Yaguas. Teajaye juajajɨ Putumayo quido: *Lophotriccus galeatus*, *Percnostola rufifrons*, *Neopipo cinnamomea*, *Herpsilochmus* sp. Ñi *Herpsilochmus* (cf. Fig. 7G) maca juajajɨ Ampiyacu quido cama ñiajɨ̱ yeteyo mama ñiase jana toya sɨode bayi jana jajɨcona Yanayacu dadi dei beoyi su̱qui yoquɨna aini saoje̱a̱bɨ. Tea juajajɨ tepe al este Napo quido: *Neopipo cinnamomea*, *Platyrinchos platyrynchos.* Cama tea juajajɨ 6 aconade ɨdadi baicona tepe acona baiyi Amazona Perú dadi. Bai ja̱so aiquɨna ɨ̱jebɨ (*Nothocrax urumutum* y *Mitu salvini*, Fig. 7H) i̱ti tɨ̱tɨ (*Psophia crepitans*) cama ɨ̱jɨ̱ ñiacaijɨ̱ ñionade sur dadi.
Jaicona yadicona	Baina nui baiyi i̱ti dadi. Tea juajajɨ 32 aconade i̱tea 59 baichicona. Tea bai a̱iconade nui ja̱so saoje̱a̱yi naso baima, *Lagothrix lagotricha*, saoje̱a̱bɨ Yanayacu quido. 10 ãnos bainu tea su̱qui tadama nui tiyeje̱a̱bɨ bainade tea nui ja̱soje̱a̱bɨ baotutu nade, *Pithecia monachus*, mai ñiajɨ̱ ani nui etayi cama ɨ̱jɨ̱ bijɨ̱ etayi jaso cadajɨ̱. Maca dadima baina manisaoyi i̱ti bese daosaoyi a̱ico aga ya dadi yiaya sanima a̱o̱ etamajɨ̱ yao tiñede bajɨ̱ tea juajajɨ̱ ta̱quena ja̱ (*L. lagotricha* y *P. monachus*) bosana ja̱. Cama ɨ̱jɨ̱ quɨayi tea su̱qui tiyemayi so ja̱. I̱ti tea basa ja̱sode a̱i̱yi bainade tea juajajɨ yai mɨmɨdide (*Panthera onca*, Fig. 8B), bai yadiconade anijeajɨ̱, tea baiyi oayaina, *Atelocynus microtis*, tea aimano, *Myrmecophaga tridactyla*, bɨbɨ neaco (*Sotalia fluviatalis*) a̱ico aga ya quido.
Mai jai juna ñini baidadi	Cama ñini baijɨ̱ jana i̱ti mami Federación de Comunidades Nativas Maijuna (FECONAMAI) mɨoyodea juna bejɨ̱ jana yao yija oijɨ̱ jɨ̱cayi. I̱ti yao yija jana ñiayi tea doe aquɨna yao baise. Jana tea baiyi yequedo aquɨna, aquɨna baidadi ja̱ yequɨna Quechua na

YOSE YIOSADE JɨQUI JA

Mai jai juna ñini baidadi ja aquɨna ja. Ca itijuna tea bayi toya quɨa ue tea bayi manu nui quɨa ue. Tea baijɨ jujujɨde jue ue iti tea baijɨ creación ACR maca manisaoi deida ñiajɨ bayo Maijuna tea ɨdɨdea baiquɨna machi yoanimayo mai yao yija. Tea yao yija mai jɨcasaoseja iti dadi oijɨ jɨcase mɨoyo dea juna ja deida ñiajɨ bayo mai yao yija iti dadi baijuna.

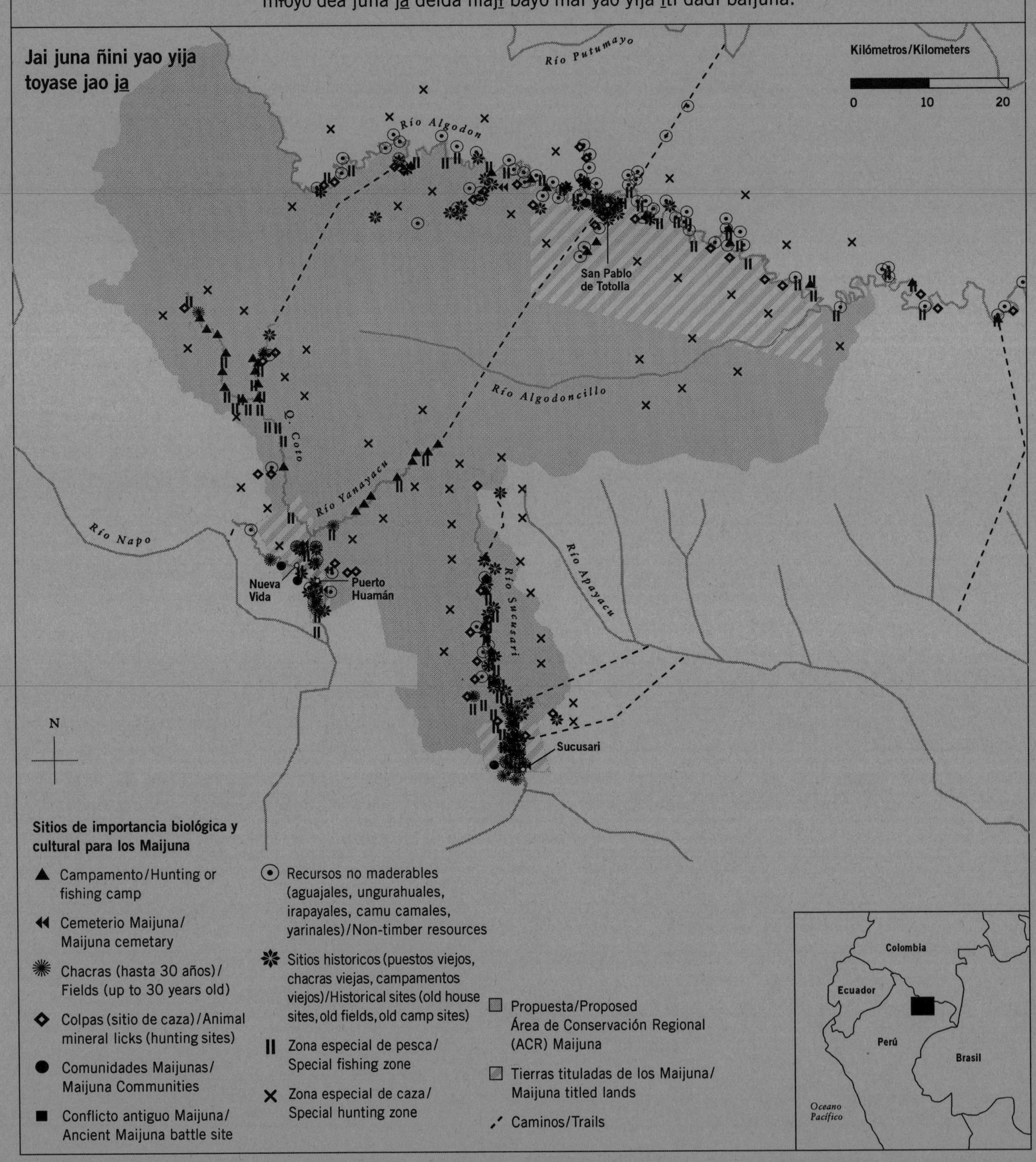

	M. Gilmore (Toto Mio) nesaoguɨ mai baidadi mɨoyode juna baidadi tea ñiasaoguɨ maca ja yiayama ja tea ñiaguɨ mai bɨdɨde otei. Iti jao beobese sɨnisaojɨ nui beobese manisaojɨ mai yao yija. Iti jao tea ñiojɨ mai yao yija oijɨ jɨqui te juduma doayi, cama ñiajɨ bayo yadiya sanima cama bajɨ ñiacaijɨde baina nui i tiyobiyojeayo suqui ñima tea cuemayi nui bachi tuadama ja.
Mai ñiajɨ bajai dadi yao yija	*Beose manisaoi maca bai* 01 Iti tea *terrazas altas* (Figs. 2B, 3C) mama jiase baijɨ suqui ñima manisaoi maca bese 02 Maca bese mai yomase dadima ja deida baidadima ja ne cuaduma ja ɨmɨ tɨtɨma ja dajebɨma ja cama baijɨ ñiayo Loretana juna 03 Yiaya sanima yomase dadima baijɨ Napo ya quido tea Putumayo ya quido *Mai yoji bai ja* 01 Doe aquɨna baise dadima mai ñiajai dadima yao yija mai oijɨ jɨca dadi 02 Mai oijɨ jɨqui yao yija ñiacanisaoyo beo bese juna 03 FECONAMAI jɨqui ja mai jɨcajɨ bai jeomayo tea deida bajɨ ñiayo maca bai tea deida oijɨ jɨcajɨ bayo maijunade chibajɨ cama yojɨ baijɨ ani dieda bachi jana yao yija mai oijɨ jɨqui *Ibese dadi bai* 01 Tea ɨbese dadi bai ñicanisaojɨ cama yojɨ jɨqui regional tea ñiacaijaye ja iti yao yija 02 Tea mai gobierno cama yoma iquɨ oijɨ yequɨ cama ñiajɨ teajaye yoyo ijɨ basayo 03 Tea jaye ɨdɨdea baijɨ Ampiyacu-Apayacu yao yija tea jaye Maijuna janu ñini ñiacayo Napo ya quido baidadi
Mai ñiajɨ bajai dadi ja	01 Cama jana jɨcayi iti *terrazas altas* iyi 02 Teajaye yiaya sanima ñiasaoyo cama baiquɨde bai aicona nui bayo teajaye yadi baina nui bayo 03 Bai aicona beto ñima (ne cuaduma ja, bequɨ ago, jajɨ cona ja, meniyo ago, paiche aguɨ, arahuana ago) 04 Baina saojeajɨ yoi (UICN e INRENA) 05 Maijuna ñiajɨ bai ja maca nɨqui, tea besɨmayi ono oteyi tea, mai ao cuaco ai ja, mai yoi maca bai, mai jɨqui ja 06 Iti tea baijɨ macae ja, yeque tea baijɨ mɨi ja, mɨi ja, necuaduma ja Maijuna daojɨ baidadi ja

YOSE YIOSADE JɨQUI JA	
Saojeayi yoi ja	01 Tea baijɨ jai ma neyo ijɨ yoi Bellavista Estrecho quido saima (Fig. 11A) 02 Suqui ñima machi basamajɨ cuenejeayi 03 Petroleo yojai dadima ja
Misa junade jɨcayi	01 **Deida nejoyo mai yao yija oijɨ jɨqui ACR** ▪ GOREL tea necachi ɨti yao yija Maijuna oijɨ jɨqui ɨti tea doe aquɨna baise dadima ja. 02 **Na jaye yomajɨ bayo mai yao yija jana** ▪ Jana tea manu ñiasaoyo ɨbese bai, jana tea Maijuna deida baiyi iti bese dadi PROCREL cama ñiade tea yocaijɨ yiayama sani, cama ɨjɨ jɨcayo tea ma nebaima Bellavista–Mazán dadi Estrecho quido yequedo nema ma. ▪ Cama yojɨ jɨcayi FECONAMAI junade na cue baima suqui ñima. ▪ Petroleo yojaguɨna ACR dadi deida yojɨ nema, cama ñiase ani cama bai aguɨ. 03 **Jana tea deida toyasɨjoyo ACR dadi** ▪ Tea ñiasaoyo maijunade deida machi cuemayo suqui ñima. ▪ Jai juna ñini tea ñiacayo ACR dadi yequedo aquɨna. ▪ Igue tea deida basajɨ yojɨ bayo ɨbese dadi bai tea ono otei ja, mai jɨqui ja baina quedo saojeaguɨ mai yao yija bai aico nui bayi cama tea jɨcayo nui jaso baima maca aconade. 04 **Mai jɨqui nui jɨcajɨ bayo cama baijɨ manu tea ono otei ja cama yotu ACR deida bachi**

ENGLISH CONTENTS

(*for Color Plates, see pages 23–42*)

PARTICIPANTS

FIELD TEAM

William S. Alverson (*report preparation*)
Environment, Culture, and Conservation
The Field Museum, Chicago, IL, USA
walverson@fieldmuseum.org

Adriana Bravo (*mammals*)
Organization for Tropical Studies
Durham, NC, USA
adrianabravo1@gmail.com

Alberto Chirif (*social inventory*)
Independent Consultant
Iquitos, Peru
alberto.chirif@gmail.com

Nállarett Dávila (*plants*)
Universidad Nacional de la Amazonía Peruana
Iquitos, Peru
nallarett@gmail.com

Álvaro del Campo (*field logistics, photography, video*)
Environment, Culture, and Conservation
The Field Museum, Chicago, IL, USA
adelcampo@fieldmuseum.org

Juan Díaz Alván (*birds*)
Instituto de Investigaciones de la Amazonía Peruana
Iquitos, Peru
jdiazalvan@gmail.com

Robin B. Foster (*herbarium, overflight*)
Environment, Culture, and Conservation
The Field Museum, Chicago, IL, USA
rfoster@fieldmuseum.org

Roosevelt García (*plants*)
Peruvian Center for Biodiversity and Conservation (PCBC)
Iquitos, Peru
roosevelg@hotmail.com

Michael Gilmore (*ethnobiology*)
New Century College
George Mason University
Fairfax, VA, USA
mgilmor1@gmu.edu

Max H. Hidalgo (*fishes*)
Museo de Historia Natural
Universidad Nacional Mayor de San Marcos
Lima, Peru
maxhhidalgo@yahoo.com

Isaú Huamantupa (*plants*)
Herbario Vargas
Universidad Nacional San Antonio de Abad
Cusco, Peru
andeanwayna@gmail.com

Guillermo Knell (*field logistics*)
Ecologística Perú
Lima, Peru
atta@ecologisticaperu.com
www.ecologisticaperu.com

Cristina López Wong (*coordination*)
Programa de Conservación, Gestión y Uso Sostenible
de la Diversidad Biológica en Loreto
Iquitos, Peru
clopez@procrel.gob.pe

Jonathan A. Markel (*cartography*)
Environment, Culture, and Conservation
The Field Museum, Chicago, IL, USA
jmarkel@fieldmuseum.org

Italo Mesones (*field logistics*)
Universidad Nacional de la Amazonía Peruana
Iquitos, Peru
italoacuy@yahoo.es

Debra K. Moskovits (*coordination, birds*)
Environment, Culture, and Conservation
The Field Museum, Chicago, IL, USA
dmoskovits@fieldmuseum.org

Mario Pariona (*field support*)
Environment, Culture, and Conservation
The Field Museum, Chicago, IL, USA
mpariona@fieldmuseum.org

Natali Pinedo (*social inventory, logistics*)
Proyecto Apoyo al PROCREL
Iquitos, Peru
natiliao@hotmail.com

Ana Puerta (*social inventory*)
Proyecto Apoyo al PROCREL
Iquitos, Peru
anaelisa14@hotmail.com

Iván Sipión (*fishes*)
Museo de Historia Natural
Universidad Nacional Mayor de San Marcos
Lima, Peru
ivan_sipiong@hotmail.com

Douglas F. Stotz (*birds*)
Environment, Culture, and Conservation
The Field Museum, Chicago, IL, USA
dstotz@fieldmuseum.org

Silvia Usuriaga (*coordination*)
Proyecto Apoyo al PROCREL
Iquitos, Peru
procrel.amazon@gmail.com

Pablo J. Venegas (*amphibians and reptiles*)
Centro de Ornitología y Biodiversidad (CORBIDI)
Lima, Peru
sancarranca@yahoo.es

Rudolf von May (*amphibians and reptiles*)
Florida International University
Miami, FL, USA
rvonmay@gmail.com

Corine Vriesendorp (*coordination, plants*)
Environment, Culture, and Conservation
The Field Museum, Chicago, IL, USA
cvriesendorp@fieldmuseum.org

Tyana Wachter (*general logistics*)
Environment, Culture, and Conservation
The Field Museum, Chicago, IL, USA
twachter@fieldmuseum.org

COLLABORATORS

Comunidad Nativa de Nueva Vida
Yanayacu River, Loreto, Peru

Comunidad Nativa de Puerto Huamán
Yanayacu River, Loreto, Peru

Comunidad Nativa de San Pablo de Totolla
Algodón River, Loreto, Peru

Comunidad Nativa de Sucusari
Sucusari River, Loreto, Peru

George Mason University
Fairfax, VA, USA

The Field Museum

The Field Museum is a collections-based research and educational institution devoted to natural and cultural diversity. Combining the fields of Anthropology, Botany, Geology, Zoology, and Conservation Biology, museum scientists research issues in evolution, environmental biology, and cultural anthropology. One division of the Museum—Environment, Culture, and Conservation (ECCo)—is dedicated to translating science into action that creates and supports lasting conservation of biological and cultural diversity. ECCo works closely with local communities to ensure their involvement in conservation through their existing cultural values and organizational strengths. With losses of natural diversity accelerating worldwide, ECCo's mission is to direct the museum's resources—scientific expertise, worldwide collections, innovative education programs—to the immediate needs of conservation at local, national, and international levels.

The Field Museum
1400 S. Lake Shore Drive
Chicago, IL 60605-2496 USA
312.922.9410 tel
www.fieldmuseum.org

Programa de Conservación, Gestión y Uso Sostenible de la Diversidad Biológica, Gobierno Regional de Loreto

The Gobierno Regional de Loreto (GOREL) is a legal entity, with political, economic, and administrative autonomy in regional issues under its authority. Its goal is to promote integrated, sustainable, regional development (encouraging responsible public and private investment) and employment (guaranteeing equal opportunity for residents, and respect of their rights), in accordance with national and regional plans and programs.

The Programa de Conservación, Gestión y Uso Sostenible de la Diversidad Biológica (PROCREL) is a technical entity of GOREL, associated with its regional management group, that contributes to sustainable development in the Loreto region through public policies and development strategies for Áreas de Conservación Regional and the environmental benefits they offer, such as ecological and evolutionary processes of value for conservation and sustainable use of regional biological diversity, resulting in a reduction of poverty in Loreto's human population. GOREL, through PROCREL, is responsible for the administration of the Áreas de Conservación Regional and promotes informed and responsible participation of residents through co-administration of these protected areas with local communities and other parties involved in their management.

Programa de Conservación, Gestión y
Uso Sostenible de la Diversidad Biológica
Av. Abelardo Quiñónez km 1.5
Iquitos, Loreto, Peru
51.65.268151 tel
www.procrel.gob.pe
informacion@procrel.gob.pe

Proyecto Apoyo al PROCREL

The Proyecto Apoyo al PROCREL (PAP) is administered through an inter-institutional consortium by the Gobierno Regional de Loreto (GOREL), the non-governmental organization Naturaleza y Cultura Internacional (NCI), and the Instituto de Investigaciones de la Amazonía Peruana (IIAP), in strategic alliance with the Sociedad Peruana de Derecho Ambiental and the Universidad Nacional de la Amazonía Peruana. PAP was established in 2006 to work closely with PROCREL (the division charged by GOREL with biodiversity management) and increase conservation areas within the Áreas de Conservación Regional (ACR) system. The ACR initiative seeks to empower local communities so that they take play a leadership role in protecting and managing their natural resources. PAP project also has developed technical and legal proposals aimed at maintaining ecological processes essential for the vitality of Amazonian ecosystems in Loreto.

Proyecto Apoyo al PROCREL
Calle Brasil 774
Iquitos, Loreto, Peru
51.65.607252 *tel*

Federación de Comunidades Nativas Maijuna

The Federación de Comunidades Nativas Maijuna (FECONAMAI) is a Peruvian non-profit organization established by the Maijuna in 2004 and registered in 2007 in the Oficina Registral in Iquitos, Peru. FECONAMAI officially represents all four Maijuna communities located in the Peruvian Amazon: Puerto Huamán and Nueva Vida along the Yanayacu River, San Pablo de Totoya (Totolla) along the Algodón River, and Sucusari along the Sucusari River. The federation's mission is to (1) conserve the Maijuna culture, (2) conserve the environment, and (3) improve Maijuna community organization. FECONAMAI has promoted and collaborated on a wide variety of biocultural conservation and sustainable development projects within Maijuna lands. The federation is currently petitioning for the creation of an Área de Conservación Regional (ACR), that would legally and formally protect Maijuna ancestral lands, as the Maijuna strongly feel that the survival of their people and the survival and maintenance of their cultural practices, unique traditions, and traditional subsistence strategies depend on a healthy, intact, and protected ecosystem.

Federación de Comunidades Nativas Maijuna
Comunidad Nativa de Puerto Huamán
Río Yanayacu, Distrito Napo
Maynas, Loreto, Perú
Radiophone 79.12 or 51.90 (call sign 039),
8–10 am y 4–6 pm

Instituto de Investigaciones de la Amazonía Peruana

The Instituto de Investigaciones de la Amazonía Peruana (IIAP) is a public institution devoted to research and technical development in Amazonia. Its objectives include research, sustainable resource use, and conservation of biodiversity while promoting the development of human populations in Amazonia. Its headquarters are in Iquitos, with other offices in six Amazonian regions. In addition to investigating possible uses of promising species and developing methods for the cultivation, management, and development of biodiversity resources, IIAP is actively promoting activities aimed at the management and conservation of species and ecosystems, including the creation of protected areas; it also participates in the studies necessary for supporting the creation of these areas. IIAP has six research programs, which are focused on aquatic ecosystems and resources, terrestrial ecosystems and resources, ecological-economic zoning and environmental planning, Amazonian biodiversity, human diversity in the Amazon, and information resources about biodiversity.

Instituto de Investigaciones de la Amazonía Peruana
Av. José A. Quiñónes km 2.5
Apartado Postal 784
Iquitos, Loreto, Peru
51.65.265515, 51.65.265516 tels, 51.65.265527 fax
www.iiap.org.pe

Herbario Amazonense de la Universidad Nacional de la Amazonía Peruana

The Herbario Amazonense (AMAZ) is situated in Iquitos, Peru, and forms part of the Universidad Nacional de la Amazonía Peruana (UNAP). It was founded in 1972 as an educational and research institution focused on the flora of the Peruvian Amazon. In addition to housing collections from several countries, the bulk of the collections showcase representative specimens of the Amazonian flora of Peru, considered one of the most diverse floras on the planet. These collections serve as a valuable resource for understanding the classification, distribution, phenology, and habitat preferences of plants in the Pteridophyta, Gymnospermae, and Angiospermae. Local and international students, docents, and researchers use these collections to teach, study, identify, and research the flora, and in this way the Herbario Amazonense contributes to the conservation of the diverse Amazonian flora.

Herbarium Amazonense
Esquina Pevas con Nanay s/n
Iquitos, Peru
51.65.222649 tel
herbarium@dnet.com

Museo de Historia Natural de la Universidad Nacional Mayor de San Marcos

Founded in 1918, the Museo de Historia Natural is the principal source of information on the Peruvian flora and fauna. Its permanent exhibits are visited each year by 50,000 students, while its scientific collections—housing a million and a half plant, bird, mammal, fish, amphibian, reptile, fossil, and mineral specimens—are an invaluable resource for hundreds of Peruvian and foreign researchers. The museum's mission is to be a center of conservation, education, and research on Peru's biodiversity, highlighting the fact that Peru is one of the most biologically diverse countries on the planet, and that its economic progress depends on the conservation and sustainable use of its natural riches. The museum is part of the Universidad Nacional Mayor de San Marcos, founded in 1551.

Museo de Historia Natural
Universidad Nacional Mayor de San Marcos
Avenida Arenales 1256
Lince, Lima 11, Peru
51.1.471.0117 tel
museohn.unmsm.edu.pe

Centro de Ornitología y Biodiversidad

The Centro de Ornitología y Biodiversidad (CORBIDI) was created in Lima in 2006 to develop the natural sciences in Peru. As an institution, it promotes research and training, and creates conditions that enable other institutions and individuals to carry out studies of Peruvian biodiversity. CORBIDI's mission is to encourage responsible conservation that helps guarantee the maintenance of the extraordinary natural diversity of Peru. It also trains and helps Peruvians develop their skills and knowledge of natural sciences. Likewise, CORBIDI advises other institutions (including governmental) in policies related to the understanding, conservation, and use of biodiversity in Peru. At present, the institution has three divisions: ornithology, mammology, and hepetology.

Centro de Ornitología y Biodiversidad
Calle Santa Rita 105, oficina 202
Urb. Huertos de San Antonio
Surco, Lima 33, Peru
51.1. 344.1701 tel
www.corbidi.org

ACKNOWLEGMENTS

In July of 2009, The Field Museum was invited to the fourth annual Maijuna Congress, a yearly meeting of the Maijuna communities. Over the course of three days, we heard not only Maijuna songs and stories, but also deep discussions of a looming threat: a proposed road that would bisect the lands where the Maijuna live, fish, hunt, and gather. We described The Field Museum's Rapid Inventories program, and how we pull together museum science and traditional knowledge to make a case for the biological and cultural importance of an area. Together, these shared stories and experiences were the catalyst for the rapid inventory of the Maijuna lands four months later. Never before have we assembled an inventory so quickly.

First and foremost, we would like to extend our gratitude to the Maijuna people, especially the Federación de Comunidades Nativas Maijuna (FECONAMAI), all of our Maijuna guides and counterparts, and the Maijuna communities of Puerto Huamán and Nueva Vida (Yanayacu River), Sucusari (Sucusari River), and San Pablo de Totolla (Algodón River).

We are deeply thankful to Iván Vásquez Valera, president of the Loreto region, whose strong commitment to regional conservation has been an example to others in Peru and the rest of South America.

And we are grateful to the Gobierno Regional de Loreto, the Gerencia de Medio Ambiente y Recursos Naturales, the Programa de Conservación, Gestión y Uso Sostenible de la Diversidad Biólogica de Loreto, and, in particular, Luis Benites for his commitment to protected areas and the environment.

We are deeply grateful to the Dirección General de Flora y Fauna Silvestre, Ministerio de Agricultura, for their support with the permit process. We would like to extend special recognition to Nélida Barbagelata, Elisa Ruiz, Jean Pierre Araujo, and Karina Ramírez.

Throughout the inventory, Silvia Usuriaga, executive director of Proyecto Apoyo al PROCREL (PAP) played a critical role. We would like to extend our deepest thanks to her and PAP, for without them this inventory would never have been possible. In addition, we would like to extend our profoundest gratitude to Silvia Usuriaga, Cristina López Wong, and Pepe Álvarez for their indispensable input during the two days we spent pulling together recommendations on the Sucusari River.

Logistics are always an intense and tricky phase of the inventories. This particular inventory was no exception, and demanded substantial reconnaissance given that transport was entirely by boat and foot. Without the critical participation of certain individuals before, during, and after the inventory, the entire endeavor would have been impossible. Álvaro del Campo would like to express his sincere gratitude to Italo Mesones and Guillermo Knell, who as usual skillfully led the advance teams in Curupa and Piedras, as well as the stopover point in Quebrada Chino. Gonzalo Bullard and Pepe Rojas provided logistical support during the different reconnaissance phases of the inventory; Pepe also contributed important bird sightings to the final list.

We would like to thank Cristina López Wong and Natali Pinedo Liao for all of their invaluable coordination with the Maijuna communities, especially during the fourth Maijuna Congress, advance logistics for the inventory, and the presentation of results of our research. Cristina supervised all of the food and equipment logistics for the advance and rapid inventory teams. In addition, Pamela Montero and Franco Rojas laid much of the groundwork for the inventory in their work with the Maijuna communities. Rafael Saenz made fabulous maps of the proposed regional conservation area.

Our advance teams deserve enormous credit for the success of the inventory; their effort demonstrates a deep commitment to the protection and management of these lands. We are deeply grateful to Jorge Alva, Emiliano Arista, Danike Baca, Linder Baca, Romario Baca, Vidal Dahua, Lizardo Gonzales, Clever Jipa, Gervasio López, Leifer López, Walter López, Julio Machoa, Oré Mosoline, Alberto Mosoline, Jaro Mosoline, Liberato Mosoline, Felipe Navarro, Julissa Peterman, Elmer Reátegui, Abilio Ríos, Duglas Ríos, Ederson Ríos, Emerson Ríos, Lambert Ríos, Reigan Ríos, Romero Ríos, Sebastián Ríos, Segundo Ríos, Ulderico Ríos, Wilson Ríos, Johhny Ruiz, Roberto Salazar, Laurencio Sánchez, Marcos Sánchez, Pablo Sanda, Mauricio Shiguango, David Tamayo, Grapulio Tamayo, Jackson Tamayo, Lisder Tamayo, Johny Tang, Casimiro Tangoa, Guillermo Tangoa, Lucía Tangoa, Román Tangoa, Rusber Tangoa, Edwin Tapullima, Román Taricuarima, Carlos Yumbo, and Iván Yumbo.

We are deeply grateful to our excellent cooks, Bella Flor Mosquera and her assistant Julio Vilca T., for creating fantastic meals in their field kitchen.

Robin Foster and the rest of the botany team would like to extend their gratitude to the following individuals who helped with the identification of plant specimens: Henrik Balslev (Aarhus University, Denmark), Francis Kahn (IRD, France), Jacquelyn Kallunki, Michael Nee, James Miller, and Douglas Daly (New York Botanical Garden), Raymond Jerome (Heliconia Society), W. John Kress and Kenneth Wurdack (Smithsonian Institution), Paul Berry (University of Michigan), M. Beatriz Rossi Caruzo (University of Sao Paulo, Brasil), M. Lucia Kawasaki (The Field Museum), Hans-Joachim Esser (Botanische Staatssammlung Munich, Germany), Adolfo Jara (Instituto de Ciencias Naturales, Bogotá, Colombia), Bertil Stahl (Gotland University, Sweden), Irayda Salinas (Museo de Historia Natural, Lima, Peru), David Johnson (Ohio Wesleyan University), Paul Fine (University of California, Berkeley), and Terry Pennington (Kew Gardens, London). Isaú Huamantupa would like to thank the herbarium (CUZ) of the Universidad Nacional San Antonio Abad del Cusco for the use of its database for the identification of plant specimens. Roosevelt García thanks Marcos Sánchez (San Pablo de Totolla), Felipe Navarro (Sucusari), Duglas Ríos (Sucusari), and Mario Pariona (The Field Museum) for their invaluable help during the inventory.

For their support in the field, herpetologists Rudolf von May and Pablo Venegas are indebted to their Maijuna colleagues Lizardo Gonzales, Edwin Tapullima, Gervasio López, Liberato Mosoline, Marcos Sánchez, and Leifer López. In addition, they thank Ariadne Angulo (IUCN), Ronald Heyer (Smithsonian Institution), William Duellman (University of Kansas), Jason Brown (Duke University), Evan Twomey (East Carolina University), and Walter Schargel (University of Texas, Austin) for their key assistance with species identification. César Aguilar (Museo de Historia Natural, Universidad Nacional Mayor de San Marcos), Giussepe Gagliardi (Museo de Zoología, Universidad Nacional de la Amazonía Peruana), and the Centro de Ornitología y Diversidad (CORBIDI) kindly facilitated preservation of the specimens.

Juan Díaz would like to thank Lars Pomara for critical information he provided on the new antwren species that was abundant during the inventory.

Adriana Bravo would like to thank Liberato Mosoline, Sebastián Ríos, and Marcos Sánchez from Nueva Vida, Sucusari and San Pablo de Totolla, respectively, who helped translate the mammal names into Maijuna. In addition, Marcos, Sebastián, and Michael Gilmore shared key natural history information about the mammals registered in the Río Algodón area.

Alberto Chirif, who led the socio-economic inventory, would like to extend his deepest gratitude to all of the Maijuna people who shared their time, knowledge, experience, and hospitality. Rusber Tangoa, vice-president of FECONAMAI, participated in the entire social assessment process. Biologist Natali Pinedo and biology student Ana Puerta, volunteer in Proyecto Apoyo al PROCREL, were critical in the whole process, especially with the elaboration of the participatory maps. And Michael Gilmore's rich information helped us clarify diverse aspects of life in the Maijuna communities.

Michael Gilmore would like to thank the Maijuna people for their strong interest in collaborating on this project and their unwavering support and hard work throughout the entire process. He would especially like to thank Sebastián Ríos Ochoa (Masiguidi Dei Oyo) for his friendship, guidance, and help during all aspects of field research. Research was conducted with the approval of the Federación de Comunidades Nativas Maijuna (FECONAMAI), the Maijuna communities of Sucusari, Nueva Vida, Puerto Huamán, and San Pablo de Totoya (Totolla), the Miami University Committee on the Use of Human Subjects in Research, and the George Mason University Human Subjects Review Board. Financial support for his work with the Maijuna over the last ten years was provided by George Mason University, The Rufford Small Grants Foundation, the Applied Plant Ecology Program of the Zoological Society of San Diego, the National Science Foundation, the Elizabeth Wakeman Henderson Charitable Foundation, Phipps Conservatory and Botanical Gardens (Botany in Action), and the Willard Sherman Turrell Herbarium, Department of Botany, and Stevenson Fund of Miami University. Michael would also like to extend his gratitude to Hardy Eshbaugh, Adolph Greenberg, and Sebastián Ríos and countless other Maijuna elders and teachers for their intellectual contributions. Very special thanks to Jyl Lapachin for all of her support, help, inspiration, and encouragement throughout the entire course of this research project.

John O' Neill let us use his beautiful painting of a White-throated Toucan for the T-shirts. Julio Vilca L., his son Julio Vilca T., and Transportes VITE took care of all of the fluvial logistics for the expedition. Jorge Pinedo from Alas del Oriente was the pilot of our fantastic flight over Maijuna lands. Pam Bucur of Explorama Lodges, Marcos Oversluijs from CONAPAC and the entire staff of ExplorNapo Lodge made us feel at home during our short stay in Sucusari. Patricia and Cecilia from Hotel Marañón helped us solve problems during our stay in Iquitos. Diego Lechuga Celis and the Vicariato Apostólico de Iquitos provided us with a very quiet and comfortable place, as usual, to write our report. We also want to thank North American Float Plane Service, Hotel Doral Inn, Chu Serigrafía y Confecciones, and Clínica Adventista Ana Stahl.

In addition, in the CIMA office in Lima, Jorge Luis Martínez went above and beyond to help us obtain the research permit in the nick of time. Jorge "Coqui" Aliaga, Lotty Castro, Yesenia Huamán, Alberto Asin, Tatiana Pequeño, and Manuel Vásquez helped us with various administrative issues and accounting before, during, and after the inventory. We are deeply grateful to all of them.

Jonathan Markel prepared excellent maps, for the advance team, inventory team, and for the final report. In addition, his general help was fabulous during the writing and presentation process. As always, Tyana Wachter's role in the inventory was critical, always solving problems from Chicago, Lima, and Iquitos. Tyana and Doug Stotz carefully proofread parts of the manuscript and detected numerous errors unseen by us. Rob McMillan and Dawn Martin were wonderful in solving problems from Chicago.

The funds for this inventory were provided by generous support from the Gordon and Betty Moore Foundation, The Boeing Company, Exelon Corporation, and The Field Museum.

The goal of rapid inventories—biological and social—is to catalyze effective action for conservation in threatened regions of high biological diversity and uniqueness.

Approach

During rapid biological inventories, scientific teams focus primarily on groups of organisms that indicate habitat type and condition and that can be surveyed quickly and accurately. These inventories do not attempt to produce an exhaustive list of species or higher taxa. Rather, the rapid surveys (1) identify the important biological communities in the site or region of interest, and (2) determine whether these communities are of outstanding quality and significance in a regional or global context.

During social asset inventories, scientists and local communities collaborate to identify patterns of social organization and opportunities for capacity building. The teams use participant observation and semi-structured interviews to evaluate quickly the assets of these communities that can serve as points of engagement for long-term participation in conservation.

In-country scientists are central to the field teams. The experience of local experts is crucial for understanding areas with little or no history of scientific exploration. After the inventories, protection of natural communities and engagement of social networks rely on initiatives from host-country scientists and conservationists.

Once these rapid inventories have been completed (typically within a month), the teams relay the survey information to local and international decisionmakers who set priorities and guide conservation action in the host country.

REPORT AT A GLANCE	
Dates of field work	Biological team: 14–31 October 2009 Socio-economic team: 11–24 July 2009 Additionally, in the technical report we present data compiled over the last ten years by M. Gilmore in his ethnobiological work with the Maijuna.
Region	Part of the ancestral territory of the Maijuna indigenous people in northeastern Peru: Amazonian forest in the Napo-Algodón interfluvium, where the four Maijuna communities and their federation have requested that 336,089 hectares be declared a regional conservation area, the Área de Conservación Regional (ACR) Maijuna. This proposed ACR is 60 kilometers north of Iquitos. It borders the proposed ACR Ampiyacu-Apayacu to the east, communities living along the Napo River to the south and west, and the Algodón River to the north (Fig. 2A).
Inventory sites	The biological team visited two sites: Curupa, along the Yanayacu River in the Napo basin, and Piedras, along the Algodoncillo River in the Algodón basin. The biologists also spent two nights in ExplorNapo Lodge on the Sucusari River, one of the most well-studied areas in the Peruvian Amazon, and adjacent to the proposed ACR Maijuna. Curupa, 15–19 October 2009 Piedras, 20–27 October 2009 Sucusari (ExplorNapo) 29–31 October, 2009 The socio-economic team surveyed 24 communities from 11 to 24 July 2009, all in the Napo drainage except for San Pablo de Totolla, which is on the Algodón River in the Putumayo drainage: Copalillo, Cruz de Plata, Huamán Urco, Morón Isla, Nueva Argelia, Nueva Floresta, Nueva Florida, Nueva Libertad, Nueva Unión, Nueva Vida, Nuevo Leguízamo, Nuevo Oriente, Nuevo San Antonio de Lancha Poza, Nuevo San Juan, Nuevo San Román, Nuevo San Roque, Puerto Arica, Puerto Huamán, San Francisco de Buen Paso, San Francisco de Pinsha, San Pablo de Totolla, Sucusari, Tutapishco, and Vencedores de Zapote. In addition, the social team participated in the fourth Maijuna Congress in Sucusari, the annual three-day meeting of the four Maijuna communities (Sucusari, Nueva Vida, Puerto Huamán, and San Pablo de Totolla).
Biological survey	Vegetation, plants, fishes, amphibians, reptiles, birds, medium to large mammals, and bats
Social survey	Infrastructure, demography, traditional practices, resource use, and management
Principal biological results	Strong biological gradients characterize the proposed ACR Maijuna. To the south, in the Yanayacu drainage, low hills with soils of intermediate fertility show clear, recent evidence of intensive hunting and selective logging. In the north, in the Algodoncillo drainage, high, flat terraces with low-fertility soils harbor an intact assemblage of flora

and fauna. This variation is pronounced at very small scales of the landscape. Less than 20 kilometers separate the two inventory sites and less than 120 meters separate the highest and lowest points in the landscape. Nevertheless, the contrast is marked, with topographic variation and gradients in soil fertility creating favorable conditions for high diversity in all groups sampled.

Species registered during the inventory				Species estimated to occur in the ACR Maijuna
	Curupa	Piedras	Total	
Plants	~500	~530	~800	2,500
Fishes	85	73	132*	240
Amphibians	40	55	66*	80
Reptiles	28	23	42*	80
Birds	270	267	364	500
Medium and large mammals	22	28	32	59**

* Includes records from a single day of surveys at ExplorNapo Lodge on the Sucusari River.

** Does not include 10 species of bats registered during the inventory.

Vegetation

We identified five vegetation types: (1) streamside forests, (2) swampy bottomlands, (3) palm swamps, (4) low hill forests, and (5) forests on high, flat terraces (Fig. 2B). Low hill forest was the most extensive vegetation type. Our most unexpected finding was the high terraces in the Putumayo drainage, a vegetation type that none of the botanists had seen previously. At their most extreme, the soils of these forests had a root mat (a "cushion" of organic matter and roots) about 10 centimeters thick. The flora of the high terraces was substantially different from the other vegetation types that we sampled during the inventory and appears to harbor several species new to science. Some terraces were dominated by *Clathrotropis macrocarpa* (Fabaceae, Fig. 3C), a species known from the Caquetá drainage in Colombia. The other dominant families—Chrysobalanaceae, Sapotaceae, and Lecythidaceae—are typical of low-fertility soils, like those found in Alto Nanay, Jenaro Herrera, and Sierra del Divisor. Our working hypothesis is that these high terraces are associated with the uplift known as the Iquitos Arch and occur as an archipelago from Güeppí to Ampiyacu. Towards the southeast (in the Napo drainage), we found a forest of approximately 1,500 hectares dominated by the pioneer *Cecropia sciadophylla* (Cecropiaceae), a near uniform regeneration after a massive blowdown 20–30 years ago (Fig. 3B).

Flora

The botanists registered approximately 800 species and estimate that 2,500 occur in the area. Edaphic and topographic variation creates conditions favoring distinct floras, with less than 40% of species shared among inventory sites. We found dozens of new records for Peru and three species almost certainly new to science: (1) *Eugenia* (Myrtaceae, Fig. 4H), a treelet with distinctive bracts, (2) *Calycorectes*

REPORT AT A GLANCE

Vegetation (continued)	(Myrtaceae, Fig. 4N), a tree with large white flowers and hairy calices, and (3) *Dilkea* (Passifloraceae, Fig. 4B), an unbranched treelet with red bracts. The area harbors a strong soil-fertility gradient, from the poor soils of the high terraces in the north—with healthy populations of two important timber species, *tornillo* (*Cedrelinga cateniformis*) and *marupá* (*Simarouba amara*)—to low hills with more fertile clay soils in the south, where selective logging has removed vast numbers of *cedro* (*Cedrela odorata*), *cumala* (*Virola pavonis, V. elongata, Otoba glycicarpa, O. parvifolia*), and *lupuna* (*Ceiba pentandra*).
Fishes	The ichthyologists recorded 132 species and estimate approximately 240 for the area. Most species registered (60%–80%) live almost exclusively in source or headwater areas and their reduced size is probably an adaptation to these habitats: almost every species is less than 10 centimeters long as an adult. These species depend heavily on forest resources for their diet—seeds, fruits, terrestrial arthropods, other plant tissues—making the fish community very sensitive to changes in forest cover. We found catfish (Heptapteridae), which are strong indicators of good water quality, living in the headwaters. We also found a potentially new species of banjo catfish (*Bunocephalus*, Fig. 5E) and an undescribed species of *Pseudocetopsorhamdia*. Three species are new records for Peru (Figs. 5G–J), of which two represent substantial range extensions, and 53 have potential ornamental value. Important game species (*sábalos*, *lisas*) were relatively abundant in the north of the area, probably reflecting food resources and important reproductive sites. The two drainages we sampled (Napo and Algodón/Putumayo) had only 27% of their species in common.
Amphibians and reptiles	The herpetologists registered 108 species—66 amphibians and 42 reptiles—and estimate 160 species (80 amphibians and 80 reptiles) in the region. Of the species encountered, 28 (21 amphibians and 7 reptiles) are restricted to the northwestern Amazon, an area that includes Loreto in Peru, Ecuador, southern Colombia, and extreme northwestern Brazil. We registered two species considered Vulnerable by the IUCN, harlequin frog (*Atelopus spumarius*, Fig. 6D) and yellow-footed tortoise (*Chelonoidis denticulata*, Fig. 6N). We also recorded dwarf caiman (*Paleosuchus trigonatus*, Fig. 6M), considered "Near Threatened" under Peruvian law. Other important findings include a species of *Pristimantis* frog that is likely new to science and the second record for Peru of the arboreal frog *Osteocephalus fuscifascies*, (Fig. 6L, extending its known distribution 300 kilometers to the south). In less disturbed areas closer to headwater streams, we found greater amphibian diversity, including species that reproduce in clear-water streams with sandy bottoms (e.g., harlequin frog, *Atelopus spumarius*, and glass frog, *Cochranella midas*). Protecting these areas not only conserves amphibians but also ensures water quality in the drainages.

Birds	The ornithologists recorded 364 of the 500 species they estimate for the region. The avifauna is diverse, typical of northwestern Amazonia, and similar to assemblages found in the neighboring drainages of Apayacu, Ampiyacu, and Yaguas. Notably, one group of birds was registered only on the high terraces in the Putumayo drainage: *Lophotriccus galeatus*, *Percnostola rufifrons*, *Neopipo cinnamomea*, and *Herpsilochmus* sp. The *Herpsilochmus* (cf. Fig. 7G), which we found on every hilltop on the high terraces, was only recently discovered in the Ampiyacu River and is in the process of being described as a new species. Our finding is only the second record for this species. The number of mixed species flocks in the understory was unusually low in the Yanayacu basin, probably reflecting structural changes created by intense, selective logging in the area. East of the Napo River we recorded two range extensions: *Neopipo cinnamomea* and *Platyrinchos platyrynchos*. We recorded several range-restricted species: 6 endemic to northwestern Amazonia and 12 that occur only north of the Amazon River in Peru. Game birds, especially guans (*Nothocrax urumutum* and *Mitu salvini*, Fig. 7H) and trumpeters (*Psophia crepitans*), are important conservation targets for the area, especially in the south.
Medium to large mammals	We recorded 32 of the 59 species we expect occur in the area. Abundances of game species were unexpectedly low in the south, reflecting intense hunting in the past. Woolly monkeys (*Lagothrix lagotricha*) are absent from areas sampled along the Yanayacu River, where hunting and fishing were intense during the last decade. Other primates, including the few groups of monk sakis (*Pithecia monachus*), were very wary of our presence. Contrary to expectation and likely related to hunting impacts, soil fertility does not predict mammal abundances: near the Algodoncillo River, in the poor-soil terraces and nearby areas, we found the highest abundances of large primates (*L. lagotricha* and *P. monachus*) and ungulates. Limited access to loggers and subsistence (rather than excessive) hunting have maintained more intact mammal populations in the north. We did observe top predators such as jaguars (*Panthera onca*), rare species such as short-eared dog (*Atelocynus microtis*) and giant anteater (*Myrmecophaga tridactyla*), and a single individual of grey dolphin (*Sotalia fluviatalis*) on the Algodoncillo River.
Human Communities	The four Maijuna native communities are driving the creation of a regional conservation area, ACR Maijuna, through FECONAMAI (the Federación de Comunidades Nativas Maijuna). The Maijuna connection to the area, part of their ancestral territory, is profound. Quechua, *campesino*, and *mestizo* settlements occupy the buffer zone of the proposed area. These settlements all have primary schools, and a few have high schools. The entire region has some access to health services. A well-managed ACR would guarantee that the Maijuna communities and the nearby settlements would have access to the natural resources that are fundamental to their well-being. The greatest strength of the proposal is that the four Maijuna communities put it forth themselves, recognizing that protecting these forests is critical for their cultural, economic, and long-term survival.

REPORT AT A GLANCE

Participatory resource mapping

The four Maijuna communities, in collaboration with M. Gilmore, identified and mapped more than 900 sites of biological and/or cultural significance in the area. The resulting map (below) reflects the deep Maijuna understanding of the resources in their territory and demonstrates that the Maijuna rarely use areas in the central portion of the proposed ACR. This central portion, the heart of the ACR Maijuna, would protect the high, flat terraces and fragile headwater streams and serve as an important reservoir of reproduction and conservation of species that are ecologically, economically, and culturally important to the Maijuna.

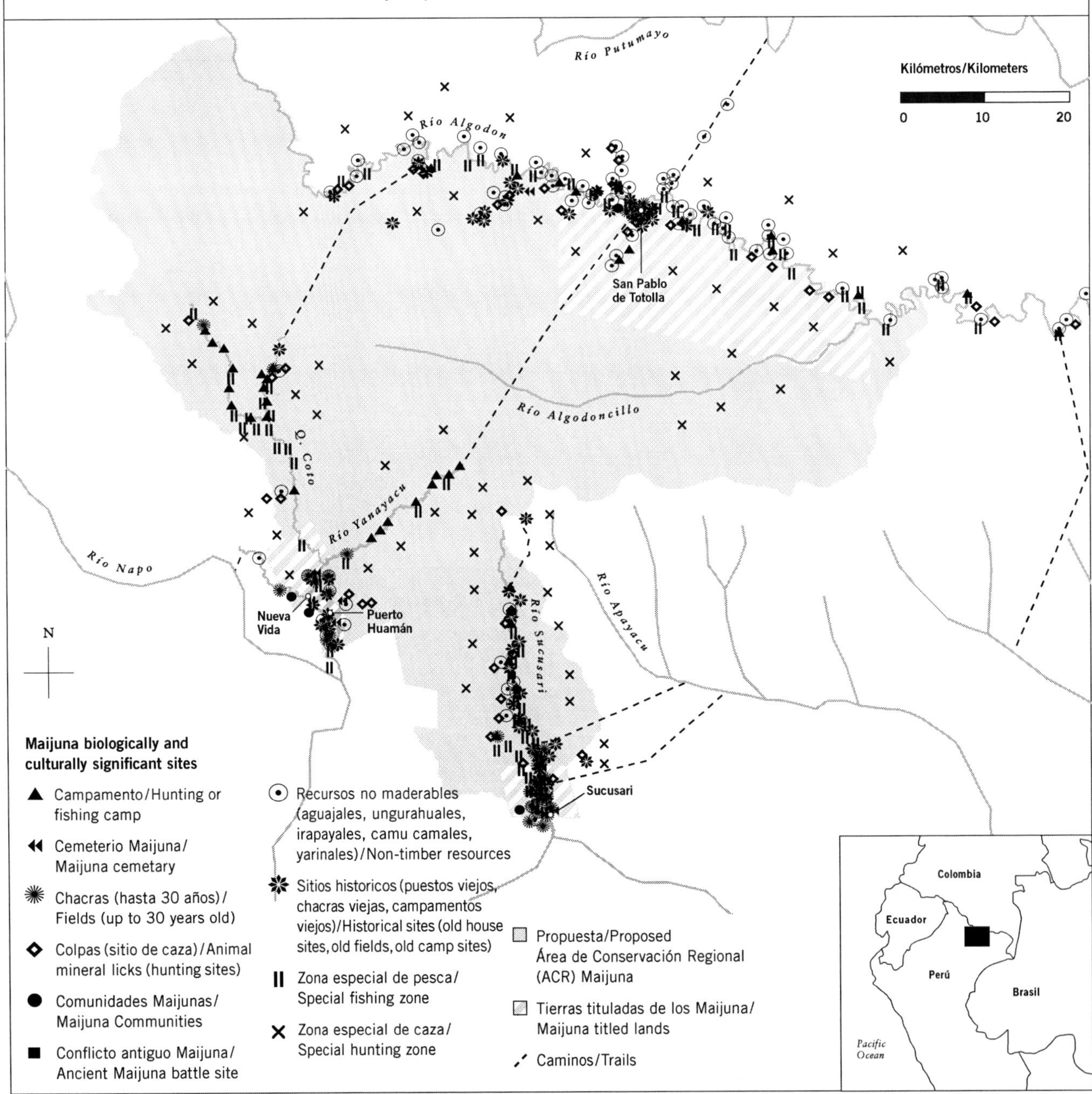

Principal assets for conservation	*Biological* 01 The high terraces (Figs. 2B, 3C), a previously unknown habitat that harbors a unique flora, endemic species, species new to science, and new distribution records 02 Highly diverse and intact expanses of forest, with heterogeneous habitats and soils that encapsulate much of the diversity found in Loreto 03 Intact headwaters of seven rivers that supply two of the Amazon's largest tributaries, the Napo and Putumayo *Cultural* 01 Maijuna ancestral territory and Maijuna traditional knowledge 02 Leadership demonstrated by the four Maijuna communities in their work to create the proposed Área de Conservación Regional (ACR) Maijuna 03 FECONAMAI and its objectives, which include maintaining the Maijuna cultural identity, conserving natural resources, and establishing strong links among the Maijuna communities to ensure a successful implementation of the ACR *Regional* 01 A well-defined regional vision for conservation in Loreto and a regional ordinance that explicitly protects headwater streams 02 A successful participatory model for regional conservation areas and institutional support for implementing areas 03 Together with the proposed ACR Ampiyacu-Apayacu, the proposed ACR Maijuna will form a forested corridor north of the Napo River.
Principal conservation targets	01 High-terrace habitats previously unknown in the Peruvian Amazon 02 Intact headwater streams and their connectivity with lower reaches of rivers (important for fish reproduction and watershed integrity) 03 Game species and other forest resources used by local people (*aguaje* palm fruits and other non-timber forest products, large mammals, birds, tortoises, *paiche* and *arahuana* fishes) 04 Populations of threatened species (listed by IUCN and INRENA) 05 Traditional ecological knowledge of the Maijuna, their cultural traditions and practices, their language, and their low-impact use of natural resources

REPORT AT A GLANCE

Principal conservation targets (continued)	06 Species (non-timber forest products, animals) and habitats (*irapayales*, *yarinales*, *aguajales*) traditionally important for the Maijuna
Principal threats	01 Proposed road from Bellavista to El Estrecho, with a planned 10-km-wide swath of development (Fig. 11A) 02 Illegal logging 03 Oil concessions

Principal recommendations

01 **Create the Área de Conservación Regional (ACR) Maijuna.**

- Act on the initiative of the Maijuna communities and the vision of GOREL to establish the ACR Maijuna (336,089 hectares), which will conserve part of the ancestral territory of the Maijuna and sustain its high cultural and biological value.

02 **Halt the principal threats to the ACR Maijuna.**

- Given the important cultural and biological value of the area, the conservation vision of PROCREL, and the regional ordinance protecting headwater streams, **reevaluate the Bellavista-Mazán-El Estrecho road project and search for viable alternatives.**
- **Eliminate illegal logging in the ACR Maijuna**, strengthening and supporting the existing system developed by the Maijuna and FECONAMAI.
- Before allowing oil exploration or extraction in the ACR Maijuna, **require that oil companies develop and implement practices that minimize environmental impacts, and mandate independent evaluation of these impacts.**

03 **Implement the ACR Maijuna.**

- **Develop and implement a management plan that focuses principally on biological and cultural conservation targets** (including refuges for species locally extinct in other parts of Loreto) **and a monitoring plan** that allows for adjustments and adaptations of the management strategy.
- **Establish a participatory patrol system,** focusing on the most vulnerable entry points.
- **Determine a range of compatible uses of natural resources and develop a management plan for each of these natural resources.**
- **Promote strategic alliances for the long-term sustainability** (biological, cultural, and financial) **of the ACR.**

04 **Strengthen the capacity and cultural traditions of the Maijuna to promote a successful implementation of the ACR.**

Why the ACR Maijuna?

Straddling the watersheds of the Napo and Putumayo—two of the Peruvian Amazon's largest rivers—a vast wilderness harbors a full sample of the megadiversity typical of western Amazonia and serves as a vital source of flora and fauna for the Maijuna people. To the north and south are four Maijuna communities whose residents live, hunt, fish, and gather in this 336,089-hectare block of forest.

This is part of the ancestral territory of the Maijuna; the fate of this forest and of the Maijuna are strongly linked. To ensure long-term protection of both biological diversity and their cultural traditions, the Maijuna propose an *Área de Conservación Regional.* A successful conservation model in Loreto, the regional conservation areas emphasize participatory management, conservation-compatible economic uses, and adaptive management.

This proposed conservation area will protect a new jewel in Loreto: a complex of Amazonian high terraces—a habitat unknown until our inventory—that shelters a flora and fauna with a number of new, rare, and specialized species. These terraces and the adjacent lowlands forests are underlain by diverse soil types and give rise to seven local drainages, whose waters support the flora and fauna of the area, as well as its human residents.

The most imminent threat is a proposed road that would sever this area in two, ripping its ecological and cultural fabric. Historically, most roads in Amazonia have not been financially viable. And the destruction of habitats—by the direct effects of highway construction and by associated impacts from an influx of human colonists and subsequent deforestation—would be irreversible. In stark contrast, formal protection of this forested landscape as the Área de Conservación Regional Maijuna will ensure the integrity of the watersheds, clean water, and the continuity of ecological and evolutionary processes for the long term. The new conservation area also will secure the basis of life and culture for the Maijuna and other residents in the Napo and Putumayo drainages.

Conservation in the ACR Maijuna

CONSERVATION TARGETS

Cultural	▪ Traditional ecological knowledge held by the Maijuna, and Maijuna cultural practices that are compatible with the conservation of natural resources ▪ Species (of non-timber forest products and animals) and habitats (e.g., palm forests such as *agualajes* and *irapayales*) traditionally important—economically and culturally—for the Maijuna ▪ The Maijuna language
Biological	▪ The high terraces, unique and previously unknown habitats growing on poor soils and sheltering a flora full of new and rare species (Figs. 2B, 3C) ▪ Intact headwaters and their connection with lower parts of rivers (which are critical areas for fish reproduction and the health of the watersheds) ▪ Plants and animals used or consumed by residents of the region (e.g., *aguaje* palms (*Mauritia flexuosa*), large mammals, birds, yellow-footed tortoise (*Chelonoidis denticulata*, Fig. 6N), and *paiche* and *arahuana* fishes (*Arapaima gigas* and *Osteoglossum bicirrhosum*, respectively), among others ▪ Populations of threatened species (according to IUCN and SERNANP)*

* The International Union for the Conservation of Nature, and the Servicio Nacional de Áreas Naturales Protegidas por el Estado, respectively.

01 **The proposed road from Bellavista to El Estrecho, with a 5-km-wide swath of development on either side of it.** The proposed Área de Conservación Regional (ACR) Maijuna includes highly fragile areas that will be destroyed by this road (Fig. 11A), including:

- Headwaters exceptionally susceptible to erosion (Fig. 11B)
- Periodically flooded areas (*tahuampas, pantanos,* and *aguajales*) important for plant and animal species
- Areas with great cultural value for the Maijuna (Fig. 9D)
- Maijuna hunting, fishing, and gathering areas (Fig. 9D)
- High terraces (Figs. 2B, 3C), a rare and previously undescribed habitat with associated unique plants and animals

The topography and extensive inundated areas in the proposed ACR Maijuna make a road impractical. Both the construction and the maintenance will be prohibitively expensive, and the proposed swath of development on either side of the road would be on infertile soils, inappropriate for agriculture. Furthermore, this road will have other, significant, primary and secondary effects, including:

- The destruction of over 130,000 ha of forest by the 130-km-long road and its 10-km-wide swath of development
- Disorganized colonization along the road, with subsequent deforestation and degradation
- Indiscriminate, unsustainable hunting because of easy access to previously remote areas, which will bring populations of vulnerable species to local extirpation
- Contamination of waters by erosion and sedimentation in the headwaters during construction and colonization, with downstream impacts
- Trafficking in lands
- Destruction of the quality of life and biocultural resources of the Maijuna

02 **Illegal logging**

- Loss of flora and fauna (due to overhunting, fishing with poisons such as *barbasco*, and changes in forest structure)
- Local extinctions of economically and ecologically valuable timber species
- Impoverishment of the quality of life of the Maijuna, and of other communities neighboring the proposed ACR Maijuna

03 **Petroleum concessions** (Area XXVI and Area XXIX, under technical review)

- Represent a potential obstacle for the declaration of the ACR Maijuna
- Contamination of waters
- Erosion of vulnerable soils
- Reduction of local well-being
- Degradation of Maijuna ancestral territory

04 **Conflict among neighboring communities over the use of natural resources within Maijuna ancestral territory**

05 **Easy access of the area by the Napo River and possible access via the Algodón River**

06 **Lack of legal titling in areas surrounding the proposed ACR Maijuna, increasing pressure on the forest**

07 **Hundreds of years of strong pressures that have eroded the cultural identity, knowledge, and values of the Maijuna**

08 **Absence of efficient communication mechanisms among Maijuna communities and other parties in Loreto**

09 **Emigration of Maijuna youth**

STRENGTHS

01 Cultural

- Ancestral Maijuna territory
- Maijuna traditional knowledge of the forest and recognition, by the Maijuna and some neighboring communities, of the value of the forest, of the benefits it provides, and of the necessity of managing natural resources
- Initiative and leadership by FECONAMAI and the Maijuna communities to create an Área de Conservación Regional (ACR)
- FECONAMAI and its goals to maintain cultural identity, conserve natural resources, and strengthen ties among Maijuna communities that will ensure successful implementation of the ACR
- Existing, successful means of control of logging and overexploitation of other natural resources (e.g., *paiche* fishes and *aguaje* palms) by the Maijuna
- Kin-relationships among the Maijuna communities
- Traditional subsistence economy, which is compatible with forest conservation

02 Biological

- High terraces, a previously undescribed habitat that to date is unique and found nowhere else in the Peruvian Amazon
- High biological diversity in all groups inventoried
- Intact headwaters of seven rivers, which form part of two large Amazonian watersheds
- Large expanses of still-intact forest
- Heterogeneity of habitats and soils concentrated in a relatively small area, comprising a large portion of the diversity of Loreto

03 Political

- Conservation vision at the regional level within Loreto
- Regional laws that protect headwater areas

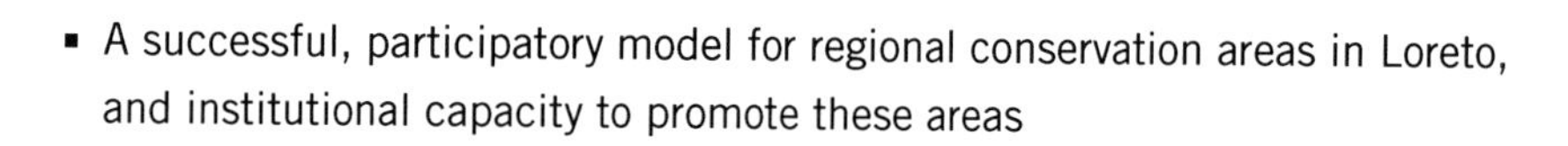

- A successful, participatory model for regional conservation areas in Loreto, and institutional capacity to promote these areas
- Initial steps to form a consensus for management in the future buffer zone (*Zona de Amortiguamiento*) of the proposed ACR Maijuna

RECOMMENDATIONS

Below we list our principal reommendations for consering the proposed ACR Maijuna in the face of several looming threats. We begin with recommendations for protection and management, followed by suggestions for future research, inventories, monitoring, and surveillance.

Protection and management

01 **Create the Área de Conservación Regional (ACR) Maijuna.**

- Take advantage of the initiative of the Maijuna communities and of the conservation vision of GOREL, and create the ACR Maijuna to protect the ancestral territory of the Maijuna and its biological and cultural riches.

02 **Block principal threats to the ACR Maijuna.**

- Given the biological and cultural values of the area, the conservation vision already put forward by PROCREL, and regional laws governing the protection of headwaters, challenge the Bellavista-Mazán-El Estrecho road project (with its 5 km of development on either side of the roadway) and find economic, biological, and cultural alternatives that are more viable and sustainable.
- Stop illegal logging in the proposed ACR Maijuna, strengthening and supporting the successful system developed by the Maijuna via FECONAMAI.
- Before allowing hydrocarbon exploration or extraction from the ACR Maijuna, demand that the companies (1) develop and implement practices that minimize negative impacts, both biological and cultural, and (2) permit independent monitoring of these impacts.

03 **Implement the ACR Maijuna.**

- Develop and implement a management plan for the ACR Maijuna that focuses first and foremost on the biological and cultural conservation targets (including refuges for species already locally extirpated in other parts of Loreto).
- Implement the ACR Maijuna with a system of participatory management and vigilance.
- Determine a range of compatible uses of natural resources and develop management plans for each resource.
- Choose an adaptive monitoring system that will help (1) evaluate results of management and (2) adjust or change management strategies if it becomes necessary.
- Promote strategic alliances for the biological, cultural, and financial sustainability of this ACR for the long-term.
- Define the buffer zone (*Zona de Amortiguamiento*) for this ACR and form a committee for its participatory development.
- Promote legal titling of lands in the buffer zone to stabilize the use of these lands and their resources, thus reducing pressure on the ACR Maijuna.

- Integrate communities in the buffer zone into participatory management of the ACR Maijuna, strengthen existing alliances and agreements, and provide training to all about the benefits of natural resources management.
- Together with the Maijuna, devise a system of control that focuses on areas of easy access to the ACR and form alliances with national armed forces to facilitate the vigilance and control of areas bordering Colombia.
- Disseminate to everyone in the buffer zone, via FECONAMAI, existing information about (1) impacts of extractive activities in Amazonia and (2) better practices for extraction.
- Implement an efficient system of communication in the ACR with the necessary equipment, and provide adequate training and maintenance.

04 **Strengthen the capacity and traditional culture of the Maijuna for successful implementation of the ACR.**

- With the help of FECONAMAI, validate and reinforce Maijuna values and traditions that will strengthen the management of the ACR Maijuna (including traditional stories and songs, traditional ecological knowledge, and traditional resource-use and management practices).
- Strengthen efforts to conserve the Maijuna language, including training of bilingual teachers, use of the language in everyday life, and development of a formal language revitalization program.
- Improve the educational system in the communities and train young Maijuna leaders via FECONAMAI.

Additional inventories

01 **Sample vegetation and soils not examined during this rapid inventory, and conduct a more in-depth investigation and evaluation of the high terraces:**

- The high terraces (Figs. 2B, 3C) merit additional study to determine if they are connected, to the north and the east, with other patches of high terrace habitat. Further inventory of these terraces may add new records of plants to the known flora of Peru, as well as species new to science.
- Survey forests dominated by a single species of *Tachigali* (Fabaceae, Fig. 3A)—not observed by the botanical team in the field but seen by R. Foster during his overflight of the northeastern sector of the proposed ACR Maijuna—to document the flora of the area.
- The vegetation of five watersheds not visited during the rapid inventory, to determine whether or not the patterns we encountered are general, or exclusive to the areas we visited.

RECOMMENDATIONS

Additional inventories (continued)

02 **Inventory fishes in these areas:**

- The five headwater zones not sampled inside the proposed ACR Maijuna, which likely will bolster the species list.
- Lentic bodies of water in the proposed ACR Maijuna, including *aguajales* (*Mauritia*-palm swamps) and *cochas* (oxbow lakes), which may be associated with new and/or endemic species.
- The Algodón River and associated lakes, including an estimate of the population sizes of *paiche* (*Arapaima gigas*) and *arahuana* (*Osteoglossum bicirrhosum*).

03 **Inventory amphibians and reptiles in more localities, vegetation types, soils, and in different seasons of the year** to increase the number of species registered in the proposed ACR Maijuna.

04 **Inventory birds in the following areas:**

- The high terraces, because these formations may contain species that are poor-soil specialists, including the possibility of undescribed species (similar to Allpahuayo-Mishana).
- Seasonally inundated forests and aguajales along the principal tributaries of the Napo River (e.g., Quebrada Coto and the Yanajacu River), as well as the Algodón and Algodoncillo Rivers. It is possible that Wattled Curassow (*Crax globulosa*, an IUCN Vulnerable species) still occupies these habitats in the Putumayo watershed.
- Oxbow lakes in both the Napo and Putumayo watersheds.

Research

01 **Study populations of trees used for timber, including their phenology, to implement reforestation programs in the buffer zone.**

02 **Study the dynamics of forest regeneration in the huge blowdown in the southeastern sector of the proposed ACR Maijuna (Figs. 2A, 3B).** This information will help us understand how catastrophic events affect regional composition and diversity in Amazonia.

03 **Undertake limnological studies to determine the quality of water bodies and corroborate the presence of biological indicators.**

04 **Carry out an evaluation of *paiche* (*Arapaima gigas*) and *arahuana* (*Osteoglossum bicirrhosum*) populations in the watershed of the Algodón River,** to determine their potential for sustainable harvest.

05 **Study the feasibility of implementing pisiculture in Maijuna communities,** utilizing native species with rapid growth and low cost as a source of animal protein and as part of a program to generate income.

	06 **Study species of ornamental fish and evaluate their possible use in a program to generate income**, and establish safeguards to avoid overexploitation. 07 **Investigate the factors that affect the spatial and temporal distribution of amphibians and reptiles in the area,** to determine if there is a distinct community associated with the high terraces. 08 **Carry out a rapid study of the new species of *Herpsilochmus* (cf. Fig. 7G) in the area,** to determine its distribution and abundance. 09 **Carry out a comprehensive and systematic study of the Maijuna language that will facilitate production of language materials (e.g., a dictionary and primers) and implementation of a language-revitalization program,** in support of Maijuna desires to conserve their unique and endangered language. 10 **Undertake ethnobiological studies to investigate and document species of plants and animals that are economically and culturally important to the Maijuna.** This information will serve to help focus conservation efforts and management plans on these important species and their respective habitats. 11 **Investigate Maijuna cultural traditions and values (including traditional ecological knowledge, stories, songs, resource use, and management practices) and work with FECONAMAI to invigorate and reinforce those traditions and values,** which will strengthen the management and conservation of the proposed ACR Maijuna.
Monitoring and observation	01 **Implement a program of patrols around and within the proposed ACR Maijuna, concentrating on critical areas easily accessed from the outside,** to guarantee that the ACR maintains its wild condition and continues to function as a source area for renewal of populations of plant and animal species. 02 **Implement a program of reforestation of timber-yielding species that have disappeared in the southern sector of the proposed ACR Maijuna,** e.g., *lupuna* (*Ceiba pentandra*, Malvaceae), *cedro* (*Cedrela odorata*, Meliaceaee), and the *cumalas* (*Virola pavonis*, *Otoba glycycarpa*, and *O. parvifolia*, Myristicaceae), focusing on small open patches in the forest resulting from past logging. 03 **Establish closed-season (*veda*) zones or zones of strict protection (i.e., no-season) in the proposed ACR Maijuna,** to permit the recuperation and maintenance of vertebrate populations used traditionally as food sources by local residents (including species with low reproductive rates like common woolly monkey (*Lagothrix lagothrica*), red howler monkey (*Alouatta seniculus*), and Brazilian tapir (*Tapirus terrestris*).

RECOMMENDATIONS

Monitoring and observation (continued)

04 **Implement a monitoring program for threatened species,** e.g., harlequin frog (*Atelopus spumarius*), yellow-footed tortoise (*Chelonoidis denticulata*), smooth-fronted caiman (*Paleosuchus trigonatus*), and common woolly monkey.

05 **Implement a monitoring program for populations of *irapay*-palm (*Lepidocaryum tenue*),** a species that is used as roof thatch.

06 **Establish monitoring of the water levels, and water quality of the seven principal watersheds within the proposed ACR Maijuna.** Investigate the principal elements of pollution as soon as deterioration of water quality is seen, so as to respond with adequate measures to maintain healthy watersheds.

07 **Prohibit poisonous, non-selective fishing methods.**

08 **Establish a management plan for all culturally and economically important harvested species and implement plans with adaptive management.**

Technical Report

REGIONAL OVERVIEW, OVERFLIGHT, INVENTORY SITES, AND HUMAN COMMUNITIES VISITED

Authors: Corine Vriesendorp and Robin Foster

REGIONAL OVERVIEW

Soils and geology

In the Miocene, much of the Peruvian department of Loreto was dominated by an inland lake underlain by thick clays (known as the Pebas Formation). This lake, Lago Pebas, likely had marine incursions, as evidenced by shells deposited in the clays. The Pebas clays represent the oldest and richest soils in the Loreto region, and Lago Pebas likely covered much of the proposed Área de Conservacion (ACR) Maijuna.

Loreto, including the proposed ACR Maijuna, is marked by terrific soil heterogeneity, including old Pebas clays, as well as more recent alluvial deposits, sandy loams, white sands, and soils formed in situ. Shifting rivers consistently reorganize and redistribute these different layers. Notably, the Maijuna have names for at least ten different soil types (Gilmore 2005), including specific names for black, white, yellow, and red clay.

The proposed ACR Maijuna is relatively flat, similar to the rest of the Peruvian Amazon (for exception, see the Sierra del Divisor). Our highest points in this current inventory are a mere 200 m above sea level, indicating a very gradual reduction in elevation over the next several thousand kilometers to the point where the Amazon flows into the Atlantic. Although the elevation varies little (from 80–200 m; Fig. 2B), even small differences are important. Clouds sweep westward across the Amazonian plain and gather along the higher hills. In the proposed ACR Maijuna, the highest points are overwhelmingly in the Putumayo drainage, forming a band that begins in the east in the community of San Pablo de Totolla and stretches west and north.

These higher hills and terraces may be on the outskirts of the Iquitos Arch, a geological uplift that traverses hundreds of kilometers across Loreto into Colombia. From the air and in satellite images, much of the Iquitos Arch is identifiable as a band of steeper topography extending northwest from the Yavarí River basin through the Nanay basin, up to the Putumayo, and along the Putumayo to the Güeppí. Another possibility is that these higher points are associated with geological formations in the

Colombian Amazon, not as radical as the uplift in the Serranía de Chiribiquete, but perhaps associated with the same processes.

Inventory area and road projects

Our inventory centered on the ancestral territory of the Maijuna, which harbors seven headwater streams within the interfluvium of the Napo and Putumayo rivers. The proposed ACR Maijuna is uninhabited. Its nearest neighbors are four Maijuna communities: Sucusari along the Sucusari River to the south, Puerto Huamán and Nueva Vida along the Yanayacu River to the southwest, and San Pablo de Totolla along the Algodón River to the north. All other nearby human settlements are concentrated along the Napo River, to the west. To the east, the area is bounded by the proposed ACR Ampiyacu-Apayacu.

In the 1980s engineers initiated a road project across 60 km on the extreme northwestern end of the proposed ACR Maijuna, between the towns of Flor de Agosto and Puerto Arica, across the narrowest distance between the Putumayo and Napo rivers. However, the Flor de Agosto-Puerto Arica road was abandoned—judged hopelessly expensive—because more than 12 km passed through a palm swamp and the road was impossible to construct or maintain in seasonally flooded soils.

A new project, led by PEDICP (Proyecto Especial Binacional Desarrollo Integral de la Cuenca del Río Putumayo, formerly INADE, the Instituto Nacional de Desarrollo), proposes to build a road from Bellavista to Mazán to Estrecho. The Mazán-Estrecho portion of the proposed road would cross more than 130 km of forest and swamp to unite the Napo and the Putumayo rivers (Fig. 11A). The road would bisect the proposed ACR Maijuna, and 5 km on either side of the road are envisioned as a development corridor, with a focus on biofuels, e.g., oil palms. Under the existing PEDICP road plans, the development corridor would deforest 130,000 ha (i.e., a 10-by-130-km strip) of intact forest. Moreover, when we examined the topography of the proposed 130-kilometer Mazán-Estrecho road, our estimates suggest that at least 40 km would pass through palm swamps and other seasonally inundated forests. Therefore, not only is the currently proposed road twice as long as the abandoned road project of the 1980s, the area of flooded forest and swamp would be three times as long.

OVERFLIGHT OF THE ACR MAIJUNA AND SURROUNDING AREA

On 31 October 2009, we flew for three hours in a hydroplane, criss-crossing the area to pass over the main habitats and formations. Participants included R. Foster and A. del Campo (The Field Museum), S. Ochoa (FECONAMAI), and A. Vásquez (GOREL). The flight began in the southeastern corner of the proposed ACR Maijuna, where low and medium-sized hills dominate the landscape, interspersed with small palm swamps. We flew over the massive blowdown obvious on the satellite image (Figs. 2A, 3B, 3G), an area that spans more than 1,500 ha with an almost uniform cover of regenerating *Cecropia sciadophylla* (Cecropiaceae) and other pioneer species.

From here, we traveled to the northeast corner of the proposed ACR, to terraces with a conspicuous abundance of standing dead individuals of monocarpic *Tachigali* (Fabaceae), locally known as *tangarana* (Fig. 3A). We did not sample these areas in the field. However, piecing together observations from our previous rapid inventories, especially farther upriver on the Napo River near the Mazán headwaters, these terraces may be part of the Iquitos Arch uplift (see above).

East of the *Tachigali* terraces, we flew over high terraces covered by flowering *Clathrotropis macrocarpa* (Fabaceae, Fig. 3C). Our second inventory site (Piedras, see below) allowed access to the eastern edge of this area. The terraces may be part of same Iquitos Arch uplift but the landforms appear different from the *Tachigali* terraces. They are slightly higher, flatter, and separated by narrow, very steep valleys, almost as if an axe had selectively cleaved a large table. Humidity within these valleys is quite high, and epiphyte density is substantially higher in comparison with the broader valley bottoms that separate lower hills in the southern portion of the proposed ACR, near Curupa. The high terraces appear to stretch westward along the Algodón River for tens of kilometers, and then grade back into more of the *Tachigali* terraces towards the western edge of the proposed ACR (Fig. 2B).

As we flew along the Algodón, the water levels of the main river and its tributaries were remarkably low, in strong contrast to the high waters of the Napo River. This difference emphasizes the seasonal differences in waterways fed by discharge in the Andes (e.g., the Napo) versus the waterways fed by Amazonian sources (e.g., the Algodón).

After crossing the western boundary of the proposed ACR Maijuna, we flew south along the road between Flor de Agosto and Puerto Arica (see above; Figs. 3E, 3G). A section of the road, probably 20 km of the northernmost portion that connects with the Putumayo, appears to be in use, with many culverts to allow the road to persist in the face of the extensive, small-stream networks that characterize this area. The rest of the road is abandoned, covered in secondary-forest growth. From the air, it appears that the road-building effort stopped when confronted with the massive palm swamps (*aguajales*) on the northern banks of the Napo River.

As a final observation, as we flew back to Iquitos we passed over the Napo River, crossing the thin isthmus between Indiana (on the Amazon) and Mazán (on the Napo). One wonders how long before the Amazon and the Napo unite here, isolating the northern loop of the Napo (near which the Maijuna settlement of Sucusari is located).

SITES VISITED BY THE BIOLOGICAL TEAM

During our overflight we identified several unexplored habitats, including oxbow lakes (*cochas*) along the Algodón River and the *Tachigali* terraces on the eastern and western edges of the proposed ACR Maijuna. In this section, we provide more details about habitats we surveyed on the ground at two inventory sites in the proposed ACR Maijuna: Curupa in the south (in the Napo drainage) and Piedras in the north (in the Putumayo watershed).

We used a digital elevation model and careful examination of satellite images to choose our sites. All travel for the inventory was either by boat or on foot, and we were accompanied by Maijuna from all four of the Maijuna communities mentioned above. From the Maijuna community of Nueva Vida, we went upriver in a flotilla of small, motorized canoes (*peque-peques*) and a large freight canoe, traveling nine hours to reach the junction of the Curupa stream and the Yanayacu River; this was the first site we visited. To get from our first site to the second, we walked a trail traditionally used by the Maijuna to get from Nueva Vida to Totolla, the sort of transit route typical of indigenous people of interfluvial areas. Walking from one drainage to the other allowed us to get a better sense of the on-the-ground variation in habitat types, and we identified several gradients across the interfluvium.

From south to north, we traveled from selectively logged areas to intact timber stands, from substantial hunting pressure to limited or no pressure on game populations, from an area close to Iquitos (a large regional population center with a big market) to near El Estrecho (a small border town with a limited market), from many users along the Napo River (outsiders and locals) to few users along the Algodón River (remote, difficult access), from an area with greater proximity to the law to remote border areas closer to armed civil conflict in neighboring Colombia.

Within each site we identified additional gradients: from inundated areas to tierra firme, from highly dynamic areas in the bottomlands to slower processes in the uplands (e.g., leaf litter decomposition rates), from low fertility areas in highest hills and terraces to higher fertility areas in valley bottoms and lowlands (loosely, an inverse relationship with fertility and topography), and from areas with few trunk climbers to areas of high humidity packed with epiphytes.

On a broad scale, this part of the Peru-Colombia border was one of the most important sites during the rubber boom, along with some of the most atrocious mistreatment of indigenous people, including the Maijuna. However, during the inventory we saw few *Hevea* trees (natural rubber known locally as *caucho*), and presumably most rubber tapping occurred farther north- and eastward, along the major river floodplains.

Curupa (15–19 October 2009; 02°53'06.1" S, 73°01'07.2" W, 125–160 m)

We camped on a bluff overlooking the confluence of the Yanayacu River and Quebrada Curupa (the Curupa stream). Our 25 km of trails let us explore the mix of tierra firme and flooded forests that characterize this site, from low hills to valleys and bottomlands, as well as raised levees in between. The area is a true patchwork, with clumps of *Mauritia* palms interspersed through the landscape.

On the satellite image (Fig. 2A), a large yellow patch stands out as a uniform color, and appears deforested. However, this is the result of a natural process—a massive blowdown created by a downburst—a phenomenon that occurs commonly in the Amazon. Our local guides claim the event occurred 25–30 years ago, and one of our trails allowed us to explore this large, regenerating area (Fig. 3B).

We observed substantial variation from hilltop to hilltop in plant composition. For example, the hill where we camped supported a much richer-soil flora dominated by Moraceae and species entirely absent from nearby hills in the landscape. Overall, the area appears to support soils of intermediate fertility.

The Yanayacu was about 12 m wide during our visit and the Curupa stream was about 8 m across; water levels in both were quite low. Waters are largely mixed, with some black-water pools in the forest, but overall the major streams and rivers are mixed or white-water, suggesting a persistent influence from the Napo River. During the days we spent at Curupa, we experienced the dramatic rise and fall in water levels typical of the upper reaches of waterways, with 0.5–1.0 m rises in water levels over the course of 24 hours.

During the last decade, our camp was home to more than 100 people logging and hunting in the area. We found abundant evidence of their presence across the landscape: stumps, extraction paths leading from felled trees to nearby streams (often quite small waterways because we are close to their headwaters) and skittish mammal populations. On a positive note, two years ago, Puerto Huamán and Nuevo Vida (with support from Proyecto Apoyo a PROCREL) began controlling access to the area and stopped the illegal logging. For the most intensely exploited tree species, *cedro* (*Cedrela*) and *lupuna* (*Ceiba*), local extinctions are very likely, and any regeneration from the few remaining refuges, if any, will be exceedingly slow.

Piedras (20–27 October 2009; 02°47'33.9" S, 72°55'02.9" W, 135–185 m)

We hiked 18 km from Curupa to our second site, Piedras, reaching the divide between the Napo and Putumayo drainages at 7 km. We camped on a slight rise above the Piedras River (which is about 4 m across), on the edge of an extensive complex of high terraces (Fig. 2B). As we crossed over to the Putumayo drainage, we experienced a dramatic change in river and stream composition, with abundant rocks and gravel rather than the muddy bottoms of the Curupa stream and its tributaries. One of our trails passed through a campsite abandoned about 12 years ago, reportedly created by the FARC-EP (Fuerzas Armadas Revolucionarias de Colombia-Ejército del Pueblo).

Our 18 km of trails allowed us to explore high terraces, as well as a large expanse of inundated bottomlands. The valleys between the terraces and the bottomlands are highly dynamic, with treefalls from windthrows, lightning strikes, slumps and small-scale landslides. We sampled two large tributaries of the Algodon, the Aguas Blancas (about 12 m wide) and the Algodoncillo rivers (about 14 m wide).

In Piedras we found the highest points in the landscape, sharply dissected terraces with long flat tops and steep slopes in between. Decomposition appears to be exceedingly slow, with abundant leaf litter and a thick, spongy rootmat. The department of Loreto, and especially the Iquitos area, is famous for extreme habitats growing on white sand, locally known as *varillales*. On the high terraces in Piedras we found forests with similar structure (thick root mat, slow leaf litter decomposition, thin stunted trees), however the underlying soils are clays, not sands. In contrast to varillal forest in other parts of Loreto, these poor-soil forests support some very large trees, including impressive stands of the timber tree *Cedrelinga cateniformis* and *Clathotropis macrocarpa* (both Fabaceae; see discussion in

Overflight section, above). Floristically, there are similarities to forests in the Caquetá drainage in Colombia, the white-sand areas of Jenaro Herrera and the upper Nanay River, and isolated plots north of the Napo River near the mouth of the Curaray. Looking at elevation models and satellite imagery suggests that there may be an archipelago of these high terraces scattered along the Putumayo River northwards to the Güeppí River.

As we walked from Curupa to Piedras, we traversed a gradient from heavy human use of natural resources in the Napo basin to more intact biological communities in the Putumayo basin. Within the regional conservation context, central or more remote areas such as Piedras act as source areas for game and forest products, while surrounding areas are used directly by communities.

ExplorNapo Lodge/ACTS Station (29–31 October 2009; 03°15'10.6" S, 72°55'03.6" W, 85–130 m)

We spent two days at the end of the inventory in a well-known biological station and tourist lodge that borders the southern end of the proposed ACR Maijuna. This biological station, originally known as ACEER and now called ACTS, represents one the most studied places in the Peruvian Amazon and was visited in the 1970s and 1980s by luminaries such as Alwyn Gentry, Ted Parker, Rodolfo Vásquez, Bill Duelman, and Lily Rodríguez. We walked the main trails, and the ichthyologists sampled the Sucusari River. We also surveyed the spectacular canopy walkway that connects 14 large trees and spans more than half a kilometer. Shockingly, the area appears to have suffered sustained heavy hunting pressure, and is a largely empty forest, devoid of large mammals. Our findings here underscored both the threat of unchecked extraction and the importance of creating a strong conservation area in the proposed ACR Maijuna.

COMMUNITIES VISITED DURING THE SOCIAL INVENTORY

Our focal communities were the four Maijuna native communities adjacent to the proposed ACR Maijuna: three in the Napo drainage (Sucusari, Puerto Huamán, Nueva Vida) and one in the Putumayo drainage (San Pablo de Totolla) (Fig. 2A). Sucusari is situated along the Sucusari River and neighbors the ExplorNapo Lodge. Puerto Huamán and Nueva Vida are close neighbors on the Yanayacu River, 10–14 km upriver from the Yanayacu's junction with the Napo River. San Pablo de Totolla is situated in the upper reaches of the Río Algodón, far from any other communities. Similar to other indigenous communities that live in the interfluvium of large Amazonian rivers, they have created a network of trails throughout the area, and their livelihoods and culture largely rely on forest resources (Fig. 9D; and see the Participatory Mapping chapter of this report). M. Gilmore, an ethnobiologist, has been working with the Maijuna for the last decade, and his work provides a deep context for the area.

As a complement to M. Gilmore's work, Alberto Chirif conducted a two-week socio-economic survey of 24 communities: the 4 Maijuna communities mentioned above, plus 20 other communities along the Napo River (Fig. 2A). This work focused on infrastructure, demography, and natural resource use, and lays the groundwork for resolving any existing conflicts as well as building alliances around the proposed ACR Maijuna.

VEGETATION AND FLORA

Authors/Participants: Roosevelt García-Villacorta, Nállarett Dávila, Robin Foster, Isaú Huamantupa, and Corine Vriesendorp

Conservation targets: High terraces containing a distinct flora, a habitat unknown in Peru prior to the rapid inventory; a gradient in soil types, from nutrient-poor clay soils to the north of the proposed Área de Conservación Maijuna, to intermediate fertilty clays in the middle and south; hill forests in northern Loreto with species composition characteristic of the Colombian Amazon and the northeastern Brazilian Amazon; *aguajal* (*Mauritia flexuosa*) swamps; a representative sample of the flora of two different watersheds (Putumayo and Napo) that are not protected elsewhere in Peru; the flora of streams and headwaters in northeastern Loreto that are not protected in any regional conservation area; healthy populations of palm species widely used in Loreto, such as *irapay* (*Lepidocaryum tenue*), *ungurahui* (*Oenocarpus bataua*), and *shapaja* (*Attalea butyracea*); healthy populations of threatened timber species, such as *tornillo* (*Cedrelinga cateniformis*) and *marupá* (*Simarouba amara*); forests with reduced timber populations that can be restored through appropriate management of species with high commercial value (*e.g., cedro, Cedrela odorata, and lupuna, Ceiba pentandra*) and species with intermediate value (the *cumalas, Virola pavonis, Otoba glycycarpa, O. parvifolia*); new additions to the flora of Peru, such as the dwarf palm *Astrocaryum ciliatum*; and 5–13 plant species that might be new to science

INTRODUCTION

The forests in the proposed Área de Conservación Regional (ACR) Maijuna are located in the interfluvium between the Putumayo River in the north and the Napo River in the south. The area's flora had not been explored until now. Our best point of comparison is the forests near the Maijuna community of Sucusari in the Napo Basin (Fig. 2A), on land owned by the ExplorNapo tourist lodge, where a florula was developed (Vásquez 1997). In addition, the flora and vegetation of the forests adjacent to the proposed Maijuna ACR to the east—in the upper basins of the Apayacu, Ampiyacu, and Yaguas Rivers—were evaluated in a 2004 rapid inventory (Vriesendorp et al. 2004). In contrast, the flora of the Peruvian basin of the Putumayo River remains virtually unknown.

METHODS

We characterized the flora and vegetation of the proposed ACR Maijuna by a combination of quantitative methods, collections, and observations along the trail system. I. Huamantupa also collected intensively along Quebrada Yanayacu (the Yanayacu stream, in the Napo basin) and Quebrada Algodoncillo (in the Putumayo basin). N. Dávila and C. Vriesendorp studied the woody flora by establishing two transects in which the first 100 trunks between 10 and 100 cm DBH (diameter at breast height) were identified. R. García established ten transects for studying the flora with stems over 5 cm DBH, surveying forests chosen according to their color variation in the Landsat satellite image of the area (Fig. 2A); eight transects measured 5 x 100 m and two of them did not have set areas. R. Foster flew over the area (Fig. 3G) and described the differences in the vegetation and canopy as well as dominant emergent species.

N. Dávila, I. Huamantupa, and C. Vriesendorp took more than 2,000 photographs, mostly of fertile species but also of unknown sterile species. These photos are available at *www.fieldmuseum.org/plantguides*.

We deposited specimens in the Herbario Amazonense (AMAZ) of the Universidad Nacional de la Amazonía Peruana en Iquitos, and when possible, we left duplicates in the Museo de Historia Natural (USM) of the Universidad Nacional Mayor de San Marcos in Lima, and triplicates at The Field Museum (F) in Chicago.

RESULTS

Types of vegetation

At least five types of vegetation can be found in the area: (1) riparian forests along streams (*bosques de quebradas*); (2) low, periodically innundated forests (*bosques de bajial*); (3) Mauritia-palm swamps (*aguajales*); (4) low-hill forests (*bosques de colinas bajas*); and (5) high-terrace forests (*bosques de terrazas altas*). In general, we believe that the area represents a gradient in soil fertility, from terraces with poor clay soils in the north (in the Putumayo basin) to hills with clay soils of intermediate fertility in the south (Napo basin).

Riparian forests

In the riparian forests of the Yanayacu River sector (in the Napo Basin), we commonly found *Macrolobium acaciifolium* and *Parkia panurensis* (Fabaceae), *Apeiba membranacea* and *Cavanillesia umbellata* (Malvaceae sensu lato), *Ficus paraensis* (Moraceae), *Vochysia lomatophylla* (Vochysiaceae), and several species of *Inga* (Fabaceae) and *Palicourea* and *Psychotria* (Rubiaceae), among others. Seventy percent of the flora collected in those forests was in fruit or flower.

Low, periodically inundated forests

Low-lying, periodically inundated areas, or *bajiales*, were plentiful throughout the study area, especially along the trails that follow the Curupa stream to Limón where the hilly terrain begins. In this area we commonly found *Erisma* cf. *calcaratum* (Vochysiaceae) and *Socratea exorrhiza* (Arecaceae).

Mauritia-palm stands

Small patches of these *aguajales,* with abundant *Mauritia flexuosa* (Arecaceae) and *Cespedesia spathulata* (Ochnaceae), were found in poorly drained sites between the upland hills. These small patches are abundant throughout the proposed ACR Maijuna, especially along the streams, and they are clearly visible in satellite images of the area (Fig. 2A).

Low-hill forests

Forests growing on low hills constitute the most extensive type of vegetation in the area. They are more extensive in the Napo watershed and have been subjected to a greater intensity of timber extraction (prevalent until 2007) than other parts of the area. Their canopy has an average height of 28 m and emergent species reach 35 m. Among the most common tree species are *Scleronema praecox* (Malvaceae, Fig. 4C), *Iriartea deltoidea* (Arecaceae), *Brownea grandiceps* and *Parkia nitida* (Fabaceae), and *Minquartia guianensis* (Olacaceae).

High-terrace forests

Our most unexpected finding were the high terraces growing on nutrient-poor yellow clay soil that we found in Piedras. These forests have a distinct flora, and the soil is covered by a dense layer of rootlets and dead leaves that reach up to 15 cm in depth. The abundance of epiphytes (Araceae, Bromeliaceae, and mosses) was so great that at times it gave us the sensation of walking in montane forests instead of Amazonian lowland forests.

The turnover of dominant species from Curupa to Piedras is so dramatic that entire families are replaced in the tree community at each site. In Piedras, Chrysobalanaceae, Sapotaceae, and Lecythidaceae are dominant and have characteristics typical of oligotrophic (nutrient-poor) soils: hard wood, abundant latex, and thick, hard (coriaceous) leaves.

In the same sector, but occupying areas with organic material and a thinner layer of roots (approximately 5 cm), we find forests dominated by *Clathrotropis macrocarpa* (Fabaceae, Fig. 3C). These forests occupy a substantial area north of Piedras and were also observed by R. Foster in his overflight of the area. Seedlings of this species are common in the forest understory and almost one third of the stems ≥5 cm DBH in a transect in this forest belong to *C. macrocarpa.* The density of all stems in the forest dominated by *C. macrocarpa* is high (79 stems), only surpassed by the transect on another high terrace (95 stems).

The transition between Curupa and Piedras

In Curupa we found a flora with characteristic species of fertile soils: *Quararibea wittii* (Malvaceae), *Iriartea deltoidea* and *Astrocaryum murumuru* (Arecaceae), *Virola pavonis* and *V. elongata* (Myristicaceae), and *Pseudolmedia laevis* (Moraceae). In the two intermediate camps (Limón and Chino) between the Curupa and Piedras sites, we found an intermediate flora. Limón has higher hills where we did not find *irapay* (*Lepidocaryum tenue*), in contrast to the forests of Curupa, where *irapay* is abundant. This floristic turnover is also evidenced by large individuals of *tornillo* (*Cedrelinga cateniformis*), a timber tree that is absent in Curupa. The other intermediate point, Chino, has patches of clay soils with intermediate fertility that are next to patches of less fertile soils with abundant organic material (approximately 10 cm deep) near the *aguajales*. In Chino it is common to find *cashinbo* (*Cariniana decandra,*

Lecythidaceae), *Guarea macrophylla* (Meliaceae), *ungurahui* (*Oenocarpus bataua*, Arecaceae), and a species of *Vantanea* (Humiriaceae). Also in Chino the woody understory species begin to differ from what we found in Curupa, with the most common species being *Neoptychocarpus* sp. (Salicaceae), *Guarea cristata* (Meliaceae), and *Pseudosenefeldera inclinata* (Euphorbiaceae).

Massive natural blowdown

To the southeast, approximately 7 km from the Curupa camp, we found a forest of approximately 1,500 ha dominated by *Cecropia sciadophylla* and *C. membranacea* (Cecropiaceae, Fig. 3B). This large secondary forest was produced by a catastrophic downburst of wind that slammed into the area 20–30 years ago. In addition to these *Cecropia* species, these species also were common: *Socratea exorrhiza*, *Itaya amicorum* and *Phytelephas macrocarpa* (Arecaceae), and *Hevea guianensis* and *Nealchornea yapurensis* (Euphorbiaceae).

Richness and composition

We recorded approximately 800 species (Appendix 1): 500 species in the Curupa site and 530 species in the Piedras site. Considering the number of species reported for three other biological reserves in Loreto (Vásquez 1997), as well as the habitats diversity present, we estimate that the area might contain 2,500 species, a high number representative of the diversity of woody plants typical of the northern Peruvian Amazon. Based on our field observations and the composition of the flora of both watersheds, we estimate that these two inventory sites share 40% of their species.

One area-less plot was located in the large blowdown, in which we commonly found *Cecropia sciadophylla* as an emergent tree, along with several species of *Pourouma* (Cecropiaceae). The *yarina* palm (*Phytelephas macrocarpa*) and *pona* palm (*Iriartea deltoidea*), were also relatively common in the subcanopy. We found 50–95 stems in the eight transects, each measuring 20 x 50 m, with an average of 72 stems per transect. The transect with the most stems was located in the terraces with oligotrophic soils in Piedras, and the transect with the fewest stems was found in the intermediate sector between both basins, in Chino.

Curupa

The community of dominant trees in Curupa was represented by several species of Malvaceae, Myristicaceae, Moraceae, and Arecaceae, which occur frequently in clay soils of intermediate fertility to nutrient-rich soils: *Scleronema praecox* (Fig. 4C) and several species of *Matisia*, *Quararibea*, *Sterculia*, and *Theobroma* (Malvaceae sensu lato); *Otoba glycicarpa*, *O. parvifolia*, and *Virola pavonis* (Myristicaceae); *Brosimum parinarioides* and *B. lactescens*, *Perebea guianensis* subspecies *hirsuta*, *Pseudolmedia laevis*, and several species of *Naucleopsis* (Moraceae); *Iriartea deltoidea* and *Socratea exorrhiza* (Arecaceae).

The most important genera in terms of diversity and abundance in Curupa are *Naucleopsis* (Moraceae), *Matisia*, *Quararibea*, *Sterculia*, and *Theobroma* (Malvaceae), and *Brownea* (Fabaceae). In the subcanopy, it is common to find *Oxandra euneura* (Annonaceae) in relatively high density. Additionally in the subcanopy, *Pausandra trianae* (Euphorbiaceae), *Iryanthera laevis* (Myristicaceae), *Swartzia klugii* (Fabaceae), *Drypetes gentryi* (Putranjivaceae), and the tree fern *Cyathea alsophylla* (Cyatheaceae) are also common. Dense patches of three palm species are common in the understory and the subcanopy of terra firme forests in Curupa: *shapaja* (*Attalea butyracea*), *irapay* (*Lepidocaryum tenue*), and *Astrocaryum murumuru var. macrocalyx*.

Piedras

In Piedras, the terrain is fairly undulating and the highest areas are 50–100 m higher than the rest of the landscape. These high areas form flat plateaus cut by narrow streams of moderate depth, with very small, rounded stones and fine quartz sands. The soil is yellowish clay and covered by a thick layer of organic material and small roots 5–15 cm thick, without any signs of sand in its composition.

The upland forests of Piedras have a very different floristic composition than Curupa. The terraces are dominated (in richness and abundance of individuals) by species of Chrysobalanaceae, Lecythidaceae, and Sapotaceae. Plant communities on these terraces appear to respond to the large variation, over short distances, of available nutrients. A transect where the above families are dominant, located in the highest part of the terraces, was separated by only 500 m from another plot in which *Clathrotropis macrocarpa* (Fabacae) is the most important species. The forests in the highest parts of the terraces were lower in stature, with a canopy no higher than 20 m and emergent species to 24 m. These forests have the greatest density of stems as compared with other sites studied: we found 95 stems ≥ 5 cm DBH in a transect measuring 5 by 100 m, versus an average of 66 stems found in three transects in Curupa.

Although we did not measure the concentration of nutrients in the soil, we utilized the thickness of the organic layer permeated by small roots above the mineral soil as an indicator of the amount of nutrients: the greater the thickness of the organic material-root layer, the smaller the amount of available nutrients for the plants (Duivenvoorden and Lips 1995; Cuevas 2001). Thus, the highest terraces had a very thick layer of organic material and small roots (approx. 10–15 cm) and a flora typical of the sandy-loam terraces of southern Loreto (Yavarí, Pitman et al. 2003; Jenaro Herrera, N. Dávila pers. comm.).

Common species on the terraces are *Anisophyllea guianensis* (Anisophylleaceae), *Chrysophyllum sanguinolentum*, *Micropholis guyanensis* subsp. *guyanensis* and *Pouteria torta* subsp. *tuberculata* (Sapotaceae), *Pourouma herrerensis* (Cecropiaceae), *Duroia saccifera* (Rubiaceae), *Iryanthera paraensis* and *I. tricornis* (Myristicaceae), *Hirtella physophora* (Chrysobalanaceae) and *Mabea angularis*. Generalist species of poor soils, and those that commonly occur on white-sand soils (*varillales*), also were common here: *Parkia igneiflora* (Fabaceae), *Jacaranda macrocarpa* (Bignoniaceae), *Ocotea argyrophylla* (Lauraceae), and *Virola calophylla* subsp. *calophylla* (Myristicaceae).

The hills dominated by *Clathrotropis macrocarpa* have a layer of organic material and small roots with a thickness of no greater than 5 cm. The height of the canopy in these forests is 25 m, while emergent species reach 28 m. Other common species here are *Iryanthera tricornis*, several species of *Eschweilera* (Lecythidaceae), *Pouteria* (Sapotaceae), *Protium* (Burseraceae), and *Oenocarpus bataua* (Aracaceae).

The most diverse genera in Piedras are *Eschweilera* (Lecythidaceae), *Pouteria* (Sapotaceae), *Couepia* (Chrysobalanaceae), and *Sloanea* (Elaeocarpaceae). *Clathrotropis* (*C. macrocarpa*) was the dominant species.

Shrubby species with small berries or drupaceous fruits, especially Piperaceae and Rubiaceae, are not important in terms of richness and abundance in the understory in either of the two inventory sites. We also recorded a low level of *Heliconia* (Heliconiaceae) diversity.

Species composition in treefall gaps is also atypical for Loreto's terra firme forests, and consists mostly of *Conceveiba martiana*, *Croton matourensis*, *C. smithianus* y *Sapium marmieri* (Euphorbiaceae), and *Vismia sandwithii* and *V. amazonica* (Hypericaceae).

Economically valuable species

The northern sector of the ACR Maijuna supports healthy populations of two timber species important for the region: *tornillo* (*Cedrelinga cateniformis*, Fabaceae) and *marupá* (*Simarouba amara*, Simaroubaceae). These two species have been locally extirpated in many parts of Loreto, and the ACR Maijuna would represent an important source population. Another economically important species observed by the advance team was *palo de rosa* (*Aniba rosaeodora*, Lauraceae). This species was exploited at unsustainable levels in the 1970s for use in perfumes.

The area's southern sector (in the Napo Basin) was intensively exploited for timber until 2007, and timber species that were previously emblematic of those forests—*cedro* (*Cedrela odorata*, Meliaceae), the *cumalas* (*Virola pavonis, Otoba glycycarpa,* and *O. parvifolia*), and *lupuna* (*Ceiba pentandra* Malvaceae)—are rare or absent. The *lupuna* trees were so common in the area that even a stream, Quebrada Lupuna, carries their name. Nonetheless, this stream is now a mute witness to the absence of this species.

Locally-important palm trees

The *irapay* palm (*Lepidocaryum tenue*) has healthy populations in both watersheds. The well-drained terraces of poor to slightly poor clay appear to be the perfect habitat for this species, as well as for two other palm species: *shapaja* (*Attalea butyracea*, in the Napo watershed) and a species of *Geonoma* (in the Putumayo watershed). The *ungurahui* palm (*Oenocarpus bataua*) is more common on the high terraces in the Putumayo watershed, while *pona* (*Iriartea deltoidea*) is relatively common in forests in the Napo watershed.

New species and range extensions

We found at least 13 species which we think may be new to science, more than half of them on the high terraces in Piedras, in the Putumayo basin. It is highly likely that more extensive sampling of these terraces would provide additional finds, both in terms of species new to science as well as new records for Peru. The periodically innundated forests and forests on lower hills of both watersheds also contributed to the number of potentially new species in the area. We provide a brief description of our preliminary discoveries below (see Appendix 1 for more detailed information).

Likely new species

We found two species of Myrtaceae that specialists indicate are likely new to science: a *Calycorectes* tree (Fig. 4N) with large, white flowers and furry calyxes and a small *Eugenia* tree (Fig. 4H) with notable bracts.

Dacryodes (Burseraceae) or *Talisia* (Sapindaceae)—This small tree, 7 m in height, was collected on the high terraces at Piedras, and has an aromatic odor, large leaf blades, and separate leaflets (Fig. 4O). The infructescence is highly compact. Without careful examination of the specimen, experts are not sure if it is best included in *Dacryodes* or *Talisia*, but either way, it appears to be a new species.

Dilkea sp. (Passifloraceae)—We collected this 2-to-3-meter-tall tree on the Piedras terraces, where it was one of the dominant shrubs in the understory (Fig. 4B). This specimen has big bracts and aerial roots and appears to be new, although there are several specimens at the Missouri Botanical Garden incorrectly identified as *D. parviflora*.

Possible new species

Markea sp. (Solanaceae)—This shrubby hemiepiphyte was collected on the banks of Quebrada Curupa. It differs from other species by its large leaves (Fig. 4P). Only five species of this genus are known in Peru, and only one of them is known to exist in Loreto, *M. formicarum*.

Schoenobiblus sp. (Thymelaeaceae)—Collected in the low and medium-sized hills in Piedras, this shrub can grow to be 2 m high. It has pronounced pubescence on the flowers and fruit and a whitish color on the backs of the leaves (Fig. 4Q). This species is completely different from the seven species in this genus known to exist in Peru.

Erythroxylum sp. (Erythroxylaceae)—We collected this 2-to-3-meter-tall tree near a small stream between the high terraces in the Putumayo basin. Although it was identified as *Erythroxylum macrophyllum* var. *macrocnemium*, in this site it was found along with *Erythroxylum macrophyllum* var. *macrophyllum*, suggesting that it should be recognized as a distinct species rather than a variation. It has large leaves and the undersides of its leaves are not whitish as they are in *Erythroxylum macrophyllum* var. *macrophyllum*.

We registered six other species that we think might be new because they belong to genera we know well, but do not correspond to any species known for these genera in Peru, including *Esenbeckia* sp. (Rutaceae, Fig. 4G), *Guarea* sp. (Meliaceae, Fig. 4E), and three species of Marantaceae (Figs. 4K–M).

New records

Astrocaryum ciliatum (Arecaceae)—An acaulescent palm (Fig. 4J) that extends from the middle Caquetá to Leticia. Our record represents the first for Peru.

Esenbeckia cf. *kallunkiae* (Rutaceae)—It appears similar to a small tree known from Brazil (Rondônia) and Bolivia (Santa Cruz), however, we need to examine the specimen more closely.

Croton spruceanus (Euphorbiaceae)–A first record for Peru, this species was previously known only in Brazil and Venezuela (Fig. 4A).

Rarely collected species

Additionally, we collected several poorly known species such as *Pseudoxandra cauliflora* (Annonaceae, Fig. 4F), a rare and recently described species represented by only four collections from Colombia, Brazil, and Loreto, and *Krukoviella disticha* (Ochnaceae, Fig. 4D), a species found mostly at elevations above 600 m, and known from southern Ecuador, a few records in the departments of Amazonas, San Martín, and Loreto in Peru, and a single record in Brazil.

DISCUSSION

High terraces

The high terraces within the proposed ACR Maijuna harbor a unique flora within the Peruvian Amazon. The highest parts of the terraces have a composition very similar to terrace forests with sandy-loam soils that are more common in southern Loreto (between the Yavarí and Ucayali rivers) but are not yet protected at either the national or regional level.

The three most important families on the high terraces of the ACR Maijuna (Lecythidaceae, Sapotaceae, and Chrysobalanaceae) are also the most important in the southern Colombian Amazon, the central Brazilian Amazon, and the region to the south of the Guyana Shield (Duivenvoorden 1994; Duivenvoorden and Lips 1995; Terborgh and Andresen 1998; ter Steege et al. 2000, 2006; Duque et al. 2003). Forests dominated by *Clathrotropis macrocarpa* (Fabaceae, Fig. 3C) have also been found in these regions and would represent the most southwesterly distribution of this species specialized in poor sandy-loam soils (Milliken 1998; Duque et al. 2003; Soler and Luna 2007). Its dominance in these forests could be due to its successful symbiotic relationship with ectomycorrhiza fungi, which allow it to inhabit infertile soils (Henkel et al. 2002). Our report is the fourth for *C. macrocarpa* in the Peruvian Amazon, all occurring between the Napo and the Putumayo rivers. In 2003, a botanical expedition in the middle and upper Peruvian Napo recorded this species as a dominant tree in three 1-hectare plots (Pitman et al. 2008). In 2004 and 2007, two rapid biological inventories in the Apayacu, Ampiyacu, and Yaguas River basins, and in the Cuyabeno-Güeppí area, documented smaller patches of the same species (Vriesendorp et al. 2004, 2008). Forests dominated by *C. macrocarpa* do not reach the southern side of the Amazonas River: none have been reported in the Yavarí and Ucayali regions (Spichiger et al. 1996; Pitman et al 2003; Honorio et al. 2008). The presence and dominance of *C. macrocarpa* in the northern part of the proposed ACR Maijuna may mark an important crossroad for regional floras.

Clay-dominated forests in the Napo basin

The soils of upland forests to the south of the proposed ACR Maijuna are more fertile than those of the terraces in the north. These forests are also more diverse, dominated by families that are more common in this soil type: Myristicaceae (*Virola*, *Otoba*), Malvaceae (*Ceiba pentandra*, *Sterculia*, *Theobroma*, *Quararibea*, *Matisia*), Arecaceae (*Astrocaryum murumuru*, *Iriartea deltoidea*), and Moraceae (*Naucleopsis*, *Pseudolmedia laevis*). This flora is more typical of Loreto, and would extend to the southernmost part of the area, the terra firme forests of the Sucusari area (Vásquez 1997; Honorio et al. 2008) At Sucusari, we found many of the species that had been observed in the Curupa camp, although probably somewhat more diverse due to their proximity to forests near the Amazon River and the opposite side of the Napo River. In Sucusari, we observed an indicator species for rich soils—*yarina* palm (*Phytelephas macrocarpa*)—in dense stands in the understory and subcanopy of the forest.

Comparison with other Loreto forests

The forests of the proposed ACR Maijuna do not harbor the same soil heterogeneity of clay and white quartz sand found in the forests of the lower and upper Nanay River (Kauffman et al. 1998; Vriesendorp et al. 2007). Nor does the area have wide terraces of sandy loam or sand interspersed with clayey forests (typical of southeastern Loreto in the Yavarí and Ucayali Rivers: Pitman et al. 2003; Fine et al. 2006). The Aguas Negras camp of the Cuyabeno-Güeppí rapid inventory also includes species characteristic of poor soils (for example, *Neoptychocarpus killipii*) and is dominated by Chrysobalanaceae. *N. killipii* dominated the subcanopy on certain hills in our Chino camp and in the Piedras site. Although *Clathrotropis macrocarpa* is not dominant in these forests, it is also present in Aguas Negras (Vriesendorp et al. 2008). Although our knowledge of the patterns of Loreto's regional flora remains fragmented, we believe that sufficient evidence exists (Pitman et al. 2008 and this study) to suggest that the flora to the northeast of Iquitos, between the Napo and Putumayo Rivers, marks the transition towards a less diverse flora that grows on ancient, nutrient-poor, clay soils typical of the forests of the central Brazilian Amazon, southern Colombia, and the Guyana region.

RECOMMENDATIONS FOR CONSERVATION

Management and monitoring

- Guarantee that the central part of the proposed ACR Maijuna—the Napo-Putumayo interfluvium—is maintained in its wild state, to ensure that it continues to function as a source of natural repopulation of the flora and fauna in both basins.
- Implement a reforestation program using the timber species that are locally extirpated in the southern sector of the area: *lupuna* (*Ceiba pentandra*, Malvaceae), *cedro* (*Cedrela odorata*, Meliaceae), and *cumalas* (*Otoba glycicarpa*, *O. parvifolia*, and *Virola pavonis*, Myristicaceae). This reforestation program should utilize seedlings from the area to prevent the introduction of foreign genetic material. Because the soils and tree species are different, the area's northern sector (in the Putumayo Basin) is not an important source for repopulation of the area's southern sector (Napo Basin).
- Implement a program to monitor the *irapay* (*Lepidocaryum tenue*) populations. This palm tree is greatly valued as a material for roof thatching, and without adequate management, it could become locally extinct.

Research

- Carry out a more complete study of the high-terrace habitats, including their floristic composition and geographic distribution. We need to know if these terraces are connected with other similar habitats, both to the north (towards the Zona Reservada Güeppí) and east of the area (towards the Ampiyacu, Apayacu, and Yaguas basins). It is possible that the terraces harbor plant species that are new records for the Peruvian flora, as well as possibly new species to science.
- Study the forests dominated by a species of *Tachigali* (Fabaceae, Fig. 3A)—not observed by the botanical team, though seen by R. Foster during the overflight of the northeast sector of the proposed ACR Maijuna—in order to better understand the area's flora.
- Include studies of the botany and vegetation in the four micro-watersheds not visited during the rapid inventory, to dermine if the floristic patterns we documented are general or not.
- Study the reduced populations of important timber species such as *cedro* (*Cedrela odorata*), *lupuna* (*Ceiba pentandra*), and the *cumalas* (*Otoba glycicarpa*, *O. parvifolia* y *Virola pavonis*). Seedlings of these and other species could be used to establish reforestation programs for timber species in the area.
- The extensive natural blowdown (Fig. 3B) in the southeast sector of the proposed ACR Maijuna presents an opportunity to study the dynamics of forest regeneration under natural conditions and to understand how catastrophic events in the Amazon affect the area's regional composition, dominance, and diversity.

FISHES

Authors: Max H. Hidalgo and Iván Sipión

Conservation targets: *Arapaima gigas* (*paiche*) and *Osteoglossum bicirrhosum* (*arahuana*), threatened species with high socioeconomic value, in the Algodón River basin; a very diverse community of headwater fishes, adapted to the naturally fluctuating conditions of the first- and second-order streams (*nacientes*) and associated with riparian forests; connectivity between the aquatic ecosystems of the headwaters and the flood plains, which is critical for key ecological processes for migratory species that are very important in the Maijuna diet and in the Loreto region

INTRODUCTION

Fish diversity in the proposed Área de Conservación Regional Maijuna (ACR Maijuna) has not been evaluated or explored very systematically. This region, located at the midpoint of the southern part of the interfluvial zone between the river basins of the Napo (to the southwest) and the Putumayo (to the northeast), contains at least seven tributary headwaters that flow eventually to these two large rivers. Dominant aquatic habitats in this region are first- and second-order streams (*nacientes*), inhabited primarily by small fish species adapted to their characteristically fluctuating physical and chemical conditions. These fish species depend on resources that the forest provides to the bodies of water (Angermeier and Karr 1983; Winemiller and Jepsen 1998).

These characteristics and other (geographic and historic) factors explain why a high diversity of fishes exists in these headwater areas, despite being oligotrophic systems with low productivity (Lowe-McConnell 1975). In addition, the observed similarity between fish species in the nacientes and floodplains or large habitats (such as rivers and lagoons) can be very low, as the species compositions of these areas are distinct (Barthem et al. 2003).

Recent studies of the ichthyofauna in nearby areas and similar habitats have been conducted primarily in the basin of the Ampiyacu and Arabela rivers, but also in other river basins such as the Apayacu, Yaguas, Alto Nanay, and Güeppí (Hidalgo and Olivera 2004; Hidalgo and Willink 2007; Hidalgo and Rivadeneira 2008). Inventories have also been conducted in the Colombian-Peruvian sector of the Putumayo River (Ortega et al. 2006) and in the equatorial sector of the Napo River (Stewart et al. 1987). The goal of the current ichthyological inventory is to determine the diversity and conservation status of fish communities in the proposed ACR Maijuna, with the aim of maintaining their protection.

METHODS

Fieldwork

During 11 days of intensive fieldwork (16–30 October 2009), we evaluated all possible aquatic habitats in the river basins of the Algodoncillo (a tributary of the Algodón, in the Putumayo basin) and the Yanayacu and Sucusari (tributaries of the Napo), and made daytime collections at a total of 12 sampling stations (generally one per day): 6 at Curupa, 5 at Piedras, and 1 in the Sucusari River (between ExplorNapo and the Sucusari indigenous community). We accessed these stations by motorboat and/or on land by trails, and two members of the Maijuna community helped with all of the fishing activities. In addition to obtaining field samples, we talked with Maijuna members about fishing and favorite fishing sites in their communities, whereby we learned which species are part of their diet and which species are present in the area that were not captured in our samples.

We recorded the altitude and geographic coordinates at each station and described physical characteristics of the habitat (Appendix 2). All sampling stations were lotic (running water) types of rivers and streams, including "headwaters" that corresponded to first- and second-order streams. Sixty percent of the stations were clearwater (transparent without apparent coloration) or mixed-water (between clear and white) habitats, and 40% were whitewater habitats (with cloudy water, milky-brown in color), the latter being a typical characteristic of the larger rivers evaluated. At some stations, we sampled tributaries associated with the primary streams evaluated. We did not find exclusively lentic (still water) bodies of water (*tahuampas*; *aguajales*, or palm swamps; and *cochas*); however, some streams like Curupa and some tributaries of the Algodoncillo had segments with so little current that they were functionally lentic. The absence of lentic habitats could have been due to the fact that the evaluation was done during a less-rainy period (since flooded forests are present in the area) and that we were in the interfluvium of the Napo and Putumayo tributaries.

Collection and analysis of biological material

For icthyological collections we used manual drag nets, 10 x 2 m and 5 x 2 m, with 5-mm mesh. We used these nets in different microhabitats: sand and clay banks, trunks and branch piles, dead leaves, rooted or submerged vegetation, small clumps of floating vegetation, and areas of shallow rapids (*cachuelas*), with hard or soft bottoms. We also used a circular cast net called an *atarraya*, 2 m in diameter (whose efficiency was low because of the large number of dead tree branches on the riverbed) in the Algodoncillo River. In addition to the nets, we used hooks and lines in some locations (Agua Blanca and Yanayacu).

Ninety-five percent of captured individuals were collected, and the remaining 5% were captured, identified, photographed, and released in the Sucusari River. Some medium-sized species (>25 cm, approximately) captured by the Maijuna for food or during the collecting operation were identified and photographed but not collected as samples.

We fixed the samples in a 10% formol solution for 24 hours and immediately photographed them, after which we wrapped them in gauze soaked in 70% ethyl alcohol and packed them in hermetically sealed bags for final transport. Most of the collected biological material will become part of the collection of the Departamento de Ictiología of the Museo de Historia Natural at the UNMSM (in Lima), and some specimens were donated to the Instituto de Investigaciones de la Amazonía Peruana (IIAP, in Iquitos). Individual samples that we were not able to identify taxonomically to the species level in the field were labeled as morphospecies (e.g., *Bujurquina* sp. 2 and *Bujurquina* sp. 3). This methodology has been applied in other Rapid Biological Inventories, such as Ampiyacu-Apayacu-Yaguas-Medio Putumayo and Nanay-Mazán-Arabela (Hidalgo and Oliveira 2004; Hidalgo and Willink 2007).

Brief description of the sites evaluated

Curupa

This site is located in the Napo River basin; we evaluated only the basin of the Yanayacu River, from its confluence with Quebrada Yarina (Yarina Stream) to waters above the Quebrada Curupa. Dominant aquatic environments in this system are very sinuous streams with slow current and clay and mud bottoms. With the exception of Quebrada Yanayacu and Quebrada Curupa near its confluence with the former, the remaining habitats explored were flooded environments within the forest. These characteristics determined the species composition recorded.

Piedras

This site is located in the Putumayo River basin and consists of aquatic environments in the small river basin of the Algodoncillo, the final tributary of the Algodón River. This area, which contains the highest hills observed during the inventory, is dominated by lotic habitats with moderate currents, sinuous riverbeds, and mainly narrow streams with soft to hard bottoms of mostly sand and gravel. In certain sections of the streams (especially first- and second-order ones), shallow watercourses (no more than 5 cm deep) could be observed with hard bottoms of gravel and small stones, characteristics that were relatively common in almost all of the small forest streams.

Sucusari

This site is located in the Napo River basin and is a primary tributary of this river. The sector evaluated was the lower part of the Sucusari River, between the community of Sucusari and the ExplorNapo Lodge. The river is cloudy white water, with little transparency and few sandy beaches. The dominant substrate in the areas where collections were made (but biological material was not preserved) was sand and mud, and the dominant vegetation was virgin primary forest. We did not explore the Sucusari tributaries because of the limited time available for fieldwork in this area.

RESULTS

Richness and composition

We found 132 fish species representing 6 orders, 28 families, and 83 genera (Appendix 3). The species composition shows that members of the Superorder Ostariophysi dominate, which includes the orders Characiformes (scaled fishes with spineless fins), with 73 species (55%); Siluriformes (armored and naked or "leather" catfish), with 38 species (29%); and Gymnotiformes (electric fish), with 7 species (5%). In addition, the order Perciformes (fish with spiny fins) was represented by 12 species (9%), and the orders Cyprinodontiformes and Beloniformes with a single species each.

The high species diversity within the Characiformes and Siluriformes, which together constitute 84% of the ichthyofauna in the proposed ACR Maijuna, reflects that observed in other parts of Loreto and the Peruvian Amazon. The family Characidae (Characiformes), with 51 species (39%), exhibited the greatest species diversity in this inventory. The majority of Characidae species are small (<10 cm total length), including ten species of *Moenkhausia* (the genus with the most species in the proposed ACR Maijuna), seven species of *Hemigrammus*, and six of *Hyphessobrycon*. We recorded other genera of Characidae that reach large sizes (15–30 cm or longer) and are important locally in the diet of the Maijuna and regionally in the commercial fishing industry of Loreto, including, for example, two species of *sábalo* (*Brycon cephalus* and *B.* cf. *hilarii*) and three piranhas (*pirañas, Serrasalmus* spp.) that were observed in the large streams in the study area, especially in the Algodoncillo River basin.

Among the Siluriformes, the most-represented group was the *carachamas* (the catfish family Loricariidae), of which we recorded 14 species (11% of the total). Almost all the species we identified are small and adapted to the headwater forest streams. *Hypostomus* spp. (of the "cochliodon" group) and *Panaque dentex* are noteworthy for their important roles in decomposing organic material; their knife-shaped teeth are a unique adaptation among the loricarids that allows them to consume wood (Schaefer and Stewart 1993; Armbruster 2003). Thus in environments where they are relatively abundant they help break down dead tree trunks that fall in the streams; this was often observed in the headwaters surveyed, where there is a significant amount of forest debris in the water.

In general, the ichthyofauna of the proposed ACR Maijuna is dominated by small species of fish (80% of the total recorded). The majority of the types recorded are micro-omnivores, which take advantage of whatever resources come from the forest (seeds, pollen, fruit, plant debris, arthropods), as well as the limited production from within the aquatic system (primarily microalgae on hard substrates and macroinvertebrates). This category includes the majority of the caracids (*Moenkhausia, Hemigrammus, Tyttocharax, Knodus*), small auchenipterid (*Centromochlus, Tatia*) and heptapterid (*Myoglanis, Pariolius*) catfish, and various electric fish species (*Hypopygus, Gymnorhamphichthys*) and rivulids (*Rivulus*). The eritrinids (*Hoplias, Erythrinus, Hoplerythrinus*) and the electric eel (*Electrophorus electricus*) represent the top predators in these headwater fish communities. In particular, it is notable that we observed several large electric eels (>1 m long) inhabiting streams with depths of less than 30 cm (Fig. 5N).

Curupa

We identified 85 fish species from a total of 1,187 collected or observed individuals (42% of the survey's total of 2,822). The order Characiformes, with 40 species, and the order Siluriformes, with 27 species, exhibited the greatest species diversity. Fifty of the 85 recorded species (59%) were found during the inventory only at this site, whereas the remaining 35 had distributions in other river basins in Loreto and the Peruvian Amazon in general. The record for *Hemibrycon* cf. *divisorensis* respresents a possible geographic range extension (Fig. 5K). We also found a potentially new species of the genus *Pseudocetopsorhamdia*.

The most abundant species in Curupa were all in the family Characidae, of which *Knodus orteguasae* was the most common (342 individuals, 29% of the total for the site). This species, which was found in streams in Curupa, has wide distribution in the Peruvian Amazon (as far as Madre de Dios and in the Andean piedmont up to 500 m). Other typical caracids of the Amazonian plain that were abundant in Curupa were *Hemigrammus* aff. *bellottii* (166 individuals, 14%) and *Tyttocharax cochui* (97 individuals, 8%). The latter is a very small species that reaches sexual maturity at a size of about 1 cm and primarily inhabits forest streams. The genus *Tyttocharax*, of the subfamily Glanduclocaudinae (Weitzman and Vari 1988), is characterized by a gland in the caudal fin that secretes pheromones (Weitzman and Fink 1985), which, given its limited mobility as compared with larger species, represents an advantageous reproductive adaptation in highly fluctuating ecosystems like the streams in Curapa.

The *carachamas* (family Loricariidae), with 9 species, were the other abundant group in Curupa. The most common was a species of *Ancistrus*, recorded at almost all the sampling points and found as often in the quiet waters of streams in the lower part of the Curupa and Yanayacu as in more turbulent waters and on hard substrates near the watershed. The genus *Ancistrus* has a wide distribution in Peru and is one of the few in this family that has been recorded from the Amazonian plain up to elevations of more than 1,000 m in the eastern Andes. Also noteworthy among the loricarids are three wood-eating species, *Hypostomus ericeus, H. pyrineusi*, and *Panaque dentex*.

Fishes used as food by local residents were rare in Curupa, despite the use of a trap net in Quebrada Yanayacu. This net, used by the Maijuna of Nueva Vida to trap individual fish to eat, captured some *lisas* (*Leporinus friderici, Schizodon fasciatus*), a *cunchi* (*Pimelodella* cf. *gracilis*), a white piranha (*Serrasalmus rhombeus*), a *carachama* (*Hypostomus ericeus*), and a *cunchinovia* (*Tatia dunni*).

In general, abundance in Curupa was relatively low as compared with Piedras, which was reflected by the low capture numbers with the gill net. We recorded several rare or uncommon species with ornamental value. These species, which belong to three orders (Characiformes, Perciformes, and Siluriformes), are *Nannostomus trifasciatus, Batrochoglanis* cf. *raninus, Monocirrhus polyacanthus, Boehlkea fredcochui, Apistogramma luelingi, Corydoras rabauti*, and *C. semiaquilus*.

Piedras

We identified 73 species of fish, among 1,602 individuals collected or observed (57% of the inventory total); 38 of the species were found only at this site (52% of the total for Piedras). The most diverse groups were Characiformes (with 49 species) and Siluriformes (with 16). As compared with Curupa, a more abundant sample was obtained with less effort (6 vs. 5 evaluation points, respectively), which indicates a better conservation status. In Piedras there were no records or evidence of fishing with poisons (specifically *barbasco*), as is practiced in Curupa (according to statements by the Maijuna during the inventory).

At this site, although there was a greater abundance of fish, the relative abundances of species were not as markedly dominant as was observed in Curupa. Thus, *Moenkhausia collettii, M. cotinho*, and *Hyphessobrycon bentosi*, all in the family Characidae, each represented 12% of what we recorded for Piedras. However, these species were not as common in the area (we recorded them in 60% of the habitats evaluated) as were *Knodus orteguasae, Tyttocharax cochui*, and *Bryconops caudomaculatus*, which were recorded in 100% of the habitats, although in less total abundance (between 4% and 8%). These species have wide distributions in the Peruvian Amazon, especially, in the cases of *Moenkhausia* and *Hyphessobrycon*, in the Amazonian plain.

Among the Siluriformes, fewer species were recorded in Piedras than in Curupa, coinciding also with a noticeably lower abundance of this order. Thus, we recorded 5 species of *carachamas* (Loricariidae), a lower number than in Curupa (9), and almost all these were recorded only in the Algodoncillo River (with the exception of *Ancistrus* sp.). The lower abundance of this family at the Piedras site (9 individuals vs. 31 in Curupa) could be related to the lower frequency of submerged logs in the smaller streams (with the exception of the Algodoncillo River), which are substrates often utilized by carachamas for food (scraping algae that grow on them), refuges, or nesting sites (Goulding et al. 2003).

The small catfish *Centromochlus perugiae* (Fig. 5L) was the most abundant siluriform at this site, with 26 individuals collected; it was particularly abundant in the

Chino stream, where we collected 24 samples. This small species hides during the day inside holes or channels in submerged logs, using its pectoral spines as anchors to avert being carried away by the current. Its reticulated pigmentation pattern (round black spots with white edges) makes it attractive as an ornamental species.

At this site we recorded the greatest variety and abundance of fish species consumed by local residents in the whole survey, which primarily inhabit large aquatic habitats such as the Algodoncillo River and the Agua Blanca stream. In particular, in the latter several individuals of two species of *sábalo* (*Brycon* cf. *hilarii* and *B. cephalus*), *lisa* (*Leporinus friderici*), and *pirañas* (*Serrasalmus* cf. *maculatus* and *S. spilopleura*) were captured using hooks and lines in little more than 2 hours, indicating optimal conditions for the establishment of migrating, mid-sized fish populations important for consumption.

Sucusari

We identified 14 species of fish among 33 observed individuals (1% of the inventory total). These species belonged to three orders: Characiformes, with ten species, and Siluriformes and Perciformes, with two species each. This result is low as far as species richness, primarily because of the limited time available to evaluate this area. In terms of abundance, although we recorded few species we expected larger numbers of individuals of small caracids, which are commonly observed in similar open habitats (e.g., river beaches with high solar radiation exposure and little vegetation cover over the body of water, as seen in other rapid inventories, such as Ampiyacu, Güeppí, and Yavarí).

Most of the species recorded in the Sucusari River have wide distributions in Loreto and other Peruvian river basins. However, eight species at this site were not recorded at Curupa or Piedras: *Leporinus aripuanaesis, Hemigrammus levis, Paragoniates alburnus, Prionobrama filigera, Carnegiella myersi, Limatulichthys griseus, Rhineloricaria* sp. 2, and *Biotodoma cupido*; that is, 57% of the species in Sucusari were additions to the final species list for the rapid inventory. The majority of these species have been recorded in other river basins in Loreto and in other large rivers, such as the Urubamba as far as Madre de Dios (Ortega et al. 2001; Goulding et al. 2003). The lack of records in Curupa and Piedras may be due to the fact that the Sucusari was the largest habitat evaluated in the ACR Maijuna and to the greater influence of the main river basin (of the Napo) because of its proximity (which offers habitats where these species tend to be more common).

DISCUSSION

The diversity of fish we found in the proposed ACR Maijuna is high but underestimates total species richness for the area, which, according to our estimates, could be almost double the 132 species identified. Thus, our estimated species total is around 240, based on calculations made using the program EstimateS (Colwell 2005).

Considering that more than 90% of the evaluated habitats were those closest to the *nacientes* (first- and second-order streams at the top of the watershed), it is logical that lower areas that experience more flooding would contain larger species, like many scaled and scale-less (leathery) migratory species, among them curimatids like *yambina* and *yahuaraqui*, other species like *palometas*, and large catfish-like *doncellas*, *zungaros*, and dorados, which are very important biologically and economically (Goulding 1980).

In fact, the Maijuna reported the presence of *gamitana* (*Colossoma macropomum*), *paco* (*Piaractus brachypomus*), *arahuana* (*Osteoglossum bicirrhosum*), and *paiche* (*Arapaima gigas*) in the Yanayacu and Algodón river basins, which represents an important opportunity to manage resources for their own benefit. The Maijuna emphasized that the paiche populations in the Algodón are rebounding, thanks to measures they have applied for the past two or three years to stop indiscriminate extraction by fishermen from outside the area. The conservation of these resources has become a priority because of high commercial demand for them and because there are few areas in Peru where they are under legal protection (Ortega and Hidalgo 2008).

We observed that in general the conservation status of Piedras was greater than that in Curupa or Sucusari. This could reflect the larger impact of past logging (and other related activities) in Curupa, as reported by the Maijuna. For example, a lower abundance in fish catches using a gill net was observed in Curupa. The use of barbasco by loggers (also reported by the Maijuna) also would explain the low numbers of medium-sized and large fish, which should have been increasing two years after cessation of this activity. It was mentioned to us that in the Sucusari River basin there has been heavy fish extraction with intensive use of barbasco, which was also indicated as the cause of fish scarcity in the river.

Another factor influencing the abundance of fish in a particular area is the amount of nutrients in the water, which is directly proportional to primary productivity. As primary productivity rises, so does the abundance of schools of fish, which occur in flooded areas of whitewater rivers (e.g., the floodplains of the Ucayali, the Amazon, and the Yavarí), unlike similar areas of blackwater rivers, which are nutrient-poor (e.g., the floodplains of the Nanay associated with *aguajales*, or palm swamps). In this case, we were told that the lower areas of the Algodoncillo River had abundant fish. If we take into account that this river is a mixture of black water and clear water, we would expect that the lower part of the Curupa, which is white water, would have a high abundance of fish, but we were told it has decreased because of indiscriminate fishing and the use of toxic substances by loggers.

As described previously, Characidae is the dominant family as far as diversity, and within that family the genera *Moenkhausia*, *Hemigrammus,* and *Hyphessobrycon* had the greatest species richness. The importance of these genera and of other small caracids is that they constitute part of the primary fish biomass in these headwater (*naciente*) ecosystems (Barthem et al. 2003). In addition, the majority are typical of the lower Loreto Amazon and have ornamental value (Campos-Baca 2006).

Because of the presence of *sábalo* (*Brycon* spp.), *pirañas* (*Serrasalmus* spp.), and *lisa* (*Leporinus* and *Schizodon* spp.) in the main rivers we sampled (especially in the Algodoncillo), we would expect large numbers of other important fishery species to be in this habitat and other similar ones; this can be corroborated indirectly by the presence of fish-eating species, like dolphins and river otters, which were observed in the study area by other members of the rapid inventory team.

In general, speciation is very strong in the aquatic ecosystems of the headwaters because of the fluctuating conditions of these ecosystems; that is, water levels of streams may rise with seasonal rains until they flood surrounding forests for hours, then recede to levels less than 2 m deep. These forces greatly modify the bottom substrate of aquatic habitats and the physicochemical properties of the water (such as concentration of dissolved oxygen, turbidity, etc.), and species must adapt to these variations (Winemiller and Jepsen 1998). However, despite this adaptability, when very drastic changes occur in riparian forests that may be irreversible, or reversible only over long periods of time (e.g., intense deforestation or serious contamination), there may be local extinctions of species with reductions in diversity of more than 50% (Sabino and Castro 1990).

Comparisons with other inventories/other sites

As compared with other regions of Loreto, the proposed ACR Maijuna represents an area of high diversity, in agreement with what has been observed in Ampiyacu-Apayacu-Yaguas-Medio Putumayo (Hidalgo and Oliveira 2004) and Nanay-Mazán-Arabela (Hidalgo and Willink 2007), which are the areas closest to the ACR Maijuna whose ichthyology has been studied. It shares with these two regions the drainage systems of the Napo and the Putumayo; however, the similarity we found was relatively low. For example, 39% of the species we recorded in the ACR Maijuna were in Ampiyacu-Apayacu-Yaguas-Medio Putumayo and 36% were in Nanay-Mazán-Arabela, with 20% of the species in the ACR Maijuna common to both sites.

In terms of ichthyological diversity, this result is an indicator of the high richness and heterogeneity of fish communities in Loreto, and the ACR Maijuna is an important piece of this mosaic of fluctuating communities. With the exception of potentially new records and those species new to science, more than 90% of the species in the ACR Maijuna are present in other river basins in Peru (Ortega and Vari 1986) as well as in those in other regions of South America (Reis et al. 2003). Thus, for a better understanding of the patterns of species distribution, more studies are necessary in areas with gaps in information; it would be interesting to start with those that have never been explored and that are near or adjacent to areas previously studied as ANPs (*Áreas Naturales Protegidas*) or to river basins already surveyed.

Rare species, new species, range extensions

The majority of species found correspond to the typical ichthyofauna of Loreto, especially of the Amazonian plain. However, we obtained some noteworthy records of possibly new species and range extentions. The possibly new species belong to three genera: *Pseudocetopsorhamdia* (we found the same species in the Arabela area during the Nanay-Mazán-Arabela Rapid Inventory; Hidalgo and Willink 2007); *Bunocephalus* (a small aspredinid catfish known as *sapocunchi* or the banjo catfish, which we recorded only in sandy-bottom streams in the headwaters of the proposed ACR Maijuna, Fig. 5E); and *Bujurquina* (a very colorful, reddish adult specimen with turquoise on the head; species of this genera in Peru had not been known previously to have such marked color patterns, which are typical for other cichlid genera, Fig. 5F). The majority of species in this family have high ornamental value.

In Curupa we found a species of *Hemibrycon* (Fig. 5K) that is very similar to the *H. divisorensis* recently described from the Zona Reservada Sierra del Divisor during the Rapid Inventory there (Bertaco et al. 2007). There had been no records of this species outside of the Sierra del Divisor, so finding it in the Napo River basin and in a relatively similar habitat (headwaters, waters with strong currents, stony-sandy bottom, clear water) would represent a range extension of more than 500 km. It could possibly also be a species new to science.

In the Algodoncillo River we found *Corydoras ortegai*, which is a small catfish (family Callichthyidae) described from the Alto Yaguas River basin during the Ampiyacu Rapid Inventory (Britto et al. 2007). This record constitutes a range extension of the known distribution of this species, which apparently only inhabits minor tributaries of the Putumayo basin on the Peruvian side.

There are three very probable new records for Peru resulting from our ichthyological survey: *Characidium pellucidum* (Fig. 5G), *Melanocharacidium pectorale* (Fig. 5H), and *Jupiaba* aff. *abramoides* (Fig. 5J). The first two species have been reported for Leticia in the Colombian Putumayo region (Galvis et al. 2006) but were not recorded on the list of fish of Peru (Ortega and Vari 1986; Chang and Ortega 1995). *Jupiaba* aff. *abramoides* is reported for the Guyanas (Planquette et al. 1996) and is the closest to the species of this genus that we found in the Algodoncillo River basin.

RECOMMENDATIONS FOR CONSERVATION

Management and monitoring

- Consult the Ordenanza Regional 020-2009-GRL-CR (*www.regionloreto.gob.pe*), in effect since 15 October 2009, in reference to the conservation and protection of the river-basin headwaters located in the Loreto region, for legal support to enforce respect for these areas in the Yanayacu and Algodón river basins, which are currently well-conserved and have high species diversity. The varied microhabitats in the proposed ACR Maijuna are places of feeding, reproduction, and offspring-raising for many species of ecological and commercial importance. Thus, this area is a source of ichthyic resources for each river basin, and its protection will counterbalance fishing pressure downstream.
- Study populations of *Arapaima gigas* (*paiche*) and *Osteoglossum bicirrhosum* (*arahuana*) in the Algodón River basin and bodies of water associated with the sector of the proposed ACR Maijuna. Studies focused on these species will allow the determination of the current status of their populations and, on the basis of this information, the establishment of adequate measures for resource management by local communities. Also, we recommend an objective diagnosis of fishing operations involving other economically important fish species to develop strategies for their rational use.

- Prohibit the use of harmful and nonselective fishing methods in the various bodies of water. The establishment of logging camps near Curupa caused soil erosion and altered aquatic habitats, as well as enabling poor fishing practices. Although it is difficult to determine the impact of barbasco use in these waters before 2007, we can assume that the bodies of water are currently in a state of natural recuperation, as has been observed in other areas of Peru where fish populations have rebounded since barbasco use ended (Rengifo pers. comm.).

Investigation

- Carry out limnological evaluations to determine the quality of the bodies of water studied, which may corroborate their good status through the presence of biological indicators such as insects in the families Ephemeroptera and Plecoptera (Roldán and Ramírez 2008) and fish in the family Heptapteridae, which are associated with second-order bodies of water (Reis el al. 2003).
- Provide incentives for, and promote fish farming in, the Maijuna communities, not only as a source of animal protein but also as part of an alternative program to generate income through the sale of commercially important fish. *Sábalos, boquichicos, tucunaré,* and *paco* (see Appendix 3 for scientific names) are species with which they have experience and that have the advantages of being native, rapid growth, and low cost.
- Conduct a study of the fish collected in our inventory that are considered ornamental (53 species, which is 45% of the species collected). The possible use of these potential resources should involve adequate management strategies that avoid overexploitation and allow sustainability over time.

Additional inventories

- Inventory the five headwater areas not sampled within the proposed ACR Maijuna, which would expand the fish-species list.
- Collect from particular lentic bodies of water (aguajales and cochas within the proposed ACR Maijuna) that may be associated with new or endemic species.
- Evaluate the diversity of ichthyofauna in the Algodón River and in lagoons associated with this river, including estimates of the size of populations of *Arapaima gigas* (*paiche*) and *Osteoglossum bicirrhosum* (*arahuana*).

AMPHIBIANS AND REPTILES

Authors: Rudolf von May and Pablo J. Venegas

Conservation targets: Two threatened species categorized as Vulnerable by the International Union for Conservation of Nature (IUCN 2009), harlequin frog (*Atelopus spumarius*) and yellow-footed tortoise (*Chelonoidis denticulata*); smooth-fronted caiman (*Paleosuchus trigonatus*), categorized as Near Threatened by the government of Peru (INRENA 2004); 28 species (21 amphibians and 7 repiles) with distributions restricted to the northwest portion of the Amazon Basin (Ecuador, southern Colombia, northeastern Peru, and the extreme northwest of Brazil); intact forests and river basin headwaters inhabited by a high diversity of amphibians with direct development (*Pristimantis* spp.) and amphibians with aquatic development associated with clear-water streams with sandy bottoms (harlequin frog and a glass frog [*Cochranella midas*])

INTRODUCTION

The Loreto region, adjacent to the Ecuadorian Amazon, southern Colombia, and the extreme northwest of Brazil, is part of one of the most diverse regions of amphibians and reptiles in the world. However, the herpetofauna in this extensive region presents heterogeneous patterns of distribution that make efficient surveys difficult (Duellman 1978). In recent decades, much of the effort to document herpetofaunal diversity in the Amazon Basin has been concentrated in Loreto and Ecuador: the herpetofauna of Santa Cecilia (Duellman 1978), reptiles of the Iquitos region (Dixon and Soini 1986), anurans of the Iquitos region (Rodríguez and Duellman 1994), and the herpetofauna of northern Loreto (Duellman and Mendelson 1995). During the past decade there has also been a series of rapid inventories conducted in the most remote parts of Loreto with the aim of promoting the protection of natural areas. These inventories have compiled valuable information about amphibian and reptilian diversity in the Amazon: Yavarí (Rodríguez and Knell 2003); Ampiyacu, Apayacu, Yaguas, and Medio

Putumayo (Rodríguez and Knell 2004); Sierra del Divisor (Barbosa de Souza and Rivera 2006); Matsés (Gordo et al. 2006); Mazán, Nanay, and Arabela (Catenazzi and Bustamante 2007); and Cuyabeno-Güeppí (Yánez-Muñoz and Venegas 2008). Despite these efforts to document herpetological diversity in the Peruvian Amazon, many remote areas remain to be studied.

To confirm the biological importance of the proposed Área de Conservación Regional (ACR) Maijuna, we documented species composition and richness for the herpetofauna found during two weeks of rapid inventory. In addition, to highlight the unique characteristics of the proposed ACR Maijuna in the context of the conservation vision of the Gobierno Regional of Loreto, we compared our results with those of other sites evaluated previously through rapid inventories conducted in Loreto.

METHODS

Field sampling was conducted between 15 and 30 October 2009. We evaluated two main sites, Curupa (5 intensive days of sampling) and Piedras (7 intensive days of sampling), which are part of two different river basins (Napo River and Putumayo River, respectively). We included a third site, Sucusari (in the Napo River basin), as a point of comparison because that area is located next to the proposed ACR Maijuna and has been studied previously (Rodríguez and Duellman 1994). We sampled the area around the ExplorNapo Lodge (1.5 intensive days) to characterize this third site.

At each site we conducted daytime and night-time searches following the "free inventory" method (*inventario libre*, i.e., unstructured visual surveys) in several types of terrestrial and aquatic habitats (Heyer et al. 1994). Terrestrial habitats included upland forests with several types of vegetation and soil composition associated with high and low hills, forests on seasonally flooded terraces, small *aguajales* (palm swamps), and riparian vegetation (banks of several streams and banks of the Algodoncillo River). Aquatic habitats included clearwater streams, whitewater streams, and the Algodoncillo River (white water). In addition, we sampled 20 plots covered with leaf litter, each measuring 5 by 5 m (Jaeger and Inger 1994) (10 in Curupa and 10 in Piedras), which were set up in uplands, on floodplain terraces, and in the transition zone between the two habitats. In each plot, three or four observers looked for animals by moving logs, rocks, and surface vegetation.

We evaluated species richness and composition at the two main sites (Curupa and Piedras) and made comparisons with ten sampled sites from previous rapid inventories in Loreto. Sites were selected for this comparison on the basis of observations of the vegetation, topography, and soils made by the team of botanists. The sites selected exhibited diversities of soils, topography, and vegetation types similar to those observed in the current inventory. Also, these sites are distributed in areas to the east, north, and west of the proposed ACR Maijuna (Fig. 19), and the sampling effort was similar to that of the current inventory (4–7 days per site). Specifically, we used the following sites for the comparisons: Curacinha and Limera (sites 1 and 3 in Yavarí; Rodríguez and Knell 2003); Yaguas, Maronal, and Apayacu (sites 1, 2, and 3 in Ampiyacu; Rodríguez and Knell 2004); Alto Mazán and Alto Nanay (sites 1 and 2 in Nanay-Mazán-Arabela; Bustamante and Catenazzi 2007); Redondococha, Güeppí, and Aguas Negras (sites 2, 4, and 5 in Cuyabeno-Güeppí; Yánez-Muñoz and Venegas 2008). We excluded other nearby sites (e.g., Zona Reservada Allpahuayo-Mishana) because they had been much more intensively sampled (for years in the case of Allpahuayo-Mishana; Rivera and Soini 2002).

To analyze our data, we first made a comparison of species richness and relative abundance of the herpetofauna recorded in Curupa and Piedras. The comparison of relative abundance was based on standardized data with respect to the total number of individuals found at each site. To compare Curupa and Piedras with other sites in Loreto, we performed a cluster analysis based on a presence/absence matrix and the Jaccard similarity index. For this analysis we used the PAST program (Hammer et al. 2001). We also graphically evaluated the relation between number of species shared between all possible pairs of sites and geographic distance. In addition, we constructed

Fig. 19. Location of the two sites (Curupa and Piedras) evaluated during our inventory of the proposed ACR Maijuna, in relation to previous Rapid Inventory sites in Loreto. Concentric circles indicate the distances from a point located midway between the Curupa and Piedras camps.

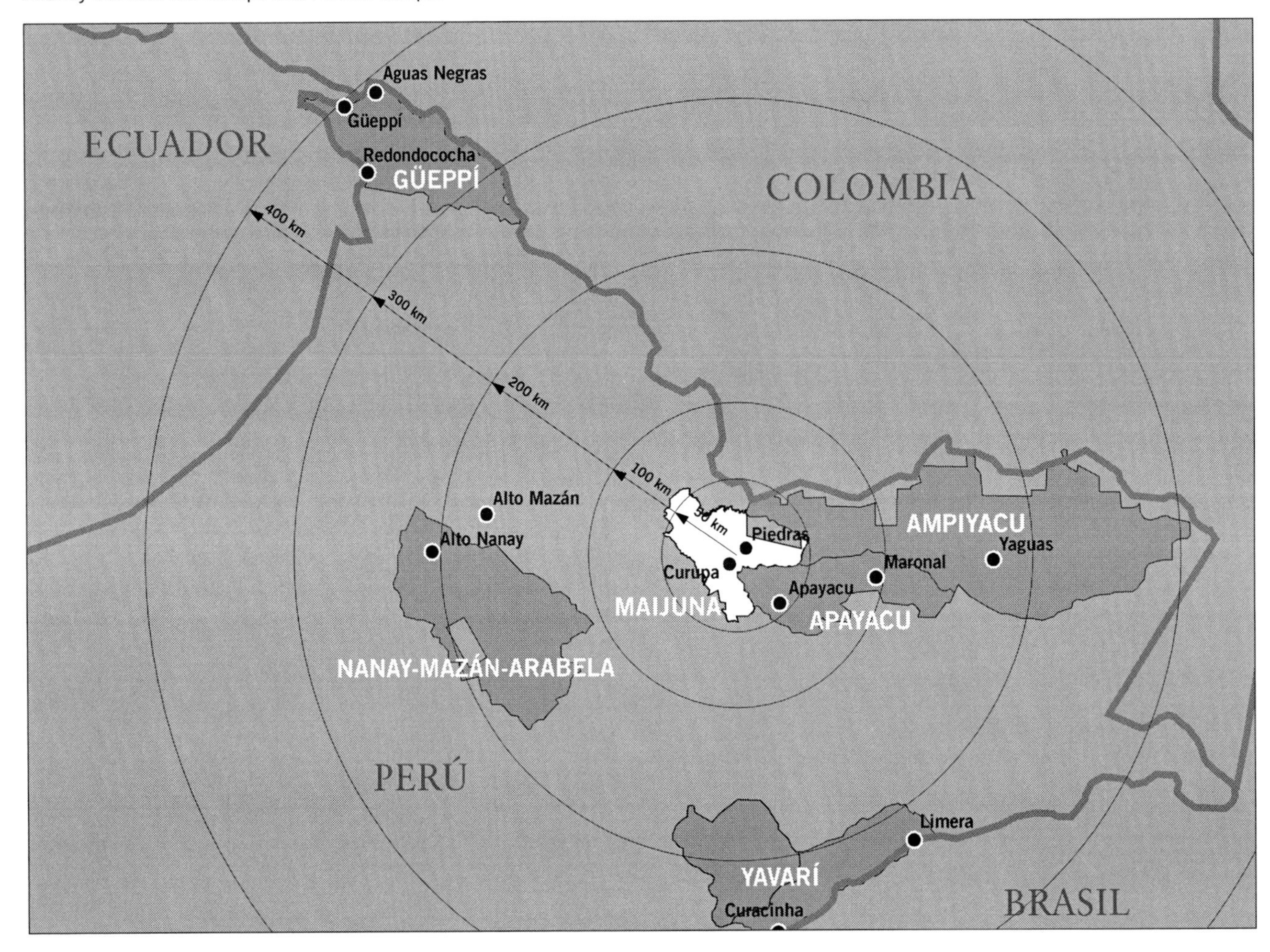

a geographical distance matrix for all possible site pairs and used the Mantel proof (Mantel 1967) to evaluate whether a correlation existed between similarity and geographic distance. For this proof we used an Excel spreadsheet integrated with PopTools (*www.cse.csiro.au/poptools*).

We collected voucher specimens for the majority of species and took photographs of all species found at each site. Collected specimens were deposited in the herpetological collections at the Centro de Ornitología y Biodiversidad (CORBIDI) and the Museo de Historia Natural de la Universidad Nacional Mayor de San Marcos (MUSM), both located in Lima. A representative sample of the most common species were deposited in the herpetological collection at the Museo de Zoología of the Universidad Nacional de la Amazonía Peruana, in Iquitos.

RESULTS

Richness and composition

We found 108 species, of which 66 are amphibians and 42 are reptiles (Appendix 4). We recorded 12 families and 27 genera of amphibians, the most prominant families being Hylidae (19 species, 6 genera) and Strabomantidae (18 species, 5 genera). We recorded 13 families and 32 genera of reptiles, the most prominent families being Colubridae (10 species, 10 genera) and Gymnophtalmidae (6 species, 4 genera). Of the recorded species, 28 have distributions restricted to the northwest part of the Amazon basin (Ecuador, southern Colombia, northeastern Peru, and the extreme northwest of Brazil). The herpetofauna is mainly associated with four kinds of terrestrial habitat: upland with high hills and nutrient-poor soils, floodplain forests, small aguajales, and vegetation around rivers or streams.

We found several amphibian species associated with favorable reproductive habitats. For example, species that use temporary bodies of water (frogs of the genera *Leptodactylus, Hypsiboas*, and *Dendropsophus*) are common in small aguajales and floodplain forest. We found many species with direct development (genera *Hypodactylus, Oreobates, Pristimantis*, and *Strabomantis*) in upland forests with high hills. On hills close to aguajales and streams we found species with aquatic larval stages (*Allobates femoralis, Ranitomeya duellmani*, and *Osteocephalus planiceps*), which typically use small bodies of water contained in logs, fallen leaves, bromeliads, or other epiphytes for reproduction. We found a greater abundance of arboreal species (*Osteocephalus cabrerai, O. fuscifacies* [Fig. 6L], *O. taurinus*, and *Cochranella midas*) associated with riparian or stream vegetation.

Several species of reptiles also were common in particular terrestrial or aquatic habitats. For example, four leaf-litter lizards in the family Gymnophtalmidae (*Cercosaura argulus* and three species of the genus *Alopoglossus*) were more abundant in uplands and in lowlands with low hills than in floodplain forest. We found several lizard species of the genus *Anolis* in higher abundance in the upland forests with high hills than in other types of forest. We also found yellow-footed tortoise (*Chelonoidis denticulata*, Fig. 6N) and venomous snakes, like the *jergón* (*Bothrops atrox*) and *shushupe* (*Lachesis muta*, Fig. 6P), in the uplands. We found other snakes (*Xenoxybelis argenteus, Bothrocophias hyoprora*, and *Pseustes poecilonotus*) in floodplain forests. (However, much more sampling would be needed to detect whether a pattern of habitat use exists for snakes.) In stream and riparian vegetation, we found aquatic and semiaquatic reptile species, like smooth-fronted caiman (*Paleosuchus trigonatus*, Fig. 6M), anaconda (*Eunectes murinus*), and the lizard *Potamites ecleopus*.

Comparison between Curupa and Piedras

Our sampling effort in Piedras (7 days) was greater than in Curupa (5 days), but there was not a large difference in species richness, in part because the distance between the two sites was relatively small (15.3 km). Of the 108 species recorded during the inventory, we recorded 68 species in Curupa and 78 in Piedras. The two sites share more than 50% of all species recorded during the rapid inventory. Nevertheless, there were differences in availability of habitats at each site. For example, in Piedras we found more clearwater streams with sandy bottoms than in Curupa, and it was there that we found species that use such streams for reproduction (*Cochranella midas* and *Atelopus spumarius*, Fig. 6D); the larvae of both species finish their development in this type of aquatic habitat (Rodríguez and Duellman 1994).

The structure of the herpetofaunal community can be characterized in a preliminary way on the basis of relative abundance of common species found in each site (Fig. 20). The majority of these species were detected at both sites, although their relative abundance varied with respect to the site. *Atelopus spumarius* was the only common species detected at only one site (Piedras). Another, less-common group, but that exhibited differences in presence/absence and relative abundance between the two sites, included lizards of the family Gymnophthalmidae. Six species of Gymnophthalmidae were detected in Curupa and only three in Piedras; two of the three species present at both sites were more abundant in Curupa and were associated with upland forests.

Rare species, new species, and range extensions

Two species recorded, harlequin frog (*Atelopus spumarius*, Fig. 6D) and yellow-footed tortoise (*Chelonoidis denticulata*, Fig. 6N), are categorized as Vulnerable by the IUCN (2009). We also recorded smooth-fronted caiman (*Paleosuchus trigonatus*, Fig. 6M), a species categorized as Near Threatened according to Peruvian law (INRENA 2004). The meat of both reptile species is traditionally eaten by the local population, as is that of an amphibian species (*jojo* or *hualo, Leptodactylus pentadactylus*). It is worth noting

Fig. 20. Relative abundance of the 16 most-abundant species found at both sites in the proposed ACR Maijuna.

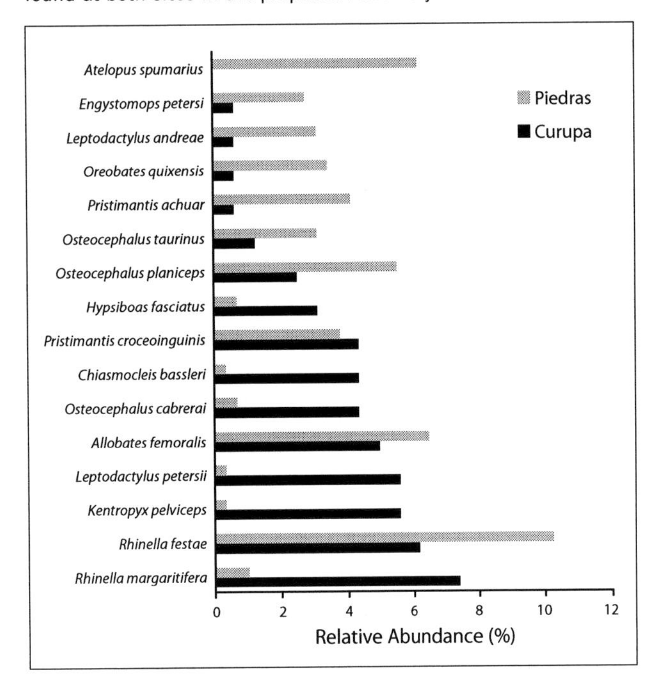

that *Atelopus spumarius* was recorded in only 2 of the 12 sites used in our site comparison in Loreto. In Piedras we found 18 individuals with a limited search effort of 2 person-hours, whereas in Alto Nanay five individuals were found with a search of 5 person-hours (Catenazzi and Bustamante 2007). We should note that the neotropical frog genus *Atelopus* comprises at least 85 described species, of which 65 have been categorized as Critically Endangered and 3 are considered extinct (IUCN 2009). Because knowledge of the population status of *A. spumarius* is deficient for a large part of its distribution (Lips et al. 2001), our record represents a detailed snapshot of a population with relatively high abundance.

We recorded the second known locality in Peru of the two frog species *Osteocephalus fuscifacies* (Fig. 6L), and *Pristimantis delius* (Fig. 6C), expanding their distribution ranges more than 300 km to the south. In the case of *P. delius,* this species was known only for its type locality in Andoas, in northern Loreto (Duellman and Mendelson 1995), and *O. fuscifacies* had been recorded only in the locality of Aguas Negras on the border with Colombia and Ecuador (Yanez-Muñoz and Venegas 2008). We also recorded the third locality in Peru of *Pristimantis lythrodes* (see Duellman and Lehr 2009), expanding its distribution range 100 km to the west. In addition, we recorded a possible new species of *Pristimantis* (of the *unistrigatus* group, Fig. 6A) that differs from all other species of *Pristimantis* recorded in the Peruvian Amazon in the following combination of characters: (1) back completely smooth, (2) abdomen creamy without marks, (3) back of the thighs brown, and (4) two-colored iris (navy blue and red).

Knowledge and use of the herpetofauna by the Maijuna

We interviewed two Maijuna residents (Sebastián Ríos Ochoa and Liberato Mosoline Mojica (whose Maijuna names were Ma taque Dei Oyo and Saba Dei, respectively) to learn traditional names and uses of amphibian and reptile species in the area. On the basis of photographic charts containing more than 200 species from the region, residents recognized 21 species and referred to them by their common names in the Maijuna language. The following amphibian species were recognized (Maijuna name in parentheses[1]): *Leptodactylus pentadactylus* (*jojo*), *Osteocephalus planiceps* (*eque*, typically recognized by the males' vocalizations), *Phylomedusa bicolor* (*uacuacodo*), and *Siphonops annulatus* (*bachi*, a word that means "worm"). The following reptile species were recognized: *Ameiva ameiva* (*cochi chido*), *Amphisbaena fuliginosa* (*bachiucu*), *Anolis fuscoauratus* (*namamo*), *Boa constrictor* (*jaisuquiaqui aña*), *Bothriopsis bilineata* (*beco aña*), *Bothrops atrox* (*yiaya cotiaquɨ*; juvenile individuals of *B. atrox* are called *yie aña* in Maijuna and *cascabel* in Spanish, although true cascabel snakes [*Crotalus* spp.] do not live in Loreto), *Chelonoidis denticulata* (*meniyo*), *Chelus fimbriatus* (*mio tada*, although this species, "mata mata," was not recorded during the rapid inventory), *Eunectes murinus* (*ucucui*), *Kentropix pelviceps* (*chido*), *Lachesis muta* (*ñene aña*), *Liophis taeniogaster* (*tota aña*, not recorded during the rapid inventory), *Oxyrhopus* spp. (*ne aña* or *ma aña*; this name is used for *O. melanogenys*, *O. formosus,* and other red snakes locally called *aguaje machaco*, none of which were recorded during the rapid

1 For a pronunciation guide, see the chapter "Maijuna: past, present, and future" in this report.

inventory), *Paleosuchus trigonatus* (*ñucabi totoaco*; this name is also used to refer to other caimans not recorded during the inventory), *Platemys platycephala* (*pe̲go*, not recorded during the rapid inventory), *Siphlophis compressus* (*pede a̲ña*), and *Tupinambis teguixin* (*mɨ̲ɨ̲bi*).

Traditionally the Maijuna consume the meat of four species: *Chelonoidis denticulata*, *Paleosuchus trigonatus*, *Leptodactylus pentadactylus*, and *Platemys platycephala*. The skin of the lizard *Tupinambis teguixin* is used to make bracelets, and the shell of the tortoise *C. denticulata* is made into whistles, which are used to produce sounds and supposedly attract animals during hunting (e.g., for black agouti, *Dasyprocta fuliginosa*). The Maijuna have a song based on *C. denticulata* (*meniyo*), which is typically sung by children. They also have several stories based on various species of frog (e.g., *Osteocephalus planiceps* and *L. pentadactylus*). One of the traditional Maijuna clans was called *bachi bajɨ* (*bachi* means "worm," a word also used to identify caecilids, and *bajɨ* means "clan"). Today there are three clans in the Maijuna population, but the *bachi bajɨ* clan no longer exists (Sebastián Ríos Ochoa pers. comm.).

DISCUSSION

We estimate that the herpetofauna of the proposed ACR Maijuna may contain at least 160 species, of which approximately 80 are amphibians and 80 are reptiles. This estimate is based on the known species richness for several areas of the western Amazon (e.g., Duellman 1978; Dixon and Soini 1986; Duellman and Mendelson 1995), although some areas may contain even higher species numbers. To put this estimate in a regional context, the herpetofauna of some sites in Loreto contain more than 200 species living in an area equal to or smaller than the proposed ACR Maijuna. This is the case for the Reserva Nacional Allpahuayo-Mishana, which was sampled for several years (Rivera and Soini 2002). Similarly, more than 200 species have been recorded in nearby sites in Ecuador (Estación Biológica Tiputini and the Parque Nacional Yasuní; Cisneros-Heredia 2006; Ron 2007). The number of species we estimate for the proposed ACR Maijuna is less than the number of species in Allpahuayo-Mishana because the proposed ACR Maijuna does not have as high a diversity of soils. However, the uniqueness of the Maijuna area is due to a combination of vegetation, soils, and topography not previously observed in the Peruvian Amazon, and its species richness may be slightly higher than we estimate here.

Comparison with sites evaluated in other rapid inventories in Loreto

Species richness of the herpetofauna detected during our rapid inventory in the proposed ACR Maijuna (108 species) is within the range (90–120 species) recorded during rapid inventories of other areas in Loreto (Rodríguez and Knell 2003; Gordo et al. 2006; Bustamante and Catenazzi 2007; Yánez-Muñoz and Venegas 2008). However, the two evaluated sites in this inventory (Curupa and Piedras) exhibit a higher species richness than that found in the majority of sites evaluated individually in other areas of Loreto. (Typically, three to five sites are evaluated for each rapid inventory.)

Our analysis of presence/absence data in Curupa and Piedras indicates that these two sites form a group more related to sites at Ampiyacu, a region east of the proposed ACR Maijuna (Fig. 21). The selected sites in other areas (Ampiyacu, Mazán/Nanay, and Güeppí) also form distinct groups, indicating that nearby sites are more similar in species composition than more distant ones. The only exception was two evaluated sites in Yavarí (Limera and Curacinha). This discrepancy may be due to the low number of species identified at one of the sites (Limera). However, if all possible pairs of sites are taken into account, we find that the number of species shared between sites is inversely proportional to the geographic distance separating these sites (Fig. 22). This result was also confirmed by our analysis based on the Jaccard similarity index and geographic distance (Mantel proof, $r = -0.442$, $P < 0.001$).

RECOMMENDATIONS FOR CONSERVATION

Management and monitoring

- Implement a monitoring program for the two threatened species categorized as Vulnerable by the IUCN (2009): harlequin frog (*Atelopus spumarius*,

Fig. 21. Relation among 12 sites evaluated in rapid inventories in the Loreto, Peru, region, based on a cluster analysis using the Jaccard similarity index. The number of species reliably identified and the number of sampling days are in parentheses.

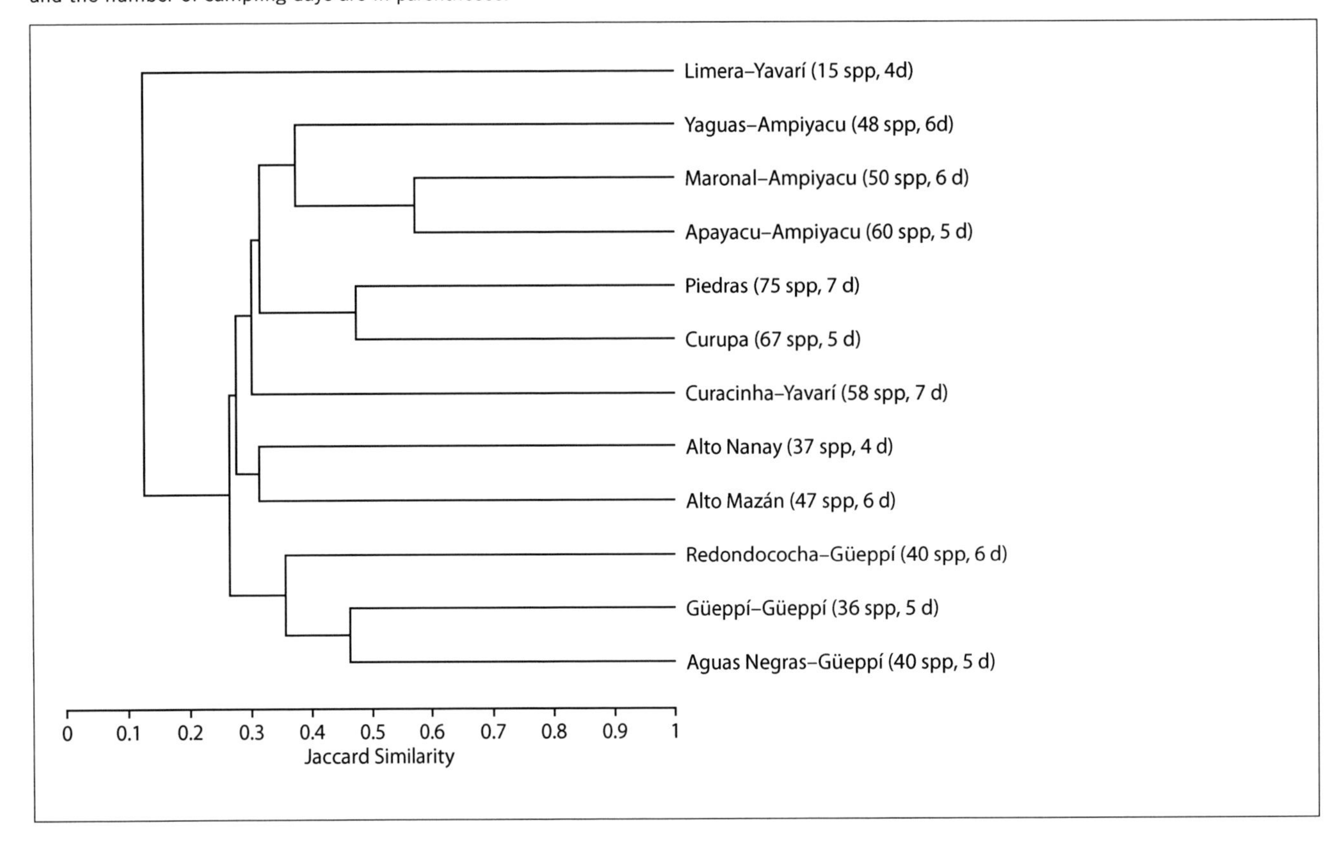

Fig. 22. For sites evaluated previously in rapid inventories in Loreto, the number of species shared between sites is inversely proportional to the geographic distance (Spearman correlation, $r = -0.451$, $P < 0.001$).

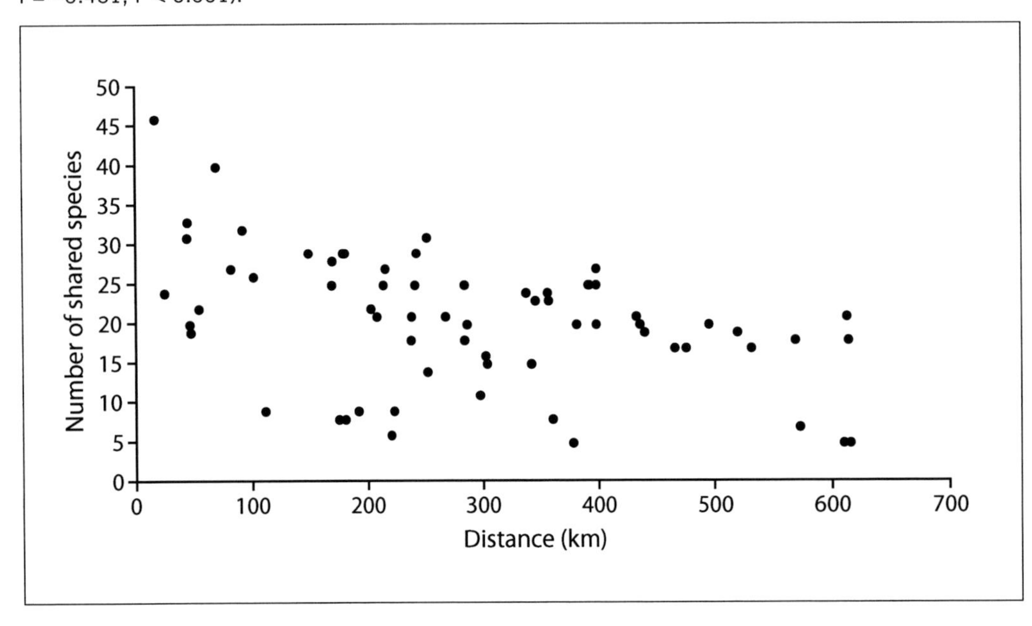

Fig. 6D) and yellow-footed tortoise (*Chelonoidis denticulata*, Fig. 6N). In the case of the motelo, we recommend a monthly accounting of captured animals and their sizes (shell length), and that individuals of reproductive age (that is, those with shell lengths longer than 25 cm; Vogt 2009) not be taken. For harlequin frog (*A. spumarius*) our recommendation is based on an adaptation of a monitoring method for species associated with flowing water suggested by Lips et al. (2001). We suggest that the harlequin frog be monitored twice a year with four transects established in the forest along the banks of the Piedras stream: two transects on each bank of the stream, each transect 2 by 400 m, with 200–400 m between transects to maintain independence of sampling; and each transect should be visited during the day and at night. Data taken in these transects should include number of individuals, sex, number of pairs in amplexus, temperature, and relative humidity. Information from this monitoring should be archived and prepared for publication every three years in herpetological journals (e.g., Herpetological Review). Monitoring and management decisions, in the event that a reduction in relative abundance is noticed, should be supervised by conservation authorities from the Instituto de Investigaciones de la Amazonía Peruana (IIAP).

- Establish closed areas inside the proposed ACR Maijuna to allow recuperation and maintenance of yellow-footed-tortoise populations with reproductive individuals (>25 cm), because the species requires 12–15 years to reach sexual maturity (Vogt 2009); these areas should also be established for many other animals traditionally used by the local population. These no-harvest areas within the proposed ACR Maijuna would be determined in accordance with reproductive patterns of various species (reptiles, mammals, birds) used by humans.

Research priorities and additional inventories

The establishment of the proposed ACR Maijuna will ensure the protection of a unique area for research on the ecology of forests on high hills and poor soils typical of Loreto. The area offers the opportunity to evaluate two or more sites representing several gradients in terms of soil fertility, vegetation types, hunting pressure, and extraction of wood and other resources that could be useful for studies of patterns of amphibian and reptile abundance in the area. Other important subjects for local students and investigators include the study of patterns of spatial and temporal distribution (seasonality), patterns of abundance by habitat, ecology of the community of leaf-litter reptiles, and ecology and natural history of selected taxa (e.g., *Pristimantis* spp., *Paleosuchus trigonatus,* and *Atelopus spumarius* [see the previous section of this report]). Our inventory was conducted over only 12 days of sampling in two localities. Future inventories that are longer; include more localities, vegetation types, and soils; and are conducted during different times of the year will increase the number of species recorded in the ACR Maijuna.

BIRDS

Authors: Douglas F. Stotz and Juan Díaz Alván

Conservation targets: Birds of high-terrace habitats (four species, including an undescribed *Herpsilochmus* antwren); game birds, especially Nocturnal Curassow (*Nothocrax urumutum*) and Salvin's Curassow (*Mitu salvini*); six species endemic to northwestern Amazonia; plus an additional 12 species limited in Peru to areas north of the Amazon; diverse forest bird communities

INTRODUCTION

The area north of the Amazon River and east of the Napo River has not been well surveyed for birds. Several early collectors, including Deville, Castelnau, and the Ollalas, obtained birds near Pebas and Apayacu on the north bank of the Amazon in the 1800s and early 1900s (T. Schulenberg pers. comm.). The most relevant comparison for this survey is the Ampiyacu rapid inventory (Stotz and Pequeño 2004). The closest site surveyed during the Ampiyacu inventory was Apayacu, approximately 43 km southeast of our Piedras camp in this present inventory. The sites surveyed during the Ampiyacu inventory resembled those on this inventory by being distant from major rivers and significant human habitation. Other surveys near current rapid inventory sites include those worked by teams from Louisiana State University (LSU) near Sucusari and along the Yanayacu River in the early 1980s. Lists of the species collected at these sites are in Capparella (1987). Cardiff (1987) reports significant distributional records from Sucusari. After the LSU publications, Ted Parker examined the avifauna in the area around ExplorNapo Lodge near Sucusari more thoroughly than we were able to during the current rapid inventory. Records from these localities are included in an unpublished database compiled by Tom Schulenberg, which we used for comparison to our survey results.

METHODS

This inventory took place in the proposed Área de Conservación Maijuna ("ACR Maijuna") in northern Loreto, Peru (Fig. 2A). We spent four full days at Curupa (16–19 October 2009) and four at Piedras (23–26 October). Our inventory at Piedras was supplemented by observations during an afternoon and full day (20–21 October) at a satellite camp, Chino, approximately 6 km southwest of the Piedras camp. Stotz and Díaz spent 87 hours observing birds at Curupa and 101 hours at Piedras (including time around Chino). Observations totaled 7 hours at Nueva Vida (14–15 and 28–29 October) and 16.5 hours during boat trips up and down the Yanayacu River (15 and 28 October). On 29–31 October, we visited ExplorNapo Lodge near the Maijuna village of Sucusari; the results of our observations there are not included in Appendix 5 because it is outside the proposed ACR Maijuna, but we make some comparisons in the Discussion section below. Observations made by advance-team members José Rojas and Álvaro del Campo during the period 8–14 June are included in Appendix 5 and the Results section below as supplementary to our observations during the formal inventory. Included are observations from Puerto Huamán, along the Yanayacu River, and the two camps surveyed during the rapid inventory. Also included are observations from along Quebrada Coto (Coto Stream), which enters the Yanuyacu a bit above Nueva Vida (Fig. 2A) but was not surveyed during our rapid inventory. We provide no abundance estimate for these observations because the lack of formal surveys during the advance team's trip into the region. Comparisons of our results to other inventories and among sites surveyed during our inventory do not include the observations from the advance team.

Our protocol consisted of walking trails, looking and listening for birds. We conducted our surveys separately to increase independent-observer effort. Typically, we departed camp before first light and remained in the field until mid-afternoon. On some days, we returned to the field for one to two hours before sunset. We tried to cover all habitats near camp and covered all of the trail system at least once. Total distances walked by each observer each day varied from 5 to 12 km, depending on trail length, habitat, and density of birds.

Díaz carried a tape recorder and microphone to document species and confirm identifications with playback. We kept daily records of numbers of each species observed, and compiled these records during a round-table meeting each evening. Observations by other members of the inventory team, especially D. Moskovits, supplemented our records.

During the day in the field, Stotz followed the mixed bird flocks he found, recording flock composition in terms of species and numbers of individuals. When he encountered *Thamnomanes* antshrikes (understory flock leaders) or multiple species of typical canopy flock members together, he would leave the trail and follow them attempting to obtain a complete list of species present in the flock. If the flock composition he recorded appeared to be significantly incomplete, or if he could not follow the flock for at least 15 minutes, he did not include that flock or its composition in the discussion of flocks below. He followed 61 flocks for periods ranging from 15 to 85 minutes (mean 34 minutes, median 25 minutes). The methods used for following flocks, recording numbers and determining whether an aggregation constituted a flock or whether a particular species was a member of a flock followed Stotz (1993).

In Appendix 5, we estimate relative abundances using our daily records of birds. Because our visits to these sites were short, our estimates are necessarily crude, and may not reflect bird abundance or presence during other seasons. For the two main inventory sites, we used four abundance classes. "Common" indicates birds observed (i.e., seen or heard) daily in substantial numbers (averaging ten or more birds per day); "fairly common" indicates that a species was observed daily, but represented by fewer than ten individuals per day; "uncommon" birds were encountered more than twice at a camp, but not seen daily; and "rare" birds were observed only once or twice at a camp as single individuals or pairs. Because of the very short period of observation available to us at Nueva Vida and on the boat trips up and down the Yanayacu River (Fig. 2A), we did not attempt to estimate abundances in these areas.

RESULTS

Diversity

We recorded 364 species during our inventory of the proposed ACR Maijuna. We found 318 of these species at our two main inventory sites, Curupa and Piedras. We encountered the remaining 46 species during brief periods of observation at Nueva Vida, the Maijuna village near the mouth of the Yanayacu River, and on boat trips up and down the Yanayacu River between Nueva Vida and Curupa. We recorded 30 of these additional species only at Nueva Vida, 6 only along the Yanayacu River, and 10 at both Nueva Vida and on the Yanayacu River. We recorded 270 species at Curupa, 267 at Piedras, 108 species at Nueva Vida, and 91 along the Yanayacu River above Nueva Vida. Observations during the advance team work in the region before the formal inventory added 29 species to the overall list, raising the total number of bird species recorded in the region to 393. They added 5 species to our total at Curupa, 8 at Piedras, 22 along the Yanayacu, and 26 in the vicinity of Nueva Vida and Puerto Huamán. Only one of their new species was found only along Quebrada Coto, not surveyed during the rapid inventory.

Notable records

Two species of birds we found, White-crested Spadebill (*Platyrinchus playrhynchos*) and Cinnamon Manakin-Tyrant (*Neopipo cinnamomea*), were not previously known from north of the Amazon and east of the Río Napo in Peru (Schulenberg et al. 2007). *P. platyrhynchos* is known broadly from terra firme forests in lowland Amazonia, so the lack of this species in far northeastern Peru seemed a bit of an anomaly. *N. cinnamomea* is a generally rare, patchily distributed species throughout Amazonia, associated with poor soils. The previous lack of records east of the Napo in Peru presumably represents the limited surveys done of the region, especially in areas of infertile soils.

Besides being a range extension, *N. cinnamomea* was one of four poor-soil specialists we found only in the high-terrace habitats. The other three species were *Percnostola rufifrons*, *Lophotriccus galeatus*, and an undescribed species of *Herpsilochmus* (cf. Fig. 7G). We further consider the poor-soil avifauna in the discussion section below. Díaz heard a distant bird on the night of 25–26 October near the Piedras camp that he believes was White-winged Potoo (*Nyctibius leucopterus*). This species is known in Peru only from white-sand areas at Allpahuayo-Mishana (Álvarez and Whitney 2003), but it occurs at least locally through northern Amazonia east to the Guianas in a broader range of poor-soil habitats.

We found several species of birds restricted to northern Amazonia that remain poorly known in Peru, including *Nyctibius bracteatus* (Fig. 7C), *Neomorphus pucherani, Microbates collaris,* and *Touit purpurata.*

Mixed flocks

Stotz recorded species composition in 61 mixed-species flocks: 16 at Curupa in 48 hours of fieldwork and 45 at Piedras in 60 hours of fieldwork. Flocks ranged in size from 6 to 26 species, containing between 6 and 41 individuals. The mean flock size and composition was 19.3 individuals of 13.9 species. At Curupa, flocks averaged 20.3 individuals of 14.3 species, while at Piedras the average flock was slightly smaller, averaging 19.0 individuals of 13.8 species. However, flocks composed entirely of understory species averaged larger at Piedras (11.4 species, 25 flocks), than Curupa (8.5 species, 6 flocks). Flocks at Curupa averaged larger overall because of a greater tendency to be composed of a canopy, as well as an understory, element; 50% of the flocks at Curupa, versus 38% of flocks at Piedras, had both elements.

DISCUSSION

Habitats and avifaunas at surveyed sites

Curupa

Both Piedras and Curupa have fairly typical Amazonian forest avifaunas for areas at some distance from a major river. At Curupa, extensive selective logging had opened up the understory. The most notable effect of this appeared to be on understory flocks. These flocks were less common than usual and less species-rich than usual (see fuller discussion below). Although there was clear evidence of heavy hunting pressure on mammals at this site, the effects of hunting were not clearly visible in birds: *Penelope jacquacu* was fairly common, and there were good numbers of *Nothocrax urumutum,* tinamous, trumpeters, and wood-quail. *Mitu salvini* (Fig. 7H) was recorded only once, but even in areas with little hunting, this species is often rare.

There were extensive areas of seasonally flooded forests around this camp, and species associated with inundated forests were well represented, although overall the avifauna was primarily composed of terra firme species. A number of groups that are often quite common at Amazonian forest sites were not particularly common at Curupa, including hawks, large parrots and macaws, tanagers, and species that follow army ants.

Piedras

This site showed little evidence of logging, and mixed-species flocks in the understory were common and relatively large. There were significant areas of seasonally flooded forests at Piedras, especially along the Algodoncillo River, about 3.5 km from the camp. However, the area was primarily tierra firme forest and the avifauna was dominated by tierra firme birds. As at Curupa, hawks, large parrots and macaws, tanagers, and army ant-followers were poorly represented, but game bird numbers seemed to be generally good. Although tanagers and parrots were poorly represented, larger forest frugivores—such as pigeons, trogons and quetzals, barbets, and toucans—were generally common. In fact, Pavonine Quetzal (*Pharomachrus pavoninus*) was noticeably more common at both camps than we have ever encountered it elsewhere in Amazonia. And, Gilded Barbet (*Capito auratus*), based on calls, may have been the most abundant bird in the forest.

Yanayacu River

We surveyed the Yanayacu River in passing on two boat trips between Nueva Vida and Curupa. We found five species (*Ardea cocoi*, *Egretta thula*, *Geranospiza caerulescens*, *Hydropsalis climacocerca*, and *Cissopis leveriana*) only along the Yanayacu River. The character of the avifauna along the Yanayacu changed as we moved upstream. For about the first 30 km, the river is relatively broad and the canopy is not closed across the river. Beyond this point, the river narrows and the canopy closes. Along the lower Yanayacu, there are more of the species in common with Nueva Vida, and fewer forest species. Along the upper Yanayacu, the avifauna comprises more forest species, whereas species associated with large rivers and secondary habitats have largely dropped out. On both boat trips, we had less than 50% overlap among the species seen along the lower and upper portions of the river. The forests along the lower Yanayacu may contain a number of species of inundated habitats that we did not find at Curupa or Piedras. Because forests like these are highly disturbed along many Amazonian rivers, such species could have conservation value. The completely unsurveyed Algodón River may have more of these species than the Yanayacu.

Nueva Vida

Nueva Vida is a typical, small Amazonian river village with a small clearing containing buildings, small numbers of livestock, and small plots with crops, surrounded by disturbed forest. We found a number of species characteristic of disturbed habitats and small numbers of waterbirds associated with the river. We did not seriously explore the forest around the town, but found small numbers of forest species. While the secondary habitats around Nueva Vida could contain a number of additional species that we did not encounter (and would not expect) in the forests of Curupa and Piedras, these would mostly be common, widespread species. They might add to the species-richness of an ACR Maijuna, but would add little if any conservation value.

Comparison with the Ampiyacu rapid inventory and other surveys

The nearby Ampiyacu inventory (Stotz and Pequeño 2004) is the most important comparison for this inventory. There, we surveyed similar habitats, likewise remote from large rivers, in both the Amazon and Putumayo drainages within the interfluvium east of the Napo and north of the Amazon. Not unexpectedly, the results of the Ampiyacu inventory are very similar. We found 59 species in this inventory of the proposed ACR Maijuna (plus an additional 10 species during the advance team work that were not found during the main survey period) that were not on the Ampiyacu inventory (marked in Appendix 5 with an asterisk), while 50 species were found at Ampiyacu and not here. Most of the species found in the proposed ACR Maijuna, but not at Ampiyacu, were rare species (20); or species found at Nueva Vida and Puerto Huamán or the lower Yanayacu River, and thus species of secondary habitats or larger rivers (24); or North American migrants (10). The Ampiyacu survey was notable for its lack of secondary-habitat species, although considering just the main sites on this inventory (Curupa and Piedras), species of secondary habitats also were poorly represented. Because of the timing of the Ampiyacu inventory (August), North American migrants had not yet arrived in Peru. There were only five species that we found that were at least uncommon in Maijuna that were not found on the Ampiyacu inventory: two hummingbirds, *Phaethornis bourcieri* and *Heliodoxa aurescens*; the undescribed *Herpsilochmus* from the high terraces (but it has been found in poor-soil areas within the Ampiyacu inventory area); and two species from low-lying habitats, White-bearded Manakin (*Manacus manacus*) and Chestnut-crowned Foliage-gleaner (*Automolus rufipileatus*).

Similarly, the majority (35) of the 50 species found at Ampiyacu but not on the Maijuna inventory were rare at Ampiyacu. Ten were species associated with low-lying forests and a small oxbow lake at the Yaguas camp. The remaining five are forest species for which there is no obvious reason why they would not be in the forests of our survey sites on this inventory. These are Amazonian Pygmy-Owl (*Glaucidium hardyi*), White-necked Jacobin (*Florisuga mellivora*), Banded Antbird (*Dichrozona cincta*), Slaty-capped Shrike-Vireo (*Vireolanius leucotis*), and Moriche Oriole (*Icterus chrysocephalus*).

Comparing the main survey sites at Maijuna to those at Ampiyacu, we found that our two sites are more similar to Yaguas and Apayacu of the Ampiyacu survey than were to the third site on the Ampiyacu RBI, Maronal. Values of Jaccard's Index of Similarity among the survey sites on the Ampiyacu inventory ranged from 0.66 for the Yaguas-Apayacu pair to 0.55 for Maronal-Yaguas. Maronal, essentially only terra firme, stands out from the other two Ampiyacu survey sites as well as the Maijuna sites. The two Maijuna sites have higher Jaccard's Index values when compared to Yaguas and Apayacu than those two sites have in comparison with Maronal. Overall, these values reflect the extreme similarity of all of these camps to one another and the fact that the proposed ACR Maijuna is very much the western extension of the ACR Ampiyacu-Apayacu. Establishment of the ACR Maijuna would greatly enhance the current value of the protection that area now receives by increasing the contiguous area under protection.

Poor-soil avifauna

North of our Piedras camp, the main trail runs through a series of high terraces that reach an elevation of 180 m (about 20 m above the camp elevation) for a distance of about 5 km. The soils on these hills are well-weathered clays and are very low in fertility. A distinctive vegetation grows here, similar to *varillales* along the north side of the Amazon and Maranon Rivers in Loreto. We surveyed these hills for birds on four days and found a somewhat depauperate terra firme forest avifauna with a small number of species that are associated with poor-soils.

There were four species that seem clearly tied to the poor soils of the high terraces: *Percnostola rufifrons*, a new species of *Herpsilochmus*, *Lophotriccus galeatus*, and *Neopipo cinnamomea*. Besides them, our only records during the inventory of *Neomorphus pucherani*, *Deconychura longicauda*, *Platyrinchus platyrhynchos*, and *Schiffornis turdina* came from the high terraces.

We had only single observations of the first three species, so their tie to the high terraces as such is not clear. However, *Schiffornis* was fairly common on the high terraces and not found elsewhere at either camp. While it is not a species of poor soils, it is a species often associated with areas of significant relief.

The undescribed *Herpsilochmus* was very common in the high-terrace habitats, with multiple individuals singing from each hill. It had previously been found at two sites on poor soils farther east: birds were tape-recorded and collected along the Ampiyacu River, about 117 km southeast of this site, and birds were tape-recorded along the Apayacu River about 90 km southeast of the Piedras camp (Lars Pomara pers. comm.). The extent of the high terraces northwest of our Piedras camp (Fig. 2B) suggests that this area probably harbors the largest population of this species. To the east, the hills are lower and more broken up.

Percnostola rufifrons in Peru belongs to the subspecies *jensoni*, described from specimens collected near Sucusari (Caparrella et al. 1997). This population has a small known range, having been recorded at Apayacu (Stotz and Pequeño 2004) besides the type locality. The birds we found are the first from the Putumayo drainage, and are the northern- and westernmost records. In many ways, this population and *P. rufifrons minor* from eastern Colombia and western Venezuela are more similar to the recently described white-sand specialist of the Tigre and Nanay drainages west of Iquitos (*P. arenarum*), than to nominate *rufifrons* of northeastern Amazonia. *P. rufifrons jensoni* were fairly common on the high terraces, suggesting that ecologically the subspecies may resemble more the white-sand specialist *arenarum*, instead of the more generalized *rufifrons*. *Lophotriccus galeatus* is a widespread species in northern Amazonia. It was registered during the Rapid Inventory at Apayacu, where it was found in small numbers in terra firme forest, not on particularly poor soil (Stotz and Pequeño 2004). Farther east in its range, it is not particularly tied to poor soils, although it appears to largely be a poor-soil specialist in its Peruvian range. *Neopipo cinnamomea* is a patchily distributed species throughout Amazonia that is perhaps most common in western Amazonia in poor soil areas.

Between the Tigre and Nanay Rivers west of Iquitos there is a suite of some 19 species of birds associated with white-sand habitats that reach maximum diversity and abundance at Allpahuayo-Mishana (Álvarez and Whitney 2003). This suite includes five recently described species that are endemic to the region, but also includes species with much broader ranges across northern Amazonia. Most of them occur east to the Guiana Shield region of northeastern Amazonian Brazil. Some of these species, such as Saffron-crested Tyrant-Manakin (*Neopelma chrysocephalum*), are white-sand specialists throughout their range, but others, including *Nyctibius leucopterus*, have wider ecological tolerances. These species that are not so strictly tied to white sand might be looked for on the high terraces in further inventories, e.g., Gray-legged and Barred Tinamous (*Crypturellus duidae* and *C. casiquiare*), Brown-banded Puffbird (*Notharchus ordii*), Zimmer's Tody-Tyrant (*Hemitriccus minimus*), Cinnamon-crested Spadebill (*Platyrinchus saturatus*), and Pompadour Cotinga (*Xipholena punicea*).

However, white-sand habitats are quite predictive of the presence of these birds: In a three-day survey of white sand forests on the Alto Nanay (Stotz and Díaz 2007), besides finding three of the four recently described endemic species, we found eight of the more widespread poor-soil specialists for a total of 11 of 19 species described as poor-soil specialists by Álvarez and Whitney (2003). At Piedras we found only four of these poor soil specialists, plus the new *Herpsilochmus* and *Percnostola rufifrons*, neither of which are found in the Nanay or Tigre drainages. Two of the listed poor-soil specialists, *Nyctibius bracteatus* and *Conopias parvus* were widespread in the inventory, as at Ampiyacu (Stotz and Pequeño 2004), and do not appear to be particularly tied to poor soils in the region. The fact that we found only a small set of poor-soil species at Piedras may suggest that the specialized avifauna in the Nanay-Tigre region is largely restricted in Peru to those white-sand areas, and will not be found with further searching of the high-terrace habitats.

Reproduction

There was relatively little evidence of active breeding at the time of our inventory. In a few species in the mixed species flocks, we observed adults accompanied by older immatures. Oropendolas (*Psarocolius* spp.) and caciques (*Cacicus cela*) were actively building their penduline nests in colonies, but further nesting activity did not appear imminent. On 23 October at Piedras, Stotz found a Reddish Hermit (*Phaethornis ruber*) building a nest in a small treefall, about 5 m above the ground on the uppermost frond of a spiny *Astrocaryum* palm. On 25 October, the nest appeared to be complete, but the bird was not seen.

On 24 October at Piedras, our herpetologist colleague, Pablo Venegas, found a nest of Sooty Antbird (*Myrmeciza fortis*) placed in a cavity created in the collected litter at the base of fronds of a small understory palm about 1.3 m above the ground. The female was actively incubating two eggs at the time of our survey (Fig. 7D). Two nests from Manu National Park were the first described for this species (Wilkinson and Smith 1997). These nests differed in placement from the current nest by being placed in mounds of leaf litter on the ground, but appeared similar in structure to the nest we found.

On 2 October, Álvaro del Campo found a small cup nest (ca. 7 cm across and equally deep) with two white eggs on a thin aerial root (Fig. 7A) hanging some 2 m above the surface of the Algodoncillo River. By 21 October, the nest contained two small nestlings (Fig. 7B). However, the identity of the species to which the nest belonged was not confirmed until 26 October when one of us (Stotz) saw a female Fiery Topaz (*Topaza pyra*, Fig. 7F) on the edge of the nest shading the chicks from intense sun. The nest of *T. pyra* is not well known, but a nest description for this species from W. H. Edwards, quoted by Brewer (1879), from along the upper Rio Negro in Brazil, closely matches our nest. Likewise, Edwards's nest, and nests found in Ecuador (Hilty and Brown 1986), were attached to vegetation closely overhanging water. The nest of the closely related Crimson Topaz (*Topaza pella*) of northeastern Amazonia also is quite similar to our nest, but apparently is usually adorned with cobwebs. The fibers making up the nest in *T. pella* are thought to be from *lupuna* (*Ceiba*) fruits, but this remains unconfirmed (Tostain el al. 1992). The pale-brown coloration and spongy texture of the *T. pyra* nest we found matches descriptions of the nests of both species of *Topaza* (Brewer 1879; Tostain et al. 1992; Haverschmidt and Mees 1994), suggesting that these species are using the same fibers.

Migration

The timing of our inventory corresponds to the time many migrants from North America arrive in Amazonian Peru. Sandpipers (Scolopacidae) are a potentially diverse group of migrants along Amazonian rivers, but we recorded only one species, Spotted Sandpiper (*Actitis macularius*). We saw small numbers of three species of migrant swallows, Barn (*Hirundo rustica*), Bank (*Riparia riparia*), and Cliff (*Petrochelidon pyrrhonota*) over the Yanayacu River at Nueva Vida, although we saw large flocks numbering in the hundreds of Barn and Bank Swallows over the Napo River on 14 October. Other migrants from North America included Broad-winged Hawk (*Buteo platypterus*); Common Nighthawk (*Chordeiles minor*); three species of flycatchers, Eastern Wood-Pewee (*Contopus virens*), and Olive-sided (*Contopus cooperi*) and Sulphur-bellied Flycatchers (*Myiodynastes luteiventris*); Gray-cheeked Thrush (*Catharus minimus*); and Red-eyed (*Vireo olivaceus*) and Yellow-green (*V. flavoviridis*) Vireos. We considered all of the migrants, except Red-eyed Vireo, to be rare.

While not a very diverse set of migrants, it is a fairly typical assortment for a forest area in lowland northeastern Peru. Cliff Swallow is known in Peru only from scattered sight records over most of the country. Broad-winged Hawk winters in small numbers in the Amazonian lowlands of Peru. The sighting by Stotz of 26 of them migrating south high over the Algodoncillo River on 22 October in a series of small groups during a 15 minute period may represent the largest number seen in a day in Peru.

The October time period of this inventory fell after the departure of most austral migrants. The only one we observed was small numbers of Crowned Slaty Flycatchers (*Empidonomus aurantioatrocristatus*) at both camps.

Mixed flocks

Mixed species flocks are an important component of tropical-forest avifaunas. In Amazonian forests, flocks are year-round, permanent fixtures. There are understory flocks led by *Thamnomanes* antshrikes (Munn and Terborgh 1979; Powell 1985) and less-stable canopy flocks composed of insectivorous species and fluid groups of frugivorous tanagers. Other than some species of tanagers, species typically are represented in a flock by a mated pair, and perhaps young of the year. Many species occupy the entire flock home range as their territory (Munn and Terborgh 1979), and are effectively full-time members of the flocks.

The flocks at both Curupa and Piedras were somewhat less stable than the well-studied systems at Manaus, Brazil (Powell 1985) and Cocha Cashu in Manu National Park in southeastern Peru (Munn and Terborgh 1979; Munn 1985). The understory flocks resembled those at Manaus and Cocha Cashu, although somewhat smaller, but independent canopy flocks were quite rare and typically small at both sites. Canopy-flock species largely existed in conjunction with the stable understory flocks. The relative lack of tanagers at both camps may have contributed to this by reducing the number and diversity of canopy-flocking species. It is unclear whether tanager numbers were low because of a seasonal lack of appropriate food resources, or whether diversity and abundance are low year-round. The lack of good canopy flocks at both sites suggests that this may be a permanent condition, since in most localities studied in Amazonia (Munn 1985; Powell 1985; Stotz 1993), canopy flocks occupy permanent territories and do not vary in abundance seasonally, although attendance by tanagers may vary seasonally.

Flocks at the two camps were broadly similar in size and composition. However, Stotz encountered flocks at Piedras at a higher rate than at Curupa (0.75 versus 0.33 per hour, respectively). Although overall flock size was similar at the two sites, understory flocks were more than 30% larger at Piedras. This larger size was due primarily to more species of antwrens and Furnariidae in understory flocks. Among antwrens at Piedras, flocks averaged 2.1 species vs. 3.2 at Curupa; over half of the Piedras flocks had a full complement of four species of understory antwrens (one of the *Epinecrophylla* species, plus *Myrmotherula axillaris, M. menetriesii* and *M. longipennis*), while none of the flocks at Curupa had as many as four species. The species of Furnariidae in understory flocks were much more variable, but flocks at Piedras were much more likely to have species of woodcreepers beyond the common two species—Buff-throated (*Xiphorhynchus guttatus*) and Wedge-billed (*Glyphorynchus spirurus*)—and foliage-gleaners of the genera *Automolus, Ancistrops, Philydor*, and *Hyloctistes* were much more regular in Piedras flocks than at Curupa. At Curupa, mixed flocks averaged 1.5 species of woodcreepers and 0.6 species of foliage-gleaners per flock, while at Piedras, the average flock contained 2.4 species of woodcreepers and 1.2 species of foliage-gleaners.

This difference in the size and abundance of understory flocks between the two camps is likely due to structural changes in the forest understory because of selective logging at Curupa. Stotz (1993) found, at a site that had been selectively logged in Roraima, Brazil, that understory flocks avoided the parts of the forest where trees had been removed and the canopy opened up. Similarly, near Manaus, Stotz found that understory flocks avoided the edges of forest patches where light levels were highest, especially on the sides where insolation was direct.

THREATS AND RECOMMENDATIONS

Threats

The principal threat to the avifauna in the region of the proposed ACR Maijuna is clearly the loss of its extensive forest cover. Logging in itself has the potential to cause local problems and forest degradation, but the proposed road across the region has a much stronger potential to do damage on a much larger and more profound scale both through (a) the destruction of forest for the construction of the road corridor and (b) more generally through colonization and logging made possible by the access the road would provide. Hunting is a secondary threat, affecting a small number of species, and most likely to be a problem in areas being logged or colonized by non-Maijuna.

Recommendations

Protection and management

To manage for the conservation targets for birds, little needs to be done. For the most part maintaining forest cover will be a sufficient strategy. For game birds a strategy for managing hunting pressure in parts of the region may be necessary. In order to maintain forest cover, colonization of the region must be limited and illegal logging eliminated. If the road is not built, the forests along the rivers, especially tributaries of the Napo, are most at risk. Because the proposed road through the heart of the ACR Maijuna would open up much more of the area to both illegal logging and colonization, finding a viable alternative is a high priority. The high terraces should receive the strictest protection possible because of the threat of erosion with deforestation there and the presence of a distinctive subset of birds.

Birds are generally a lower priority target for subsistence hunters than mammals, so reductions in overall hunting pressure by ending illegal logging, as well as reducing the entry of non-Maijuna hunters, should allow game bird populations to recover in all but the most disturbed areas close to human populations. There is probably no need to limit hunting by the Maijuna on any birds, with the possible exception of *Mitu salvini* in areas where numbers have been substantially reduced already.

Additional inventories

Additional inventories within the proposed ACR Maijuna should focus on two areas: the high terraces (Fig. 2B) and low-lying forests along major rivers. The high terraces could have additional species of birds specialized on poor soils. If Allpahuayo-Mishana is any indication, the possibility of other undescribed species on the high terraces should not be discounted. In addition to a more thorough bird survey of the high terraces (both in terms of time and geography), a quicker survey focused on the new *Herpsilochmus* should be undertaken. Because of its abundance, and distinctive, persistent song, the extent of its distribution could be determined relatively quickly by visiting more parts of the high terraces for brief periods. We recognize that access to most of these high terraces currently is limited or non-existent.

The seasonally flooded forests and *aguajales* (*Mauritia*-palm swamps) along the major Napo tributaries (Quebrada Coto and Yanayacu River), as well as the Algodón and Algodoncillo rivers, should be inventoried. These habitats are very poorly known on the north side of the Amazon in Peru, and the Putumayo drainage remains almost completely unknown. The possibility exists that Wattled Curassow (*Crax globulosa*, listed by IUCN [2009] as "Vulnerable") might still occupy these habitats. Oxbow lakes associated with these habitats also are a high priority for inventory because they have a specialized avifauna.

MAMMALS

Author/Participant: Adriana Bravo

Conservation targets: Abundant populations of mammal species threatened or locally extinct in other parts of the Amazon: giant otter (*Pteronura brasiliensis*, a top predator listed as Endangered by INRENA and IUCN, and In Danger of Extinction by CITES), pink river dolphin (*Inia geoffrensis*, listed as Vulnerable by CITES and INRENA), and gray dolphin (*Sotalia fluviatilis*, listed as In Danger of Extinction by CITES) along the Algodón River; populations of primates, sensitive to intensive hunting, that are important seed dispersers, such as common woolly monkey (*Lagothrix lagotricha*, listed as Vulnerable by INRENA) and red howler monkey (*Alouatta seniculus*, listed as Near Threatened by INRENA, Fig. 8A); top predators, for example jaguar (*Pantera onca*, a key regulator of prey populations, Fig. 8B); Brazilian tapir (*Tapirus terrestris*, an important seed disperser, listed as Vulnerable by CITES, INRENA, and IUCN, Fig. 8G); and rare species such as short-eared dog (*Atelocynus microtis*) and giant anteater (*Myrmecophaga tridactyla*)

INTRODUCTION

Amazonian forests are rich in mammal diversity. Voss and Emmons (1996) estimate that there are 200 species of mammals in the Amazon lowlands of southeastern Peru, which represents ~40% of all species recorded in Peru (508 species; Pacheco et al. 2009). Nonetheless, even though some information exists on the regional distribution and presence of mammal species (Voss and Emmons 1996; Emmons and Feer 1997; Pacheco 2002; Pacheco et al. 2009), information at the local community level in the Amazonian region remains limited. Despite the research efforts made in certain areas of northern Peru, for example the Itaya basin, Napo basin, and Pacaya-Samiria National Reserve (Aquino and Encarnación 1994; Aquino et al. 2001; Aquino et al. 2009b), other mammal communities remain poorly known. This is the case for the area located in the interfluvium between the Napo and Putumayo Rivers, in the department of Loreto.

In this report, I present the results of a rapid inventory undertaken in the proposed Área de Conservación Regional Maijuna ("ACR Maijuna," Fig. 2A), located in the area between the Napo and Putumayo Rivers in the northern part of Loreto, Peru. I compare the species richness and abundance of mammals in two sites, highlight notable records, identify threats and conservation targets, and provide recommendations for conservation.

METHODS

From 14 to 31 October 2009, I evaluated the community of mammals in two locations within the proposed ACR Maijuna: Curupa, in the Yanayacu River basin, and Piedras, in the Algodón River basin (Fig. 2A). I employed direct observation and signs to evaluate the community of medium- and large-sized mammals, and mist nets to evaluate the bat community. I did not evaluate the community of small, non-volant mammals due to time constraints.

In each site, I walked at a speed of 0.5–1.0 km/h for a period of 6–8 hours, commencing at 7 a.m. on previously established paths. I also took two-hour night walks at the same speed, beginning at approximately 7 p.m. For each species observed, I recorded the date and time, location (name and distance from the path), species name, and number of individuals. I also recorded secondary signs such as tracks, scats, burrows, dens, food scraps, trails, and/or vocalizations. In order to determine the correspondence between these signals and a particular species, I used a combination of field guides (Emmons and Feer 1997; Tirira 2007), my own experience, and local knowledge. I utilized observations made by other members of the inventory team, local assistants, and members of the advance team. I also showed local people prints from a field guide (Emmons and Feer 1997) to determine the presence of medium- and large-size mammals in the area.

I captured bats using four to five six-meter mist nets throughout previously established transects and/or clearings for three-hour periods (~5:45–9:00 p.m.). I identified and then freed all the bats I caught.

In addition to the information obtained during the study in Curupa and Piedras, Sebastián Ríos and Marco Sánchez (from the Maijuna communities of Sucusari and San Pablo de Totolla, respectively) and Dr. Michael Gilmore provided information on the community of medium- and large-sized mammals of the Algodón River (Appendix 7).

RESULTS AND DISCUSSION

The proposed ACR Maijuna contains a high diversity of medium- and large-size mammals. I expected to find ~59 species in this area, based on published distribution maps (Aquino and Encarnación 1994; Emmons and Feer 1997; Eisenberg and Redford 1999). During two weeks of evaluation, I covered 52 km (21 in Curupa and 31 in Piedras) and recorded 32 species, representing ~53% of the number of species I expected to find (Appendix 7). I registered 9 of the 13 expected species of primates, 7 of 16 carnivores, five of eight rodents, four of five ungulates, four of nine edentates, two of six marsupials, one of two cetaceans, and no sirenids (manatees).

Based on research on bats in other tropical areas (Eisenberg and Redford 1997), I estimate that the proposed Maijuna RCA may have ~70 species of bats. With a capture effort of 27 net-hours (15 in Curupa and 12 in Piedras), I captured ten species during two nights, representing ~14% of the expected species.

Below, I present an overview of the two study sites, followed by a comparison with each other, and a comparison with other studies carried out in the Peruvian Amazon.

Curupa

In four days, I recorded 22 species of medium- and large-size mammals, including 7 species of primates, 5 rodents, 3 ungulates, 4 carnivores, 2 edentates, and 1 marsupial (Appendix 7). Large species susceptible to intensive hunting were absent. For example, I did not record common woolly monkey (*Lagothrix lagotricha*), red howler monkey (*Alouatta seniculus*, Fig. 8A), or white-lipped peccary (*Tayassu pecari*, Fig. 8H). In addition, some recorded species were not very plentiful. I recorded small groups of monk saki monkey (*Pithecia monachus*), yellow-handed titi monkey (*Callicebus torquatus*), and little evidence that would indicate the presence of Brazilian tapir (*Tapirus terrestris*, Fig. 8G).

In addition to covering the trails established for the camp, we visited a large *collpa* (salt lick), approximately 50 by 35 m in size, led by Grapulio Tamayo from the Maijuna community of Nueva Vida. This collpa is located ~4 km from our camp, and apparently it was intensively used by loggers for hunting (G. Tamayo pers. comm.). There I observed a huge number of fresh tracks of Brazilian tapir (*T. terrestris*, Fig. 8G), including tracks of young individuals (determined by the size of the tracks). I also recorded some tracks of red brocket deer (*Mazama americana*) and collared peccary (*Pecari tajacu*) in the surrounding areas. The presence of these ungulates in the collpa can be explained by the importance that these places have as sources of scarce minerals in the Amazon, such as sodium (Montenegro 2004; Tobler 2008; Bravo 2009). Despite the strong impact that hunting has on sensitive species, a member of the team (Á. Del Campo) observed a jaguar (*Panthera onca*, Fig. 8B). Similarly, other members of the team recorded numerous fresh tracks, possibly of that same individual and an offspring (determined by size) on the trail between Curupa and Limón.

I recorded eight species of bats. Five of these species were frugivores (Carollinae and Stenodermatinae), two were insectivores (*Phyllostomus elongatus*, *Rhinchonycteris naso*), and one was omnivorous (*P. hastatus*, see Appendix 8.)

Piedras

In four days, I recorded 28 species of large- and medium-size mammals, including 8 primates, 5 rodents, 5 carnivores, 4 ungulates, 4 edentates, 1 cetacean, and 1 marsupial (Appendix 7). The wealth of species found was greater than in Curupa. I recorded species susceptible to intensive hunting, such as common woolly monkey (*Lagothrix lagotricha*), red howler monkey (*Alouatta seniculus*, Fig. 8A), white-lipped peccary (*Tayassu pecari*), and Brazilian tapir (*Tapirus terrestris*). Despite the decrease in available nutrients in the soil along the transect between Curupa and Piedras (see the chapter on vegetation and flora), the abundance of certain species of mammals increased. For example, I recorded large groups of common woolly monkey (30–40 individuals), several groups of monk saki (*Pithecia monachus*), and numerous trails of the Brazilian tapir. The abundance of these species could be related to the minimal human impact in the area. The difficult access to and little evidence of logging in this area suggest that intensive hunting has not affected the populations of medium- and large-size mammals. Nonetheless, to the north of the Piedras camp, in the hilly area, I recorded few groups of primates and only one small group of white-lipped peccaries (~4 individuals, Fig. 8H). The only group of common woolly monkey that I observed in the hills had ~30 individuals. This group remained for several hours consuming fruit from a single tree of the family Sapotaceae. I recorded the majority of the primates and other mammals, including the only observation made of a red howler monkey, in the lower part of the forest in the vicinity of the Algodoncillo River. In general, when the primates realized we were there, they would observe us with curiosity and very rarely flee.

Through direct observation, members of the team recorded a Brazilian tapir and a giant anteater (*Myrmecophaga tridactyla*) in the vicinity of Chino, the intermediate camp in the Algodón basin between Curupa and Piedras. Additionally, they recorded an individual gray dolphin (*Sotalia fluviatilis*) in the Algodón River. This species could be an indicator of the good quality of the water and an abundance of fish in the area.

I recorded four species of bats (Appendix 8), among them *Glossophaga soricina* (an important pollinator of several plant species), two insectivorous species (*Glyphonycteris daviesi* and *Rhinchonycteris naso*), and a frugivorous species (*Mesophylla macconnelli*, Fig. 8E).

Algodón River

The area of the Algodón River, located to the north of Piedras, is rich with medium- and large-size mammals.

Ríos, Sánchez, and Gilmore recorded a significant species richness (26 spp., Appendix 7) and abundance of mammals, especially those species susceptible to hunting. For example, they recorded numerous troops of common woolly monkeys (*Lagothrix lagotricha*), many groups of red howler monkeys (*Alouatta seniculus*, Fig. 8A), large droves of white-lipped peccaries (*Tayassu pecari*, Fig. 8H), and clear evidence of the presence of Brazilian tapir (*Tapirus terrestris*, Fig. 8G). They also directly observed a group of giant otter (*Pteronura brasiliensis*) in the Algodón River, a top predator currently listed as being In Danger of Extinction (UICN 2009) due to the heavy pressure it suffered from hunting in past decades. Similarly, they observed gray dolphin (*Sotalia fluviatilis*) and pink river dolphin (*Inia geoffrensis*).

The abundance of medium- and large-size mammals near the Algodón River might be due to the presence of large *aguajales* (wetlands dominated by *Mauritia flexuosa* palms) and the presence of more than 30 *collpas* (salt licks, M. Gilmore pers. comm.). The collpas are a key resource for many mammal species in Amazonian forests (Montenegro 2004; Gilmore 2005; Tobler 2008).

Comparison of the inventory sites

The composition of medium- and large-size mammal species recorded in Curupa and Piedras differed by more than 40%, as only 18 of 32 species were recorded in both camps (Appendix 7). Based on the literature (Aquino and Encarnación 1994; Emmons and Feer 1997; Eisenberg and Redford 1999), I estimated that each site might have approximately 59 species. Nonetheless, during the evaluation I recorded fewer species in Curupa than in Piedras (22 and 28 species, respectively). The abundance of certain species, especially those susceptible to hunting pressure, also differed between the two sites.

These differences in the richness and abundance of species might be due to environmental as much as to anthropogenic factors. Thus, the low level of availability of *Mauritia flexuosa* fruit during the inventory may have affected the presence and/or abundance of certain species of primates and ungulates. Nonetheless, due to the clear evidence of intensive illegal logging in this area (numerous abandoned camps and logging roads), it is likely that the strong pressure of hunting associated with logging is the prime reason for the absence of certain species and the lack of abundance of others. As evidence, along the trails I found numerous shotgun shells. Additionally, locals report that more than 100 people worked at a given time on timber extraction (L. Mosoline pers. comm.). Such a large number of people required great quantities of bush meat for their own consumption. Consequently, populations of species with low reproduction rates—such as large primates and Brazilian tapir—diminished considerably. For this reason, even though these extractive activities were stopped approximately two years ago, with the exception of areas near collpas, I recorded little evidence of Brazilian tapir: a few old tracks left by individuals that probably abandoned the area upon noting our presence. Furthermore, primate species, such as common woolly monkey and red howler monkey, were not recorded in the area.

In addition to the effect hunting has had on the wealth and abundance of mammals in Curupa, their behavior has also been affected. Primates, such as monk saki (*Pithecia monachus*) and yellow-handed titi (*Callicebus torquatus*) monkeys, were unfriendly and fled rapidly, emitting vocalizations of alarm upon noting our presence.

On the other hand, despite the gradual decrease in available nutrients in the soils between Curupa and Piedras, I recorded a greater wealth of species from Chino northward (Fig. 2A), including species that were absent in Curupa: common woolly monkey, red howler monkey, and white-lipped peccary (*T. pecari*, Fig. 8H). Similarly, the numbers were greater in Chino and Piedras as compared with those of Curupa. In Piedras, I recorded large groups of common woolly monkey and many groups of monk saki, the majority of which were to be found in plain forests and low hillocks. I recorded few species in the zone of high hills, which have poor, clayey soils.

In both Curupa and Piedras, there are records of rare species such as short-eared dog (*Atelocynus microtis*), a species with broad distribution but difficult to observe due to its stealthy behavior. Additionally, giant anteater (*Myrmecophaga tridactyla*) was recorded near Piedras and a gray dolphin (*Sotalia fluviatilis*) in the Algodoncillo River.

Noteworthy Records

There were several noteworthy records made during the inventory carried out in the proposed ACR Maijuna. Curupa was the only site where I recorded brown capuchin monkey (*Cebus apella*). The presence of this species north of the Napo River contradicts the distribution posited by Tirira (2007), who indicates that the distribution is restricted on the north by the Napo River, as found in Güeppí-Cuyabeno (Bravo and Borman 2008).

An important finding was the presence within the proposed ACR Maijuna of species in critical states of conservation. In the Algodón River, locals and M. Gilmore (pers. comm.) report the presence of giant otter (*Pteronura brasiliensis*), a species listed as Endangered under Decreto Supremo 034 (INRENA 2004). Similarly, in Curupa we recorded jaguar (*Pantera onca*), listed as a species In Danger of Extinction (CITES 2009).

During the inventory, we recorded two rare species. In Curupa and Piedras, the team observed short-eared dog (*Atelocynus microtis*), a species that is broadly distributed but rarely sighted, and about which little is known regarding its biology. In a similar fashion, the team observed giant anteater (*Myrmecophaga tridactyla*) in Piedras, a species rarely observed notwithstanding its broad distribution.

Conservation targets

Twenty-nine species of medium- and large-size mammals observed in the proposed ACR Maijuna are considered to be conservation targets in the categories of In Danger of Extinction and Vulnerable by IUCN (UICN 2009) and 11 species are considered Endangered or Vulnerable by CITES (2009; Appendix 7). According to Decreto Supremo 034 (INRENA 2004), 11 of the species observed are considered to be threatened at the national level. One species listed as being In Critical Danger (*Pteronura brasiliensis*) and two Endangered species (*Inia geoffrensis* and *Sotalia fluviatilis*) are present in this area. Many threatened species, often locally exterminated elsewhere in the Amazon (for example, *Lagothrix lagotricha* and *Tapirus terrestris*), are still abundant in intact parts of the area.

Comparison with other sites

The diversity of medium- and large-size mammals recorded in this inventory is similar to what has been recorded in other inventories carried out in the northern Peruvian Amazon. In the rapid inventory of the Güeppí-Cuyabeno conservation area in the Napo-Putumayo watershed, Bravo and Borman (2008) recorded 46 species of medium- and large-size mammals in five sites over a period of four weeks. They recorded ten species of primates, as compared with nine species recorded in our inventory. Unlike in this inventory, Bravo and Borman (2008) recorded the pygmy marmoset (*Callithrix* [*Cebuella*] *pygmaea*) and dusky titi monkey (*Callicebus cupreus*) in their sampling sites. In the present inventory, these species were recorded within the proposed ACR Maijuna, although not in the study sites. The first was spotted along the Sucusari River (Fig. 8C) and the second was reported along the Algodón River (M. Gilmore pers. comm.). The presence of *C. cupreus* in the Napo-Putumayo watershed is interesting, as there is no clear consensus regarding its distribution. While Emmons and Feer (1997), Tirira (2007), and van Roosmalen et al. (2002) predict their presence, Aquino and Encarnación (1994) suggest that this species is restricted to the area south of the Napo River. Additionally, while brown capuchin monkey (*Cebus apella*) was recorded in Curupa, it was not recorded in the Güeppí-Cuyabeno inventory. Nor is the distribution of this species in the Amazon very clear. According to Aquino and Encarnación (1994) and Emmons and Feer (1997), this species is expected to be found in the Napo-Putumayo watershed; however, Tirira (2007) suggests it is to be found south of the Napo River.

During the rapid inventory of Ampiyacu, in the Amazonas-Napo-Putumayo watershed, 39 species of medium- and large-size mammals were recorded (Montenegro and Escobedo 2004). The principal differences with the proposed ACR Maijuna are the presence of saddleback tamarin (*Saguinus fuscicollis*), and the absence of dusky titi monkey and night monkey (*Aotus vociferans*) in Ampiyacu. According to Emmons and Feer (1997), *S. fuscicollis* is a species expected in the Napo-Putumayo watershed; nonetheless, Tirira (2007) restricts this species to the south of the Napo River. Brown capuchin was recorded in Ampiyacu (specifically in the Yaguas River) as well as in the proposed ACR Maijuna. The absence of dusky titi monkey was predicted by Aquino and Encarnación (1994), but contrary to the distribution noted by Emmons and Feer (1997) and van Rossmalen et al. (2002). White-bellied spider monkey (*Ateles belzebuth*) was absent in Ampiyacu and Güeppí-Cuyabeno, as well as in ACR Maijuna. According to Aquino and Encarnación (1994) and Emmons and Feer (1997), this species should be present in Ampiyacu, but Montenegro and Escobedo (2004) attribute its absence to intense hunting pressure. Nonetheless, in contrast to Aquino and Encarnación (1994) and Emmons and Feer (1997), Tirira (2007) suggests that the distribution of white-bellied spider monkey (*A. belzebuth*) is actually to the south of the Napo River. I recommend that more detailed studies be carried out locally in order to precisely determine the correct distribution of this species.

Thirty-five species of medium- and large-size mammals were recorded in the rapid inventory of the Mazán-Nanay-Arabela headwaters, located to the south of the Napo River in Peru (Bravo and Ríos 2007). Unlike our inventory of the proposed ACR Maijuna, Bravo and Ríos recorded white-bellied spider monkey (*A. belzebuth*), equatorial saki (*Pithecia aequatorialis*), saddleback tamarin, and common woolly monkey (*Lagothrix poeppigii*). According to certain authors (Tirira 2007; Aquino et al. 2009a), the distribution of these species is restricted to the area south of the Napo River. Nonetheless, the distribution of *A. belzebuth*, according to Aquino and Encarnación (1994) and Emmons and Feer (1997), extends to the region north of the Napo River. South of the Napo, *L. lagotricha* and *S. fuscicollis* are replaced by *L. poeppigii* and *S. nigricollis* (Tirira 2007). Due to the lack of consistency in the distributions of several primate species, I recommend carrying out more detailed studies to clarify them.

CONCLUSIONS

The proposed ACR Maijuna contains an exceedingly rich and diverse mammal community. In only two weeks, I recorded 32 species of medium- and large-size mammals and ten species of bats. Many of these species play important roles in the maintenance of the high degree of diversity of tropical forests, including as seed dispersers (Brazilian tapir, common woolly monkey, red howler monkey, and frugivorous bats) and top predators (giant otter and jaguar). Conserving this mammal community is critical to ensuring the persistence of a functional tropical forest ecosystem and greatly threatened (giant otter) or locally extinct (common woolly monkey, white-lipped peccary, Brazilian tapir) species in other parts of the Amazon.

THREATS AND RECOMMENDATIONS

Threats

Commercial logging is the principal threat to the mammal community in the proposed ACR Maijuna. This activity brings with it the indiscriminate hunting of mammals, especially of large primates and ungulates, in order to obtain the large quantities of bush meat that serve as food. The impact of this activity can be dramatic and oftentimes irreversible. Thus, populations of common woolly monkey and white-lipped peccary have been locally exterminated in certain parts of the Amazon (Peres 1990, 1996; Di Fiore 2004), as was observed in one of the camps visited during this inventory. As with commercial logging, petroleum exploration and extraction, large-scale agriculture, and intensive cattle ranching can lead to the destruction of the region's habitat. For example, water contamination resulting from petroleum extraction activities would put at risk the existence of species that currently are in danger of extinction, such as giant otter, pink river dolphin, and gray dolphin.

Recommendations

We recommend the urgent protection of the proposed Área de Conservación Regional Maijuna for several reasons. The area harbors a high degree of mammal diversity, including giant otter (*Pteronura brasiliensis*) and Amazonian manatee (*Trichechus inunguis*), both in danger of extinction, as well as several species that are threatened or locally extinct in the Amazon as a result of unrestrained and uncontrolled hunting. In particular, we recommend controlling commercial logging activities that bring with them the consumption of large quantities of bush meat by the workers who live for long periods of time in the forest. Additionally, we feel it is critical that the four Maijuna communities, as well as neighboring communities, participate in the control and management of the consumption of bush meat in the protected area. I especially recommend that a strict control be imposed on the consumption of species with low reproductive rates, such as large primates (common woolly and red howler monkeys) and Brazilian tapir. These measures will ensure that the protected area functions as a refuge for the community of medium- and large-size mammals. Lastly, I recommend implementing environmental education programs for the area's inhabitants, including the neighboring communities.

SOCIAL OVERVIEW OF THE REGION

Author: Alberto Chirif

INTRODUCTION

The Maijuna communities and their federation FECONAMAI[1] presented a request to GOREL[2] in August 2008 to create the Área de Conservación Regional (ACR) Maijuna in the interfluvium between the lower Napo and the middle Algodón, an area representing their ancestral land. Since then they have had the support of Proyecto Apoyo al PROCREL[3] (PAP) to secure official declaration of the ACR. Toward this end, they have received general training about protected natural areas and ACRs, as well as specific training on the sustainable use of natural resources.

During July 2009, PAP contracted our services "to carry out a short socioeconomic evaluation of the communities located in the area of influence of the proposed ACR Maijuna."

The stated objectives[4] of our mission were:

(1) To collect socioeconomic and cultural information on the population of the indigenous and *mestizo* (mixed race) communities in the study area of the proposed ACR Maijuna, including information on demographics, social services, resource use, conflicts with third parties, and perceptions of the proposal;

(2) To evaluate current and potential threats to the creation of the ACR Maijuna;

(3) To inform communities in the area about the objectives and importance of the proposed ACR Maijuna; and

(4) To process and analyze information collected in the communities and produce a report that documents their situation, including aspects noted in the first objective, as well as other relevant aspects that come out of the fieldwork.

METHODS

The methodology involved reviewing and systematically organizing existing information on the study area and the communities; creating mechanisms for collecting the information; carrying out fieldwork, which consisted of visiting communities selected by PAP and conducting interviews with leaders and community members; and producing a final report of the study results.

After meeting in the PAP office with the institutional coordinator and with the person responsible for work done in the proposed ACR Maijuna, I scheduled a fieldtrip to visit the communities from 11 to 24 July 2009, during which time I participated in the IV Congress of FECONAMAI, which took place in the community of Sucusari from 17 to 20 July.

Given the short time scheduled for the study, I decided to meet with representatives of two or three communities in the head office of one of them, to work together to gather the information I needed. In those meetings I administered a survey prepared by PAP, to which I made some additions (such as questions on the founding date of a community or settlement, its history, dates when classes started, and length of tenure of teachers in the school). I also worked with "talking maps," in which representatives of the communities and settlements could indicate areas where they hunted, fished, and extracted wood and other nonwood forest products.

1 Federación de Comunidades Nativas Maijuna.
2 Gobierno Regional de Loreto.
3 Programa de Conservación, Gestión y Uso Sostenible de la Diversidad Biológica en la Región Loreto.
4 These objectives are taken from the contract between A. Chirif and Proyecto Apoyo al PROCREL.

During my community visits, I was accompanied by Sr. Rusbel Tangoa, a leader within FECONAMAI, who, during the last congress, was elected vice-president of the federation. During the course of the study I was accompanied by biologist Natalí Pinedo and ecology student Ana Puerta, who works as a volunteer for PAP, two excellent travel companions who provided invaluable help in making the talking maps. At the end of the trip, and after meeting with the coordinator and staff of PROCREL, with FECONAMAI, with IBC,[5] and with ethnobiologist Michael Gilmore, I organized the field information and produced the present report.

RESULTS AND DISCUSSION

Establishment, population, and identity of communities and settlements

The final study included 24 communities, of which 9 are native (4 Maijuna and 5 Quechua), 2 are campesino (mestizo), and 13 are settlements (Table 7). Only one of the Maijuna communities was not visited, San Pablo de Totolla, because of its remoteness (it is located on the Algodón River, in the Putumayo basin), but I did speak with its representatives, who attended the IV Congress of FECONAMAI in the community of Sucusari. The communities, as a result of rights recognized by special laws, gained ownership of their lands through actions of the Ministerio de Agricultura. Unlike the settlements, the native and mestizo communities are registered as legal entities. The settlements have no collective property on the lands they occupy, although their members may have individual land titles.

The Maijuna communities are literally inside the proposed ACR Maijuna—three on tributaries in the Napo basin and the fourth on a tributary of the Putumayo—although they have decided, when the proposed area is declared, to consider their territories outside the ACR, so as not to lose the right granted to native communities by law to make use of their forest resources. There are only two nonnative settlements in the same situation: Tutapishco and Nueva Floresta, on the left bank of the Napo and downriver from the mouth of the Yanayacu (Fig. 2A). Both have requested that they be registered and granted titles as rural communities, but as of now their request has not been addressed. All other communities are either on the right or left bank of the Napo but are not adjacent to the proposed ACR Maijuna.

I will now present a general picture of all the communities in the study area. The Napo, which encompasses a large part of the Amazonian plain in Loreto, is a place where many diverse identities converge. This is the result of a dynamic recorded since colonial times, when missionaries established reservations where people of diverse ethnic backgrounds came together, but also of later processes, like the expansion of people of Quechuan origin as well as their language from Ecuador, the latter which has become established throughout the basin. For example, residents of Morón Isla who were interviewed indicated that some of them came from Ecuador.

It can be stated with certainty that all of the communities have populations with indigenous origins. To illustrate this we can cite information obtained from interviews conducted during our fieldwork: in Tutapishco there are Quechuas and Maijunas; in Nueva Floresta there are residents who identify themselves as Iquitos; in San Francisco de Buen Paso, Huitotos; in Cruz de Plata, Cocamillas; and in Huamán Urco, Nuevo Oriente, and Nuevo Leguízamo, Quechuans. Likewise, in Lancha Poza we were told that some of the founders came from the Igaraparaná River, a tributary of the Putumayo, in Colombia, a traditional settlement area of the Huitoto people, so the population is probably of that origin. In fact, the community of Negro Urco (which was not included in the inventory), on the right bank of the Napo, is Huitoto in origin. Some of these groups expressed interest in being registered as native communities (such as Nueva Floresta and Nuevo Oriente) or campesino (mestizo) communities (San Francisco de Pinsha and Tutapishco).

The oldest settlement in the area is Tutapishco, which dates back to 1902, followed by Huamán Urco and the native Quechuan community of Cruz de Plata, both dating from 1920. In the 1950s and 1960s, seven settlements were established in the area (Table 7); all the others came later. The two newest settlements are

5 Instituto del Bien Común.

Nueva Florida and Nuevo Oriente, which date from 2000 and 2002, respectively. The population of the latter indicated that they wish to apply for registration as a native Quechuan community. Before coming together, people were scattered around the area or lived in various other communities. The founding of two of the Maijuna communities took place in the 1960s (Totolla and Puerto Huamán), whereas Sucusari was founded in1978 and Nueva Vida in 1986.

Like many indigenous people in the Loreto region, the Maijuna were not river-dwellers in the past, rather they settled in the interfluvial area between the Napo and the Putumayo. They favored blocks of forest as their habitat and used trails to the rivers as avenues of communication. Their relocation to areas along the river began when they were concentrated on missionary reservations, the oldest of which date from the beginning of the 18th century. This process continued during the rubber era, and with the *patrones* who arrived later to exploit natural products such as *yarina* (or *tagua* or *marfil vegetal*: *Phytelephas macrocarpa*), *palo de rosa* (*Aniba rosaedora*), *leche caspi* (*Couma macrocarpa*), and *barbasco* (*Lonchocarpus* sp.). The building of schools in the 1960s reinforced the riverside settlements and the concentration of the Maijunas.

The populations of the communities and settlements vary and range between 45 (San Pablo de Totolla) and 547 (Huamán Urco) inhabitants. Only six of the settlements visited have 200 or more inhabitants (Table 7).

Only two of the population centers visited during the inventory are formally constituted as campesino communities (Tables 7 and 8): Nuevo San Román (registered in 2002) and Huamán Urco (registered in 1998 and titled in 2003, the only campesino community we visited that had a title deed). In addition to the four Maijuna communities (Nueva Vida, Puerto Huamán, San Pablo de Totolla, and Sucusari), there are four registered and titled Quechuan communities (Cruz de Plata, Morón Isla, Nuevo San Antonio de Lancha Poza, and Nuevo San Roque; Table 8). All other settlements consist of settlements, although some want to be registered and titled as campesino (mestizo) or native communities.

Population and lands of the Maijuna communities

The official name of the Sucusari community is Orejones.[6] The people dislike the name and so have changed it in general usage. The population previously lived about an hour upstream from their current location on the Sucusari River, in a place called Nueva Esperanza, where they settled in 1963. They moved down closer to the mouth of the river in 1970 to be less isolated. Some residents are Quechuan in origin.

The community is adjacent to property owned by the tourist agency Explorama, with which it has ambivalent relations. Although some leaders complain that the company has encroached on part of their territory, they also seek aid from it, especially for gasoline for its vehicles. The Sucusari also receive regular support from the Conservación de la Naturaleza Amazónica del Perú (CONAPAP), an NGO formed by the company to maintain a certain level of order and cleanliness in some of the communities visited by its tourists. And in fact as a community Sucusari is clean (there are garbage cans in various locations around its town center) and orderly.

The community of San Pablo de Totolla has the greatest area of deeded land of the four Maijuna communities but has the smallest population (barely 45 people). Part of its population came originally from the community of Nueva Vida, according to informants. Its name refers to the muddiness of the water of the Algodón River (*totoya* in the Maijuna language). It was registered in 1976 and was first deeded in 1978, but in 1991 its territory was increased through a second deeding of 9,923.50 ha. This was accomplished by the regional office of AIDESEP[7] en Iquitos (today, ORPIO[8]), which has done extensive, similar work throughout the Putumayo basin. As a result of these two deeds, the community has 14,441.54 ha. Curiously, more people of this community live outside it than within it. In fact, 52 members reside in El Estrecho. This fact is troubling because its low population may lead to the closing of certain public services, such as the school, which has only

6 Its official name alludes to the old Maijuna custom of piercing the earlobe and inserting round pieces of *topa* wood (*Ochroma pyramidale*), decorated with white sand and a piece of a huicungo seed (*Astrocaryum murumuru*). Increasingly large pieces of wood are inserted, stretching the earlobe. This custom has not been practiced for several decades.

7 Asociación Interétnica de Desarrollo de la Selva Peruana.

8 Organización Regional de Pueblos Indígenas del Oriente.

Table 7. Communities and settlements located in the area of influence of the proposed ACR Maijuna (CC = campesino (*mestizo*) community, CN = native community, SE = settlement).

Name	Category	Founding date	Families	Individuals	Identity
Copalillo	SE	1973	26	200	Quechua
Cruz de Plata	CN	1920	32	179	Quechua
Huamán Urco	CC	1920	89	547	Mestizo
Morón Isla	CN	1980	47	296	Quechua
Nueva Argelia[a]	CN	1988	14	91	Quechua
Nueva Floresta	SE	1959	14	78	—
Nueva Florida	SE	2000	18	98	Mestizo
Nueva Libertad	SE	1962	30	160	Quechua
Nueva Unión	SE	1981	14	89	Quechua
Nueva Vida	CN	1986	25	130	Maijuna
Nuevo Leguízamo	SE	1996	15	70	Quechua
Nuevo Oriente	SE	2002	32	200	Quechua
Nuevo San Antonio de Lancha Poza	CN	1981	33	199	Quechua
Nuevo San Juan	SE	1965	?	350	Mestizo
Nuevo San Román	CC	1979	30	169	Quechua
Nuevo San Roque	CN	1991	22	130	Quechua
Puerto Arica	SE	1989	17	95	Quechua
Puerto Huamán	CN	1963	22	176	Maijuna
San Francisco de Buen Paso	SE	1962	26	180	—
San Francisco de Pinsha	SE	1960	26	180	Quechua
San Pablo de Totolla	CN	1968	18	45	Maijuna
Sucusari (Orejones)	CN	1978	30	136	Maijuna[b]
Tutapishco	SE	1902	63	450	Mestizo[c]
Vencedores de Zapote	SE	1989	30	180	Quechua

a Nueva Argelia is not an independent community but an annex of Cruz de Plata.

b The directory of Loreto communities (PETT) mistakenly considers it a Huitoto-Murui community.

c Both Quechuas and Maijunas live in Tutapishco. It was an estate owned by *patrón* José Ríos, who produced *palo de rosa, balata,* and timber.

seven students, and the health office run by MINSA[9] (the only one located in a Maijuna community). The reduced size of its population may also have a negative effect on management and control efforts for an ACR Maijuna.

Nueva Vida and Puerto Huamán are adjacent communities in the Yanayacu basin, and both occupy both sides of the river. Some of the inhabitants living today in Puerto Huamán used to live at Cocha Zapote (an oxbow lake), and others lived in the same area but in a dispersed pattern. We were told that their name came from a body of water in their territory where *huama* or *guama* (*Inga* sp., Fabaceae) was abundant. There are mestizo and Quechuan residents in the community. Nueva Vida was previously considered part of Puerto Huamán until they got their own school. Both communities were registered in 1976, the year that Puerto Huamán obtained their title deed for 1,154 ha, which made them the Maijuna community with

9 Ministerio de Salud del Perú.

Table 8. General information about the registered and titled communities.

Name	Year of registration	Year title deed obtained	Deeded land (ha)	Identity
Copalillo	—	—	0	Quechua
Cruz de Plata	1978	1979	2,158.00	Quechua
Huamán Urco	1998	2003	3,348.28	Mestizo
Morón Isla	1990	1992	5,636.35	Quechua
Nueva Argelia[a]	—	—	0	Quechua
Nueva Floresta	—	—	0	—
Nueva Florida	—	—	0	Mestizo
Nueva Libertad	—	—	0	Quechua
Nueva Unión	—	—	0	Quechua
Nueva Vida	1976	1977	8,085.00	Maijuna
Nuevo Leguízamo	—	—	0	Quechua
Nuevo Oriente	—	—	0	Quechua
Nuevo San Antonio de Lancha Poza	1990	1992	12,010.00	Quechua
Nuevo San Juan	—	—	0	Mestizo
Nuevo San Román	2002	—	0	Quechua
Nuevo San Roque	1990	1991	11,957.50	Quechua
Puerto Arica	—	—	0	Quechua
Puerto Huamán	1976	1976	1,154.00	Maijuna
San Francisco de Buen Paso	—	—	0	--
San Francisco de Pinsha	—	—	0	Quechua
San Pablo de Totolla[b]	1976	1978 and 1991	14,441.54	Maijuna
Sucusari (Orejones)	1975	1978	4,470.69	Maijuna
Tutapishco	—	—	0	Mestizo
Vencedores de Zapote	—	—	0	Quechua

a Nueva Argelia is not an independent community but an annex of Cruz de Plata.

b San Pablo de Totolla obtained a title deed for the first time in 1978 (4,518.04 ha), but in 1991 its territory was increased through a second deeding of 9,923.50 ha.

the least amount of land. Nueva Vida was deeded with 8,085 ha a year later.

Community services

Educational services

All of the communities and settlements we visited had primary schools, in which generally all grades were taught by a single teacher (Table 9). This was true of the four Maijuna communities. Only nine of the population centers in the study area had more than one teacher, and none had more than four. Since elementary school has six grades, in all schools it is necessary for teachers to teach classes simultaneously to students in different grades. Schools are probably the first service demanded by residents of a settlement, even before obtaining a title deed. In fact, all of the settlements had schools, even those that were not deeded.

Only one campesino community and two settlements had preschools (*escuelas inicial*), elementary schools, and high schools: Huamán Urco, Nuevo San Juan, and

Table 9. Educational services in the communities and settlements.

Name	Preschool		Elementary		High school	
	students	teachers	students	teachers	students	teachers
Copalillo			18	1		
Cruz de Plata			48	2		
Huamán Urco	35	1	57	3	47	3
Morón Isla			73	2		
Nueva Argelia			23	1		
Nueva Floresta[a]			22	2		
Nueva Florida			—	1		
Nueva Libertad			42	2		
Nueva Unión			22	1		
Nueva Vida[b]			26	1		
Nuevo Leguízamo			25	1		
Nuevo Oriente			51	1		
Nuevo San Antonio de Lancha Poza			62	2		
Nuevo San Juan	16	1	62	2	19	2
Nuevo San Román[c]			56	2		
Nuevo San Roque			40	1		
Puerto Arica			23	1		
Puerto Huamán			28	1		
San Francisco de Buen Paso			25	1		
San Francisco de Pinsha			33	1		
San Pablo de Totolla			7	1		
Sucusari (Orejones)			35	1		
Tutapishco[d]	25	1	56	4	36	?
Vencedores de Zapote[e]			57	1		
TOTAL	**76**	**3**	**891**	**36**	**102**	**5**

a Two teachers are assigned to this school but only one conducts classes; the other has been reassigned because of a lack of students.

b The community wants to replace the teacher, who has been there for 22 years. They have decided to let him finish the year before replacing him.

c There are positions for two teachers in both of these schools but only one in each conducts classes.

d The high school has been operating since 1994. It offers lodging for students from other communities.

e There are two docent positions in this school but only one teaches classes.

Tutapishco, which are also the population centers with the most inhabitants. Although almost all students finish elementary school, very few continue into high school, as shown in Table 9, which indicates that whereas 891 students were enrolled at the elementary level, only 102 were enrolled in high schools. For the parents of the families, sending children to high school represents a significant expense: in the majority of cases it involves paying for lodging and food in the population centers where the schools are located. The situation is more complicated if the closest high school is in one of the district capitals, instead of in a community or settlement, because there it is harder to find relatives to provide lodging for the students.

Very few students from the Maijuna communities enter high school, and we were told in Sucusari that no student from that community had ever finished high school. One of the outcomes of the IV Congreso has been a request for the creation of a high school for Maijuna students in Nueva Vida, which community representatives determined was the most central location.

Although there are nine native communities in the area visited (including Nueva Argelia, the annex of Cruz de Plata), not one of them offers bilingual, intercultural education. Parents we interviewed tend to attribute this absence to the fact that some teachers, although they are indigenous, do not teach the language of their ancestors (Maijuna or Quechua), but the real reason for the gradual loss is that in the home those languages have been replaced by Spanish. School is not the place where language is learned, but rather the home. Native languages are dying out for various reasons. One is mixed marriages between indigenous people and mestizos, in which couples need to communicate in a language known to both members. Another reason, which may be more of a factor among the Maijuna, is shame at expressing a fundamental element of the culture that identifies their origin. It is likely that the long history of *patrones* who have dominated the Maijuna and the complexes that they have internalized as a consequence of these relations explain this behavior. FECONAMAI should develop and implement a strategy to overcome this complex, which is seen most in young people, if it wants to fulfill one of its proposed objectives: revaluing the Maijuna culture.

Beyond the linguistic issue, education in general in the area (and in all rural areas of the country) can be described as distastrous. Two indicators that demonstrate this are that classes begin, in most cases, one month after the official start date, and that teachers frequently do not show up for class, without bothering to explain why.

The following examples illustrate these points. Although the official start of classes is set for all schools in Peru in the month of March, in San Pablo de Totolla classes started this year in May, and in Puerto Huamán and Nueva Vida in April.[10] Furthermore, in this first community they told us that in previous years classes had not started until June. In all three communities, people interviewed indicated that teachers traveled frequently. When asked to estimate the average amount of time teachers had spent teaching since the beginning of school, they answered three months, two months, and three weeks, respectively.[11] Nueva Vida, where the failure of the teacher to teach is worse than in the other communities, has formally requested that the Ministerio de Educación replace him. This has not happened because of the teacher's contract, which gives him job security.

The situation in the other communities visited in the area is similar, with classes starting in April or May and with teachers repeatedly on trips away from the schools. The exception is Lancha Poza, where the school year began on March 13, and as of the writing of this report [July 2009] the instructor had taught three-and-a-half months of classes. The least time taught is in Copalillo, with barely 22 days since school started in May.

In addition to the irresponsibility that teachers demonstrate through their behavior and the lack of interest on the part of the Ministerio de Educación to correct the situation, the way the system runs also indicates little interest on the part of parents to solve the problem. The situation is so out of control that the teachers do not even communicate to the municipal authorities that they are going to be absent—they simply disappear.

In many of the cases we heard about, not even parents who were members of an *asociación de padres de familia* (APAFA) complained to teachers or the appropriate authorities, which may indicate a lack of interest in the education their children receive or that they are convinced that these authorities will pay no attention to their complaints. In fact, in several communities the people we interviewed told us that their complaints had not resulted in any improvements. In some cases, teachers had responded angrily to formal complaints from parents, saying that they were autonomous and answered only to authorities from the Ministerio. These

10 I could not get this information for Sucusari because the teacher interviewed apparently wanted to keep it secret.

11 The Ministerio de Educación itself contributed to this disaster by suspending classes in the entire country during the first week of July (usually everything comes to a standstill during the last week for Fiestas Patrias celebrations), giving as a reason the threat of "swine flu," without even ascertaining in which specific areas the disease had occurred.

statements suggest that if the APAFAs were given support by the Ministerio, they could have an important role in correcting teachers' behavior.

Health services

The state of health services is better than that of education. There are MINSA health posts in the communities of Huamán Urco, San Francisco de Buen Paso, Tutapishco, and San Pablo de Totolla. These posts are staffed by two health technicians, who divide their time among six to eight communities and settlements. In some other population centers there are municipal health workers who oversee stocks of medicines and first-aid supplies (*botequines*), although these have irregular schedules.

Public restroom facilities in the two communities that claim to have them (Sucusari and Nueva Vida) actually belong to the schools. In Sucusari, although there are well-constructed, sanitary restrooms, there is often no water. In Nueva Vida, there are rustic latrines. In Puerto Huamán, we saw a latrine in very poor condition near the municipal center.

San Pablo de Totolla is the only Maijuna community with a MINSA clinic, which has one technician. In the four communities there are health officials from within each community. These are people who work *ad honorem* and have been trained by an NGO, the Catholic Church, or the State. They who oversee stocks of medicines and first-aid supplies set up with seed money given by the Municipalidad de Mazán and El Estrecho (Totolla). However, not one of them is operating because they have run out of money, a result of customers not paying for the medicine they use. This was a common phenomenon in all the communities we visited, where community dwellers would argue that if the medicine was donated, why should they have to pay for it?

In general, however, public health services in the basin have an important role, and the quality of care is consistent. There is a permanent vaccination program, and every three months technicians from the three health posts visit communities in their network, accompanied by personnel from health centers in Mazán or Santa Clotilde, to immunize newborns.

The "Vaso de Leche" program, run by the municipalities, was operating in all of the communities and settlements we visited. This program provides breakfast to elementary school students.

Other services

Not one of the four Maijuna communities has telephone service, and despite the fact that three of them claim to have radiotelephone service, none of the equipment works. The lack of batteries and/or cables and accessories (Puerto Huamán and Nueva Vida) is one of the causes of lack of radiotelephone service. In other cases, it is because the apparatus itself is broken (Totolla). Sucusari had the equipment but it was stolen. As far as the other communities, there is telephone service in Huamán Urco, Tutapishco, and Nuevo San Juan. In the first of these, the health post has internet access and permanent electrical power generated by solar panels. The first two population centers, along with Morón Isla, also have pedestrian sidewalks.

Use of resources

General considerations

No communities will be located within the area proposed for the ACR Maijuna (Fig. 2A). The four Maijuna communities adjoin the area and they have chosen to exclude their territories from the ACR Maijuna when it is declared, as otherwise they would lose the right to do commercial logging on their deeded land. Only two mestizo settlements are adjacent to the area: Tutapishco and Nueva Florida.

Although the proposal's main beneficiaries are rightfully the Maijuna communities (because they promoted the iniciative and it is on part of their ancestral lands), the proximity of other communities and settlements, and the fact that they do use resources within the area, indicates that they be treated as part of the "buffer zone." With the exception of people interviewed from the communities of Lancha Poza and Nuevo San Roque,[12] the inhabitants of these nearby communities

12 We want to note the subjective nature of this method and the resulting information; the fact that representatives of the community said that they do not hunt, fish, or extract resources from the proposed area does not guarantee that no one in the community does.

indicated that they engage in activities in the area of the proposal.

The regulation of the law concerning Áreas Naturales Protegidas (ANP, Arts. 61–64) states that the buffer zones are "spaces adjacent to the Áreas Naturales Protegidas del SINANPE, which, because of their nature and location, require special treatment that guarantees the conservation of the Área Natural Protegida" (Art. 61.1) and that these should be established "in the Master Plan of the Área Natural Protegida" (Art. 61.3). Some experts' definitions emphasize that the goal of these areas is "to afford additional protection for the reserve and to compensate local residents for the loss of access to the resources of the biological diversity of the reserve." The language of the regulation establishes precisely that a buffer zone is the space adjacent to an ANP that requires special treatment to guarantee its conservation. For this reason, the master plans of the ANP should create buffer zones and establish their boundaries and the functions they should perform. As the name indicates, this zone serves to "buffer" impacts on the conservation area, so their relationship is one of close collaboration.

A "buffer zone" is only effective if it actually functions as such; simply declaring an area to be one is not enough. At this point we have learned two things from our visit to the communities neighboring the proposed ACR Maijuna. The first is that the strip of land surrounding the proposed ACR Maijuna is the area where pressures on resources inside the area originate; the second is that PAP, beyond informing the communities and settlements about the proposal on two occasions, has not devised a strategy for developing the bordering area as a buffer zone.

In reality, the general attitude of the State toward buffer zones has been to put them to the side and to consider that their declaration fulfills part of the formal requirement imposed by the law. I know of no cases of ongoing work with the populations located around ANPs, who are the ones who historically have used the resources in them. The predominant concept of the ANPs is as cloistered spaces, that is, as spaces closed off unto themselves. On the other hand, when the State or NGOs give attention to communities settled in these areas (e.g., in the case of the Reserva Nacional Pacaya-Samiria), the limited management initiatives they implement are not close to being sufficient to organize resource management and promote their sustainable use. However, we believe that working with the communities in the area is as important as working with the four Maijuna communities who will be the direct beneficiaries of the ACR Maijuna.

In the following paragraphs I specify the locations where resources used by communities around the proposed ACR Maijuna are found, starting with the Maijuna. This information was obtained through "talking maps" drawn up during interviews with representatives of the 24 communities that make up this study. I recognize the subjective nature of this information, which was gathered in brief conversations with people who described the presence of resources as "abundant," "average," or "poor." Thus the information I present should be taken as reference and should be corrected and supplemented by these complementary studies: (1) the rapid biological inventory of the proposed ACR Maijuna and (2) the detailed study carried out by ethnobiologist Michael Gilmore, who also made "talking maps" in Maijuna communities and verified field information and geographic locations.

Resource use by Maijuna communities

Sucusari

People interviewed in this community indicated that they extract various resources from the Sucusari River basin. For hunting they indicated areas very close to the community settlement, east of the river in the direction of the headwaters of the Apayacu. They stated that in general there continued to be enough animals, although the numbers of *sachavaca* (*Tapirus terrestris*) had decreased.

With respect to logging, they said that until 2007 they extracted a large amount of timber, but that now they were cutting less because the community had realized that the populations of valuable species were decreasing, especially *cedro* (*Cedrela odorata*). They also indicated the Sucusari basin as a location for this activity. They obtained a permit for commercial logging of their community forests, which they turned over to some loggers who cheated them (not paying what they had offered them). They suspect that the permit had also been used to legalize timber taken from other locations.

They fish in the Sucusari basin with hooks and lines, traps (of 2.5 and 3.0 inches), and arrows. In the past, boats equipped with freezers appeared in the Sucusari, but they have been prohibited from the area. They catch various species, but they indicated that the *sábalo* (*Brycon* spp.) have decreased. In an area called Tutapishco, two days upriver toward the headwaters of the Sucusari, they can find *aguaje* (*Mauritia flexuosa*), *ungurahui* (*Oenocarpus bataua*), and *chonta* (*Bactris* sp.).

San Pablo de Totolla

This community does much of its hunting within its own municipal territory, although members also go to the headwaters of the Algodoncillo River (within the proposal area), which is a several-days' journey away, and north of the Algodón, in a forest with "permanent-production" status (a *bosque de producción permanente*, or BPP). They describe the animals of the forest as abundant. "We hunt everything," our interviewees told us.

As far as fishing, they said that there were large lakes outside the proposal area, north of the Algodón, in the same BPP, although within the community there were also small bodies of water, such as these oxbow lakes: Negra, Sombrero, and Arana. The said that in that area they had seen otters as well as manatees.

Nonwood products are found in many places: within the community, the BPP, and the proposal area. These products are varied: *ubos, ungurahui, aguaje, irapay, chambira, camu-camu,* and others.

Nueva Vida

Members of this community hunt inside the proposal area, in a northeastern direction, approximately as far as the path that the proposed highway will take toward El Estrecho. They indicated that in this area there are several *collpas* (salt/clay licks) where deer, peccaries, and tapirs can be found, as well as a variety of birds. They reported that hunters from Pinsha, Nueva Unión, Zapote, and other settlements come in by way of the Yanayaquillo (whose waters empty into the Yanayacu close to where it joins the Napo). Species such as sloth (*pelejo*), and red howler (*coto*), common woolly (*choro*), and capuchin (*machín*) monkeys have decreased, according to community members.

Fishing takes place in the Yanayaquillo and in some oxbow lakes. They noted the presence of various species, including *arahuana*, although the *gamitana* and *paco* are now gone (see Appendix 3 for equivalent scientific names). They had seen otters, but no manatees.

Since 2007, they have not participated in logging. "Now the trees are skinny," they told us. They used to log around the Coto and Sabalillo streams, at the northwest boundary of the proposal area. Another informant indicated that he had worked near streams in the middle of the proposed ACR Maijuna and around the headwaters of the Yanayacu. They said they had seen *lupuna* and *cumala* near the community's southern boundary. The patrones paid S/. 0.20 (i.e., one-fifth of a Peruvian *nuevo sol* per foot for *cumala* and S/. 0.50 per foot for *cedro*. Currently they extract nonwood products near the community toward the northeast, where they find *aguaje, irapay, ungurahui, huasaí, sinamillo,* and *chambira,* among others.

Puerto Huamán

Informants from this community, the majority of whom were young people very knowledgeable about their environment, said that they hunt in their own territory and to the north of it, within the area of the proposal. They mentioned black agouti (*añuje*) as an abundant species, and common woolly monkey (*mono choro*) as one that had decreased. They complained about illegal hunters coming in from Puerto Arica, Cruz de Plata, and Nueva Argelia, who enter by way of a cut-off trail (*varadero*) that runs from this last settlement to the headwaters of the Coto stream. "It is a three-hour trip," they said.

Residents fish in Sapo Lake and Pantalón Lake and in various streams. They catch species such as *fasaco, shuyo, bujurqui, mojarra,* and *paña*, using 2.5- and 3-inch traps. They noted that *tucunaré* and *zúngaro* have decreased. They said they have seen otters in the area. Outsiders come in and fish using *barbasco,* a plant that produces a substance that stuns or paralyzes fish.

They reported that they no longer extract timber, although they did until last year, entering the area by way of various streams: Coto, Sabalillo, Paña, and others, which they also use when hunting. *Patrones* paid S/. 0.25 per foot for *cumala* and S/. 0.80 per foot for *cedro*. They said that there are now outsiders who come in by way of the varadero in Nueva Argelia and from there go to the center of the proposed ACR to extract timber. Then they leave using Quebrada Coto (the Coto stream). They take *cumala, tornillo, cedro, marupá, moena,* and *tornillo*. "There is less wood now," they noted. Areas where nonwood products are extracted are very close to the community, which is a good sign as far as their abundance. There is *irapay, shapaja, madera redonda, aguaje, ungurahui*, and others.

Resource use by other communities and settlements

Huamán Urco

Community members told us that they hunted in areas surrounding the Supay, Huacana, and Huamán Urco streams, all within their lands, although they also indicated that they follow the route of the highway project toward El Estrecho, as far up as the headwaters of the Sucusari. They claimed that they no longer practiced logging, and when they previously did it was only in areas near their community, outside the proposed ACR Maijuna. They said they had a conservation area that they protected, with the hope of getting good prices in their negotiations with a company. That area primarily holds *capinurí, capirona,* and *cumala*. They fish outside the proposal area, in lakes and streams within their community and from the right bank of the Napo. They also gather nonwood products close to their land. There is *irapay, shapaja,* and *chambira,* but *yarina, aguaje,* and *huasaí* are scarce.

Buen Paso

Informants from the settlement of Buen Paso reported that to hunt they went north, following the path of the proposed highway toward El Estrecho, as far as the headwaters of the Algodoncillo, where they could find peccaries and deer, although there were no more tapirs. Sometimes they sell the meat, "for S/. 3 per kilo if it is fresh and S/. 5 if it is dried." They said that they do not fish very much, "only when there are *mijano*; there used to be every kind." They catch *boquichicos* and *palometas,* using 2-inch-mesh nets. They claim to have stopped logging in 2008. When they did, they cut timber within the boundaries of their settlement. They used to extract *cedro* and *cumala* near the upper Yanayacu and tributary streams, such as Coto and Jergón, as well as along the route of the highway project toward El Estrecho and streams near the headwaters of the Sucusari. "We only took *cedro*, but now there isn't any, and there isn't much *cumala*. There is *tornillo,* but not along the edge of the stream anymore." Nonwood products they said were important were *irapay, aguaje, chambira,* and *ungurahui*. [See the Vegetation and Flora chapter of this report for the equivalent scientific names for most of these species.]

Nuevo San Juan, Copalillo, and Nuevo Leguízamo

Residents indicated that they hunted mainly in the areas near the Yanayacu and a stream called Yachapa, which originates in the central part of the proposed ACR Maijuna and flows south to empty into the Napo, near the community of Copalillo. They reported that their hunting expeditions took them close to the headwaters of the Algondoncillo. They practice logging on the lower part of the Yachapa stream, particularly on a stream called Pava that discharges in the Yachapa, located on the southern border of the proposed ACR. They also extract nonforest products there, as well as in areas neighboring their communities.

Nueva Unión and Vencedores de Zapote

Members of these communities said that they hunted primarily in the Yanayacu basin, where they also extracted timber. "Timber extraction is what impacts the fauna the most, because the teams that cut down the trees have to be fed, and there is also the noise of the chainsaws." Previously they also entered the proposed ACR Maijuna, going as far in as the headwaters of the Algodoncillo. With regard to fishing, they indicated that fish are now scarce and that they fish outside the proposed ACR Maijuna. They also extract non-wood products by way of the Yanayacu and Yanayaquillo. "They are only for our use, not to sell."

San Francisco de Pinsha and San Román

Residents said that they hunted on the right bank of the Napo, within the forest with permanent-production status, in a wide area that extends to the Mazán. In the same area are lakes and streams that provide them with fish, and areas where they can find non-wood products. They harvest timber in the Yanayacu and Yanayaquillo basin, inside the area of the proposed ACR.

San Francisco de Pinsha and its neighbor Nueva Unión

These communities would like to obtain title deeds to their territories but have not been able to because a strip of land on the left bank of the Napo (between the river and the forest with permanent-production status) is very narrow and subject to flooding. The first of these communities is also located on an island, which according to Peruvian law may not be deeded. The only area that could be deeded, because it contains uplands, is within the forest with permanent-production status, and is part of a forest plot that has been transferred by contract to a woman. "She has never removed a stick of wood from that plot, but she pays her POA [Plan Operativo Anual] every year," community members told us. This is clearly a pretext for legalizing the removal of timber from anywhere they wish.

Nuevo Oriente

Community members told us that they hunt in a wide area within the proposed ACR Maijuna behind Tutapishco and Nueva Florida; the eastern part of the area includes the headwaters of the Sucusari and the Apayacu. However, they also hunt in areas next to their community and next to their neighbors Buen Paso, Puerto Leguízamo, and Copalillo. On the right side of the Napo, they hunt inside the forest with permanent-production status. They reported that sometimes they traveled farther, toward the Algodoncillo and even the Algodón: "there are more resources there than closer to the community." Although we saw few monkeys, there were peccaries, tapirs, and deer. They indicated that they do not regularly practice logging but that, when they do, they limit it to their own community, without entering the proposed ACR Maijuna. They noted that commercial forest species, such as *cedro*, *cumala*, and *lupuna*, are scarce. With regard to fishing, they said that it is done only for local consumption and in lakes and streams close to the community, outside the area of the proposal; they reported catching various species, "although there is no more *gamitana.*" Nonwood products are also gathered nearby; they can find *irapay*, but *ungurahui* is scarce and there is no *aguaje*.

Tutapishco, Nueva Libertad, and Nueva Florida

Members of these settlements told us that they hunt in the Yanayacu and Yanayaquillo basins, and, to the north, from the center of the proposed ACR to the headwaters of the Algodoncillo. These settlements appear to put the most pressure on resources in the area. In fact, Tutapishco was the only settlement in which we encountered opposition to our project. Residents there said that they could not be denied access to the area, as the Maijuna were already doing with a control post at established the mouth of the Yanayacu. They accused the Maijuna of cutting down *aguaje* palms (*Mauritia*) and insinuated threats against them if they continued blocking their access to the area. In the same extensive area they hunt, gather non-wood products—in particular *aguaje* and *ungurahui*—and fish, although they also fish in some bodies of water on their own lands.

Cruz de Plata and its annex Nueva Argelia

Residents stated that they hunt along Quebrada Coto (Coto Stream), which empties into the Napo but appears to originate inside the northwestern corner of the proposed ACR Maijuna. They enter the area of the proposal at that point. They also hunt near the headwaters of the Yanayacu, where they capture monkeys, black agoutis (*añujes*), pacas (*majaces*), armadillos (*carachupas*), and various types of birds, but they report that Brazilian tapirs (*sachavacas*), currasows (*paujiles*), and *pucacungas* (Spix's Guan, *Penelope jacquacu*) are scarce. They practice logging in the same areas in which they hunt, some within the proposed ACR Maijuna and some outside it, where they find *cumala* and *marupá*. Logging is run by middlemen (*habilitadores*). Residents fish in lakes located outside the proposed ACR: Loma, Soldado, Shansho, Puma, Papaya, and others. They take *yaraquíes, sábalos,* and *tucunarés*. Non-wood products are collected outside the proposed area, on the right side (where the population center of Cruz de Plata is located) as well as on the left side (where that of the annex Nueva Argelia is situated). According to their reports, *shapaja, yarina, chambira, ungurahui, aguaje,* and other species are abundant.

Morón Isla

Community members stated that they hunt in the northwest corner of the proposed ACR, along the Morón and Aguas Blancas streams, which empty into the Napo, and from there they hunt in forested areas towards the Algodón. They find diverse species: black agoutis, both species of peccaries, and several species of birds. Sometimes they sell meat they have hunted but only in the community, charging between S/. 4.0 and 4.5 per kilo. They log within the community, but also along the streams mentioned above, which are inside the proposed ACR Maijuna. Logging does not involve patrones but rather is carried out using their own resources. *Cumala* is the main species taken. They also fish in the Morón, Aguas Blancas, and Achual streams. "There are all kinds of fish, although *paco* and *gamitana* are scarce." Nonforest products are collected near the community, outside the proposed ACR Maijuna.

Puerto Arica

Members of this community said that they hunt along the abandoned path of the highway project from Puerto Arica (Vidal) to Flor de Agosto, on the Putumayo. Using this trail they reach the upper part of the Algodón. According to their statements, they only tangentially pass by the northwestern corner of the proposal area. They reported various species there. They do not practice logging within the proposed ACR Maijuna but have seen outsiders logging in this corner, although they do not know where they are from. They cut down trees in their own community, where they also fish and gather nonwood products.

Lancha Poza and Nuevo San Roque

Residents hunt outside the boundaries of the proposed ACR Maijuna, in their own territories as well as on State land, which is located to the north as far as the upper Algodón. In these same areas there are lakes and streams where they fish, and forests from which they collect nonwood products for their own use. These two communities may be the only ones in this study that do not conduct any type of resource extraction within the proposed ACR Maijuna; however, there remains doubt as to whether the information we received was true for the entire community or only for the people we interviewed.

Extraction activities

Petroleum activity

Superimposed over the area proposed for the ACR Maijuna and its zone of influence is an oil-extraction site, designated Lote 122, and two areas under technical evaluation. Lote 122, under contract for exploitation by Gran Tierra Energy, Inc., includes on its eastern boundary the lower part of the Napo River, between Mazán and the mouth of the Yanayacu. The company, headquartered in Calgary, Canada, currently has operations in Argentina, Colombia, and Peru. As of now, however, it has not begun operating here.

As their name indicates, the areas under technical evaluation are not yet negotiable plots, as they are still being studied to determine their potential. However, they do represent a potential threat to the integrity of the ACR Maijuna and the appropriate use of its resources. The eastern boundary of Área de Evaluación Técnica XXVI runs north perpendicularly, along the Sucusari River, approximately as far up as the headwaters of the Apayacu, where the line extends northwest past the community of Morón Isla on the Napo and continues along the river's left bank to a point above Santa Clotilde (Fig. 2A). Área de Evaluación Técnica XXIX, encompasses the entire remaining area of the ACR proposal and beyond, as its northern boundary extends to the Putumayo, upriver and downriver of the locality of El Estrecho.

During an evaluation of the ecological and economical zoning of the Bellavista-Mazán area (inside the triangle formed by the point where the Napo empties into the Amazon and, on its western boundary, by the course of the Momón from its mouth rising up to its middle part, from where a line closes the polygon in the community of Santa Marta on the Napo), water samples were taken to determine its quality at various locations in the area. Samples taken from the Napo were collected in the

Table 10. Heavy metals, oils, and *grasas* (heavy petroleum) in samples taken from the Napo River at three sites (from Sáenz Sánchez [2008]).

Sample site	Type of analysis			
	Oils and *grasas* (mg/L)	Barium (mg/L)	Cadmium (mg/L)	Chromium (mg/L)
Flautero	1.1	2.0	0.01	0.01
Petrona Isla	1.2	1.0	0.001	0.01
Santa Rosa	1.0	1.0	0.001	not determined
Maximal permissible limit	0.5–1.5	0.3	0.004	0.0002

localities of Flautero, Petrona Isla, and Santa Rosa, located on the lower part of the river. The data are shown above in Table 10.

Results of the analysis indicate that oil and grease levels at the three sites are close to the maximal permissible limit (MPL). However, the barium concentration is three to seven times higher than the MPL, that of cadmium in Flautero is 2.5 times higher, and that of chromium in Flautero and Isla Petrona is 50 times higher. The presence of heavy metals in the basin is probably due to hydrocarbon exploitation in the equatorial Napo region, since it has been taking place for many years.

It is likely that these levels will increase in the next few years because of the presence of new petroleum companies in the area. In additiona to Gran Tierra Energy, mentioned above, two other companies have signed contracts with the State, and at least one of them, Perenco, has already begun prospecting operations in Lotes 67A, 67B, 121A, and 121B. The other company is Petrobras, whose Lote 117 includes the upper part of the Napo and Putumayo river basins, and is superimposed over the Zona Reservada de Güeppí, which is adjacent to Ecuador and Colombia and constitutes part of the traditional territory of the Airo Pai (or Secoya), a group from the same linguistic branch as the Maijuna.

In addition to heavy metals, levels of oils and heavy petroleum will rise as river-boat traffic increases in the basin. These "tend to form thin films on the surfaces of the bodies of water, blocking sunlight from penetrating the column of water and impeding photosynthesis, thus slowing the growth of phytoplankton." Heavy metals, "such as barium, cadmium, and hexavalent chromium, are dangerous and carginogenic; they are deposited on the bottom of bodies of water (as sludge) and are ingested and assimilated by aquatic species that feed there, accumulating in their tissues. They are not biodegradable. They are passed on to humans when they consume these species and compromise the entire food chain" (Sáenz Sánchez 2008: 23).

Gold activity

During our recent visit to the area, I observed five dredges operating in the Napo River between Bellavista, located above Negro Urco, and Tacsha Curaray. In previous conversations with the Dirección Regional de Energía y Minas de Loreto, I was informed that the dredges did not have permission to extract gold, but only to prospect. The intensity of work that we observed and the permanent presence of this machinery for some years now indicates that the claim that they were prospecting was only a pretext, and a very advantageous one for the dredge owners, who apparently were not paying mineral rights to the State and were not subject to any environmental regulations.

Forest activity

Forest activity in the Napo basin is illegal, as it is almost everywhere in the country, despite the fact that there are designated forests with permanent-production status that are under contract by the State with various companies. The problem is that these companies end up logging where it is most convenient for them, rather than in the assigned areas. Maijuna communities have begun halting illegal logging within the proposed ACR and are controlling the mouths of the main rivers that allow access to the area; this is a positive sign of their organizational strength and conviction about the initiative.

In the three Maijuna communities located on tributaries of the Napo there are functioning "control posts," which demonstrate the will of community members to control access to the territory of the proposed ACR Maijuna. These communities are located on the two main waterways that access the interior of the area, namely, the Yanayacu and the Sucusari. This is important for controlling illegal logging, since the only other access routes from the Napo to the proposal area are *varaderos* (trails running from one river to another), by which illegal loggers can enter on foot, but which would not provide a way to transport the timber. It is important to note that this situation will help to control hunting and fishing as well, since there will be no loggers hunting and fishing for food.

San Pablo de Totolla (situated on the Algodón River) does not have a control post, but according to our informants, they have succeeded in preventing Colombian extractors who operate in the Putumayo basin from entering their deeded territory.

Logging is particularly heavy in the area around Mazán, a river that carries a large percentage of the timber produced in the Napo basin. Several sawmills operate in the district capital. An area on the right bank of the Napo River defined by the southern and southwestern boundaries of the proposed ACR Maijuna is considered a forest with permanent-production status and has been divided into forest parcels. However, loggers have not limited themselves to these parcels, and the State has no possibility of controlling the process (besides which, the state often shows no interest in doing so).

One case that we confirmed was that of a Señora Rivadeneyra, aunt of the previous regional president, who obtained a contract for one of those parcels, adjoining the community of Pinsha, while her nephew was in office. Members of this and neighboring communities told us that the holder of this contract had not cut down a single tree in the parcel but that each year she punctually paid her Plan Operative Anual. It is clear that this document is used to legalize timber cut in other places.

Another way companies and middlemen legalize logging operations is through signed contracts with the communities, which help them negotiate extraction permits with the forest authorities in the region. With these contracts, they cut wood wherever they wish, which they report with the RUC[13] of the communities. Many of these have been notified by SUNAT[14] because the amount of wood that they, in theory, extracted is enough to make them "primary taxpayers" in the region. It is just recently that the communities realized they had been swindled.

Regional plans—The highway

In 2008 the State, through PEDICP,[15] conducted a study of ecological-economic zoning in the Bellavista-Mazán area, whose location and general boundaries we have already indicated above. This is an area of approximately 196,000 ha, and includes three district capitals—Francisco de Orellana (on the Napo River), Indiana (on the Amazon River), and Mazán (on the Napo)—and about 125 rural population centers, including native and campesino (mestizo) communities and settlements.

This year [2009], the same institution contracted with a group of specialists from various disciplines to draw up, on the basis of results of the ZEE[16] and of new studies, an organizational plan for the territories in this area. One of the issues included in the plan is the construction of a highway that would unite Bellavista (on the Nanay) with Mazán. In fact, Mazán has already become an important port on the Napo, because the varadero that connects this basin with that of the Amazon shortens the travel distance to Iquitos.

This highway is the first segment of a proposed thoroughfare that, after crossing the Napo, would run northeast toward El Estrecho, on the Putumayo. The planned route cuts the proposed ACR Maijuna in two, goes through the northwest corner of the proposed ACR

13 Registro Unificado del Contribuyente.
14 Superintendencia Nacional de Administración Tributaria.
15 Proyecto Especial Binacional de Desarrollo Integral de la Cuenca del Río Putumayo (which previously belonged to INADE [Institución Nacional de Desarrollo] but since 2008 has been part of the Ministerio de Agricultura).
16 Zonificación Ecológica Económica para el Ordenamiento Territorial de Loreto.

Ampiyacu-Apayacu, and crosses the Algodoncillo and Algodón rivers and the community of San Pablo de Totolla before it ends (Fig. 11A).

The proposed highway also includes a "development plan" that consists of establishing settlers in a 5-km band along each side of the route. Reasons put forward for building the highway, besides "development," include "national security," with the argument that it is difficult to reach the Putumayo region from Iquitos (river navigation to El Estrecho takes at least 20 days and involves travel through Brazil) and that there is little government presence there. (This last is not a particularly valid argument, given that for at least ten years there have been numerous garrisons of the Fuerzas Armadas y Policiales all along this river, which have not improved the level of national security or protection of the country's natural resources, since Colombian citizens enter on a daily basis to extract timber from Peruvian territory.)

More than 20 years ago there was an attempt to connect the Napo and Putumayo basins with the construction of a highway between Puerto Arica (Vidal) and Flor de Agosto, a project that the State finally abandoned for technical and financial reasons after having made a large investment (Fig.11A).

The proposed highway is a serious threat to the initiative creating the ACR Maijuna. If the highway construction project prevails, it would make no sense to establish a conservation area because the area will be flooded with settlers and loggers.

It is troubling that the regional government has made no attempt to stop the project, and even more troubling that some of its highest officials support it, citing the development and national security arguments. Their attitude clearly shows the inconsistencies that exist within the government: on the one hand they endorse the creation of the ACR Maijuna, but on the other they approve of the construction of a highway that will result in activities destructive to it.

In view of this, only a convincing demonstration of the value of the proposal by the Maijuna communities can defeat the highway construction initiative. A compelling argument is that once again the State has not consulted with the indigenous communities about a project that will clearly affect their territorial rights, those already acquired (San Pablo de Totolla) and those they hope to acquire, since the area is part of their ancestral territory.

CONCLUSION

The greatest current threat to the future ACR Maijuna is the plan to construct the highway connecting Iquitos and El Estrecho, which would cross through the area of the proposal.

Only residents from two communities reported that they did not extract resources from the proposal area. It is clear that the activity with the greatest impact is logging, which is partially restrained by control posts established by the Maijuna communities at the mouths of the Yanayacu and the Sucusari. Controlling timber extraction also reduces levels of hunting and fishing, which in many cases are subsidiary activities. However, according to information we received, there are also those who enter the area only to hunt. Fishing and the extraction of non-wood products do not seem to constitute a particular danger to the area.

THE MAIJUNA: PAST, PRESENT, AND FUTURE

Author: Michael P. Gilmore

INTRODUCTION

The Maijuna of the northeastern Peruvian Amazon have a rich and unique culture and history marked by both persistence and change. This chapter provides an ethnohistorical and cultural account of the Maijuna—from first European contact to the present—and a description of threats to Maijuna biocultural resources, to convey a proper understanding of the sociocultural context of the proposed Área de Conservación Regional (ACR) and the place and role of the Maijuna within it. I also describe the ongoing, community-based, political empowerment of the Maijuna, with its push towards community organization and cultural and biological conservation, to highlight a key Maijuna sociocultural asset that is clearly and strongly compatible with the sustainable use and management of the proposed ACR Maijuna.

AN ETHNOHISTORY OF THE MAIJUNA

The Maijuna are a Western Tucanoan people (Steward 1946; Bellier 1993, 1994, as "Mai huna"; Gordon 2005) presently found in the northeastern Peruvian Amazon. Bellier (1994) states that there is no doubt that the Maijuna are Tucanoan, given the structure of their language, the etymology of Maijuna words, and their kinship system, among other things. Overall, 25 languages have been classified as Tucanoan (Gordon 2005). In addition to Maijuna, several other extant and extinct languages are classified as Western Tucanoan, such as Koreguaje, Macaguaje, Secoya, Siona, Tama, and Tetete. The Maijuna language is classified by itself in the southern division of the Western Tucanoan languages whereas the other Western Tucanoan languages listed above are classified in the northern division.

Like other indigenous groups, the Maijuna are known by a variety of different names. The most common names for the Maijuna in the more recent literature are Orejón or Coto (Koto), whereas Payagua is the most common name used for the Maijuna in the very early literature (Steward 1946; Bellier 1993, 1994). The name Orejón is of Spanish origin and literally means "big ear," in reference to the large balsawood ear disks that Maijuna men traditionally wore (Fig. 9E). The name Orejón has produced a considerable amount of confusion due to the fact that it was given to a number of different indigenous groups in South America that also wore ear disks, including a nearby Witotoan-speaking tribe (Steward 1946; Bellier 1993, 1994). The name Coto is the Quechua word for the red howler monkey (*Alouatta seniculus*, Fig. 8A) referring to the old Maijuna custom of painting their bodies and faces red with Bixa orellana L. (Velie 1975; Bellier 1993, 1994). Marcoy (1866, cited in Bellier 1994: 37), who traveled in the general area of the Amazon, Napo, and Putumayo rivers between 1848 and 1869, also notes that they were given the name Coto for their excellent imitation of the red howler monkey call. Similarly, Velie (1975), in reference to the name Coto, also mentions the Maijuna custom of singing in a monotonous melody for many hours in the night. The name Maijuna has a different origin than the other names previously mentioned because it is an auto-denomination. The name Maijuna will be used from here onwards due to the fact that the names Orejón and Coto are derogatory and that the people themselves use and prefer the name Maijuna.

Bellier (1993, 1994) provides a very detailed ethnohistorical account of the Maijuna, which indicates that the Orejón, Coto, and ultimately the Maijuna, are descendants of the Payagua. These transitions resulted from migrations, and intra- and interethnic relations and interactions. A brief summary of her work follows.

During the sixteenth century, the Western Tucanoans occupied an extensive area within the Amazon basin. According to Bellier, they were found in the area between the Napo and Putumayo rivers, in what is now part of Peru, and extended into the present day Colombian regions of the Caguán and Caquetá rivers to the north and the Yarí River to the east (Fig. 23). In 1682, Jesuit missionaries made contact with what they referred to as the "Provincia de Payahua," apparently in the region of the lower Napo River. According to captured individuals, the Provincia de Payahua consisted of 16,000 people. Historians consider this to be the first contact with the Payagua even though the location and cultural affiliation of the people contacted are vague. Given the purportedly large population, the Provincia de Payahua may have actually consisted of all of the different Western Tucanoan groups, not just the Payagua, that inhabited the general area between the Napo and Putumayo rivers from its lower to its upper reaches (Bellier 1993). Bellier ultimately hypothesizes a northwestern origin for the Payagua and suggests that they arrived and settled in the general region of the lower Napo toward the end of the seventeenth century.

During the eighteenth century, the Payagua were very mobile and were in contact with a variety of Tucanoan and non-Tucanoan indigenous groups. The work of missionaries intensified at the beginning of the eighteenth century, and the Payagua were affected by Franciscan missionaries to the north and Jesuit missionaries to the south. The missionaries were not very successful because the Payagua generally came to mission camps to obtain metal tools and then left soon after obtaining them. Epidemics plagued the region and the Payagua staged revolts because they feared bad treatment and slavery. The Payaguan population ultimately declined because of epidemics, poor living conditions in the mission camps, and internal wars due to traditional motives and to feed the slave market.

Toward the end of the eighteenth century, some Payagua were living in the area between the Napo and Putumayo rivers, from the Tamboryacu River to the Ampiyacu River (Fig. 23), an area considered as traditional ancestral territory by the present day Maijuna (all four Maijuna communities are currently located within this area). According to Bellier, the ties between these southern Payagua and the Maijuna can be directly traced. Relations between the northern Tucanoans and the Maijuna weaken from the beginning of the nineteenth century. During this time period, the northern Payagua are no longer mentioned in the literature and, according to Bellier, they were divided or absorbed by the Tama, Macaguaje, and the Siona.

During the eighteenth century, the Peruvian government began to promote and encourage the immigration of colonists—especially Europeans and their descendants—into this region. The Jesuit missionaries were expelled in 1768, marking the end of their influence on the Payagua. After the independence of Peru in 1824, the exploitation of indigenous peoples intensified. During this general time period, the first *patrones* (colonists and their descendants who exploited indigenous labor) settled in this region and trapped indigenous peoples, including the Payagua, under their control for years to come. From the middle of the 1800's the names Coto and Orejón (along with others) begin to be mentioned with increasing frequency within the historical record. The last known reference to the Payagua is during the early 1900's and their location corresponds exactly to that of the Coto and Orejón. From here on out, they would be known by the names that merchants and patrones gave them, such as Coto and Orejón.

The rubber boom that occurred during the late 1800s and early 1900s had major demographic and cultural impacts on the Maijuna and other indigenous groups in the region. During this time period, the Peruvian government installed various patrones of different nationalities to oversee the land. With the land granted to these patrones came its indigenous residents, whom they worked and controlled by force. During the rubber boom the Maijuna principally supplied steam ships with wood and also carried rubber between river basins (i.e., between the Putumayo and Napo rivers).

In 1925, Tessmann (cited in Bellier 1993: 72, and 1994: 37) spent time among the "Koto" (Coto) and noted that they resided between the Napo and Algodón rivers. The Koto that he encountered were found near the Zapote lagoon (Zapote River) and along the Sucusari River (Fig. 23). He noted that the Koto were also called the Orejón, due to their ear disks, and he goes on to mention that "in the old times" they were also called the Payagua, Payaua, and Tutapishco. According to the calculations of a colonist, there were approximately 500 Koto living in this general area at that time.

Tessmann (1930) provides a good physical description of the Koto, which Bellier had translated from German and summarizes in her work (Bellier 1993, 1994). When Tessmann encountered the Maijuna, men went naked, tying up their penis from the age of six years old, whereas Maijuna women wore large bark cloth shirts that were painted red. According to some consultants, these shirts were only worn by married women. Both sexes painted their bodies in various designs with *Bixa orellana* and *Genipa americana*, blackened their lips with *Neea* sp., and lightly tattooed their faces. They also wore their hair long and depilated their eyebrows, temples, armpits, pubic region, and chin.

Tessmann also noted that Koto men wore ear disks. These ear disks (up to several inches in diameter) were made from balsawood (*Ochroma pyramidale*) and were adorned in the center with a black seed from the palm *Astrocaryum murumuru* (Bellier 1993, 1994). Boys' ears were pierced upon puberty, which incorporated them into manhood. The piercing of a pubescent boy's ears occurred during "the ritual of the first *pijuayo* (*Bactris gasipaes*) fruits" and the ear disks were gradually enlarged over the years. It is important to note that Maijuna women did not wear ear disks; only men were the bearers of this symbol and identity.

Fig. 23. Location of the four Maijuna communities (Sucusari, Puerto Huamán, Nueva Vida and San Pablo de Totoya) and the surrounding area.

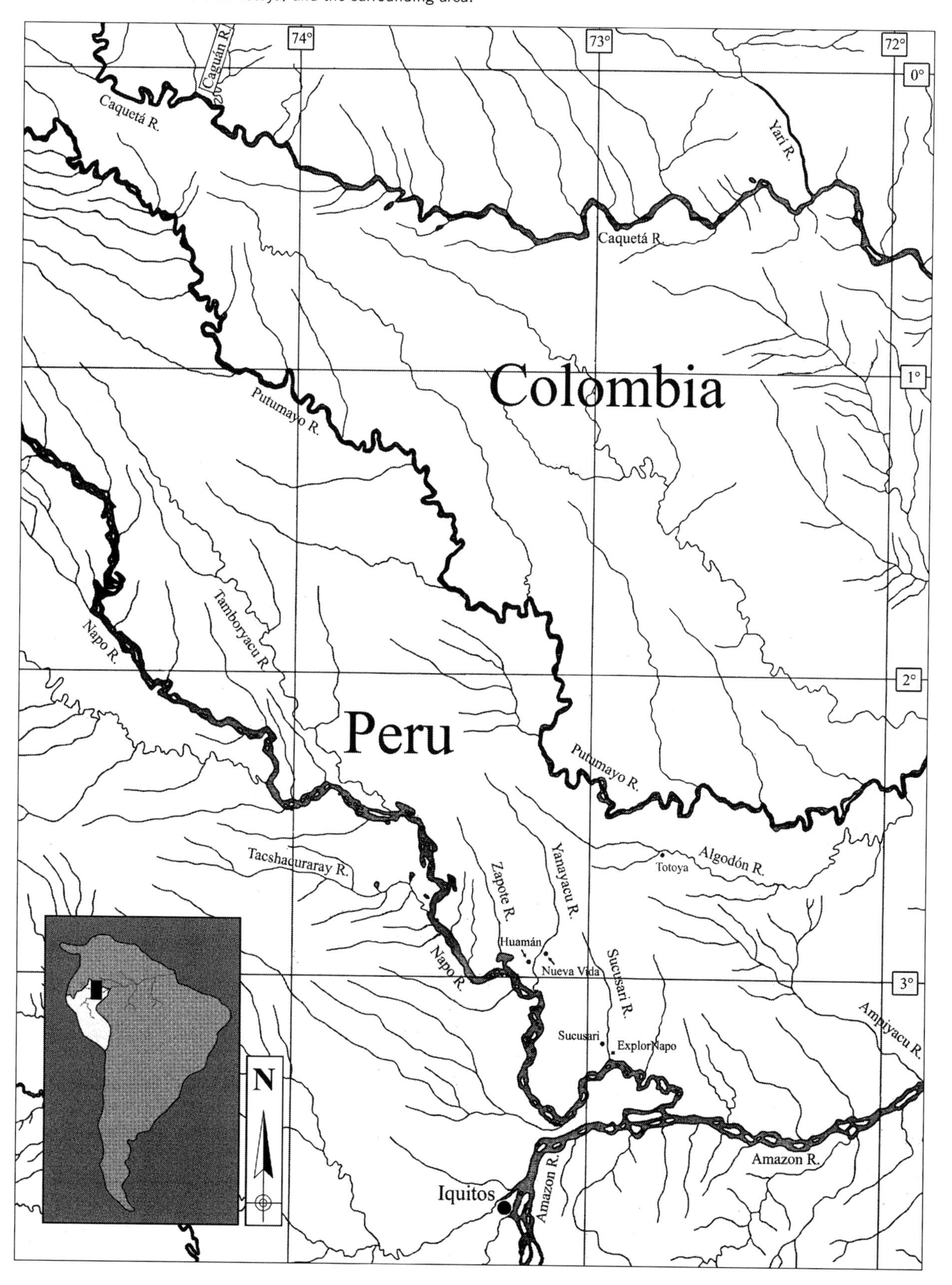

After the collapse of the rubber boom in the 1920s, the Maijuna found themselves trapped working under a series of patrones. Several of these patrones were particularly brutal and they were ultimately responsible for decimating and killing the Maijuna of the Tacshacuraray River and Lagartococha, and causing the Maijuna to flee from the Zapote River, all areas that the Maijuna traditionally inhabited (Fig. 23). From the 1920s to the 1940s the Maijuna exploited *leche caspi* (*Couma macrocarpa*), vegetable ivory from the palm *Phytelephas macrocarpa*, and rosewood (*Aniba rosaeodora*) for their patrones. They also hunted a variety of animals for their skins and fur. During the war with Ecuador in 1941, the government of Peru used the Maijuna to carry munitions and supplies to the soldiers, among other things. After the war, the Maijuna worked again for patrones performing a variety of tasks, including the extraction of vegetable ivory, rubber, fish poison (*barbasco*, *Lonchocarpus* sp.), and animal skins and furs. These same patrones also had them cultivate sugar cane and raise cattle. More recently, the exploitation of vegetable ivory, animals, rubber, and barbasco has been phased out, and the Maijuna have worked under several other patrones, logging commercially valuable species of timber from their traditional territory.

From 1955 to 1975 a new outside influence descended upon the Maijuna. During this time period the Peruvian government and the Summer Institute of Linguistics (presently known as SIL International) entered into a formal agreement that opened the Maijuna to Protestant missionary influences and teachings. Not surprisingly, the introduction and sustained teaching of Christianity undermined traditional Maijuna beliefs. A bilingual school was also established at this time and the formal schooling of Maijuna children in Spanish began ultimately favoring Spanish over Maijuna. The erosion of Maijuna traditional beliefs and the marginalization and subsequent decline of their language are key events in the recent history of the Maijuna that have fueled the degradation of their traditional knowledge and cultural practices. On a positive note, toward the end of this general time period the Peruvian government officially recognized indigenous groups, defined their rights, and granted them title to portions of their ancestral territories. It was also during this general time period that the Maijuna finally got out from under the control of the patrones who forcefully and relentlessly controlled entire communities of Maijuna individuals.

THREATS AND CHALLENGES TO MAIJUNA BIOCULTURAL RESOURCES

Approximately 400 Maijuna individuals now live along the Yanayacu, Algodón, and Sucusari rivers of the northeastern Peruvian Amazon. The Yanayacu and Sucusari rivers are tributaries of the Napo River and the Algodón River is a tributary of the Putumayo River (Figs. 2A, 23). This is the general area that the Payagua have inhabited since at least the end of the seventeenth century and, more specifically, all of these rivers fall within the area that the southern Payagua lived in toward the end of the eighteenth century.

There are four Maijuna communities located along the above-mentioned rivers: Puerto Huamán and Nueva Vida along the Yanayacu River, San Pablo de Totoya (Totolla) along the Algodón River, and Sucusari along the Sucusari River (Fig. 2A). The residents of these Maijuna communities employ a variety of subsistence strategies, including hunting, fishing, swidden-fallow agriculture, and the gathering of various forest products. All four communities are recognized as *Comunidades Nativas* by the Peruvian Government and all have been granted title to parcels of land in which their respective communities are located (Brack-Egg 1998). Unfortunately, the titled land that the Maijuna have received is a very small portion of their ancestral territory. Therefore, hundreds of thousands of hectares of Maijuna traditional land within the Yanayacu, Algodón, and Sucusari watersheds, the vast majority of which is intact and undisturbed primary rainforest, currently remains unprotected.

The intact nature of the Yanayacu, Algodón, and Sucusari watersheds, and the biological diversity present within them, is a testament to the past and present environmental stewardship of the Maijuna and the sustainability of their traditional resource use and management strategies. Unfortunately, because Maijuna ancestral lands are rich in resources, they are now under siege by illegal incursions from loggers, hunters, fishermen, and resource extractors from outside communities; thus, they are in urgent need of formal protection. In addition, the Peruvian Government has recently proposed to construct a road through Maijuna traditional and titled lands (Ministerio de Agricultura del Perú 2007), which the Maijuna adamantly oppose, and has yet to properly consult the Maijuna about the proposed road and its potential biological and cultural ramifications.

Like other Amazonian indigenous groups, the present-day Maijuna have been culturally influenced and changed over the years by pressure from missionaries, the *patrón* system, the Peruvian Government, mestizos, the regional society, and the formal education system, among other things (Bellier 1993, 1994). For these reasons, many Maijuna traditions and cultural practices are no longer practiced or have been significantly altered. For example, around 1930 the Maijuna stopped piercing pubescent boys' ears and painting their bodies, to minimize the disdain and scorn that they experienced from patrones and other outsiders and, according to Bellier (1994), the last two Maijuna men that wore ear disks died in 1982. In addition, the style of house and location of residence described by Bellier as being traditional to the Maijuna were also abandoned around 1930 (Bellier 1993, 1994). Before this time period, the Maijuna traditionally lived in large pluri-familial houses that were surrounded by small sleeping houses ("mosquito houses"). These clusters of houses were built in interfluvial regions toward the headwaters of rivers or streams and were approximately a day's walk from other groups of houses. Inhabitants living in each group of houses, considered a residential unit, conducted their activities within their own territory. After this time period, the Maijuna moved along the lower parts of rivers and adopted a mestizo architectural style for their homes. According to Bellier, these changes were imposed on the Maijuna by patrones and missionaries so they could better control them, and their adoption has ultimately led to the redistribution of social units. The Maijuna currently live in villages made up of smaller uni-familial or pluri-familial houses arranged in groups that exchange products and services amongst themselves. Ultimately this settlement pattern has been reinforced and perpetuated by the Maijuna themselves with their desire to be in better contact with outside communities and services (Gilmore pers. obs.).

Unfortunately, the intensity of these converging pressures on Maijuna cultural practices and traditional beliefs has increased in severity over the past 50 years and as a result the Maijuna language is in danger of extinction, Maijuna traditional biological and ecological knowledge is rapidly disappearing, and Maijuna cultural practices and traditions (i.e., ceremonies, songs, stories, etc.) are also rapidly being lost (Gilmore 2005; Gilmore et al. in press). If this trend is not reversed soon, a significant portion of Maijuna cultural traditions will be irreversibly lost within the near future. Most importantly, however, is the fact that the Maijuna recognize and are cognizant of the degradation of their traditional knowledge, cultural traditions, and biological resources and are currently taking steps to ensure the survival of their biocultural resources.

FECONAMAI AND THE POLITICAL EMPOWERMENT OF THE MAIJUNA

As detailed above, the Maijuna face many challenges to both their biological and cultural resources as they enter the future. To meet these challenges on their own terms and take control of their own destiny, leaders from the different Maijuna communities approached the author in 2004 for help in establishing a Maijuna indigenous federation. It is important to note that the different Maijuna communities have belonged to a number of multi-ethnic indigenous federations in the past but, according to Maijuna consultants, they have not been satisfied with these organizations due to a perceived marginalization, lack of help for the Maijuna communities, and insufficient overall action and progress. Additionally, consultants also indicated that there are often significant gaps in understanding among the indigenous groups in these multi-ethnic indigenous federations. Therefore, the Maijuna felt that a purely Maijuna federation would help increase effective communication, action, and progress because their four communities speak the same language and have similar challenges and needs.

Through this initiative, the Federación de Comunidades Nativas Maijuna (FECONAMAI) was established on 11 August 2004 (FECONAMAI 2004). However, not until 8 March 2007 did FECONAMAI become officially and legally recognized on a national level as a Peruvian non-profit organization by SUNARP (Superintendencia Nacional de los Registros Públicos) (FECONAMAI 2007). Since its inception, the principle goals of FECONAMAI, which officially represents all four of the Maijuna communities, are to (1) conserve the Maijuna culture, (2) conserve the environment, and (3) improve Maijuna community organization. Its governing structure consists of a board of directors made up of a president, vice-president, secretary, treasurer, comptroller (*fiscal*), and spokesperson (*vocal*).

Up until the establishment of FECONAMAI, in recent history inhabitants of the Sucusari, Yanayacu, and Algodón rivers have had very little contact, formal or informal, with each other. They were economically and politically independent and not linked by formal and recurrent exchange, ultimately resulting in the communities in the different river basins being effectively isolated from one another (Bellier 1993, 1994; Gilmore pers. obs.). By establishing FECONAMAI, the Maijuna are working to connect, unite, and build dialogue between their disjunct communities (Romero Ríos-Ushiñahua pers. comm. 2009). Ultimately, FECONAMAI provides a critically important macro-level institution to promote the cultural, biological, and political interests of the four Maijuna communities in a unified and cohesive way.

Since the establishment of FECONAMAI there have been a number of key and significant developments and actions. For example, FECONAMAI has held four multiday intercommunity congresses, one in each of the four Maijuna communities (FECONAMAI 2004). During these intercommunity congresses the Maijuna gather together to debate, discuss, and tackle issues of great and critical importance to their communities and federation. For example, they have used the congresses to address issues such as the constitution and bylaws of the federation, the creation of an *Área de Conservación Regional* (ACR), the development and implementation of strategic plans for the federation, the development of communal resource management plans, the planning of human health related projects, and the development of cultural conservation initiatives such as a language revitalization project, among many other things (FECONAMAI 2004).

Also of great significance is the fact that these intercommunity congresses bring together distant Maijuna friends and family of all generations, many of whom have not seen each other for decades, ultimately reaffirming familial and social bonds and Maijuna identity. To attend these intercommunity congresses, Maijuna individuals and families from the Sucusari, Yanayacu, and Algodón river basins are required to travel great distances via boat and/or foot, ultimately demonstrating the extreme dedication that they have to FECONAMAI and its core goals. For example, several pairs of Maijuna parents walked with their small children for three days from the Sucusari community to San Pablo de Totoya (Totolla) through the forested core of Maijuna ancestral lands to attend the third intercommunity congress in 2008.

In addition to planning and holding intercommunity congresses, FECONAMAI has also worked to build strategic alliances and partnerships with local, regional, national and international institutions, including Proyecto de Apoyo al PROCREL, The Field Museum, IBC (Instituto del Bien Común), and IIAP (Instituto de Investigaciones de la Amazonía Peruana) (FECONAMAI 2004; Romero Ríos-Ushiñahua pers. comm. 2009). They are also affiliated with the regional indigenous organization ORAI (Organización Regional AIDESEP Iquitos), which in turn is affiliated with the national indigenous organization AIDESEP (Asociación Interétnica de Desarrollo de la Selva Peruana) and the international indigenous organization COICA (Coordinadora de las Organizaciones Indígenas de la Cuenca Amazónica). In addition, FECONAMAI is currently collaborating with an international team of scientists to develop and implement a community-based, multi-disciplinary, biocultural-conservation project that will target the sustainable use and management of Maijuna biological resources and the documentation and revitalization of the Maijuna language, as well as other facets of their traditional knowledge, practices, and beliefs (FECONAMAI 2004). In short, all of these national and international institutions and strategic partnerships have helped FECONAMAI work towards the realization of their strategic work plans and goals. I anticipate that FECONAMAI will continue to work with these partners and seek out additional key institutional collaborators and allies as they continue to work toward their principle organizational goals of environmental conservation, cultural conservation, and community organization.

According to Romero Ríos-Ushiñahua (pers. comm. 2009), the current president of FECONAMAI and a founding member of the federation, out of all of the issues and initiatives that FECONAMAI has worked on to date, the Maijuna consider the creation of an ACR that would legally and formally protect their ancestral lands in perpetuity their number one goal and priority. The idea to conserve their ancestral lands originally came from the Maijuna themselves and they have been working nonstop to realize this objective. In short, they strongly feel that their survival as a people and the survival and maintenance of their cultural practices, unique traditions, and traditional subsistence strategies depend on a healthy, intact, and protected ecosystem.

In fact, this belief by the Maijuna is supported scientifically. For example, it has been found that as indigenous peoples are forced to live in unprotected areas with degraded ecosystems and biodiversity, or are removed from their traditional territories, cultural practices that rely on such diversity begin to lose relevance and the intergenerational transmission of such knowledge begins to breakdown. As this occurs, cultural practices, such as traditional resource-use strategies and management practices that once maintained or fostered biological diversity, are often replaced by other activities that are biologically and environmentally unsound (Maffi 2001). In short, this highlights the inextricable link and interdependence that exists between both biological and cultural diversity, and reinforces the necessity of protecting Maijuna traditional lands if their cultural traditions and beliefs are to persist—and vice versa.

In summary, FECONAMAI is a critically important macro-level institution that officially and legally promotes and represents the cultural, biological, and political interests of all four Maijuna communities. As revealed by its principle organizational goals, it is strongly committed to the conservation of Maijuna cultural traditions and the ecological integrity of Maijuna ancestral territory with its associated biological diversity and resources. Ultimately, FECONAMAI is a key sociocultural asset whose core values, goals, and organizational structure and capacity are strongly compatible with the sustainable use and management of the proposed ACR Maijuna.

THE MAIJUNA PARTICIPATORY MAPPING PROJECT: MAPPING THE PAST AND THE PRESENT FOR THE FUTURE

Authors: Michael P. Gilmore and Jason C. Young

INTRODUCTION

Participatory mapping consists of encouraging local people to draw maps of their lands that include information such as land-use data, resource distributions, and culturally significant sites, among other things (Smith 1995; Herlihy and Knapp 2003; Corbett and Rambaldi 2009). These maps ultimately depict how they perceive their lands and resources, and therefore represent their cognitive maps. Participatory mapping has been successfully used by indigenous and traditional communities throughout the world for a variety of reasons: to illustrate customary land-use systems and management strategies (Sirait 1994; Chapin and Threlkeld 2001; Gordon et al. 2003; Smith 2003); to gather and guard traditional knowledge (Poole 1995; Chapin and Threlkeld 2001); to set priorities for resource-management plans (Jarvis and Stearman 1995; Poole 1995; Chapin and Threlkeld 2001); and to establish the boundaries of occupied land (both past and present), form the basis of land claims, and defend community lands from incursions by outsiders (Arvelo-Jiménez and Conn 1995; Neitschmann 1995; Poole 1995; Chapin and Threlkeld 2001). Perhaps most importantly, participatory mapping also has been shown to empower communities, improve cultural and community cohesion, and help foster the transfer of knowledge from older to younger community members (Flavelle 1995; Sparke 1998; Chapin and Threlkeld 2001; Gilmore and Young pers. obs.).

In this chapter, we describe in detail a participatory-mapping project that we carried out in four Maijuna communities in the northeastern Peruvian Amazon. We used participatory-mapping techniques to provide an informed understanding of how each of the Maijuna communities perceives, values, and interacts with their titled and ancestral lands and the biological and cultural resources contained therein.

METHODS

Field research for this study was completed during four field seasons between 2004 and 2009. All research took place in the Maijuna communities of Puerto Huamán and Nueva Vida along the Yanayacu River, San Pablo de Totoya (Totolla) along the Algodón River, and Sucusari along the Sucusari River, each of which is found in the northeastern Peruvian Amazon (Fig. 2A). We began the participatory-mapping work in each of these Maijuna communities by explaining the objectives and methods of the participatory-mapping exercises, including a discussion of the potential pros and cons of this type of research (Chapin and Threlkeld 2001). In addition, several examples of completed maps produced in other studies were provided to the Maijuna (Kalibo 2004) so that they would further understand the process and potential end results of the research project.

After receiving community input and consent, participatory-mapping exercises in each community commenced with Maijuna participants drawing the hydrological features of the watersheds that they inhabit, including key features such as the rivers, streams, and lakes. After this base map was produced and agreed upon by consensus, participants were then asked to identify, locate, and map biological and cultural sites that they deem important, such as old and new house sites and swiddens and the various hunting, fishing, and plant collecting sites that they visit. These specific methods are a modified version of those described by Chapin and Threlkeld (2001).

Mapping sessions typically lasted for several days. Mapping was generally done in the morning and both breakfast and lunch were provided to participants; this is very similar to the structure of *mingas* or communal work parties that the Maijuna use to clear swiddens, collect palm (*Lepidocaryum tenue*) leaves, build canoes, etc. (Gilmore et al. 2002; Gilmore 2005). In addition, the Maijuna participants of these mapping sessions consisted of both males and females, and individuals of all ages, ensuring that a variety of perspectives, voices, and expertise were included in the maps, and making them truly representative of the communities themselves.

After completing each map, a team of Maijuna individuals was then selected in each community to work with the researchers to fix the location of as many of the identified sites as possible using hand-held GPS (Global Positioning System) units (Sirait et al. 1994; Chapin and Threlkeld 2001). Importantly, Maijuna team members included individuals well known in their respective communities for their expertise in traditional cultural, biological, ecological, and geographical knowledge. Physically visiting and fixing the locations of the identified sites generally required each of the field teams to travel hundreds of kilometers by both river and foot for several weeks at a time within their respective river basins. Upon returning from the field, the researchers utilized ESRI's ArcGIS, a geographic information systems (GIS) software package, to integrate, organize, analyze, and spatially represent all of the data collected (Sirait et al. 1994; Scott 1995; Duncan 2006; Corbett and Rambaldi 2009; Elwood 2009). Geographers have widely used GIS software to "integrate local and indigenous knowledge with 'expert' data" and thereby confer scientific legitimacy to participatory maps (Dunn 2007: 619).

Data presented in this chapter comprise only a small portion of the overall data collected and research conducted. For example, key and detailed information pertaining to the ethnohistory, resource-use strategies, and traditional stories for each site was also documented via ethnographic-interviewing techniques and recorded using voice recorders, cameras, and video cameras. All of this information is being used to develop a multimedia participatory GIS database that will ultimately serve as a reservoir of Maijuna traditional knowledge and beliefs regarding their ancestral lands and the biocultural resources found within them.

RESULTS AND DISCUSSION

Each of the four Maijuna communities sketched detailed and comprehensive maps of their respective titled and traditional lands (e.g., Fig. 24), which were then used by the field teams as guides to locate and fix the geographical coordinates of over 900 culturally and biologically significant sites within the Sucusari, Yanayacu, and Algodón river basins. These culturally and biologically significant sites have been organized into ten different categories, for ease of data analysis and clarity of display, and they have been mapped using ArcGIS to spatially represent the data (Fig. 25). These categories of biologically and culturally significant sites are: Maijuna communities, fields (up to 30 years old), cemeteries, historical sites, battle sites, non-timber resource sites, animal mineral licks (hunting sites), special fishing zones, special hunting zones, and hunting or fishing camps. Each of these categories will be explained in detail along with a discussion of its importance in terms of understanding how the Maijuna perceive, value, and interact with their lands and biocultural resources.

Not surprisingly, one of the first things that each Maijuna community did when mapping their titled and traditional lands was to identify the location of their respective community. This ultimately helped them to anchor and orient themselves throughout the rest of the mapping exercise. Puerto Huamán and Nueva Vida are located along the Yanayacu River, San Pablo de Totoya (Totolla) along the Algodón, and Sucusari along the Sucusari (Fig. 25). These communities are relatively young in terms of the overall history of the Maijuna. Puerto Huamán was founded in 1963, San Pablo de Totoya (Totolla) in 1968, Sucusari in 1978, and Nueva Vida in 1986. This is because the Maijuna traditionally lived in interfluvial regions toward the headwaters of the Sucusari, Yanayacu, and Algodóncillo rivers, and only after the 1930s moved downstream to where they eventually formed their current communities (see chapter titled "The Maijuna: Past, Present and Future" for more detailed information).

In addition to mapping their communities, Maijuna consultants also identified fields (up to 30 years old) and cemeteries found within their titled and traditional lands (Figs. 24, 25). The clearing, use, and existence of cemeteries, called *mai ta̲te taco*[1] by the Maijuna, is a somewhat recent and nontraditional phenomenon as Maijuna ancestors burned their dead in funerary pyres (Gilmore 2005). In regards to the fields of less than 30 years of age, over one hundred and forty of these sites were identified, located, and had their geographical coordinates fixed within the three river basins throughout the course of this project. It is not surprising that both these fields and the cemeteries are located relatively close to present day Maijuna communities (Fig. 25).

All fields that were deemed older than 30 years in age were classified and displayed via ArcGIS separately as historical sites (Fig. 25) because of their age, stage of succession, and the fact that the Maijuna themselves classify and name these areas differently than younger swiddens and fallows. Notably the Maijuna classify and name old swidden fallows with mature secondary forest as *ai bese yio* ("ancient or old swidden") or *doe bese yio* ("ancient previous swidden"). These swidden fallows of Maijuna elders and ancestors are identified and located by the present day Maijuna based on oral history, memory, and characteristic plant species such as *maqui ñi* (*Cecropia* spp.), *edo ñi* (*Croton palanostigma*), *yibi ñi* (*Ochroma pyramidale*), *maso ñi* (*Ficus insipida*), *i̲tayo ñi* (*Miconia minutiflora*), *jati ñi* (*Xylopia sericea*), *neaca̲ ñi* (*Guatteria latipetala*), and *suña eo* (*Lonchocarpus nicou*) (Gilmore 2005). For ease of data analysis and clarity of display, old Maijuna house sites and old hunting or fishing camp sites were also classified and mapped in ArcGIS as historical sites along with old fields (Fig. 25). Importantly, the Maijuna themselves recognize the distinction between old and new house sites and camps and, similar to old fields, both are identified and located based on oral history, memory, indicator plant species, and/or the presence of pottery shards.

---

1 Transcription of Maijuna words was accomplished with the help of S. Ríos Ochoa, a bilingual and literate Maijuna individual, using a practical orthography previously established by Velie (1981). The practical orthography developed by Velie consists of 27 letters that are pronounced as if reading Spanish, with the following exceptions: In a position between two vowels, *d* is pronounced like the Spanish *r*; *ɨ* is pronounced like the Spanish *u* but without rounding or puckering the lips; and *a̲*, *e̲*, *i̲*, *o̲*, *u̲*, and *ɨ̲* are pronounced like *a*, *e*, *i*, *o*, *u*, and *i* but nasalized. Also, the presence of an accent indicates an elevated tone of the voice; accents are only used when the tone is the only difference between two Maijuna words and the word's meaning is not clarified by its context. The 27 letters that make up the Maijuna alphabet are *a*, *a̲*, *b*, *c*, *ch*, *d*, *e*, *e̲*, *g*, *h*, *i*, *i̲*, *j*, *m*, *n*, *ñ*, *o*, *o̲*, *p*, *q*, *s*, *t*, *u*, *u̲*, *y*, *ɨ*, and *ɨ̲*.

Fig. 24. Results of the Maijuna participatory mapping sessions held in late July 2004. On the left, a portion of the map (the entire map is a compilation of five pieces of easel paper, each 68 by 82 cm, positioned end to end). On the right, a close-up of the map legend in its entirety, with English translations added.

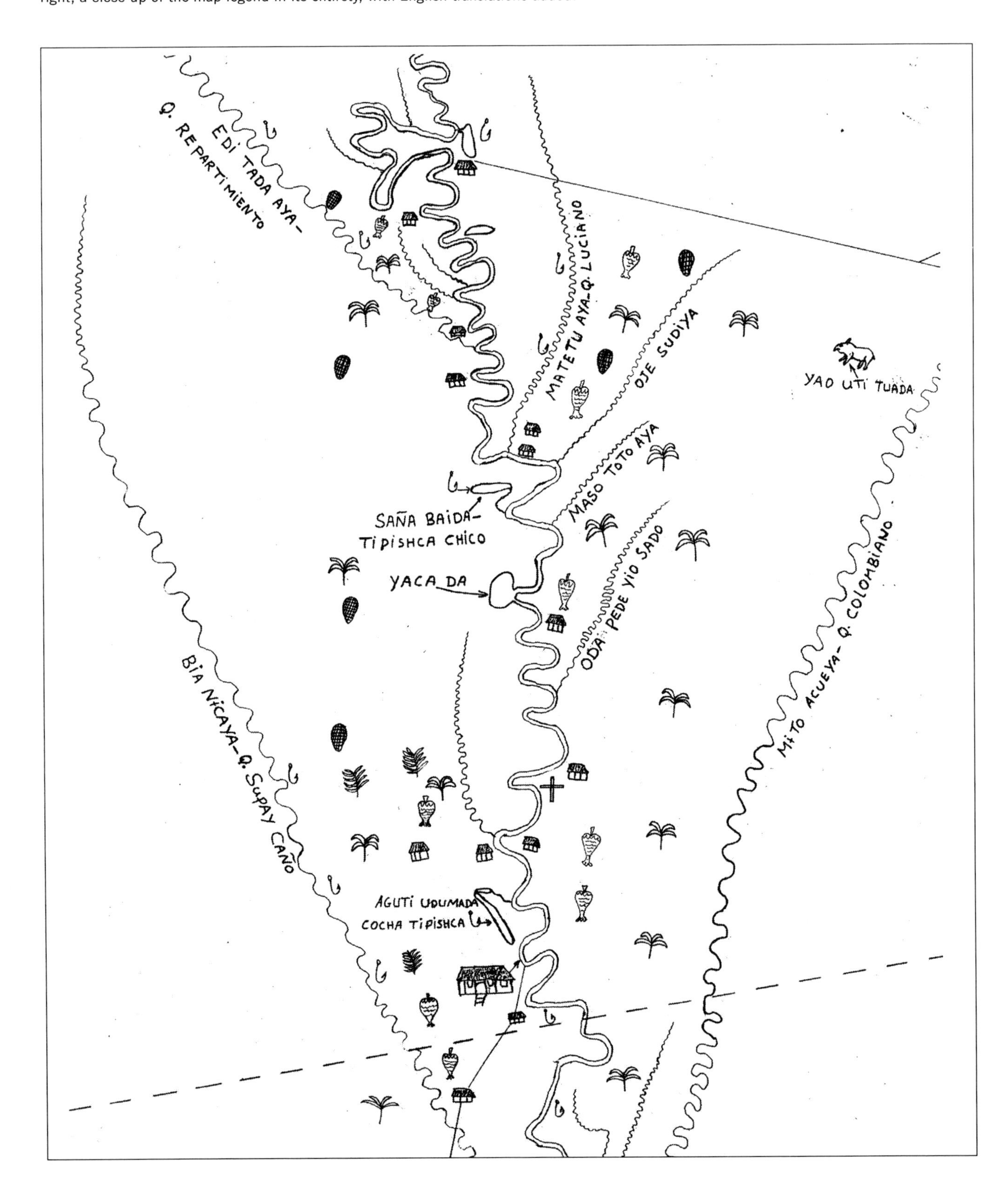

Maijuna	Castellano	English
Socosani Ya	*Río Sucusari*	Sucusari River
Yadi ya	*Quebrada*	Stream
Yiquʉ yao	*Terreno titulado*	Titled land
Ma	*Camino*	Trail
Chitada	*Cocha*	Lake
Mai jai juna baidadi	*Comunidad*	Community
Ue	*Casa*	House
Ai bese taco	*Puesto viejo*	Old or ancient house site
Maca ue tete taco	*Campamento*	Hunting camp
Maca ai ue tete taco	*Campamento viejo*	Old or ancient hunting camp
Ai bese yioma	*Purma antigua*	Old or ancient swidden fallow
Yioma	*Chacra*	Swidden
Mɨ̱i nui ꞥicadadi	*Irapayal*	*Lepidocaryum tenue* palm forest
Edi nui ꞥicadadi	*Shapajal*	*Attalea racemosa* palm forest
Ne cuadu	*Aguajal*	*Mauritia flexuosa* palm swamp
Osa nui ꞥicadadi	*Ungurahual*	*Oenocarpus bataua* palm forest
Yadidbai baidadi	*Lugar especial para pescar*	Special place to fish
Tuada	*Colpa*	Animal mineral lick
Bai baidadi	*Lugar especial para casar*	Special place to hunt
Mai ta̱te taco	*Cementerio*	Cemetery

Fig. 25. Map highlighting over 900 culturally and biologically significant sites to the Maijuna of the Sucusari, Yanayacu, and Algodón river basins.

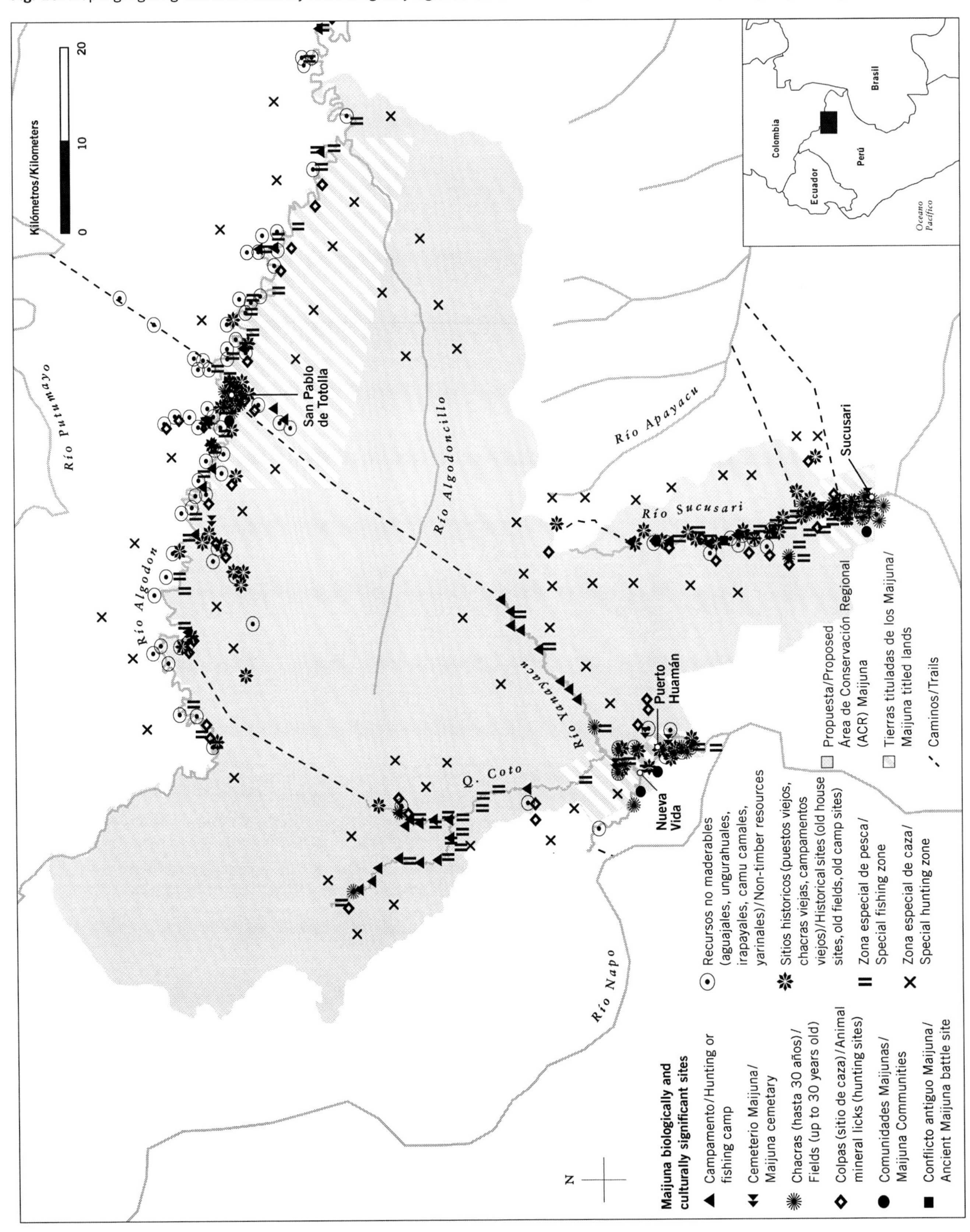

In total, over one hundred and sixty historical sites were identified, located, and had their geographical coordinates fixed throughout the course of this research project. It is critically important to note that this number ultimately represents a small portion of all of the Maijuna historical sites within the Sucusari, Yanayacu, and Algodón river basins. This is due to the fact that many of these sites are incredibly remote and it was not possible to visit all of them within the time frame allotted. In addition, many of the exact locations of these sites (we only geographically fixed exact and specific locations) have been lost over historical time because the Maijuna have an oral, not written, culture and they do not currently live in, and rarely travel to, the regions where their ancestors previously lived. Therefore, there is a limit to the amount of detailed knowledge regarding historical sites maintained by the Maijuna.

Another collection of culturally significant sites that were also identified, fixed, and grouped together include three Maijuna battle sites (Fig. 25). According to Maijuna consultants, these mark the locations of ancient battles between Maijuna ancestors and hostile outsiders (e.g., colonists or soldiers). Interestingly, it was consistently and unanimously stated that the Maijuna were victorious in each one of these bloody encounters. These areas were categorized and mapped in ArcGIS separately from the other historical sites due to their uniqueness and the importance that the Maijuna place on these locations.

Within the three river basins, over 130 non-timber resource sites were identified, located, and had their geographical coordinates fixed (Fig. 25). These sites include, *Mauritia flexuosa* palm swamps (*ne cuadu* in Maijuna; *aguajales* in Spanish), forests with an understory dominated by the palm *Lepidocaryum tenue* (*mi̲ibi* or *mi̲i nui nɨcadadi; irapayales*), forests dominated by the palm *Oenocarpus bataua* (*bosa nui nɨcadadi* or *osa nui nɨcadadi; hungurahuales* or *ungurahuales*), forests with an understory dominated by the palm *Phytelephas macrocarpa* (*mi̲ibi* or *mi̲i nui nɨcadadi*; *yarinales*), and riverside areas dominated by the plant *Myrciaria dubia* (*atame nui nɨcadadi*; *camu camales*). All of these sites correspond to Maijuna named and classified habitat types (as indicated by the names above) and all of the plant species that dominate these habitat types are useful to the Maijuna in different ways and at different times of the year, both culturally and economically (Table 11) (Gilmore 2005).

Over 40 animal mineral licks, called *tuada* or *onobɨ* in Maijuna and *colpas*[2] in the local Spanish dialect, were also identified and visited within the Sucusari, Yanayacu, and Algodón river basins (Figs. 24, 25). Animal mineral licks are incredibly important both culturally and economically to the Maijuna because a number of mammal and bird species visit these sites year round during both day and night. According to Maijuna consultants, nine different animal and bird species are encountered and hunted in these areas (Table 12). Notably, the vast majority of animal mineral licks located within Maijuna titled and traditional lands have proper Maijuna names. The Maijuna name animal mineral licks after people, plants, animals, and hunting dogs, among other things (Gilmore 2005). The extensive naming of animal mineral licks is ultimately a sign of and testament to their importance to the Maijuna.

In addition to mapping specific hunting sites, the Maijuna also more broadly identified special hunting zones (*bai baidadi*) that they visit (Figs. 24, 25). Instead of being specific geographical points like the animal mineral licks, these are broader areas targeted for hunting because they are known to have high concentrations of game animals. The same holds true for special fishing zones (*yadibai baidadi*), which are targeted for their high concentrations of culturally and economically important fish species (Figs. 24, 25).

Although the Maijuna may target these special hunting and fishing zones, they also hunt and fish a considerable amount in other less desirable areas throughout their titled and ancestral lands. This is because many of these special hunting and fishing zones are located in remote areas generally towards the headwaters of rivers and streams. This should be of no surprise because the more remote an area is the less hunting and fishing pressure that it experiences, allowing mammal, bird, and fish populations to more readily flourish.

---

2 Also spelled as *collpas*.

Table 11. Ethnobotanical information for plant species dominant at non-timber resource sites that were mapped, located, and had their geographical coordinates fixed within the Sucusari, Yanayacu, and Algodón river basins (Gilmore 2005).

Species	Maijuna name	Spanish name	Use	Harvesting method	Time of harvest[a]
Lepidocaryum tenue Mart. (Arecaceae)	*mii ñi*	*irapay*	**leaves:** thatch for houses (this is the most popular and important plant for thatch and is occasionally sold)	not felled (except when tall)	year round
Mauritia flexuosa L.f. (Arecaceae)	*ne ñi*	*aguaje*	**fruits:** edible, also used to make a beverage and processed into an oil; fruits occasionally sold	climbed, felled, collected on ground	~May–August
			fruits: pieces used as fishing bait	as above	as above
			leaves: use old, dry leaves as a fuel for drying canoes and starting fires in newly cleared and dried agricultural fields	old and hanging leaves cut off of tree	year round
			petioles: strips of fiber used to make mats and used as a form for weaving palm fiber bags	not felled (harvested from small plants)	year round
			trunk: hosts two species of beetle larvae that are eaten and used as fishing bait	felled to promote larval growth (larvae also grow on natural tree falls)	year round
Oenocarpus bataua Mart. (Arecaceae)	*bosa ñi, osa ñi*	*hungurahui, ungurahui*	**fruits:** edible, also used to make a beverage and processed into an oil; fruits occasionally sold	climbed, felled, or collected from ground	~November-March and June–August
			fruits (unripe): processed into a medicine (for tuberculosis)	climbed, felled	~year round
			leaves: used to make temporary baskets	not felled (harvested from small plants)	year round
			leaves: thatch for temporary shelters	not felled (except when tall)	year round
			trunk: hosts a beetle larva that is eaten and used as fishing bait	felled to promote larval growth (also grow on natural tree falls)	year round
			leaf-base fibers: sharpened and used to pierce men's ears for ear disks[b]	not felled	year round
			leaf-base fibers: used as kindling[b]	felled	year round
Phytelephas macrocarpa Ruiz & Pav.(Arecaceae)	*mii ñi*	*yarina*	**fruits:** edible (liquid, immature endosperm)	picked, felled	year round
			leaves: thatch for temporary shelters and the ridges of roofs	not felled (except when tall)	year round
			fruits: the hard endosperm collected and sold as a source of vegetable ivory	collected from ground	year round
Myrciaria dubia (Kunth) McVaugh (Myrtaceae)	*atame ñi*	*camu camu*	**fruits:** edible, fruits occasionally eaten and used to make a beverage; fruits rarely, if ever, sold	picked	unknown

a Harvest times indicated in the table are based on Maijuna consultant testimony and have not been independently verified by the researchers. Therefore all times (especially fruiting times) should be considered approximate and preliminary figures.

b Not currently used in this way by the Maijuna.

Table 12. Birds and mammals encountered and killed by the Maijuna at mineral licks used by animals within the Sucusari, Yanayacu, and Algodón river basins (Gilmore 2005).

Species	English name	Maijuna name	Spanish name	Time encountered	Use
Birds					
Pipile cumanensis (Cracidae)	Blue-throated Piping-Guan	*uje*	*pava*	day	eat, sell (meat), used to make fans for fires (feathers), adornment (make "paint" from legs)
Mammals					
Agouti paca (Agoutidae)	paca	*seme, oje beco, pɨbɨ aco*	*majaz*	night	eat, sell (meat), tourist crafts (teeth)
Alouatta seniculus (Cebidae)	red howler monkey	*jaiquʉ*	*coto mono*	day	eat, sell (meat), tourist crafts (bony pouch or hyoid bone from throat)
Mazama americana (Cervidae)	red brocket deer	*bosa, mɨi̱bɨ aquʉ*	*venado colorado*	night, rarely in day	eat, sell (meat), medicinal (antlers), adornment of houses (antlers), used to make drums (hide)
Dasyprocta fuliginosa (Dasyproctidae)	black agouti	*ma̱i̱taco, moñeteaco, codome*	*añuje*	day	eat, sell (meat), tourist crafts (teeth)
Coendou prehensilis (Erethizontidae)	Brazilian porcupine	*toto*	*cashacuchillo*	night	eat, tourist crafts (spines)
Tapirus terrestris (Tapiridae)	Brazilian tapir	*bequʉ, jaico*	*sacha vaca*	night	eat, sell (meat), medicinal (hooves), tourist crafts (hooves)
Tayassu pecari (Tayassuidae)	white-lipped peccary	*se̱se̱, bɨdɨ*	*huangana*	day	eat, sell (meat and hide), tourist crafts (teeth), used to make drums (hide)
Tayassu tajacu (Tayassuidae)	collared peccary	*caoco̱a̱, yau*	*sajino*	day	eat, sell (meat and hide), tourist crafts (teeth), used to make drums (hide)

Therefore, many Maijuna families currently maintain hunting and fishing camps (*maca ue tete taco*) in these remote areas, which they visit for extended periods to provide easier access to these highly valued resources. Over 40 currently used hunting and fishing camps were identified (Fig. 25).

CONCLUSIONS

Over 900 biologically and culturally significant Maijuna sites were identified, visited, and geographically fixed within the Sucusari, Yanayacu, and Algodón river basins during this participatory-mapping project, highlighting the highly detailed and extensive traditional knowledge that the Maijuna have regarding their ancestral lands. Combined with historical documents, anthropological research, and Maijuna oral traditions, this information irrefutably supports the claim that the proposed ACR is made up of Maijuna ancestral territory.

The maps produced during this study also facilitate a better understanding of how the Maijuna perceive, interact with, and value their titled and ancestral lands and the biocultural resources found within them; and they can be used to facilitate the conservation and management of the proposed ACR. For example, knowledge of the spatial use of resources and habitats (Figs. 24, 25), including how and when they are utilized (Tables 11 and 12), is critically important because it can be used to establish resource management plans and strategies for the proposed ACR Maijuna.

RECOMMENDATIONS

The following three courses of action will facilitate the conservation and management of the proposed ACR and will help to validate and empower the Maijuna communities. We strongly feel that these recommendations, if followed, will ultimately help to ensure the long term success of the proposed ACR Maijuna and the maintenance of its biocultural diversity.

- The results and ArcGIS map (Fig. 25) of this project should be used to ensure that the final boundaries of the proposed ACR accurately reflect the spatial resource-use patterns and cultural history of the Maijuna within the Sucusari, Algodón, and Yanayacu watersheds. In addition, as many of the biologically and culturally significant sites mapped by the Maijuna as possible should be included within the proposed ACR.
- The results and ArcGIS map of this project should be utilized to help establish resource-management plans and strategies because they contain critical information concerning the spatial distribution and temporal use of culturally, biologically, and economically important resources.
- The central core of Maijuna ancestral lands—where the headwaters of the Sucusari, Yanayacu, and Algodóncillo rivers meet—should receive the strictest possible protection. The Maijuna rarely enter and use this area (Figs. 2A, 9D, 25) and it can serve as an important breeding ground and "source area" for ecologically, economically, and culturally important plant and animal species. Significantly, this is the same area where high-terrace habitats were identified during this inventory (see chapter on Flora and Vegetation), so a strict level of protection also would protect unique and previously unknown types of vegetation.

HUMAN COMMUNITIES: CONSERVATION TARGETS, ASSETS, THREATS, AND RECOMMENDATIONS

Author: Alberto Chirif

INTRODUCTION

In view of the information presented in the previous three chapters, I list here conservation targets, assets, threats, and recommendations for the Maijuna and other human communities associated with the proposed Área de Conservación Regional Maijuna.

CONSERVATION TARGETS

These are the most critical targets for the conservation of human communities in the proposed ACR Maijuna:

01 The Maijuna language

02 The Maijuna's ecological knowledge

03 Maijuna cultural practices that are compatible with natural resource conservation, (Figs. 10A–D)

04 Species traditionally important to the Maijuna (medicinal plants, animals) and habitats such as that of the irapay palm (*Lepidocaryum tenue*)

05 Clean water, without contamination from petroleum or heavy metals

ASSETS

01 The proposal for the ACR Maijuna comes from the communities themselves, that is, they created the initiative and it is being promoted by FECONAMAI.[1] Their petition is based on the fact that the area is part of the ancestral territory of the Maijuna people and on their desire to protect its biodiversity, now threatened by illegal logging.

02 Maijuna knowledge of the proposed conservation area was demonstrated through the participatory mapping project, coordinated by the ethnobiologist Michael Gilmore and his students. Using this knowledge, community members reconstructed the Maijuna's cultural geography on the maps, including rivers, streams, *aguajales* (palm swamps), ancient settlements, and places related to historical and mythical events of their people (Figs. 9D, 25).

03 Maijuna communities are interconnected through a wide net of family relationships, which represents an asset with regard to generating proposals together and following them through to completion and compliance.

04 The Maijuna economy, which is oriented toward satisfying their own consumption needs, not those of the marketplace, guarantees that natural resources will not be subjected to excessive or destructive pressures.

05 Although the territory has suffered incursions of illegal extractors (in particular, those exploiting commercial lumber), their impact has not yet affected the area's biodiversity, which has maintained most of its floral and faunal richness. Taking advantage of this richness will unquestionably be important for improving the Maijuna's quality of life once the ACR Maijuna has been officially designated.

06 The vigilance practiced by the communities, especially Puerto Huamán, Nueva Vida, and Sucusari, is a clear indication that the Maijuna have seriously taken on the protection of the area's biodiversity and the control of illegal activities. Somewhat less aggressively, San Pablo de Totolla has stopped the activity of Colombian loggers within its territory who come in by the Algodón River, although they continue to affect other areas, including parts of the proposed ACR Maijuna.

07 The location of the three Maijuna communities in the Napo River basin (Sucusari, Puerto Huamán, and Nueva Vida) has strategic importance for the protection of the area, because they control the two main rivers, the Sucusari and the Yanayacu, which originate within it. Even if illegal loggers manage to enter by the various *varaderos* (trails connecting rivers), timber can be removed only by way of those rivers, giving the communities very effective control, which, after a few confiscations, will discourage new illegal incursions.

08 Controlling illegal logging will have positive repercussions for other destructive activities, such as hunting and fishing by loggers as secondary activities. These activities will decrease because few outsiders enter the area only to hunt or fish, and they tend to be from neighboring communities.

09 The population has rapidly accepted the proposal because they understand that proper management of the area offers them economic benefits (e.g., sustainable harvesting of the palm fruits) and significant improvements in their quality of life.

10 Another asset is the fact that community members have incorporated new concepts and strategies into their language and their knowledge base related to biodiversity control, such as sustainable harvesting,

1 Federación de Comunidades Nativas Maijuna.

resource management groups, and community-based vigilance and control committees.

THREATS

01 Currently, the principal threat against the proposed ACR is the national project to construct a highway between Iquitos and El Estrecho, which would run through the middle of the area and cut off the community of San Pablo de Totolla (Fig. 11A). The threat is made greater by the fact that the project, which itself will generate a major influx of colonists into the area and disorganized settlement along the highway, may include a colonization plan for a 5-km band on either side of the thoroughfare.

02 Support for the highway project on the part of some officials of GOREL represents a threat to the proposal because that may weaken it from the inside. It is critical that GOREL, which will guide the proposal through PROCREL, adopt a unified voice to oppose this highway.

03 Another serious potential threat to the proposed ACR Maijuna is petroleum exploitation. Although this activity is not currently occurring, there are disturbing levels of harmful substances in the Napo river along the proposed ACR (presumably originating in the Ecuadorian segment of that river). Oil exploitation within the proposed ACR will directly affect watercourses arising there.

04 The illegal incursion of Colombian loggers through the Algodón basin into the area of the proposal is a serious threat because they have proved capable of violence when their interests are threatened. (Some who tried to stop them were assassinated or forced out of the area.) It is critical that the Fuerzas Armadas, which patrol the river and have surveillance posts in strategic areas, strictly control the incursions of the loggers. If not, and the highway is built, the current drug trade also will increase.

05 Communication among the Maijuna communities, and between them and support institutions and GOREL, is limited by the lack of radiotelephone equipment. Coordination of events and, in the future, of development strategies for the area will be limited until this problem is solved.

06 There also is a lack of adequate communication between Maijuna communities and other communities and settlements in the region. Not until Maijuna communities are officially recognized as guardians of the area, and communication with the other communities and settlements in the area is improved will there be a broad understanding of the benefits that the ACR Maijuna will bring to all inhabitants.

07 Despite advances that have been made, many residents continue extracting resources using nonsustainable methods, such as cutting palms and using poisons in fishing. This is understandable, however, since these efforts have just begun and PAP's support project with the communities has not made significant progress.

08 The organizing process of the communities and of the federation is also in the beginning stages and will require greater training of leaders and residents, greater clarity in the design and implementation of strategies for achieving the objectives, more opportunities for group discussion among community representatives, and better communication between them and the officials of FECONAMAI.

09 Maijuna identity has been affected by evangelization, colonization, and domination imposed by *patrones* who, in the past, came in and used the Maijuna as laborers for their own benefit. All these outside influences, including the State, have helped to undermine the population's sense of their own identity, knowledge, values, practices, and institutions. The loss of the Maijuna language is important in this sense, not because we believe that cultures should remain unchanged through time (in fact, no culture is static), but because in this case the loss is an expression of shame on the part of the Maijuna and of a desire by the people to hide their origin. This sense of self-shame is a corrosive element

for the construction of an honorable present looking confidently forward toward the future.

10 Problems of identity affect the young people the most, who have more contact with the world of the cities and are more sensitive to modern trends, as well as to manifestations of racism. They are also the most likely to emigrate to the cities.

11 The loss of the Maijuna language is also a consequence of many mixed marriages, especially with Quechuas of the Napo and with *mestizos* (people of mixed race), which results in daily communication being conducted in Spanish, since it is generally known by both members of a couple. Although many people in the communities, including leaders of FECONAMAI, attribute the loss of the language to the lack of bilingual teachers, the main cause is the decrease in use of the vernacular language in the home, which is the place it must be learned.

12 Excess consumption of alcohol, which has increased in the past ten years and has especially affected Yanayacu communities, is probably a result of problems caused by social disarticulation and a lack of confidence in their own beliefs and institutions.

13 Sanitation in the communities, although not a threat to the success of the proposed ACR Maijuna, is a threat to people's health environment in the broader sense, which includes the immediate environment where one lives. Along with the problem of latrines, which are scarce and in poor condition, there is the related problem of domesticated animals, which are allowed to roam at will; thus cows and "buffalos" wander throughout the community and leave feces everywhere. Even more serious is the problem we observed with pigs in Nueva Vida and Puerto Huamán, which are much more numerous than the other animals and have a greater overall impact on communities' health. Pigs are kept in the bottom part of houses, where they generate a mixture of dirt, feces, and urine, which is a breeding ground for all types of diseases. The situation becomes even worse when pigs root around in the latrines.

RECOMMENDATIONS

01 The formal declaration of the ACR Maijuna should clearly state that the initiators of the proposal, its primary beneficiaries, and those responsible for its development are the Maijuna communities, represented by their federation. An important argument to justify the decision to put forth this proposal is the fact that the area represents ancestral territory for the Maijuna people.

02 Use the results of the Proyecto Maijuna de Mapeo Participativo and the ArcGIS map it produced to ensure that the defined boundaries of the ACR Maijuna closely reflect the spatial patterns of resource use and cultural history of the Maijuna within the Sucusari, Algodón, and Yanayacu basins. The majority of biologically and culturally significant mapping sites should be included within the proposed ACR, (Figs. 9D, 25).[2]

03 The nucleus of Maijuna ancestral territories—where the headwaters of the Sucusari, Yanayacu, and Algodoncillo rivers are found—should receive the strictest protection possible. The Maijuna rarely enter or use this area (Figs. 2A, 9D, 25), which could serve as a breeding ground and as a "source area" for economically and culturally important animals and plants. This is also the area where high-terrace habitats were identified during the rapid inventory; thus a high level of protection here would also safeguard unique, previously unknown vegetation types.[3]

04 Despite what is stated in the recommendations above, other communities should not be prevented from using certain resources if they comply with the rules established to manage them, with regard to harvest sustainability, extraction level for each resource type, and noncommercial use.

05 To make the preceding feasible, it is necessary to define very clearly the settlements and communities around the ACR Maijuna that will make up part of its buffer zone. We propose that the following

2 This recommendation was provided by M. Gilmore.
3 This recommendation was provided by M. Gilmore.

settlements be designated as part of the buffer zone of the proposed area: Tutapishco, Nueva Florida, and Nueva Unión (the first two are adjacent to the proposed ACR Maijuna, and the third is very close); upriver, Cruz de Plata (which despite being on the right bank of the Napo uses resources from the area of the proposed ACR) and its annex Nueva Argelia, along with Morón Isla and Nuevo San Roque (these last three are on the left bank, close to the boundary of the ACR Maijuna); and downriver from Tutapishco: Copalillo, Puerto Leguízamo, Nuevo Oriente, Buen Paso, and Sara Isla. Given the location of these communities, PROCREL should consider them to be part of the buffer zone and, in keeping with the ANP law, give them "special treatment that guarantees the conservation of the Protected Natural Area" (Art. 61.1), which should include legal actions such as consolidating their legal standing as communities (whether native or campesino) and granting title to their lands. In the case of the two located on the right bank of the Napo, which are neighbors of the proposed ACR Maijuna, their boundaries should extend to the area's boundary.

06 Offer training in the importance of environmental management and on the sustainable harvesting of nonwood forest products, as well as of fish and other animals. There should also be training in the rules that should be followed to gain access to the resources of the ACR Maijuna.

07 Use the results and the ArcGIS map from the participatory mapping project (see the chapter in this report) to help establish plans and strategies for resource management because they contain critical information concerning the spatial distribution and seasonal use of culturally, biologically, and economically important resources.[4]

08 Reinforce efforts on the part of Maijuna communities in the Napo basin (Sucusari, Puerto Huamán, and Nueva Vida) to control illegal resource exploitation within the proposed area for the ACR Maijuna. Even though the area has not yet been established, the fact that a proposal exists for its establishment and, above all, that it has not been designated a forest of permanent production and therefore no forest contracts have been issued are sufficient reasons for the GOREL to support these communities by authorizing them to control illicit activities in the area.

09 In addition, the authorization mentioned in the previous recommendation should be publicized on the radio, on television, and in the press, as well as on signs placed in the three communities—with the GOREL logo—and indicate that the communities have the authority to control the entry of outsiders who intend to engage in prohibited activities (such as commercial logging) or activities contrary to resource management (such as fishing with poisons or prohibited equipment, or taking more fish than is necessary for personal consumption with the presumed goal of selling them).

10 In the case of the San Pablo de Totolla community, located on the Algodón, in addition to what is recommended for Maijuna communities above, it is essential to coordinate efforts with the V Región Militar, since a large part of the problem of illegal logging by Colombians is due to the army's passivity. The current garrison at the mouth of the Algodón on the Putumayo should control the entry of illegal Colombian and Peruvian loggers through that basin and not accede to their interests, as is now the case.

11 An additional recommendation to ensure that the Algodón garrison, and all those in the Putumayo, fulfills its function to control the illegal entry of loggers is that troops assigned to the V Región remain no longer than six months, to protect them from pressure from the illegal extractors.

12 Stop the Bellavista-Mazán-El Estrecho highway project (Fig. 11A). The communities were never consulted about this plan, which constitutes a clear violation of their right of consultation (Convention 169 and the UN Declaration on the Rights of Indigenous Peoples). The highway will affect their territorial rights and their proposal for the creation

4 This recommendation was provided by M. Gilmore.

of the ACR Maijuna because it goes through territory they consider ancestral, which includes a community (San Pablo de Totolla) to which they have had title for many years. As we have stated elsewhere in this report, if this project is not stopped, it would not make sense to continue with the proposal for the ACR Maijuna, since the project includes a plan to colonize both sides of the highway.

13 Pay attention to the issue of Maijuna identity, which is also one of the objectives of FECONAMAI. Important support will be provided by a project led by an linguist from the United States that will begin study of the language next year—to systematize it and produce a dictionary and primers for teaching it. It is vital that these texts be used to teach the language and that they not end up simply as archived documents.

14 Visits by leaders of other indigenous organizations to communicate their organizational experiences will be very important for the Maijuna's organizing efforts. It will be valuable for the Maijuna to interact with indigenous leaders who speak their own languages and express in simple terms the elements of their own identities.

15 Solve the problem of community isolation caused by radiotelephone equipment that is either lacking or malfunctioning because it hinders people's ability to communicate with each other about events or about coordinating actions to protect the area, as well as their ability to communicate with aid organizations and GOREL.

16 Reinforce training in techniques for sustainable harvesting of biodiversity products (*aguaje* and other palms) and in the management of bodies of water and wild animals, both in the Maijuna communities and in those located in the buffer zone.

17 With respect to the harvesting of palm fruits, instruction on techniques for sustainable management (e.g., the use of climbing gear as an alternative to cutting the palms, Fig. 10D) should be incorporated into the primary and secondary educational curriculums, because of the importance of these resources for the proposed ACR Maijuna and for the entire Loreto region in general.

18 Prepare simple, clear publicity materials that explain what the ACR Maijuna is, who will be responsible for its management, what activities will be prohibited and allowed, and procedures that should be followed to acquire permission to access the area. Lastly, the document should also include the penalties that will be imposed if rules are broken.

19 PAP should step up its training program for community members so that the control and surveillance committee can be assembled, a task that should be given a high priority.

20 Bodies of water within the area and the buffer zone should be identified, along with their users, in order to assign their management and access rights to the communities that use them. This strategy will solve the current situation of chaotic use, overseen by a ministry (the Ministerio de la Producción) that is not on-site, is unable to control fishing methods used in the area, and issues extraction permits without any knowledge of the area.

21 For the previous recommendation to be successful, it also requires stronger joint committees, involving local communities, on fishing and the drafting of clear rules on the use of equipment, open and closed seasons, prohibition of toxic substances, and catch limits.

22 Solve the sanitation problem in Puerto Huamán and Nueva Vida caused by the raising of pigs, cattle, and buffalos, which spread feces all around the residential areas. Raising animals in controlled spaces (*potreros*) is the only way to control high-risk sources of infection for the population and, at the same time, take advantage of the pastures. Since in the case of pigs this will require a new feeding system, it would be worth investigating the possibility of constructing small mills to grind *aguaje*-palm seeds to make a concentrate rich in proteins and fats, which could be supplemented with fruit grown in the area, like *pijuayo* (a *Bactris* palm) and *pan de árbol* (breadfruit, *Artocarpus*).

23 Request cartographic information from the Proyecto Especial de Desarrollo Integral de la Cuenca del Putumayo (PEDICP), because the information available from PAP is very limited: in particular, up-to-date information on the location of population centers along the Napo close to the proposed ACR Maijuna. It is likely that PEDICP also has cartographic information on potential resources in the area.

24 For future projects undertaken by PROCREL and PAP, we recommend that they begin by studying the data that we present here, since they complement the rapid biological inventory and also provide necessary background for devising a work plan based on first-hand information on the area.

25 Carry out a comprehensive and systematic study of the Maijuna language that will facilitate production of language materials (e.g., a dictionary and primers) and implementation of a language-revitalization program, in support of Maijuna desires to conserve their unique and endangered language.[5]

26 Undertake ethnobiological studies to investigate and document species of plants and animals that are economically and culturally important to the Maijuna. This information will serve to help focus conservation efforts and management plans on these important species and their respective habitats.[6]

27 Investigate Maijuna cultural traditions and values (including traditional ecological knowledge, stories, songs, resource use, and management practices) and work with FECONAMAI to invigorate and reinforce those traditions and values, which will strengthen the management and conservation of the proposed ACR Maijuna.[7]

5–7 These recommendations were provided by M. Gilmore.

Apéndices/Appendices

Plantas Vasculares/ Vascular Plants

Plantas vasculares registradas durante el Inventario Rápido Maijuna, del 14 al 31 de octubre 2009 en Loreto, Perú, por Roosevelt García-Villacorta, Nállarett Dávila, Isaú Huamantupa y Corine Vriesendorp, con trabajo adicional en el herbario por Robin Foster, Isaú Huamantupa y Nállarett Dávila. Nombres de las familias siguen Mabberley (2008) pero usamos las familias de Stevens (2010) cuando son distintas de las de Mabberley. Proveemos nombres de las subfamilias cuando los géneros habían sido transferidos recientemente a nuevas familias* y para la familia Fabaceae.

PLANTAS VASULARES / VASCULAR PLANTS

Nombre científico/ Scientific name	Sitio/ Site		Fuente/ Source	Especimen(es) testigo/ Voucher(s)
	Curupa	Piedras		
POLYPODIOPSIDA				
Adiantaceae				
Adiantum sp.	x		Co	H 12942
Aspleniaceae				
Asplenium cuneatum		x	Co	H 13195
Asplenium serratum	x		Co	H 13068
Asplenium sp.	x		Co	H 12999
Cyatheaceae				
Cyathea alsophylla	x		Ob	—
Cyathea spp.	x	x	Co	H 13074, 13101, 13243, 13253, 13272
Dennstaedtiaceae				
Lindsaea phassa	x	x	Co	D 5704; H 12946
Dryopteridaceae				
Cyclodium meniscioides		x	Co	H 13401
Didymochlaena truncatula	x		Co	H 13102, 13123
Lomariopsis japurensis	x		Fo	—
Hymenophyllaceae				
Trichomanes ankersii		x	Co	D 5734
Trichomanes diversifrons	x		Co	D 5626
Trichomanes pinnatum		x	Co	D 5713
Trichomanes tanaicum	x		Co	D 5623
Trichomanes sp.	x	x	Co	D 5712, 5714
Lomariopsidaceae				
Bolbitis nicotianifolia	x		Co	D 5676
Elaphoglossum sp.		x	Co	D 5715
Polypodiaceae				
Campyloneurum sp.	x		Co	H 13014
Microgramma fuscopunctata	x		Co	H 13070
Microgramma reptans	x		Co	H 12893
Microgramma sp.		x	Co	H 13148
Polypodium sp.	x		Co	H 12935
Schizaeaceae				
Schizaea elegans		x	Co	H 13157, 13399
Tectariaceae				
Cyclodium mensiosciodes	x		Co	H 12974
Vittariaceae				
Polytaenium cajensense	x		Co	H 12890
(Desconocido/Unknown)				
sp.		x	Co	D 5695
CYCADOPSIDA				
Zamiaceae				
Zamia sp.		x	Fo	—

Apéndice/Appendix 1

Plantas Vasculares/ Vascular Plants

Vascular plants recorded during the Maijuna Rapid Inventory, from 14 to 31 October 2009 in Loreto, Peru, by Roosevelt García-Villacorta, Nállarett Dávila, Isaú Huamantupa, and Corine Vriesendorp, with additional herbarium work by Robin Foster, Isaú Huamantupa, and Nállarett Dávila. Family names follow Mabberley (2008) but family names from Stevens (2010) are given when they differ from those in Mabberley. Subfamily names are given when genera have been transferred recently to new families* and to break up Fabaceae (Leguminosae) into subfamily groups.

PLANTAS VASULARES / VASCULAR PLANTS

Nombre científico/ Scientific name	Sitio/ Site		Fuente/ Source	Especimen(es) testigo/ Voucher(s)
	Curupa	Piedras		
MAGNOLIOPSIDA				
Acanthaceae				
Aphelandra sp.	x		Co	H 13027
Justicia comata	x		Co	H 13060
Justicia sp.	x		Co	H 13058
Mendoncia glomerata	x		Co	H 13010
Mendoncia lindenii	x		Co	H 13069
Pulchranthus adenostachyus	x		Co	D 5641
Sanchezia oblonga	x		Co	D 5644
Achariaceae				
Carpotroche longifolia	x	x	Co	H 12936, 13294
Carpotroche sp.		x	Co	H 13445
Mayna odorata	x		Co	H 13086
Alismataceae				
Echinodorus sp.		x	Co	H 13199
Amaryllidaceae				
Crinum erubescens	x		Co	H 13061
Eucharis sp.		x	Co	H 13282
Anacardiaceae				
Anacardium giganteum		x	Ob	—
Spondias venulosa		x	Ob	—
Tapirira guianensis		x	Fo	—
Tapirira retusa	x		Ob	—
Anisophyllaceae				
Anisophyllea guianensis		x	Fo	—
Annonaceae				
Anaxagorea brevipes		x	Co	H 13260
Anaxagorea phaeocarpa	x	x	Co	H 12875, 12983, 13250
Annona edulis	x		Co	H 13107
Annona spp.	x		Co	H 13017, 13091, 13096
Cremastosperma cauliflorum	x		Co	H 12928
Cremastosperma sp.	x	x	Co	D 5640
Duguetia spixiana	x		Co	H 12880, 12895, 13105
Duguetia spp.	x		Fo	—
Fusaea sp.	x		Co	H 12966
Guatteria acutissima	x		Co	D 5679
Guatteria boliviana	x	x	Co	H 13099, 13298, 13300
Guatteria elata aff.		x	Ob	—
Guatteria mediocris		x	Co	H 13244A
Guatteria megalophylla	x	x	Co	H 12940, 13304
Guatteria meliodora		x	Co	D 5705
Guatteria multivenia	x		Co	D 5629; H 12870

LEYENDA/LEGEND

Fuente/Source

Co = colección/collection

Fo = foto/photo

Ob = observación/observation

Especimen(es) testigo/Voucher(s)

D = Dávila

H = Huamantupa

* En particular, para los géneros anteriormente asignados a Asclepiadaceae, ver Apocynaceae; para Bombacaceae, Sterculiaceae y Tiliaceae, ver Malvaceae; para Capparidaceae, ver Cleomaceae; para Celastraceae, ver también Goupiaceae; para Guttiferae, ver Clusiaceae y Hypericaceae; para Flacourtiaceae, ver Achariaceae y Salicaceae; para Quiinaceae, ver Ochnaceae; para Ulmaceae, ver Cannabaceae; para Verbenaceae, ver también Lamiaceae; y para *Drypetes* (antes Euphorbiaceae) ver ¡Putranjivaceae!/In particular, for genera previously assigned to Asclepiadaceae, see Apocynaceae; for Bombacaceae, Sterculiaceae, and Tiliaceae, see Malvaceae; for Capparidaceae, see Cleomaceae; for Celastraceae, see also Goupiaceae; for Guttiferae, see Clusiaceae and Hypericaceae; for Flacourtiaceae, see Achariaceae and Salicaceae; for Quiinaceae, see Ochnaceae; for Ulmaceae, see Cannabaceae; for Verbenaceae, see also Lamiaceae; and for *Drypetes* (formerly Euphorbiaceae) see Putranjivaceae!

Apéndice/Appendix 1

Plantas Vasculares/ Vascular Plants

PLANTAS VASULARES / VASCULAR PLANTS				
Nombre científico/ Scientific name	Sitio/ Site		Fuente/ Source	Especimen(es) testigo/ Voucher(s)
	Curupa	Piedras		
Guatteria spp.	x	x	Co	H 13031, 13212
Guatteriopsis sp.	x		Co	D 5656
Oxandra euneura	x		Co	D 5632, 5670; H 12932, 12977
Oxandra sphaerocarpa		x	Co	H 13332
Oxandra xylopioides	x		Ob	—
Oxandra sp.	x	x	Co	H 13112, 13434
Pseudoxandra cauliflora		x	Co	H 13249
Pseudoxandra polyphleba		x	Co	H 13377, 13380
Trigynaea sp.	x		Co	H 12881
Unonopsis spp.	x	x	Co	D 5635, 5661; H 13302
Xylopia cuspidata		x	Co	H 13286
spp.	x	x	Co	H 13191, 13414
Apocynaceae				
Ambelania occidentalis	x	x	Co	H 12950
Aspidosperma verruculosum	x		Co	H 13083
Couma macrocarpa		x	Ob	—
Lacmellea sp.		x	Co	H 13265
Matelea sp.	x		Fo	—
Odontadenia sp.		x	Co	H 13364
Prestonia sp.		x	Co	H 13320
Rauvolfia sp.		x	Co	H 13174
Rhigospira quadrangularis		x	Ob	—
Tabernaemontana markgrafiana	x		Co	H 13022
Tabernaemontana undulata cf.		x	Fo	
spp.	x	x	Co	H 13013, 13244b, 13301
Aquifoliaceae				
Ilex sp.		x	Co	H 13306
Araceae				
Anthurium atropurpureum	x	x	Co	H 13227, 13051, 13119
Anthurium breviscapum	x		Co	H 13062
Anthurium diazii	x		Co	H 13120A
Anthurium gracile		x	Co	H 13318
Anthurium kunthii	x		Co	H 13097
Anthurium trinerve		x	Co	H 13255
Anthurium spp.	x	x	Co	D 5636; H 13216, 13209
Dieffenbachia spp.	x		Co	D 5672; H 13088
Dracontium sp.	x	x	Co	H 13229
Philodendron aureimarginatum	x		Co	H 13126
Philodendron megalophyllum	x		Co	D 5692
Philodendron spp.	x	x	Co	H 13207
Rhodospatha sp.		x	Co	H 13353
Spathiphyllum spp.	x	x	Co	D 5680; H 13170

Apéndice/Appendix 1

Plantas Vasculares/ Vascular Plants

PLANTAS VASULARES / VASCULAR PLANTS				
Nombre científico/ Scientific name	**Sitio/ Site**		**Fuente/ Source**	**Especimen(es) testigo/ Voucher(s)**
	Curupa	Piedras		
Stenospermation sp.		x	Co	H 13348
Urospatha sagittifolia	x	x	Co	D 5646; H 13417
spp.	x	x	Co	D 5681; H 13179, 13392
Araliaceae				
Dendropanax sp.	x		Co	H 13033
Schefflera morototoni	x		Ob	—
Arecaceae				
Aiphanes sp.		x	Fo	—
Astrocaryum ciliatum		x	Fo	—
Astrocaryum murumuru	x		Ob	—
Attalea butyracea	x		Ob	—
Attalea insignis	x	x	Fo, Ob	—
Attalea sp.	x	x	Fo, Ob	—
Bactris maraja	x	x	Co	H 13424
Bactris monticola	x		Co	H 13077
Chamaedorea pinnatifrons		x	Co	H 13262
Chelyocarpus ulei	x		Fo	—
Desmoncus mitis		x	Co	D 5701
Geonoma acaulis		x	Co	H 13231
Geonoma arundinacea	x		Co	D 5667
Geonoma camana	x	x	Co	D 5631; H 13258
Geonoma cuneata	x		Co	H 12944
Geonoma macrostachys	x	x	Co	H 13270
Geonoma maxima		x	Fo	—
Geonoma piscicauda		x	Co	H 13248
Geonoma poeppigiana	x	x	Co	D 5634; H 12941, 13261
Geonoma pycnostachys	x		Co	H 13089
Geonoma stricta	x	x	Co	D 5733
Geonoma spp.	x	x	Co	D 5709; H 12954, 13189
Hyospathe elegans	x	x	Co	D 5682; H 12996, 13423, 13428
Iriartea deltoidea	x	x	Ob	—
Iriartella stenocarpa		x	Co	D 5706, 5729
Itaya amicorum	x		Ob	—
Lepidocaryum tenue	x	x	Co	H 12961, 12969
Mauritia flexuosa	x	x	Ob	—
Oenocarpus bataua	x	x	Ob	—
Oenocarpus mapora	x		Fo	—
Pholidostachys synanthera	x	x	Co	D 5627, 5710
Phytelephas macrocarpa	x		Ob	—
Socratea exorrhiza	x		Fo	—
Wettinia drudei		x	Fo	—

LEYENDA/LEGEND

Fuente/Source

Co = colección/collection

Fo = foto/photo

Ob = observación/observation

Especimen(es) testigo/Voucher(s)

D = Dávila

H = Huamantupa

* En particular, para los géneros anteriormente asignados a Asclepiadaceae, ver Apocynaceae; para Bombacaceae, Sterculiaceae y Tiliaceae, ver Malvaceae; para Capparidaceae, ver Cleomaceae; para Celastraceae, ver también Goupiaceae; para Guttiferae, ver Clusiaceae y Hypericaceae; para Flacourtiaceae, ver Achariaceae y Salicaceae; para Quiinaceae, ver Ochnaceae; para Ulmaceae, ver Cannabaceae; para Verbenaceae, ver también Lamiaceae; y para *Drypetes* (antes Euphorbiaceae) ver ¡Putranjivaceae!/In particular, for genera previously assigned to Asclepiadaceae, see Apocynaceae; for Bombacaceae, Sterculiaceae, and Tiliaceae, see Malvaceae; for Capparidaceae, see Cleomaceae; for Celastraceae, see also Goupiaceae; for Guttiferae, see Clusiaceae and Hypericaceae; for Flacourtiaceae, see Achariaceae and Salicaceae; for Quiinaceae, see Ochnaceae; for Ulmaceae, see Cannabaceae; for Verbenaceae, see also Lamiaceae; and for *Drypetes* (formerly Euphorbiaceae) see Putranjivaceae!

Apéndice/Appendix 1

Plantas Vasculares/ Vascular Plants

PLANTAS VASULARES / VASCULAR PLANTS				
Nombre científico/ Scientific name	Sitio/ Site		Fuente/ Source	Especimen(es) testigo/ Voucher(s)
	Curupa	Piedras		
Asteraceae				
Mikania micrantha	x		Co	H 13053
Begoniaceae				
Begonia glabra	x		Co	H 12909
Begonia rossmanniae	x		Co	H 12968
Bignoniaceae				
Adenocalymma sp.	x		Co	H 12975
Arrabidaea sp.	x	x	Co	H 12934, 13142
Jacaranda macrocarpa		x	Ob	—
Paragonia pyramidata	x		Co	H 13059
Tabebuia incana	x		Ob	—
Boraginaceae				
Cordia hebeclada		x	Co	H 13330
Cordia kingstoniana		x	Co	H 13405
Cordia nodosa	x	x	Ob	—
Cordia tetrandra		x	Fo	—
Tournefortia maculata		x	Co	H 13203
Bromeliaceae				
Aechmea contracta	x		Co	H 12922
Aechmea longifolia		x	Co	H 13349
Aechmea mertensii	x		Co	H 12872
Aechmea nidularioides		x	Co	D 5726
Aechmea penduliflora	x		Co	D 5665
Guzmania lingulata		x	Co	D 5727; H 13425
Guzmania sp.	x	x	Co	D 5664
Tillandsia sp.		x	Co	H 13238
Burseraceae				
Dacryodes hopkinsii cf.		x	Fo	—
Dacryodes sp. nov.		x	Co	H 13403
Protium altsonii		x	Fo	—
Protium amazonicum	x	x	Ob	—
Protium apiculatum		x	Ob	—
Protium calendulinum	x		Ob	—
Protium crassipetalum		x	Ob	—
Protium divaricatum		x	Co	H 13393
Protium ferrugineum		x	Fo	—
Protium hebetatum		x	Ob	—
Protium klugii		x	Ob	—
Protium nodulosum	x	x	Co	H 12896
Protium paniculatum		x	Ob	—
Protium peruvianum		x	Ob	—
Protium sagotianum	x		Co	H 12930

Plantas Vasculares/ Vascular Plants

PLANTAS VASULARES / VASCULAR PLANTS				
Nombre científico/ Scientific name	**Sitio/ Site**		**Fuente/ Source**	**Especimen(es) testigo/ Voucher(s)**
	Curupa	**Piedras**		
Protium spruceanum		x	Ob	—
Protium subserratum	x	x	Ob	—
Protium trifoliolatum	x		Ob	—
Protium unifoliatum	x		Co	H 13018
Trattinnickia sp.		x	Fo	—
Calophyllaceae				
Calophyllum brasiliense	x		Ob	—
Caraipa sp.		x	Co	H 13367
Cannabaceae (Ulmaceae s.l.)				
Trema micrantha	x		Co	H 12915
Caricaceae				
Carica sp.	x		Co	H 13067
Jacaratia digitata	x		Ob	—
Caryocaraceae				
Anthodiscus klugii	x		Co	D 5683
Anthodiscus pilosus		x	Ob	—
Caryocar glabrum	x	x	Fo, Ob	—
Cecropiaceae (Urticaceae s.l.)				
Cecropia membranacea		x	Ob	—
Cecropia sciadophylla	x	x	Ob	—
Coussapoa trinervia	x	x	Co	H 13323
Pourouma herrerensis		x	Ob	—
Pourouma minor	x	x	Ob	—
Pourouma spp.	x	x	Co	D 5718; H 12871, 13281
Celastraceae				
Peritassa laevigata	x		Co	H 12904
spp.	x	x	Co	H 13019, 13035b, 13303, 13346, 13355
Chrysobalanaceae				
Couepia chrysocalyx	x		Ob	—
Couepia dolichopoda		x	Ob	—
Couepia parillo	x	x	Co	H 12913, 13037
Hirtella bicornis	x		Co	D 5655
Hirtella eriandra		x	Co	H 13153
Hirtella physophora		x	Ob	—
Hirtella spp.		x	Co	H 13163, 13230, 13275, 13398
Licania caudata	x	x	Ob	—
Licania micrantha		x	Ob	—
Licania petrensis		x	Ob	—
Licania spp.		x	Co	H 13307, 13347, 13415
Parinari sp.	x		Fo	—
spp.		x	Co	H 13439

LEYENDA/LEGEND

Fuente/Source

Co = colección/collection

Fo = foto/photo

Ob = observación/observation

Especimen(es) testigo/Voucher(s)

D = Dávila

H = Huamantupa

* En particular, para los géneros anteriormente asignados a Asclepiadaceae, ver Apocynaceae; para Bombacaceae, Sterculiaceae y Tiliaceae, ver Malvaceae; para Capparidaceae, ver Cleomaceae; para Celastraceae, ver también Goupiaceae; para Guttiferae, ver Clusiaceae y Hypericaceae; para Flacourtiaceae, ver Achariaceae y Salicaceae; para Quiinaceae, ver Ochnaceae; para Ulmaceae, ver Cannabaceae; para Verbenaceae, ver también Lamiaceae; y para *Drypetes* (antes Euphorbiaceae) ver ¡Putranjivaceae!/In particular, for genera previously assigned to Asclepiadaceae, see Apocynaceae; for Bombacaceae, Sterculiaceae, and Tiliaceae, see Malvaceae; for Capparidaceae, see Cleomaceae; for Celastraceae, see also Goupiaceae; for Guttiferae, see Clusiaceae and Hypericaceae; for Flacourtiaceae, see Achariaceae and Salicaceae; for Quiinaceae, see Ochnaceae; for Ulmaceae, see Cannabaceae; for Verbenaceae, see also Lamiaceae; and for *Drypetes* (formerly Euphorbiaceae) see Putranjivaceae!

**Plantas Vasculares/
Vascular Plants**

PLANTAS VASULARES / VASCULAR PLANTS				
Nombre científico/ Scientific name	Sitio/ Site		Fuente/ Source	Especimen(es) testigo/ Voucher(s)
	Curupa	Piedras		
Cleomaceae (Capparidaceae s.l.)				
Podandrogyne sp.	x		Co	H 13007
Clusiaceae				
Chrysochlamys weberbaueri	x		Co	H 12947
Chrysochlamys sp.		x	Co	H 13144
Clusia amazonica	x		Co	H 12912, 13047
Clusia columnaris		x	Co	H 13245
Clusia sp.		x	Co	H 13443
Garcinia sp.		x	Co	H 13406
Symphonia globulifera	x		Ob	—
Tovomita spruceana	x		Co	H 12910
Tovomita spp.	x	x	Co	D 5674, 5725
Combretaceae				
Buchenavia grandis		x	Ob	—
Buchenavia parvifolia		x	Fo	—
Buchenavia sp.		x	Fo	—
Combretum sp.		x	Co	D 5702
Terminalia oblonga	x		Co	H 13015
Commelinaceae				
Dichorisandra spp.	x	x	Co	D 5642, 5722; H 13130
Floscopa peruviana	x		Co	D 5686
Geogenanthus ciliatus	x		Co	H 13133
Plowmanianthus sp.		x	Fo	—
spp.	x	x	Co	H 13071, 13125, 13172, 13438
Connaraceae				
Connarus sp.	x	x	Co	H 13345
Rourea camptoneura		x	Co	H 13359
Convolvulaceae				
Maripa sp.	x	x	Co	H 12916, 13373
Costaceae				
Costus sp.	x		Co	H 12933
Cucurbitaceae				
Cayaponia glandulosa	x		Co	H 13005
Gurania apodantha	x		Co	H 13103
Psiguria sp.		x	Co	H 13205
Cyclanthaceae				
Asplundia peruviana	x		Co	H 12943
Asplundia spp.	x	x	Co	D 5719; H 12958
Cyclanthus sp.	x		Co	D 5687
Evodianthus funifer		x	Co	H 13288
Cyperaceae				
Scleria sp.	x		Co	D 5650

Plantas Vasculares/ Vascular Plants

PLANTAS VASULARES / VASCULAR PLANTS				
Nombre científico/ Scientific name	**Sitio/ Site**		**Fuente/ Source**	**Especimen(es) testigo/ Voucher(s)**
	Curupa	**Piedras**		
sp.		x	Co	H 13147
Dichapetalaceae				
Dichapetalum sp.	x		Co	H 13124
Tapura coriacea	x	x	Co	H 13118
Tapura sp.		x	Co	H 13182
Dioscoreaceae				
Dioscorea amaranthoides	x	x	Co	H 13311
Dioscorea sp.	x	x	Co	H 13095
Ebenaceae				
Diospyros artanthifolia	x	x	Co	H 13026
Elaeocarpaceae				
Sloanea brevipes	x		Ob	—
Sloanea erismoides aff.		x	Ob	—
Sloanea fragrans	x		Ob	—
Sloanea grandiflora		x	Co	H 13259
Sloanea sp.	x	x	Co	H 13080
Erythroxylaceae				
Erythroxylum gracilipes cf.	x		Co	H 13043
Erythroxylum macrocnemium		x	Co	H 13370, 13400
Erythroxylum macrophyllum		x	Co	H 13386
Euphorbiaceae				
Acalypha cuneata	x		Co	H 13072
Alchornea triplinervia	x	x	Ob	—
Aparisthmium cordatum	x	x	Co	H 12926
Caryodendron orinocense		x	Ob	—
Conceveiba martiana	x		Fo	—
Conceveiba terminalis		x	Ob	—
Croton cuneatus	x		Ob	—
Croton matourensis		x	Ob	—
Croton smithianus		x	Ob	—
Croton spruceanus	x		Co	H 12883
Dalechampia cissifolia	x		Co	H 13032
Hevea brasiliensis	x		Ob	—
Hevea guianensis		x	Ob	—
Hieronyma sp.	x	x	Co	D 5620; H 13310
Mabea angularis		x	Co	H 13441
Mabea piriri	x		Co	H 12879
Mabea pulcherrima	x		Fo	—
Mabea standleyi		x	Co	H 13269
Mabea sp.	x		Co	H 13023
Margaritaria nobilis	x	x	Co	H 13066, 13343, 13389
Micrandra spruceana		x	Ob	—

LEYENDA/LEGEND

Fuente/Source

Co = colección/collection

Fo = foto/photo

Ob = observación/observation

Especimen(es) testigo/Voucher(s)

D = Dávila

H = Huamantupa

* En particular, para los géneros anteriormente asignados a Asclepiadaceae, ver Apocynaceae; para Bombacaceae, Sterculiaceae y Tiliaceae, ver Malvaceae; para Capparidaceae, ver Cleomaceae; para Celastraceae, ver también Goupiaceae; para Guttiferae, ver Clusiaceae y Hypericaceae; para Flacourtiaceae, ver Achariaceae y Salicaceae; para Quiinaceae, ver Ochnaceae; para Ulmaceae, ver Cannabaceae; para Verbenaceae, ver también Lamiaceae; y para *Drypetes* (antes Euphorbiaceae) ver ¡Putranjivaceae!/In particular, for genera previously assigned to Asclepiadaceae, see Apocynaceae; for Bombacaceae, Sterculiaceae, and Tiliaceae, see Malvaceae; for Capparidaceae, see Cleomaceae; for Celastraceae, see also Goupiaceae; for Guttiferae, see Clusiaceae and Hypericaceae; for Flacourtiaceae, see Achariaceae and Salicaceae; for Quiinaceae, see Ochnaceae; for Ulmaceae, see Cannabaceae; for Verbenaceae, see also Lamiaceae; and for *Drypetes* (formerly Euphorbiaceae) see Putranjivaceae!

Apéndice/Appendix 1

Plantas Vasculares/ Vascular Plants

PLANTAS VASULARES / VASCULAR PLANTS				
Nombre científico/ Scientific name	**Sitio/ Site**		**Fuente/ Source**	**Especimen(es) testigo/ Voucher(s)**
	Curupa	Piedras		
Nealchornea yapurensis	x	x	Co	H 13044
Pausandra trianae	x	x	Co	D 5675; H 13078
Pseudosenefeldera inclinata		x	Fo	—
Rhodothyrsus macrophyllus		x	Co	H 13135
Richeria sp.		x	Co	H 13374
Sapium marmieri	x		Ob	—
Tetrorchidium sp.		x	Co	H 13291
sp.		x	Co	H 13435
Fabaceae				
sp.	x		Co	H 12874
Fabaceae (Caesalpinioideae)				
Bauhinia guianensis	x		Co	H 12917
Brownea grandiceps	x		Co	D 5691; H 13106
Browneopsis cauliflora		x	Ob	—
Dialium guianense	x		Ob	—
Dimorphandra sp.		x	Ob	—
Hymenaea courbaril		x	Ob	—
Hymenaea oblongifolia	x		Ob	—
Hymenaea palustris		x	Ob	—
Macrolobium acaciifolium	x		Ob	—
Macrolobium gracile	x		Ob	—
Macrolobium limbatum		x	Ob	—
Macrolobium sp. nov.	x		Co	H 12900, 13048
Senna reticulata	x		Fo	—
Tachigali loretensis		x	Ob	—
Tachigali pilosula ined.		x	Fo	—
Tachigali schultesiana		x	Ob	—
Tachigali setifera	x	x	Ob	—
Fabaceae (Mimosoideae)				
Albizia sp.		x	Co	H 13150
Apuleia leiocarpa	x	x	Ob	—
Calliandra trinervia	x	x	Co	D 5723; H 12876
Cedrelinga cateniformis		x	Fo	—
Inga ciliata	x		Fo	—
Inga leiocalycina		x	Co	H 13361
Inga nobilis	x	x	Co	H 12877, 12878, 13331, 13334, 13363
Inga stipularis		x	Fo	—
Inga venusta	x		Fo	—
Inga spp.	x	x	Co	H 13324, 13382
Marmaroxylon basijugum		x	Co	H 13247
Parkia igneiflora		x	Ob	—
Parkia multijuga	x	x	Ob	—

Plantas Vasculares/
Vascular Plants

PLANTAS VASULARES / VASCULAR PLANTS				
Nombre científico/ Scientific name	**Sitio/ Site**		**Fuente/ Source**	**Especimen(es) testigo/ Voucher(s)**
	Curupa	**Piedras**		
Parkia nitida	x	x	Ob	—
Parkia panurensis	x		Ob	—
Stryphnodendron polystachyum		x	Ob	—
Stryphnodendron pulcherrimum cf.	x	x	Ob	—
Zygia spp.	x	x	Co	H 12899, 13368
Fabaceae (Papilionoideae)				
Clathrotropis macrocarpa		x	Co	H 13427
Clitoria pozuzoensis		x	Co	H 13252
Dalbergia sp.		x	Co	H 13136
Diplotropis martiusii	x	x	Ob	—
Diplotropis purpurea	x	x	Ob	—
Dipteryx micrantha	x	x	Ob	—
Dipteryx sp.		x	Ob	—
Dussia tessmannii	x	x	Ob	—
Hymenolobium pulcherrimum	x	x	Ob	—
Swartzia arborescens	x		Ob	—
Swartzia auriculata		x	Co	H 13285
Swartzia benthamiana	x	x	Ob	—
Swartzia klugii	x		Co	H 12919
Taralea oppositifolia		x	Co	H 13319
spp.		x	Fo	—
Gentianaceae				
Potalia coronata	x	x	Co	H 12970
Tachia sp.		x	Co	H 13426
Voyria spp.	x	x	Co	H 12980, 13228
spp.		x	Co	H 13226
Gesneriaceae				
Besleria aggregata		x	Co	H 13234
Besleria sp.	x		Co	H 12945, 13122
Codonanthe sp.		x	Co	H 13416, 13430
Columnea ericae	x		Co	H 13034
Columnea inaequilatera	x		Fo	—
Drymonia anisophylla		x	Co	H 13158
Drymonia coccinea	x		Co	D 5639
Drymonia semicordata	x		Co	H 12988
Drymonia sp.		x	Co	H 13190
Gasteranthus sp.	x		Fo	—
Nautilocalyx sp.	x	x	Co	H 13273
Paradrymonia ciliata		x	Fo	—
Paradrymonia sp.	x		Co	D 5628
spp.	x	x	Co	H 13009, 13151

LEYENDA/LEGEND

Fuente/Source

Co = colección/collection

Fo = foto/photo

Ob = observación/observation

Especimen(es) testigo/Voucher(s)

D = Dávila

H = Huamantupa

* En particular, para los géneros anteriormente asignados a Asclepiadaceae, ver Apocynaceae; para Bombacaceae, Sterculiaceae y Tiliaceae, ver Malvaceae; para Capparidaceae, ver Cleomaceae; para Celastraceae, ver también Goupiaceae; para Guttiferae, ver Clusiaceae y Hypericaceae; para Flacourtiaceae, ver Achariaceae y Salicaceae; para Quiinaceae, ver Ochnaceae; para Ulmaceae, ver Cannabaceae; para Verbenaceae, ver también Lamiaceae; y para *Drypetes* (antes Euphorbiaceae) ver ¡Putranjivaceae!/In particular, for genera previously assigned to Asclepiadaceae, see Apocynaceae; for Bombacaceae, Sterculiaceae, and Tiliaceae, see Malvaceae; for Capparidaceae, see Cleomaceae; for Celastraceae, see also Goupiaceae; for Guttiferae, see Clusiaceae and Hypericaceae; for Flacourtiaceae, see Achariaceae and Salicaceae; for Quiinaceae, see Ochnaceae; for Ulmaceae, see Cannabaceae; for Verbenaceae, see also Lamiaceae; and for *Drypetes* (formerly Euphorbiaceae) see Putranjivaceae!

Plantas Vasculares/ Vascular Plants

PLANTAS VASULARES / VASCULAR PLANTS				
Nombre científico/ Scientific name	**Sitio/ Site**		**Fuente/ Source**	**Especimen(es) testigo/ Voucher(s)**
	Curupa	Piedras		
Goupiaceae (Celastraceae s.l.)				
Goupia glabra		x	Ob	—
Heliconiaceae				
Heliconia chartacea aff.		x	Co	H 13314
Heliconia hirsuta	x		Fo	—
Heliconia orthotricha		x	Fo	—
Heliconia stricta		x	Fo	—
Heliconia velutina	x		Fo	—
Heliconia spp.	x	x	Co	H 13000, 13094, 13177, 13187, 13305
Humiriaceae				
Sacoglottis ceratocarpa	x		Ob	—
Vantanea sp.		x	Fo	—
Hypericaceae				
Vismia tomentosa	x		Co	H 12908
Vismia sp.	x		Co	H 12889
Icacinaceae				
Discophora guianensis		x	Co	H 13197, 13246
Lacistemataceae				
Lacistema aggregatum		x	Co	H 13154
Lamiaceae				
Aegiphila peruviana		x	Co	H 13210
Aegiphila sp.		x	Co	H 13198
Scutellaria sp.	x		Co	D 5647
Vitex triflora		x	Ob	—
Lauraceae				
Anaueria brasiliensis	x	x	Ob	—
Aniba coto		x	Co	H 13220
Aniba rosaeodora		x	Ob	—
Aniba sp.		x	Co	H 13196
Caryodaphnopsis fosteri	x	x	Ob	—
Ocotea alata aff.		x	Ob	—
Ocotea argyrophylla	x	x	Ob	—
Ocotea cujumari		x	Co	H 13335
Ocotea javitensis	x	x	Ob	—
Ocotea spp.	x	x	Co	D 5721; H 12892, 12901, 13263, 13418
Pleurothyrium sp.	x		Co	H 13082
spp.	x	x	Co	H 13167, 13394
Lecythidaceae				
Cariniana decandra		x	Ob	—
Couratari guianensis	x	x	Fo, Ob	—
Eschweilera alata		x	Ob	—

Plantas Vasculares/ Vascular Plants

PLANTAS VASULARES / VASCULAR PLANTS				
Nombre científico/ Scientific name	**Sitio/ Site**		**Fuente/ Source**	**Especimen(es) testigo/ Voucher(s)**
	Curupa	Piedras		
Eschweilera coriacea		x	Ob	—
Eschweilera gigantea	x		Ob	—
Eschweilera micrantha	x	x	Ob	—
Eschweilera tessmannii		x	Ob	—
Eschweilera turbinata		x	Ob	—
Eschweilera sp.	x	x	Co	H 13038
Gustavia hexapetala		x	Ob	—
Lecythis pisonis		x	Fo	—
Linaceae				
Hebepetalum humirifolium	x	x	Ob	—
Roucheria columbiana		x	Ob	—
Loganiaceae				
Strychnos sp.		x	Co	D 5697; H 13277
Loranthaceae (1)				
Psittacanthus truncatus		x	Co	H 13236
Malpighiaceae				
Bunchosia sp.	x		Co	H 13006
Byrsonima sp.	x		Co	H 13056
Stigmaphyllon sp.	x		Co	H 12884
Tetrapterys spp.	x	x	Co	H 13132, 13328, 13358
spp.	x	x	Co	H 13137
Malvaceae (Bombacoideae)				
Cavanillesia umbellata	x		Ob	—
Ceiba pentandra	x		Ob	—
Eriotheca globosa	x	x	Ob	—
Pachira sp.		x	Ob	—
Scleronema praecox	x	x	Co	H 12995
Malvaceae (Byttnerioideae)				
Herrania nitida	x		Co	H 13049
Theobroma subincanum	x		Co	H 13092
Malvaceae (Grewioideae)				
Apeiba membranacea		x	Co	H 13376
Lueheopsis sp.		x	Ob	—
Mollia lepidota		x	Ob	—
Malvaceae (Malvoideae)				
Hibiscus peruvianus	x		Co	H 13012
Matisia malacocalyx	x		Co	H 12939
Matisia obliquifolia		x	Co	H 13276
Matisia sp.		x	Co	H 13175, 13322
Quararibea wittii	x		Ob	—
Quararibea sp.		x	Fo	—
Patinoa paraensis	x		Ob	—

LEYENDA/LEGEND

Fuente/Source

Co = colección/collection

Fo = foto/photo

Ob = observación/observation

Especimen(es) testigo/Voucher(s)

D = Dávila

H = Huamantupa

* En particular, para los géneros anteriormente asignados a Asclepiadaceae, ver Apocynaceae; para Bombacaceae, Sterculiaceae y Tiliaceae, ver Malvaceae; para Capparidaceae, ver Cleomaceae; para Celastraceae, ver también Goupiaceae; para Guttiferae, ver Clusiaceae y Hypericaceae; para Flacourtiaceae, ver Achariaceae y Salicaceae; para Quiinaceae, ver Ochnaceae; para Ulmaceae, ver Cannabaceae; para Verbenaceae, ver también Lamiaceae; y para *Drypetes* (antes Euphorbiaceae) ver ¡Putranjivaceae!/In particular, for genera previously assigned to Asclepiadaceae, see Apocynaceae; for Bombacaceae, Sterculiaceae, and Tiliaceae, see Malvaceae; for Capparidaceae, see Cleomaceae; for Celastraceae, see also Goupiaceae; for Guttiferae, see Clusiaceae and Hypericaceae; for Flacourtiaceae, see Achariaceae and Salicaceae; for Quiinaceae, see Ochnaceae; for Ulmaceae, see Cannabaceae; for Verbenaceae, see also Lamiaceae; and for *Drypetes* (formerly Euphorbiaceae) see Putranjivaceae!

PLANTAS VASULARES / VASCULAR PLANTS				
Nombre científico/ Scientific name	**Sitio/ Site**		**Fuente/ Source**	**Especimen(es) testigo/ Voucher(s)**
	Curupa	Piedras		
Patinoa sphaerocarpa	x	x	Ob	—
Malvaceae (Sterculioideae)				
Sterculia apeibophylla	x		Ob	—
Sterculia apetala	x	x	Fo, Ob	—
Sterculia colombiana	x	x	Ob	—
Sterculia tessmannii	x		Ob	—
Sterculia sp.		x	Fo	—
Marantaceae				
Calathea altissima	x		Co	D 5685; H 12993
Calathea spp. nov.?	x	x	Co	D 5669; H 13076, 13100, 13219, 13413
Ctenanthe ericae	x		Co	H 12929, 12997
Ischnosiphon hirsutus		x	Fo	
Ischnosiphon spp.		x	Co	H 13390, 13429
Monotagma juruanum		x	Co	H 13185
Monotagma spp.	x	x	Co	D 5688; H 13235
spp.		x	Co	H 13155, 13168, 13169, 13180, 13181, 13436
Marcgraviaceae				
Marcgravia longifolia	x		Co	H 13020
Marcgravia sp.		x	Co	H 13173
spp.		x	Co	H 13371
Melastomataceae				
Aciotis sp.		x	Co	H 13341
Adelobotrys sp.		x	Co	H 13159
Blakea bracteata		x	Co	H 13387
Blakea sp.	x		Co	H 12965
Clidemia sp.		x	Co	H 13412
Graffenrieda sp.	x		Co	H 12897
Henriettea sp.	x		Co	H 12902
Henriettella sp.		x	Co	H 13362
Leandra sp.	x	x	Co	H 13143
Maieta guianensis		x	Co	H 13214
Miconia nervosa	x		Co	H 12967
Miconia tomentosa	x		Co	H 13128
Miconia spp.	x	x	Co	D 5622; H 12888, 12905, 12906, 12914, 12951, 12964, 12972, 13046, 13050, 13104, 13146, 13217, 13254, 13315, 13344, 13352, 13421
Mouriri acutiflora		x	Co	H 13369
Mouriri sp.	x		Co	H 12907
Ossaea boliviensis	x	X	Co	H 12931, 12953, 13295

PLANTAS VASULARES / VASCULAR PLANTS				
Nombre científico/ Scientific name	**Sitio/ Site**		**Fuente/ Source**	**Especimen(es) testigo/ Voucher(s)**
	Curupa	**Piedras**		
Tococa caquetana	x		Co	H 12923
Tococa spp.	x	x	Co	H 13145, 13221, 13115
Triolena sp.	x		Co	D 5678
spp.		x	Co	D 5711; H 13156, 13336, 13360
Meliaceae				
Cedrela odorata		x	Ob	—
Guarea cinnamomea	x		Ob	—
Guarea cristata		x	Ob	—
Guarea fissicalyx	x		Co	H 13114
Guarea fistulosa	x		Co	D 5630
Guarea gomma	x		Co	H 13084
Guarea kunthiana	x		Ob	—
Guarea macrophylla	x	x	Co	H 12894, 13354
Guarea pterorhachis	x	x	Co	D 5659; H 13164, 13201
Guarea sp. nov.?	x	x	Co	D 5690; H 13271, 13337
Trichilia cipo	x		Co	H 12920
Trichilia elsae	x		Ob	—
Trichilia pallida	x		Co	H 13036
Trichilia sp.	x	x	Co	H 13045, 13309, 13338, 13365
Menispermaceae				
Abuta grandifolia	x	x	Ob	—
Abuta sp.	x		Fo	—
Anomospermum chloranthum	x		Co	H 13134
Anomospermum sp.	x		Co	H 13087
Odontocarya sp.	x		Co	D 5684; H 13042
Orthomene schomburgkii		x	Co	H 13378
Sciadotenia amazonica		x	Co	H 13256
Moraceae				
Batocarpus orinocensis		x	Co	H 13211
Brosimum guianense		x	Co	H 13357
Brosimum lactescens	x	x	Ob	—
Brosimum parinarioides	x		Co	H 12971
Brosimum potabile		x	Ob	—
Brosimum rubescens	x	x	Ob	—
Brosimum utile	x	x	Ob	—
Castilla ulei		x	Ob	—
Clarisia racemosa	x	x	Ob	—
Ficus matiziana (bullenei)	x		Co	H 12982
Ficus paraensis	x		Co	H 12891, 3052
Ficus peludica	x		Co	H 12873
Ficus piresii	x		Co	H 12979

LEYENDA/LEGEND

Fuente/Source

Co = colección/collection

Fo = foto/photo

Ob = observación/observation

Especimen(es) testigo/Voucher(s)

D = Dávila

H = Huamantupa

* En particular, para los géneros anteriormente asignados a Asclepiadaceae, ver Apocynaceae; para Bombacaceae, Sterculiaceae y Tiliaceae, ver Malvaceae; para Capparidaceae, ver Cleomaceae; para Celastraceae, ver también Goupiaceae; para Guttiferae, ver Clusiaceae y Hypericaceae; para Flacourtiaceae, ver Achariaceae y Salicaceae; para Quiinaceae, ver Ochnaceae; para Ulmaceae, ver Cannabaceae; para Verbenaceae, ver también Lamiaceae; y para *Drypetes* (antes Euphorbiaceae) ver ¡Putranjivaceae!/In particular, for genera previously assigned to Asclepiadaceae, see Apocynaceae; for Bombacaceae, Sterculiaceae, and Tiliaceae, see Malvaceae; for Capparidaceae, see Cleomaceae; for Celastraceae, see also Goupiaceae; for Guttiferae, see Clusiaceae and Hypericaceae; for Flacourtiaceae, see Achariaceae and Salicaceae; for Quiinaceae, see Ochnaceae; for Ulmaceae, see Cannabaceae; for Verbenaceae, see also Lamiaceae; and for *Drypetes* (formerly Euphorbiaceae) see Putranjivaceae!

Apéndice/Appendix 1

Plantas Vasculares/ Vascular Plants

PLANTAS VASULARES / VASCULAR PLANTS				
Nombre científico/ Scientific name	**Sitio/ Site**		**Fuente/ Source**	**Especimen(es) testigo/ Voucher(s)**
	Curupa	**Piedras**		
Ficus spp.	x	x	Co	H 13366
Helicostylis scabra	x	x	Ob	—
Helicostylis tomentosa	x		Ob	—
Helicostylis turbinata	x		Co	H 12938
Naucleopsis amara	x	x	Ob	—
Naucleopsis concinna		x	Ob	—
Naucleopsis glabra	x		Co	H 13129
Naucleopsis humilis		x	Co	H 13188
Naucleopsis imitans		x	Co	H 13140
Naucleopsis ternstroemiiflora		x	Ob	—
Naucleopsis ulei	x	x	Co	H 13079
Naucleopsis sp.		x	Co	H 13404
Perebea guianensis		x	Ob	—
Pseudolmedia laevigata		x	Ob	—
Pseudolmedia laevis	x	x	Ob	—
Pseudolmedia macrophylla		x	Co	D 5728
Sorocea briquetii	x		Co	H 12978
Sorocea guilleminiana	x	x	Ob	—
Sorocea sp.	x	x	Co	H 13375
Trophis sp.		x	Co	H 13184
Trymatococcus amazonicus		x	Co	H 13242
Myristicaceae				
Iryanthera elliptica		x	Ob	—
Iryanthera juruensis		x	Co	D 5708
Iryanthera laevis	x		Ob	—
Iryanthera lancifolia		x	Ob	—
Iryanthera macrophylla	x		Ob	—
Iryanthera paraensis	x	x	Ob	—
Iryanthera tricornis		x	Ob	—
Iryanthera sp.		x	Co	H 13232
Osteophloem platyspermum	x	x	Ob	—
Otoba glycycarpa	x	x	Ob	—
Otoba parvifolia	x		Co	H 13041
Virola calophylla	x		Co	H 12887
Virola decorticans		x	Ob	—
Virola duckei	x	x	Ob	—
Virola elongata		x	Ob	—
Virola flexuosa	x	x	Ob	—
Virola loretensis		x	Co	H 13384
Virola marlenei		x	Co	D 5731
Virola multinervia	x	x	Ob	—
Virola pavonis	x		Co	H 12976

Apéndice/Appendix 1

Plantas Vasculares/ Vascular Plants

PLANTAS VASULARES / VASCULAR PLANTS				
Nombre científico/ Scientific name	**Sitio/ Site**		**Fuente/ Source**	**Especimen(es) testigo/ Voucher(s)**
	Curupa	Piedras		
Myrsinaceae				
Cybianthus sp.		x	Co	H 13193
sp.	x		Co	H 13081
Myrtaceae				
Calycorectes sp. nov.		x	Co	H 13433
Calyptranthes maxima	x		Co	H 12949
Calyptranthes spp.		x	Co	H 13152, 13194, 13325, 13408
Eugenia florida cf.		x	Co	H 13312
Eugenia sp. nov.	x		Co	H 12918
Eugenia sp.		x	Fo	—
Myrcia splendens		x	Fo	—
Myrcia sp.		x	Co	H 13356
Myrciaria sp.		x	Fo	—
Plinia sp. cf.		x	Co	H 13383
spp.		x	Co	H 13284, 13432
Nyctaginaceae				
Neea floribunda		x	Co	H 13139
Neea parviflora	x		Co	H 13108
Neea spruceana		x	Co	H 13340
Neea spp.	x	x	Co	D 5619; H 13204, 13289
Ochnaceae				
Cespedesia spathulata	x		Ob	—
Froesia diffusa		x	Fo	—
Krukoviella disticha		x	Fo	—
Lacunaria sp.	x		Ob	—
Quiina sp.		x	Fo	—
Olacaceae				
Chaunochiton kappleri	x		Co	H 12981
Dulacia sp.	x		Co	D 5657
Heisteria acuminata	x		Co	D 5625
Heisteria insculpta	x		Co	H 12956
Heisteria sp.	x		Co	H 12903
Minquartia guianensis	x	x	Ob	—
spp.	x		Co	H 12962
Orchidaceae				
Ligeophila juruensis		x	Co	H 13419
spp.		x	Co	H 13379
Oxalidaceae)				
Biophytum sp.		x	Fo	—
Passifloraceae				
Dilkea sp.	x	x	Co	H 13040, 13297

LEYENDA/LEGEND

Fuente/Source

Co = colección/collection

Fo = foto/photo

Ob = observación/observation

Especimen(es) testigo/Voucher(s)

D = Dávila

H = Huamantupa

* En particular, para los géneros anteriormente asignados a Asclepiadaceae, ver Apocynaceae; para Bombacaceae, Sterculiaceae y Tiliaceae, ver Malvaceae; para Capparidaceae, ver Cleomaceae; para Celastraceae, ver también Goupiaceae; para Guttiferae, ver Clusiaceae y Hypericaceae; para Flacourtiaceae, ver Achariaceae y Salicaceae; para Quiinaceae, ver Ochnaceae; para Ulmaceae, ver Cannabaceae; para Verbenaceae, ver también Lamiaceae; y para *Drypetes* (antes Euphorbiaceae) ver ¡Putranjivaceae!/In particular, for genera previously assigned to Asclepiadaceae, see Apocynaceae; for Bombacaceae, Sterculiaceae, and Tiliaceae, see Malvaceae; for Capparidaceae, see Cleomaceae; for Celastraceae, see also Goupiaceae; for Guttiferae, see Clusiaceae and Hypericaceae; for Flacourtiaceae, see Achariaceae and Salicaceae; for Quiinaceae, see Ochnaceae; for Ulmaceae, see Cannabaceae; for Verbenaceae, see also Lamiaceae; and for *Drypetes* (formerly Euphorbiaceae) see Putranjivaceae!

Plantas Vasculares/ Vascular Plants

PLANTAS VASULARES / VASCULAR PLANTS				
Nombre científico/ Scientific name	**Sitio/ Site**		**Fuente/ Source**	**Especimen(es) testigo/ Voucher(s)**
	Curupa	**Piedras**		
Dilkea sp. nov.		x	Co	D 5716
Passiflora coccinea	x		Fo	—
Picramniaceae				
Picramnia magnifolia	x		Co	H 13030
Picramnia sellowii		x	Co	H 13326
Picramnia sp.	x	x	Co	D 5730; H 13085, 13283
Piperaceae				
Peperomia macrostachya	x		Fo	—
Peperomia pseudosalicifolia	x		Co	H 13065
Peperomia serpens	x		Fo	—
Peperomia spp.	x	x	Co	D 5671, 5673; H 13004, 13149, 13264
Piper augustum	x		Fo	—
Piper dumosum		x	Co	H 13296
Piper spp.	x	x	Co	D 5624, 5652, 5658, 5662, 5677; H 12959, 12987, 12990, 13001, 13002, 13162, 13223, 13224, 13241, 13267, 13279, 13287, 13299, 13407
Poaceae				
Pariana spp.		x	Co	D 5696, 5732
Polygonaceae				
Coccoloba densifrons	x	x	Co	H 12882, 13317
Coccoloba padiformis	x		Co	H 13075
Triplaris sp.	x		Fo	—
Pontederiaceae				
Pontederia sp.	x		Co	H 13131
Putranjivaceae				
Drypetes variabilis	x	x	Co	H 12885
Rapateaceae				
Rapatea sp.	x	x	Co	D 5724
Rhizophoraceae				
Cassipourea peruviana	x	x	Co	H 13035a, 13166, 13351
Sterigmapetalum obovatum	x		Ob	—
Rubiaceae				
Alibertia spp.	x	x	Co	H 12992, 13165, 13292
Capirona decorticans	x	x	Fo, Ob	—
Chiococca sp.		x	Co	H 13280
Coussarea spp.	x	x	Co	H 13028, 13240
Duroia hirsuta	x		Co	H 13039
Duroia saccifera				—
Faramea axillaris	x		Co	D 5651

PLANTAS VASULARES / VASCULAR PLANTS				
Nombre científico/ Scientific name	**Sitio/ Site**		**Fuente/ Source**	**Especimen(es) testigo/ Voucher(s)**
	Curupa	**Piedras**		
Faramea uniflora	x		Fo	—
Faramea sp.	x		Co	H 12960, 13121
Genipa americana		x	Ob	—
Genipa spruceana	x		Co	H 12911
Gonzalagunia bunchosioides	x	x	Co	H 12952, 13222
Hippotis albiflora		x	Fo	—
Isertia hypoleuca	x		Co	H 13003
Ladenbergia magnifolia		x	Ob	—
Notopleura sp.		x	Co	H 13192
Palicourea corymbifera		x	Co	H 13237, 13396
Palicourea lasiantha	x		Co	H 13093
Palicourea spp.		x	Co	H 13397, 13409
Pentagonia sp.	x		Co	H 12869, 12985
Psychotria hoffmannseggiana	x		Fo	—
Psychotria poeppigiana	x		Co	H 12963
Psychotria romolerouxii	x		Fo	—
Psychotria stenostachya		x	Co	H 13176, 13215
Psychotria spp.	x	x	Co	D 5663, 5689, 5717, 5720; H 12955, 12973, 12991, 13055, 13057, 13090, 13138, 13200, 13239, 13391, 13410, 13431, 13437
Randia spp.		x	Co	H 13161, 13308, 13316, 13420
Rudgea spp.	x	x	Co	H 13064, 13117, 13266, 13402,
Sabicea sp.		x	Co	H 13388
Sphinctanthus maculatus	x		Co	D 5621; H 13011
Warszewiczia coccinea	x		Fo	—
Warszewiczia schwackei	x	x	Ob	—
spp.	x	x	Co	D 5643, 5645, 5660, 5698; H 13109, 13202, 13208, 13342, 13372
Rutaceae				
Conchocarpus guyanensis		x	Fo	—
Esenbeckia kallunkiae cf.		x	Fo	—
Esenbeckia sp. nov.?	x		Fo	—
Rauia prancei	x		Fo	—
Ticorea tubiflora	x		Fo	—
Zanthoxylum sp.		x	Fo	—
spp.	x	x	Co	D 5648, 5694; H 12984, 13113, 13116, 13127, 13290

LEYENDA/LEGEND

Fuente/Source

Co = colección/collection

Fo = foto/photo

Ob = observación/observation

Especimen(es) testigo/Voucher(s)

D = Dávila

H = Huamantupa

* En particular, para los géneros anteriormente asignados a Asclepiadaceae, ver Apocynaceae; para Bombacaceae, Sterculiaceae y Tiliaceae, ver Malvaceae; para Capparidaceae, ver Cleomaceae; para Celastraceae, ver también Goupiaceae; para Guttiferae, ver Clusiaceae y Hypericaceae; para Flacourtiaceae, ver Achariaceae y Salicaceae; para Quiinaceae, ver Ochnaceae; para Ulmaceae, ver Cannabaceae; para Verbenaceae, ver también Lamiaceae; y para *Drypetes* (antes Euphorbiaceae) ver ¡Putranjivaceae!/In particular, for genera previously assigned to Asclepiadaceae, see Apocynaceae; for Bombacaceae, Sterculiaceae, and Tiliaceae, see Malvaceae; for Capparidaceae, see Cleomaceae; for Celastraceae, see also Goupiaceae; for Guttiferae, see Clusiaceae and Hypericaceae; for Flacourtiaceae, see Achariaceae and Salicaceae; for Quiinaceae, see Ochnaceae; for Ulmaceae, see Cannabaceae; for Verbenaceae, see also Lamiaceae; and for *Drypetes* (formerly Euphorbiaceae) see Putranjivaceae!

Apéndice/Appendix 1

Plantas Vasculares/ Vascular Plants

PLANTAS VASULARES / VASCULAR PLANTS				
Nombre científico/ Scientific name	Sitio/ Site		Fuente/ Source	Especimen(es) testigo/ Voucher(s)
	Curupa	Piedras		
Sabiaceae				
Ophiocaryon heterophyllum		x	Co	D 5703
Ophiocaryon klugii		x	Co	H 13213
Salicaceae				
Casearia spp.		x	Co	H 13268, 13321, 13440
Neoptychocarpus killipii	x	x	Co	H 12986, 13186
Neosprucea grandiflora		x	Co	D 5693
Sapindaceae				
Paullinia spp.		x	Co	D 5699
Pseudima sp. cf.	x		Co	H 13073
Serjania sp.		x	Co	H 13327
Talisia sp.		x	Fo	—
Sapotaceae				
Chrysophyllum argenteum	x		Co	H 13008
Chrysophyllum bombycinum		x	Ob	—
Chrysophyllum prieurii		x	Ob	—
Chrysophyllum sanguinolentum		x	Ob	—
Chrysophyllum sp.	x		Co	H 12989
Ecclinusa lanceolata		x	Ob	—
Micropholis egensis	x	x	Ob	—
Micropholis guyanensis	x	x	Ob	—
Micropholis madeirensis		x	Ob	—
Micropholis venulosa		x	Co	H 13333
Micropholis sp.		x	Co	H 13206
Pouteria guianensis		x	Ob	—
Pouteria platyphylla		x	Ob	—
Pouteria torta	x		Ob	—
Pouteria spp.	x	x	Co	D 5649; H 13098, 13160, 13257, 13329, 13350, 13385
spp.	x		Co	D 5637
Simaroubaceae				
Picrolemma sprucei	x		Co	D 5666
Simaba sp.		x	Co	H 13141, 13411
Simarouba amara	x	x	Ob	—
Siparunaceae				
Siparuna cristata	x	x	Co	D 5700; H 13021
Siparuna decipiens	x		Co	H 13016
Siparuna spp.	x	x	Co	D 5633, 5653; H 12957, 13233
Smilacaceae				
Smilax sp.	x	x	Co	H 12886, 13339

Plantas Vasculares/ Vascular Plants

PLANTAS VASULARES / VASCULAR PLANTS				
Nombre científico/ Scientific name	**Sitio/ Site**		**Fuente/ Source**	**Especimen(es) testigo/ Voucher(s)**
	Curupa	**Piedras**		
Solanaceae				
Cyphomandra (Solanum) hartwegii	x		Co	H 12924
Cyphomandra (Solanum) pilosa	x		Co	H 12925
Juanulloa parasitica	x		Co	H 13029
Markea sp. nov.?		x	Co	H 13183
Solanum monarchostemon	x		Fo	—
Solanum pedemontanum	x		Co	H 13024
Solanum spp.	x	x	Co	H 12998, 13171, 13120b
Witheringia sp.		x	Co	H 13178
Theophrastaceae				
Clavija longifolia	x		Co	H 12937
Thymelaeaceae				
Schoenobiblus spp.		x	Co	H 13218, 13278
Urticaceae				
Urera caracasana	x		Co	H 13054
Verbenaceae				
Lantana camara	x		Fo	—
Petrea peruviana		x	Co	H 13381
Violaceae				
Gloeospermum spp.	x		Co	H 13111
Leonia crassa		x	Co	H 13293
Leonia cymosa	x	x	Co	H 12948, 13251
Leonia glycycarpa	x		Co	H 13110
Leonia racemosa	x		Fo	—
Leonia sp.	x		Co	D 5638; H 13025
Paypayrola sp.		x	Fo	—
Rinorea flavescens	x		Co	H 13063
Rinorea lindeniana	x		Co	H 12927
Rinorea racemosa	x	x	Co	D 5707; H 12994
Rinorea viridifolia		x	Co	H 13225
Rinorea sp.	x	x	Co	H 13422
sp.		x	Co	H 13444
Vochysiaceae				
Erisma bicolor cf.	x	x	Ob	—
Erisma calcaratum cf.	x		Ob	—
Qualea trichanthera	x	x	Ob	—
Vochysia lomatophylla	x		Ob	—
Zingiberaceae				
Renealmia alpinia	x		Co	D 5654
Renealmia krukovii	x		Co	H 12921
Renealmia nicolaioides	x		Fo	—
Renealmia sp.	x		Co	D 5668

LEYENDA/LEGEND

Fuente/Source

Co = colección/collection

Fo = foto/photo

Ob = observación/observation

Especimen(es) testigo/Voucher(s)

D = Dávila

H = Huamantupa

* En particular, para los géneros anteriormente asignados a Asclepiadaceae, ver Apocynaceae; para Bombacaceae, Sterculiaceae y Tiliaceae, ver Malvaceae; para Capparidaceae, ver Cleomaceae; para Celastraceae, ver también Goupiaceae; para Guttiferae, ver Clusiaceae y Hypericaceae; para Flacourtiaceae, ver Achariaceae y Salicaceae; para Quiinaceae, ver Ochnaceae; para Ulmaceae, ver Cannabaceae; para Verbenaceae, ver también Lamiaceae; y para *Drypetes* (antes Euphorbiaceae) ver ¡Putranjivaceae!/In particular, for genera previously assigned to Asclepiadaceae, see Apocynaceae; for Bombacaceae, Sterculiaceae, and Tiliaceae, see Malvaceae; for Capparidaceae, see Cleomaceae; for Celastraceae, see also Goupiaceae; for Guttiferae, see Clusiaceae and Hypericaceae; for Flacourtiaceae, see Achariaceae and Salicaceae; for Quiinaceae, see Ochnaceae; for Ulmaceae, see Cannabaceae; for Verbenaceae, see also Lamiaceae; and for *Drypetes* (formerly Euphorbiaceae) see Putranjivaceae!

Apéndice/Appendix 1

Plantas Vasculares/
Vascular Plants

LEYENDA/LEGEND

Fuente/Source

Co = colección/collection

Fo = foto/photo

Ob = observación/observation

Especimen(es) testigo/Voucher(s)

D = Dávila

H = Huamantupa

* En particular, para los géneros anteriormente asignados a Asclepiadaceae, ver Apocynaceae; para Bombacaceae, Sterculiaceae y Tiliaceae, ver Malvaceae; para Capparidaceae, ver Cleomaceae; para Celastraceae, ver también Goupiaceae; para Guttiferae, ver Clusiaceae y Hypericaceae; para Flacourtiaceae, ver Achariaceae y Salicaceae; para Quiinaceae, ver Ochnaceae; para Ulmaceae, ver Cannabaceae; para Verbenaceae, ver también Lamiaceae; y para *Drypetes* (antes Euphorbiaceae) ver ¡Putranjivaceae!/In particular, for genera previously assigned to Asclepiadaceae, see Apocynaceae; for Bombacaceae, Sterculiaceae, and Tiliaceae, see Malvaceae; for Capparidaceae, see Cleomaceae; for Celastraceae, see also Goupiaceae; for Guttiferae, see Clusiaceae and Hypericaceae; for Flacourtiaceae, see Achariaceae and Salicaceae; for Quiinaceae, see Ochnaceae; for Ulmaceae, see Cannabaceae; for Verbenaceae, see also Lamiaceae; and for *Drypetes* (formerly Euphorbiaceae) see Putranjivaceae!

PLANTAS VASULARES / VASCULAR PLANTS

Nombre científico/ Scientific name	Sitio/ Site		Fuente/ Source	Especimen(es) testigo/ Voucher(s)
	Curupa	Piedras		
(Desconocido/Unknown)				
sp. 1		x	Co	H 13395
sp. 2		x	Co	H 13442

Estaciones de Muestreo de Peces/ Fish Sampling Stations

Resumen de las principales características de las estaciones de muestreo de peces durante el inventario biológico rápido de la propuesta ACR Maijuna, Loreto, Perú, de 16 al 30 de octubre de 2009, por Max H. Hidalgo e Iván Sipión./Summary of the primary characteristics of fish sampling stations during the rapid biological inventory in the proposed ACR Maijuna, Loreto, Peru, from 16 to 30 October 2009, by Max H. Hidalgo and Iván Sipión.

ESTACIONES DE MUESTREO DE PECES / FISH SAMPLING STATIONS			
Sitio/Site			
	Campamento 1, CURUPA	**Campamento 2, PIEDRAS**	**SUCUSARI**
Número de estaciones/ Number of stations	seis/six (E1–E5, E11)	cinco/five (E6–E10)	uno/one (E12)
Fechas/ Dates	16–19, 27 oct	20–21, 23–25 oct	30 oct
Ambientes/ Environments	dominancia de lóticos/ mostly lotic	todos lóticos/ all lotic	todos lóticos/ all lotic
Tipos de agua/ Type of water	aguas claras, blancas y negras/ clear, white and blackwater	aguas claras y blancas/ clear and whitewater	aguas blancas/ whitewater
Ancho/ Width (m)	1–10	2–15	15–25
Profundidad/ Depth (m)	0–2.5	0–4	0–6
Tipo de corriente/ Type of current	nula a lenta/ none to slow	lenta a moderada/ slow to moderate	lenta a moderada/ slow to moderate
Color	verdoso a marron/ greenish to brown	incoloro a marron claro oscuro/ colorless to light brown	marron cremoso/ creamy brown
Tipo de substrato/ Type of substrate	arcilla y fango/ clay and mud	arena, arcilla y piedras/ sand, clay, and rock	arcilla y fango/ clay and mud
Tipo de orilla/ Type of bank	nula a estrecha a amplia/ none, to narrow, to broad	nula a estrecha a amplia/ none, to narrow, to broad	estrecha a mediana/ narrow to medium width
Vegetacion/ Vegetation	bosque primario/ primary forest	bosque primario/ primary forest	bosque primario/ primary forest

Apéndice/Appendix 3

Peces/Fishes

Especies de peces registradas durante el inventario biológico rápido en la propuesta Área de Conservacion Regional Maijuna, Loreto, Perú, del 16 al 30 de octubre de 2009, por Max H. Hidalgo e Iván Sipión.

PECES / FISHES						
Nombre científico/ Scientific name*	**Nombre común en castellano/ Spanish common name**	**Nombre Maijuna/ Maijuna name****	**Registros por sitio/ Records by site**			
			Curupa	Piedras	Sucusari	
Characiformes (73)						
Anostomidae (3)						
Leporinus aripuanaesis	lisa	*yoyi*			2	
Leporinus friderici	lisa	*sanuaquɨ*	1	8		
Schizodon fasciatus	lisa	*boisoquɨaquɨ*	1			
Characidae (51)						
Astyanacinus sp.	mojarra		1			
Boehlkea fredcochui	mojarita, tetra azul		20	4		
Brachychalcinus nummus	mojarra	*yiba*	4			
Brycon cephalus	sábalo	*neasa aco*		3		
Brycon hilarii cf.	sábalo	*bɨaco*		1		
Bryconops caudomaculatus	mojarita		24	68		
Bryconops inpai	mojarita		7	18		
Charax tectifer	dentón	*beajo*	13			
Chrysobrycon sp.	mojarita		28	13		
Creagrutus cochui	mojarita		35	22		
Gymnocorymbus thayeri	mojarita	*bede*		8		
Hemibrycon divisorensis cf.	mojarita		13			
Hemigrammus analis	mojarita			33		
Hemigrammus bellottii aff.	mojarita		166	21		
Hemigrammus levis	mojarita				1	
Hemigrammus luelingi	mojarita		39			
Hemigrammus lunatus cf.	mojarita		2			
Hemigrammus ocellifer	mojarita			21	1	
Hemigrammus sp.	mojarita			42		
Hyphessobrycon agulha	mojarita			94		
Hyphessobrycon bentosi	mojarita			187		
Hyphessobrycon bentosi aff.	mojarita			5		
Hyphessobrycon copelandi	mojarita			15		
Hyphessobrycon loretoensis	mojarita		1			
Hyphessobrycon peruvianus cf.	mojarita			4		
Iguanodectes spilurus	mojarita			1		
Jupiaba abramoides aff.***	mojarita			1		
Jupiaba zonata	mojarita			14		
Knodus orteguasae	mojarita		342	124	10	
Microschemobrycon geisleri	mojarita		9	23		
Moenkhausia dichroura A aff.	mojarita		53			
Moenkhausia dichroura B aff.	mojarita			7		
Moenkhausia agnesae	mojarita		1			
Moenkhausia ceros	mojarita			1		
Moenkhausia collettii	mojarita		2	198		

Fish species recorded during the rapid biological inventory in the proposed Área de Conservación Regional ACR Maijuna, from 16 to 30 October 2009, by Max H. Hidalgo and Iván Sipión.

Apéndice/Appendix 3

Peces/Fishes

Número de individuos/ Number of individuals	Tipo de registro/ Type of record	Usos/ Uses	
		Consumo de subsistencia/ Subsistence consumption	Pesquería de consumo u ornamental/ Commercial or ornamental fisheries
2	obs		
9	obs	X	co, or
1	obs	X	co
1	col		
24	col		or
4	col		or
3	obs	X	co
1	obs	X	co
92	col		
25	col		
13	col		
41	col		
57	col		
8	col		or
13	col		
33	col		or
187	col		
1	obs		
39	col		or
2	col		
22	col		or
42	col		
94	col		or
187	col		or
5	col		or
15	col		or
1	col		or
4	col		or
1	col		
1	col		
14	col		
476	col		
32	col		
53	col		
7	col		
1	col		or
1	col		or
200	col		

LEYENDA/LEGEND

- * Ordenes según la clasificación de CLOFFSCA (Reis et al. 2003)/ Ordinal classification follows CLOFFSCA (Reis et al. 2003)
- ** Nombres Maijuna provistos por Sebastián Ríos Ochoa/Maijuna names provided by Sebastián Ríos Ochoa
- *** Nuevo registro para el Perú/ New record to Peru
- **** Potenciales nuevas especies/ Species potentially new to science

Tipo de registro/ Type of record

col = Colectado/Collected
obs = Observado/Observed

Pesquería de consumo/ Commercially fished

co = Por consumo/For food
or = Como ornamental/ As ornamentals

Apéndice/Appendix 3

Peces/Fishes

PECES / FISHES					
Nombre científico/ Scientific name*	**Nombre común en castellano/ Spanish common name**	**Nombre Maijuna/ Maijuna name****	**Registros por sitio/ Records by site**		
			Curupa	Piedras	Sucusari
Moenkhausia comma	mojarita		8	4	
Moenkhausia cotinho	mojarita			190	
Moenkhausia dichroura	mojarita		7	34	
Moenkhausia lepidura	mojarita			7	
Moenkhausia oligolepis	mojarita	*toaquiqui*	2	19	
Mylossoma duriventre	palometa	*ue bɨtiaco*	1		
Paragoniates alburnus	mojarra				1
Phenacogaster sp.	mojarita		29	57	
Prionobrama filigera	mojarita				2
Serrasalmus maculatus cf.	piraña	*ujibaco*		5	
Serrasalmus rhombeus	piraña blanca	*ujibaco*	1		
Serrasalmus spilopleura	piraña	*ujibaco*		1	
Tetragonopterus argenteus	mojarra	*bede*	1		
Triportheus sp.	sardina	*mene*	1		
Tyttobrycon dorsimaculatus cf.	mojarita		1		
Tyttocharax cochui	mojarita		97	77	
Chilodontidae (1)					
Caenotropus labyrinthicus	lisa	*codo*		1	
Crenuchidae (6)					
Characidium etheostoma	lisita		9	18	
*Characidium pellucidum****	lisita			5	
Characidium sp.	lisita		8	1	
Crenuchus spilurus			6		
Elacocharax pulcher	lisita			1	
*Melanocharacidium pectorale****	lisita			4	
Curimatidae (3)					
Curimatopsis macrolepis	chiochio	*codo*		82	
Cyphocharax spiluropsis	chiochio	*codo*		21	
Steindachnerina guentheri	chiochio	*codo*		2	1
Erythrinidae (3)					
Erythrinus erythrinus	shuyo	*magado*	2	4	
Hoplerythrinus unitaeniatus	shuyo	*naibaquɨ*	1		
Hoplias malabaricus	fasaco	*biajo*	2	3	1
Gasteropelecidae (3)					
Carnegiella myersi	pechito, mañana me voy				2
Carnegiella strigata	pechito, mañana me voy, estrigata			6	
Gasteropelecus sternicla	pechito, mañana me voy		1	1	
Lebiasinidae (2)					
Nannostomus trifasciatus	punto rojo		16	4	

Peces/Fishes

Número de individuos/ Number of individuals	Tipo de registro/ Type of record	Usos/ Uses	
		Consumo de subsistencia/ Subsistence consumption	Pesquería de consumo u ornamental/ Commercial or ornamental fisheries
12	col		
190	col		
41	col		or
7	col		or
21	col		or
1	obs	X	co, or
1	obs		
86	col		
2	obs		or
5	col		or
1	obs	X	co, or
1	obs	X	co
1	obs		or
1	obs	X	
1	col		
174	col		
1	col		
27	col		
5	col		
9	col		
6	col		or
1	col		
4	col		
82	col		or
21	col		or
3	col		
6	col		co
1	col		co
6	col		co
2	obs		or
6	col		or
2	col		or
20	col		or

LEYENDA/LEGEND

- * Ordenes según la clasificación de CLOFFSCA (Reis et al. 2003)/ Ordinal classification follows CLOFFSCA (Reis et al. 2003)
- ** Nombres Maijuna provistos por Sebastián Ríos Ochoa/Maijuna names provided by Sebastián Ríos Ochoa
- *** Nuevo registro para el Perú/ New record to Peru
- **** Potenciales nuevas especies/ Species potentially new to science

Tipo de registro/ Type of record

col = Colectado/Collected
obs = Observado/Observed

Pesquería de consumo/ Commercially fished

co = Por consumo/For food
or = Como ornamental/ As ornamentals

Apéndice/Appendix 3

Peces/Fishes

PECES / FISHES					
Nombre científico/ Scientific name*	**Nombre común en castellano/ Spanish common name**	**Nombre Maijuna/ Maijuna name****	**Registros por sitio/ Records by site**		
			Curupa	**Piedras**	**Sucusari**
Pyrhulina brevis cf.			16		3
Prochilodontidae (1)					
Prochilodus nigricans	boquichico	*yojada*	1		
Gymnotiformes (7)					
Apteronotidae (1)					
Apteronotus albifrons	macana	*come*	1		
Gymnotidae (3)					
Electrophorus electricus	anguilla eléctrica	*boaquɨ*	1		
Gymnotus coropinae	macana	*come*	2	1	
Gymnotus javari cf.	macana	*come*	1	14	
Hypopomidae (1)					
Hypopygus lepturus	macana	*come*	2		
Rhamphichthyidae (1)					
Gymnorhamphichthys rondoni cf.	macana	*come*	1	7	
Sternopygidae (1)					
Sternopygus macrurus	macana	*come*	9	2	
Siluriformes (38)					
Aspredinidae (3)					
Bunocephalus coracoideus cf.	sapocunchi			2	
Bunocephalus verrucosus cf.	sapocunchi		3	1	
Bunocephalus sp.****	sapocunchi			3	
Auchenipteridae (3)					
Centromochlus perugiae	cunchinovia		9	26	
Tatia brunnea cf.	cunchinovia		5		
Tatia dunni	cunchinovia	*abi*	1		
Callichthyidae (7)					
Corydoras elegans cf.	shirui coridora	*mica*	1		
Corydoras ortegai	shirui coridora			1	
Corydoras pastazensis cf.	shirui coridora			1	
Corydoras rabauti	shirui coridora	*mica*	13		
Corydoras semiaquilus	shirui coridora	*mica*	1		
Corydoras sp. 1	shirui coridora	*mica*	2		
Corydoras sp. 2	shirui coridora	*mica*	1		
Cetopsidae (1)					
Denticetopsis seducta	canero		7	3	
Doradidae (1)					
Oxydoras niger	turushuqui	*jai yaca*	1		
Heptapteridae (5)					
Myoglanis koepckei	bagrecito			1	
Pariolius armillatus	bagrecito		11		
Pimelodella gracilis cf.	cunchi	*oco chidiyo*	1		

Apéndice/Appendix 3

Peces/Fishes

Número de individuos/ Number of individuals	Tipo de registro/ Type of record	Usos/ Uses	
		Consumo de subsistencia/ Subsistence consumption	Pesquería de consumo u ornamental/ Commercial or ornamental fisheries
19	col		or
1	obs	X	co
1	col		
1	obs	X	
3	col		or
15	col		
2	col		
8	col		
11	col		
2	col		or
4	col		or
3	col		or
35	col		or
5	col		
1	obs		
1	col		or
1	col		
1	col		or
13	col		or
1	col		or
2	col		
1	col		
10	col		
1	obs	X	co
1	col		
11	col		
1	obs		co

LEYENDA/LEGEND

* Ordenes según la clasificación de CLOFFSCA (Reis et al. 2003)/ Ordinal classification follows CLOFFSCA (Reis et al. 2003)

** Nombres Maijuna provistos por Sebastián Ríos Ochoa/Maijuna names provided by Sebastián Ríos Ochoa

*** Nuevo registro para el Perú/ New record to Peru

**** Potenciales nuevas especies/ Species potentially new to science

Tipo de registro/ Type of record

col = Colectado/Collected
obs = Observado/Observed

Pesquería de consumo/ Commercially fished

co = Por consumo/For food
or = Como ornamental/ As ornamentals

Apéndice/Appendix 3

Peces/Fishes

PECES / FISHES					
Nombre científico/ Scientific name*	**Nombre común en castellano/ Spanish common name**	**Nombre Maijuna/ Maijuna name****	**Registros por sitio/ Records by site**		
			Curupa	**Piedras**	**Sucusari**
Pimelodella sp.	cunchi	*chidiyo*		1	
Pseudocetopsorhamdia sp.****	bagrecito		8		
Loricariidae (14)					
Ancistrus sp.	carachama	*cosɨ*	14	2	
Farlowella smithi cf.	carachama palito	*ɨne coayo*		1	
Farlowella sp.	carachama palito	*ɨne coayo*	7	1	
Hypoptopoma sp.	carachama	*cosɨ*	2		
Hypostomus ericeus	carachama	*yaca*	1		
Hypostomus oculeus cf.	carachama	*yaca*		3	
Hypostomus pyrineusi	carachama	*cosɨ*	3		
Limatulichthys griseus	carachama, shitari	*ɨne coayo*			1
Loricaria sp.	carachama, shitari	*ɨne coayo*	1		
Otocinclus sp.	carachama otocinclo			2	
Panaque dentex	carachama	*cosɨ*	1		
Rineloricaria lanceolata	carachama, shitari	*ɨne coayo*	1		
Rineloricaria sp. 1	carachama, shitari	*ɨne coayo*	1		
Rineloricaria sp. 2	carachama, shitari	*ɨne coayo*			2
Pimelodidae (1)					
Phractocephalus hemioliopterus	pejetorre		1		
Pseudopimelodidae (1)					
Batrochoglanis raninus cf.		*ocopoiyo*	17	9	
Trichomycteridae (2)					
Ituglanis amazonicus	canero		1		
Ochmacanthus reinhardti	canero		3	6	
Beloniformes (1)					
Belonidae (1)					
Potamorrhaphis guianensis	lapicero		1	2	
Cyprinodontiformes (1)					
Rivulidae (1)					
Rivulus sp.		*boicobiyo*	24		
Perciformes (14)					
Polycentridae (1)					
Monocirrhus polyacanthus	pez hoja	*jao nɨtɨ*	1		
Cichlidae (13)					
Aequidens tetramerus	bujurqui	*nea nɨtɨ*	2		
Apistogramma luelingi	bujurqui	*nɨtɨ*	17		
Biotodoma cupido	bujurqui	*nɨtɨ*			2
Bujurquina ortegai	bujurqui	*nɨtɨ*	17	22	4
Bujurquina sp. 2	bujurqui	*nɨtɨ*	6		
Bujurquina sp. 3****	bujurqui	*numa*	1		
Cichla monoculus	tucunaré	*jai nɨtɨ*	1		

Apéndice/Appendix 3

Peces/Fishes

Número de individuos/ Number of individuals	Tipo de registro/ Type of record	Usos/ Uses	
		Consumo de subsistencia/ Subsistence consumption	Pesquería de consumo u ornamental/ Commercial or ornamental fisheries
1	col		
8	col		
16	col		or
1	col		or
8	col		or
2	col		or
1	obs		co
3	col		
3	col		or
1	obs		
1	col		or
2	col		or
1	col		or
1	col		or
1	col		
2	obs		
1	obs	X	co, or
26	col		or
1	col		
9	col		
3	col		
24	col		or
1	col		or
2	col		co, or
17	col		or
2	obs		or
43	col		or
6	col		
1	col		
1	obs	X	co, or

LEYENDA/LEGEND

* Ordenes según la clasificación de CLOFFSCA (Reis et al. 2003)/ Ordinal classification follows CLOFFSCA (Reis et al. 2003)

** Nombres Maijuna provistos por Sebastián Ríos Ochoa/Maijuna names provided by Sebastián Ríos Ochoa

*** Nuevo registro para el Perú/ New record to Peru

**** Potenciales nuevas especies/ Species potentially new to science

Tipo de registro/ Type of record

col = Colectado/Collected
obs = Observado/Observed

Pesquería de consumo/ Commercially fished

co = Por consumo/For food
or = Como ornamental/ As ornamentals

Apéndice/Appendix 3

Peces/Fishes

PECES / FISHES					
Nombre científico/ Scientific name*	**Nombre común en castellano/ Spanish common name**	**Nombre Maijuna/ Maijuna name****	**Registros por sitio/ Records by site**		
			Curupa	Piedras	Sucusari
Crenicihla anthurus	añashua	*ue aquɨ*	1		
Crenicihla johanna	añashua	*ue aquɨ*		1	
Crenicihla sp.	añashua	*ue aquɨ*	10		
Mesonauta mirificus	bujurqui	*aimano nɨtɨ*		7	
Número de especies total/Total number of species			**85**	**73**	**14**
Numero de individuos total/Total number of individuals			**1187**	**1602**	**33**

Número de individuos/ Number of individuals	Tipo de registro/ Type of record	Usos/ Uses	
		Consumo de subsistencia/ Subsistence consumption	Pesquería de consumo u ornamental/ Commercial or ornamental fisheries
1	col		or
1	obs		co, or
10	col		
7	col		or
132			
2822			

LEYENDA/LEGEND

- * Ordenes según la clasificación de CLOFFSCA (Reis et al. 2003)/ Ordinal classification follows CLOFFSCA (Reis et al. 2003)
- ** Nombres Maijuna provistos por Sebastián Ríos Ochoa/Maijuna names provided by Sebastián Ríos Ochoa
- *** Nuevo registro para el Perú/ New record to Peru
- **** Potenciales nuevas especies/ Species potentially new to science

Tipo de registro/ Type of record

col = Colectado/Collected
obs = Observado/Observed

Pesquería de consumo/ Commercially fished

co = Por consumo/For food
or = Como ornamental/ As ornamentals

Apéndice/Appendix 4

Anfibios y Reptiles/ Amphibians and Reptiles

Anfibios y reptiles observados durante el inventario biológico rápido en la propuesta Área de Conservación Regional Maijuna, Loreto, Perú, del 15 al 30 de octubre de 2009, por Pablo J. Venegas y Rudolf von May.

ANFIBIOS Y REPTILES / AMPHIBIANS AND REPTILES

Nombre científico/ Scientific name	Sitio/ Site	Registro/ Record	Vegetación/ Vegetation	Actividad/ Activity	Distribución/ Distribution	UICN/ IUCN
AMPHIBIA (66)						
ANURA (63)						
Aromobatidae (2)						
Allobates femoralis	1, 2, 3	col	BC	D	Am	LC
Allobates cf. *trilineatus*	1, 2	col	BC, BA	D	Pe, Bo	LC
Bufonidae (6)						
Atelopus spumarius	2	col	VR, BC	D	Ec, Pe, Br	VU
Dendrophryniscus minutus	2	col	BC	D	Am	LC
Rhinella ceratophrys	2	col	BC	D,N	Am	LC
Rhinella festae	1, 2, 3	col	BC, BA, VR	D	Ec, Pe	NT
Rhinella margaritifera	1, 2, 3	col	BC, BA, VR	D	Am	LC
Rhinella marina	3	obs	VR	N	Am	LC
Centrolenidae (1)						
Cochranella midas	2	col	VR	N	Am	LC
Dendrobatidae (4)						
Ameerega trivittata	3	obs	BC	D	Am	LC
Ranitomeya duellmani	2	col	BC	D	Pe	DD
Ranitomeya reticulata	3	obs	BC	D	Pe, Co	LC
Ranitomeya ventrimaculata	3	obs	BC	D	Ec, Pe	LC
Hemiphractidae (1)						
Hemiphractus proboscideus	2	col	BC	N	Ec, Pe	LC
Hylidae (19)						
Dendropsophus koechlini	2	col	BA	N	Pe, Bo	LC
Dendropsophus marmoratus	2	col	BA, BC	N	Am	LC
Dendropsophus rhodopeplus	2	col	BA	N	Am	LC
Hypsiboas boans	1, 2, 3	col	VR	N	Am	LC
Hypsiboas calcaratus	1, 2	col	AG, VR	N	Am	LC
Hypsiboas cinerascens	1, 2	col	AG	N	Am	LC
Hypsiboas fasciatus	1, 2	col	AG, VR	N	Am	LC
Hypsiboas geographicus	1, 2	col	VR, BC	N	Am	LC
Hypsiboas lanciformis	1, 2, 3	col	VR, AG	N	Am	LC
Nyctimantis rugiceps	1, 2, 3	aud	BC, VR	N	Ec, Pe	LC
Osteocephalus cabrerai	1, 2	col	VR	N	Am	LC
*Osteocephalus fuscifascies**	2	col	VR, BC	N	Ec, Pe	DD
Osteocephalus planiceps	1, 2, 3	col	BC, AG, VR, BA	N	Co, Ec, Pe	LC
Osteocephalus taurinus	1, 2	col	VR	N	Am	LC
Osteocephalus yasuni	1, 2	col	VR, BC	N	Ec, Pe, Co	LC
Phyllomedusa bicolor	3	aud	VR, BC	N	Am	LC
Phyllomedusa tomopterna	2	col	BC	N	Am	LC
Phyllomedusa vaillanti	2	col	BC	N	Am	LC
Trachycephalus resinifictrix	1, 2, 3	aud	BC	N	Am	LC
Leiuperidae (2)						
Edalorhina perezi	1, 2	col	BC, BA	D	Am	LC

Amphibians and reptiles observed during the rapid biological inventory in the proposed Área de Conservacion Regional Maijuna, Loreto, Peru, from 15 to 30 October 2009, by Pablo J. Venegas y Rudolf von May.

Anfibios y Reptiles/ Amphibians and Reptiles

ANFIBIOS Y REPTILES / AMPHIBIANS AND REPTILES

Nombre científico/ Scientific name	Sitio/ Site	Registro/ Record	Vegetación/ Vegetation	Actividad/ Activity	Distribución/ Distribution	UICN/ IUCN
Engystomops petersi	1, 2	col	BA, BC	N	Am	LC
Leptodactylidae (8)						
Leptodactylus andreae	1, 2, 3	col	BA, BC	D,N	Am	LC
Leptodactylus diedrus	2	col	BA	D,N	Pe, Co, Br	LC
Leptodactylus knudseni	1, 2	aud	BC	N	Am	LC
Leptodactylus lineatus	1, 2	col	BC	N	Am	LC
Leptodactylus pentadactylus	1, 2, 3	col	BC, VR, BA	N	Am	LC
Leptodactylus petersii	1, 2	col	AG, VR	N	Am	LC
Leptodactylus rhodomystax	3	aud, obs	BC	N	Am	LC
Leptodactylus wagneri	1	col	VR	N	Ec, Pe, Co, Br	LC
Microhylidae (2)						
Chiasmocleis bassleri	1, 2	col	BC, BA	N	Am	LC
Syncope carvalhoi	1, 2, 3	col	BC	N	Ec, Pe	LC
Strabomantidae (18)						
Hypodactylus nigrovittatus	2	col	BC	N	Ec, Pe, Co	LC
Noblella myrmecoides	1	col	BC	N	Am	LC
Oreobates quixensis	1, 2, 3	col	BC	N	Am	LC
Pristimantis achuar	1, 2, 3	col	BC	N	Ec, Pe	LC
Pristimantis altamazonicus	1	col	BC	N	Am	LC
Pristimantis altamnis	1, 2	col	BC	N	Ec, Pe	LC
Pristimantis carvalhoi	1	col	BC	N	Am	LC
Pristimantis croceoinguinis	1, 2, 3	col	BC	N	Ec, Pe, Co	LC
*Pristimantis delius**	1, 2	col	BC	N	Ec, Pe	DD
Pristimantis diadematus	2	col	BC	N	Ec, Pe, Br	LC
Pristimantis lacrimosus	2	col	BC	N	Am	LC

LEYENDA/ LEGEND

Sitio/Site

1 = Curupa

2 = Piedras

3 = ExplorNapo (Sucusari)

Tipo de registro/Record type

aud = Registro auditivo/Auditory

col = Colectado/Collection

obs = Observación visual/Visual

Tipo de vegetación/Vegetation type

AG = Aguajales/Palm swamps

BA = Bajiales/Low areas

BC = Bosque de colina/Hill forest

VR = Vegetación ribereña/ Riverine vegetation

QU = Quebrada/Along or in stream

Actividad/Activity

D = Diurno/Diurnal

N = Nocturno/Nocturnal

Distribución/Distribution

Am = Amplia en la cuenca amazónica/ Widespread in the Amazon basin

Bo = Bolivia

Br = Brasil/Brazil

Co = Colombia

Ec = Ecuador

Pe = Perú/Peru

? = Desconocido/Unknown

Categorias de la IUCN/IUCN categories (IUCN 2009)

EN = En peligro/Endangered

VU = Vulnerable/Vulnerable

LC = Baja preocupación/Low risk

DD = Datos deficientes/Insufficient data

NE = No evaluado/Not evaluated

? = Desconocido/Unknown

* Extensiones de rango/Range extensions

Apéndice/Appendix 4

Anfibios y Reptiles/
Amphibians and Reptiles

Nombre científico/ Scientific name	Sitio/ Site	Registro/ Record	Vegetación/ Vegetation	Actividad/ Activity	Distribución/ Distribution	UICN/ IUCN
Pristimantis lanthanites	2	col	BC	N	Am	LC
*Pristimantis lythrodes**	1, 2	col	BC	N	?	LC
Pristimantis malkini	1, 2	col	BC	N	Ec, Pe, Co	LC
Pristimantis peruvianus	1, 2, 3	col	BC	N	Ec, Pe, Co, Br	LC
Pristimantis sp. 1 (grupo *unistrigatus*)	2	col	BC	N	?	?
Pristimantis sp. 2 (grupo *conspicillatus*)	1, 2	col	BC	N	?	?
Strabomantis sulcatus	1, 2	col	BC	N	Am	LC
CAUDATA (1)						
Plethodontidae (1)						
Bolitoglossa altamazonica	1	col	BC	N	Am	LC
GYMNOPHIONA (2)						
Caeciliidae (2)						
Caecilia sp.	2	foto	BC	D	Pe	DD
Siphonops annulatus	2	obs	BC	D	Am	LC
REPTILIA (42)						
CROCODYLIA (1)						
Crocodylidae (1)						
Paleosuchus trigonatus	1, 2	obs	QU	D,N	Am	LC
TESTUDINES (1)						
Testudinidae (1)						
Chelonoidis denticulata	1, 2	obs	BC	D	Am	VU
SQUAMATA (40)						
Sphaerodactylidae (2)						
Gonatodes concinnatus	2	col	BC	D	Am	NE
Gonatodes humeralis	2, 3	col	BC	D	Am	NE
Gymnophthalmidae (6)						
Alopoglossus angulatus	1	col	BC, BA	D	Am	NE
Alopoglossus atriventris	1, 2	col	BC, BA	D	Ec, Pe, Co, Br	NE
Alopoglossus buckleyi	1	col	BC, BA	D	Ec, Pe, Co, Br	NE
Cercosaura argulus	1, 2	col	BC, BA	D	Am	NE
Potamites ecpleopus	1, 2	col	QU	D	Am	NE
Ptychoglossus brevifrontalis	1	col	BC	D	Am	NE
Hoplocercidae (1)						
Enyalioides laticeps	2, 3	col	BC	D	Am	NE
Polycrotidae (6)						
Anolis fuscoauratus	1, 2	col	BC	D	Am	NE
Anolis nitens	1	col	BC	D	Ec, Pe, Co, Br	NE
Anolis ortonii	1, 3	col	BC	D	Am	NE
Anolis punctatus	2	col	BC	D	Ec, Pe	NE
Anolis trachyderma	1, 2	col	BC, BA, VR	D	Ec, Pe, Co, Br	NE
Anolis transversalis	1, 2, 3	col	BC	D	Am	NE
Scincidae (1)						
Mabuya nigropunctata	1, 2, 3	col	BC, BA	D	Am	NE

Anfibios y Reptiles/ Amphibians and Reptiles

ANFIBIOS Y REPTILES / AMPHIBIANS AND REPTILES						
Nombre científico/ Scientific name	**Sitio/ Site**	**Registro/ Record**	**Vegetación/ Vegetation**	**Actividad/ Activity**	**Distribución/ Distribution**	**UICN/ IUCN**
Teiidae (3)						
Ameiva ameiva	3	obs	BC	D	Am	NE
Kentropyx pelviceps	1, 2, 3	col	BC, BA	D	Am	NE
Tupinambis teguixin	1, 2, 3	obs	BC, BA	D	Am	NE
Tropiduridae (3)						
Plica plica	1	col	BC	D	Am	NE
Plica umbra	1, 2	col	BC	D	Am	NE
Uracentron flaviceps	3	obs	BC	D	Am	NE
Boidae (3)						
Corallus caninus	3	obs	VR	N	Am	NE
Epicrates cenchria	1	obs	BC, VR	D,N	Am	NE
Eunectes murinus	1	obs	QU	D,N	Am	NE
Colubridae (10)						
Atractus collaris	2	col	BC	N	Am	NE
Chironius fuscus	1	col	BC	D	Am	NE
Clelia clelia	1	obs	BC	D	Am	NE
Drymoluber dichrous	2	col	BC	D	Am	NE
Imantodes cenchoa	1	col	BC	N	Am	NE
Leptodeira annulata	2	col	VR	N	Am	NE
Oxybelis fulgidus	1	col	VR	D	Am	NE
Pseustes poecilonotus	1	obs	BA	D	Am	NE
Siphlophis compressus	2	col	BA	N	Am	NE
Xenoxybelis argenteus	1	col	BA	D	Am	NE
Elapidae (2)						
Micrurus hemprichii	2	col	BC	D,N	Am	NE

LEYENDA/ LEGEND

Sitio/Site

1 = Curupa

2 = Piedras

3 = ExplorNapo (Sucusari)

Tipo de registro/Record type

aud = Registro auditivo/Auditory

col = Colectado/Collection

obs = Observación visual/Visual

Tipo de vegetación/Vegetation type

AG = Aguajales/Palm swamps

BA = Bajiales/Low areas

BC = Bosque de colina/Hill forest

VR = Vegetación ribereña/ Riverine vegetation

QU = Quebrada/Along or in stream

Actividad/Activity

D = Diurno/Diurnal

N = Nocturno/Nocturnal

Distribución/Distribution

Am = Amplia en la cuenca amazónica/ Widespread in the Amazon basin

Bo = Bolivia

Br = Brasil/Brazil

Co = Colombia

Ec = Ecuador

Pe = Perú/Peru

? = Desconocido/Unknown

Categorias de la IUCN/IUCN categories (IUCN 2009)

EN = En peligro/Endangered

VU = Vulnerable/Vulnerable

LC = Baja preocupación/Low risk

DD = Datos deficientes/Insufficient data

NE = No evaluado/Not evaluated

? = Desconocido/Unknown

* Extensiones de rango/Range extensions

Apéndice/Appendix 4

Anfibios y Reptiles/
Amphibians and Reptiles

ANFIBIOS Y REPTILES / AMPHIBIANS AND REPTILES

Nombre científico/ Scientific name	Sitio/ Site	Registro/ Record	Vegetación/ Vegetation	Actividad/ Activity	Distribución/ Distribution	UICN/ IUCN
Micrurus langsdorffi	1	col	BC	D,N	Ec, Pe, Co, Br	NE
Viperidae (3)						
Bothrocophias hyoprora	1	col	BC	D,N	Ec, Pe	NE
Bothrops atrox	2	col	BC, BA	D,N	Am	NE
Lachesis muta	2	col	BC	D,N	Am	NE

LEYENDA/ LEGEND

Sitio/Site

1 = Curupa

2 = Piedras

3 = ExplorNapo (Sucusari)

Tipo de registro/Record type

aud = Registro auditivo/Auditory

col = Colectado/Collection

obs = Observación visual/Visual

Tipo de vegetación/Vegetation type

AG = Aguajales/Palm swamps

BA = Bajiales/Low areas

BC = Bosque de colina/Hill forest

VR = Vegetación ribereña/ Riverine vegetation

QU = Quebrada/Along or in stream

Actividad/Activity

D = Diurno/Diurnal

N = Nocturno/Nocturnal

Distribución/Distribution

Am = Amplia en la cuenca amazónica/ Widespread in the Amazon basin

Bo = Bolivia

Br = Brasil/Brazil

Co = Colombia

Ec = Ecuador

Pe = Perú/Peru

? = Desconocido/Unknown

Categorias de la IUCN/IUCN categories (IUCN 2009)

EN = En peligro/Endangered

VU = Vulnerable/Vulnerable

LC = Baja preocupación/Low risk

DD = Datos deficientes/Insufficient data

NE = No evaluado/Not evaluated

? = Desconocido/Unknown

* Extensiones de rango/Range extensions

Apéndice/Appendix 5

Aves/Birds

Aves observadas por Douglas F. Stotz y Juan Díaz Alván durante el inventario rápido Maijuna, Loreto, Perú, 14–29 de octubre de 2009.

AVES / BIRDS

Nombre científico/ Scientific name	Nombre en inglés/ English name	Nombre en castellano/ Spanish name
Tinamidae (7)		
Tinamus major	Great Tinamou	Perdiz Grande
Tinamus guttatus	White-throated Tinamou	Perdiz de Garganta Blanca
Crypturellus cinereus	Cinereous Tinamou	Perdiz Ceniciente
*Crypturellus soui**	Little Tinamou	Perdiz Chica
Crypturellus undulatus	Undulated Tinamou	Perdiz Ondulada
Crypturellus variegatus	Variegated Tinamou	Perdiz Abigarrada
Crypturellus bartletti	Bartlett's Tinamou	Perdiz de Bartlett
Anhimidae (1)		
*Anhima cornuta**	Horned Screamer	Gritador Unicornio (Camungo)
Cracidae (5)		
Ortalis guttata	Speckled Chachalaca	Chachalaca Jaspeada
Penelope jacquacu	Spix's Guan	Pava de Spix
Pipile cumanensis	Blue-throated Piping-Guan	Pava de Garganta Azul
Nothocrax urumutum	Nocturnal Curassow	Paujil Nocturno
Mitu salvini	Salvin's Curassow	Paujil de Salvin
Odontophoridae (1)		
Odontophorus gujanensis	Marbled Wood-Quail	Codorniz de Cara Roja
Ardeidae (6)		
Tigrisoma lineatum	Rufescent Tiger-Heron	Pumagarza Colorada
*Agamia agami**	Agami Heron	Garza de Pecho Castaño
Butorides striata	Striated Heron	Garcita Estriada
*Bubulcus ibis**	Cattle Egret	Garcita Bueyera
*Ardea cocoi**	Cocoi Heron	Garza Cuca
*Egretta thula**	Snowy Egret	Garcita Blanca
Cathartidae (4)		
Cathartes aura	Turkey Vulture	Gallinazo de Cabeza Roja
Cathartes melambrotus	Greater Yellow-headed Vulture	Gallinazo de Cabeza Amarilla Mayor
Coragyps atratus	Black Vulture	Gallinazo de Cabeza Negra
Sarcoramphus papa	King Vulture	Gallinazo Rey
Accipitridae (15)		
*Pandion haliaetus**	Osprey	Aguila Pescadora
Leptodon cayanensis	Gray-headed Kite	Elanio de Cabeza Gris
Harpagus bidentatus	Double-toothed Kite	Elanio Bidentado
Ictinia plumbea	Plumbeous Kite	Elanio Plomizo
Accipiter superciliosus	Tiny Hawk	Gavilán Enano
*Geranospiza caerulescens**	Crane Hawk	Gavilán Zancón
Leucopternis schistacea	Slate-colored Hawk	Gavilán Pizarroso
Leucopternis albicollis	White Hawk	Gavilán Blanco
Buteogallus urubitinga	Great Black-Hawk	Gavilán Negro
*Buteo nitidus**	Gray Hawk	Gavilán Gris
Buteo magnirostris	Roadside Hawk	Aguilucho Caminero
*Buteo platypterus**	Broad-winged Hawk	Aguilucho de Ala Ancha

Aves/Birds

Birds observed by Douglas F. Stotz and Juan Díaz Alván during the Maijuna rapid inventory, Peru, 14–29 October 2009.

Abundancia en los sitios/ Abundance at the sites					Hábitats/ Habitats
Curupa	Piedras	Nueva Vida	Río Yanayacu	Quebrada Coto	
F	F	X			M
F	F				Btf
F	U	X	X		Bin, Btf
R		X			Bin, S
		X	X		Bin
F	F				Btf, Bc
F	U				Bin, Q
R					Bin
R		Y			Q
F	F		X		M
R	U				Bin
U	U				Btf
R	R				Btf
F	F				M
	R			Y	Q
				Y	Q
			Y	Y	Q
		X			S
			X		Q
			X		Q
		Y	Y	Y	A
R	R		X		A
		X	X		S, A
R	R		X	Y	A
		Y			Q, A
R					Bin
R			X	Y	Bin
	R		X	Y	Bin
	R				Btf
			X		Bin
R	R				Bin
	R				Btf
R	R		X		Q
R					A
		X	X	Y	S
	R				A

LEYENDA/LEGEND

* Especies registradas en el inventario Maijuna mas no en el inventario Ampiyacu/Species found on Maijuna inventory, but not on Ampiyacu inventory

Abundancia/Abundance

R = Raro (uno o dos registros)/ Rare (one or two records)

U = No común (menos que diariamente)/Uncommon (less than daily)

F = Poco común (<10 individuos/ día en hábitat propicio)/ Fairly common (<10 individuals/day in proper habitat)

C = Común (diariamente >10 en hábitat propicio)/Common (daily >10 in proper habitat)

X = Presente pero estatus incierto, registrado durante el inventario/Present but status uncertain, registered during the inventory

Y = Presente pero estatus incierto, registrado sólo por el equipo de trabajo de logística de avanzada (ver texto)/Present but status uncertain, registered only during work by advance team (see text)

Hábitats/Habitats

Bin = Bosques inundados estacionalmente/Seasonally flooded forests

Btf = Bosques de tierra firme/ Terra firme forests

Bc = Bosques de colinas de suelos pobres/Hill forest on poor soils

Q = Quebradas y ríos/Streams and rivers

A = Aire/Overhead

M = Hábitats múltiples (3+)/ Multiple habitats (3+ habitats)

S = Vegetación secundaria/ Second-growth

Apéndice/Appendix 5

Aves/Birds

AVES / BIRDS		
Nombre científico/ Scientific name	**Nombre en inglés/ English name**	**Nombre en castellano/ Spanish name**
*Morphnus guianensis**	Crested Eagle	Águila Crestada
Spizaetus tyrannus	Black Hawk-Eagle	Águila Negra
Spizaetus ornatus	Ornate Hawk-Eagle	Águila Penachuda
Falconidae (7)		
Daptrius ater	Black Caracara	Caracara Negro
Ibycter americanus	Red-throated Caracara	Caracara de Vientre Blanco
Milvago chimachima	Yellow-headed Caracara	Caracara Chimachima
Herpetotheres cachinnans	Laughing Falcon	Halcón Reidor
Micrastur ruficollis	Barred Forest-Falcon	Halcón Montés Barrado
Micrastur gilvicollis	Lined Forest-Falcon	Halcón Montés de Ojo Blanco
Falco rufigularis	Bat Falcon	Halcón Caza Murciélagos
Psophiidae (1)		
Psophia crepitans	Gray-winged Trumpeter	Trompetero de Ala Gris
Rallidae (1)		
Aramides cajanea	Gray-necked Wood-Rail	Rascón Montés de Cuello Gris
Heliornithidae (1)		
Heliornis fulica	Sungrebe	Ave de Sol Americano
Jacanidae (1)		
*Jacana jacana**	Wattled Jacana	Gallito de Agua de Frente Roja
Scolopacidae (1)		
*Actitis macularia**	Spotted Sandpiper	Playero Coleador
Columbidae (5)		
Patagioenas cayennensis	Pale-vented Pigeon	Paloma Colorada
Patagioenas plumbea	Plumbeous Pigeon	Paloma Plomiza
Patagioenas subvinacea	Ruddy Pigeon	Paloma Rojiza
Leptotila rufaxilla	Gray-fronted Dove	Paloma de Frente Gris
Geotrygon montana	Ruddy Quail-Dove	Paloma-Perdiz Rojiza
Psittacidae (18)		
Ara ararauna	Blue-and-yellow Macaw	Guacamayo Azul y Amarillo
Ara macao	Scarlet Macaw	Guacamayo Escarlata
Ara chloropterus	Red-and-green Macaw	Guacamayo Rojo y Verde
Ara severus	Chestnut-fronted Macaw	Guacamayo de Frente Castaña
Orthopsittaca manilata	Red-bellied Macaw	Guacamayo de Vientre Rojo
Aratinga leucophthalmus	White-eyed Parakeet	Cotorra de Ojo Blanco
*Aratinga weddellii**	Dusky-headed Parakeet	Cotorra de Cabeza Oscura
Pyrrhura melanura	Maroon-tailed Parakeet	Perico de Cola Marron
Forpus sclateri	Dusky-billed Parrotlet	Periquito de Pico Oscuro
Brotogeris cyanoptera	Cobalt-winged Parakeet	Perico de Ala Cobalto
*Brotogeris sanctithomae**	Tui Parakeet	Perico Tui
Touit purpurata	Sapphire-rumped Parrotlet	Periquito de Lomo Safiro
Pionites melanocephala	Black-headed Parrot	Loro de Cabeza Negra
Pyrilia barrabandi	Orange-cheeked Parrot	Loro de Mejilla Naranja
Pionus menstruus	Blue-headed Parrot	Loro de Cabeza Azul

Abundancia en los sitios/ Abundance at the sites					Hábitats/ Habitats
Curupa	Piedras	Nueva Vida	Río Yanayacu	Quebrada Coto	
		Y			Btf
U	U		X		A
R	R				A
U	R	X			Q
F	F		X		Btf, Bin
		X			S
	R	X			Q
	R				Btf
R	U				Btf
R	R				Btf
U	U				Bin
R	Y	X			Bin
R	R		X	Y	Q
		X			S
		X			Q
Y	Y	X	X	Y	Q
C	C	X	X	Y	M
U	U	X	X	Y	Bin, Q
R		X		Y	Bin, S
U	R				Btf
F	F	X			A
U	R				A
	R				A
	R				A
R					A
Y	Y	X	X	Y	A
Y	Y	X		Y	Q, S
C	C		X		Btf
		Y			Bin
C	C	X	X		M
		X			Bin
R					Btf
F	F	X	X		Btf
F	F				Btf
R	R	X	X	Y	A

LEYENDA/LEGEND

* Especies registradas en el inventario Maijuna mas no en el inventario Ampiyacu/Species found on Maijuna inventory, but not on Ampiyacu inventory

Abundancia/Abundance

R = Raro (uno o dos registros)/ Rare (one or two records)

U = No común (menos que diariamente)/Uncommon (less than daily)

F = Poco común (<10 individuos/ día en hábitat propicio)/ Fairly common (<10 individuals/day in proper habitat)

C = Común (diariamente >10 en hábitat propicio)/Common (daily >10 in proper habitat)

X = Presente pero estatus incierto, registrado durante el inventario/Present but status uncertain, registered during the inventory

Y = Presente pero estatus incierto, registrado sólo por el equipo de trabajo de logística de avanzada (ver texto)/Present but status uncertain, registered only during work by advance team (see text)

Hábitats/Habitats

Bin = Bosques inundados estacionalmente/Seasonally flooded forests

Btf = Bosques de tierra firme/ Terra firme forests

Bc = Bosques de colinas de suelos pobres/Hill forest on poor soils

Q = Quebradas y ríos/Streams and rivers

A = Aire/Overhead

M = Hábitats múltiples (3+)/ Multiple habitats (3+ habitats)

S = Vegetación secundaria/ Second-growth

Apéndice/Appendix 5

Aves/Birds

AVES / BIRDS

Nombre científico/ Scientific name	Nombre en inglés/ English name	Nombre en castellano/ Spanish name
*Amazona festiva**	Festive Parrot	Loro de Lomo Rojo
Amazona ochrocephala	Yellow-crowned Parrot	Loro de Corona Amarilla
Amazona farinosa	Mealy Parrot	Loro Harinoso
Cuculidae (7)		
Piaya cayana	Squirrel Cuckoo	Cuco Ardilla
Piaya melanogaster	Black-bellied Cuckoo	Cuco de Vientre Negro
Crotophaga major	Greater Ani	Garrapatero Mayor
*Crotophaga ani**	Smooth-billed Ani	Garrapatero de Pico Liso
*Tapera naevia**	Striped Cuckoo	Cuclillo Listado
*Dromococcyx phasianellus**	Pheasant Cuckoo	Cuco Faisán
Neomorphus pucheranii	Red-billed Ground-Cuckoo	Cuco-Terrestre de Pico Rojo
Strigidae (7)		
Megascops choliba	Tropical Screech-Owl	Lechuza Tropical
Megascops watsonii	Tawny-bellied Screech-Owl	Lechuza de Vientre Leonado
Lophostrix cristata	Crested Owl	Búho Penachudo
Pulsatrix perspicillata	Spectacled Owl	Búho de Anteojos
Ciccaba virgata	Mottled Owl	Búho Café
Ciccaba huhula	Black-banded Owl	Búho Negro Bandeado
Glaucidium brasilianum	Ferruginous Pygmy-Owl	Lechucita Ferruginosa
Nyctibiidae (4)		
Nyctibius grandis	Great Potoo	Nictibio Grande
Nyctibius griseus	Common Potoo	Nictibio Común
*Nyctibius leucopterus**	White-winged Potoo	Nictibio de Ala Blanca
Nyctibius bracteatus	Rufous Potoo	Nictibio Rufo
Caprimulgidae (4)		
*Chordeiles minor**	Common Nighthawk	Chotacabras Migratorio
Nyctidromus albicollis	Common Pauraque	Chotacabras Común
*Nyctiphrynus ocellatus**	Ocellated Poorwill	Chotacabras Ocelado
*Hydropsalis climacocerca**	Ladder-tailed Nightjar	Chotacabras de Cola Escalera
Apodidae (3)		
Chaetura cinereiventris	Gray-rumped Swift	Vencejo de Lomo Gris
Chaetura brachyura	Short-tailed Swift	Vencejo de Cola Corta
Tachornis squamata	Fork-tailed Palm-Swift	Vencejo Tijereta de Palmeras
Trochilidae (15)		
Topaza pyra	Fiery Topaz	Topacio de Fuego
Glaucis hirsuta	Rufous-breasted Hermit	Ermitaño de Pecho Canela
Threnetes leucurus	Pale-tailed Barbthroat	Ermitaño de Cola Pálida
Phaethornis ruber	Reddish Hermit	Ermitaño Rojizo
Phaethornis hispidus	White-bearded Hermit	Ermitaño de Barba Blanca
*Phaethornis bourcieri**	Straight-billed Hermit	Ermitaño de Pico Recto
Phaethornis superciliosus	Long-tailed Hermit	Ermitaño de Cola Larga*
Heliothryx aurita	Black-eared Fairy	Colibrí-Hada de Oreja Negra
Heliodoxa schreibersii	Black-throated Brilliant	Brillante de Garganta Negra

Apéndice/Appendix 5

Aves/Birds

Abundancia en los sitios/ Abundance at the sites					Hábitats/ Habitats
Curupa	Piedras	Nueva Vida	Río Yanayacu	Quebrada Coto	
		Y			Bin
	R	X			Btf
U	R				Btf
F	F	X	X	Y	M
	R				Btf
R		X		Y	Q
		X	Y	Y	S
			Y		S
		X			Bin
	R				Bc
		X			Bin
F	F				Btf
	R				Btf
R	R	X	X	Y	M
R					Btf
F	U				Btf
		X			S
R	R	Y			Btf
	R	Y			Bin
	?				Bc
U	R				Btf
	R				A
		X			S
R		X			Btf
			X		Q
R	U	X	X	Y	A
		Y	Y	Y	A
	R	X	X	Y	A
R	R				Q
R	R				Bin
R					Btf, Bin
U	U				Btf
R			X	Y	Bin
F	U				Btf
F	F		X		Btf, Bc
R					Btf
R	R				Btf

LEYENDA/LEGEND

* Especies registradas en el inventario Maijuna mas no en el inventario Ampiyacu/Species found on Maijuna inventory, but not on Ampiyacu inventory

Abundancia/Abundance

R = Raro (uno o dos registros)/ Rare (one or two records)

U = No común (menos que diariamente)/Uncommon (less than daily)

F = Poco común (<10 individuos/ día en hábitat propicio)/ Fairly common (<10 individuals/day in proper habitat)

C = Común (diariamente >10 en hábitat propicio)/Common (daily >10 in proper habitat)

X = Presente pero estatus incierto, registrado durante el inventario/Present but status uncertain, registered during the inventory

Y = Presente pero estatus incierto, registrado sólo por el equipo de trabajo de logística de avanzada (ver texto)/Present but status uncertain, registered only during work by advance team (see text)

Hábitats/Habitats

Bin = Bosques inundados estacionalmente/Seasonally flooded forests

Btf = Bosques de tierra firme/ Terra firme forests

Bc = Bosques de colinas de suelos pobres/Hill forest on poor soils

Q = Quebradas y ríos/Streams and rivers

A = Aire/Overhead

M = Hábitats múltiples (3+)/ Multiple habitats (3+ habitats)

S = Vegetación secundaria/ Second-growth

Apéndice/Appendix 5

Aves/Birds

AVES / BIRDS		
Nombre científico/ Scientific name	**Nombre en inglés/ English name**	**Nombre en castellano/ Spanish name**
Heliodoxa aurescens	Gould's Jewelfront	Brillante de Pecho Castaño
Heliomaster longirostris	Long-billed Starthroat	Colibrí de Pico Grande
*Chlorostilbon mellisugus**	Blue-tailed Emerald	Esmeralda de Cola Azul
Campylopterus largipennis	Gray-breasted Sabrewing	Ala-de-Sable de Pecho Gris
Thalurania furcata	Fork-tailed Woodnymph	Ninfa de Cola Ahorquillada
*Amazilia fimbriata**	Glittering-throated Emerald	Colibrí de Garganta Brillante
Trogonidae (7)		
Pharomachrus pavoninus	Pavonine Quetzal	Quetzal Pavonino
Trogon melanurus	Black-tailed Trogon	Trogón de Cola Negra
Trogon viridis	White-tailed Trogon	Trogón de Cola Blanca
Trogon violaceus	Violaceous Trogon	Trogón Violáceo
Trogon curucui	Blue-crowned Trogon	Trogón de Corona Azul
Trogon collaris	Collared Trogon	Trogón Acollarado
Trogon rufus	Black-throated Trogon	Trogón de Garganta Negra
Alcedinidae (5)		
*Megaceryle torquata**	Ringed Kingfisher	Martín Pescador Grande
Chloroceryle amazona	Amazon Kingfisher	Martín Pescador Amazónico
Chloroceryle americana	Green Kingfisher	Martín Pescador Verde
Chloroceryle inda	Green-and-rufous Kingfisher	Martín Pescador Verde y Rufo
Chloroceryle aenea	American Pygmy Kingfisher	Martín Pescador Pigmeo
Momotidae (2)		
Baryphthengus martii	Rufous Motmot	Relojero Rufo
Momotus momota	Blue-crowned Motmot	Relojero de Corona Azul
Galbulidae (5)		
Galbula albirostris	Yellow-billed Jacamar	Jacamar de Pico Amarillo
*Galbula tombacea**	White-chinned Jacamar	Jacamar de Barbillo Blanco
*Galbula chalcothorax**	Purplish Jacamar	Jacamar Púrpureo
Galbula dea	Paradise Jacamar	Jacamar del Paraíso
Jacamerops aureus	Great Jacamar	Jacamar Grande
Bucconidae (10)		
Notharchus hyperrhynchus	White-necked Puffbird	Buco de Cuello Blanco
*Notharchus tectus**	Pied Puffbird	Buco Pinto
Bucco capensis	Collared Puffbird	Buco Acollarado
Malacoptila fusca	White-chested Puffbird	Buco de Pecho Blanco
*Micromonacha lanceolata**	Lanceolated Monklet	Monjecito Lanceolado
Nonnula rubecula	Rusty-breasted Nunlet	Monjita de Pecho Rojizo
Monasa nigrifrons	Black-fronted Nunbird	Monja de Frente Negra
Monasa morphoeus	White-fronted Nunbird	Monja de Frente Blanca
Monasa flavirostris	Yellow-billed Nunbird	Monja de Pico Amarillo
*Chelidoptera tenebrosa**	Swallow-wing	Buco Golondrina
Capitonidae (3)		
Capito aurovirens	Scarlet-crowned Barbet	Barbudo de Corona Escarlata
Capito auratus	Gilded Barbet	Barbudo Brilloso

Apéndice/Appendix 5

Aves/Birds

Abundancia en los sitios/ Abundance at the sites					Hábitats/ Habitats
Curupa	Piedras	Nueva Vida	Río Yanayacu	Quebrada Coto	
R	R		X		Btf, Bin
	R				Q
	R				Btf
R	R				Btf
F	F				M
		X			S
F	F				Btf
F	F	X			Bin, Btf
F	F		X		Btf
F	U				Btf
U	U		X		Bin
R					Btf
U	F			Y	Btf
		X	X		Q
			Y	Y	Q
R	Y		X	Y	Q
R	R			Y	Q
R					Q
F	F				Btf
F	U	X			Bin, Btf
U	F				Btf
		Y			S
R	R				Btf
U	R				Btf
F	U				Bin
R	R				Btf
	R				Bc
R	U				Btf
U	U				Btf
R	R				Btf, Q
R					Bin
F		X	X		Bin
F	F				Btf, Bin
U	U		X	Y	Btf, Bin
R		Y	X		Btf, S
		X			Bin
C	C	X	X		M

LEYENDA/LEGEND

* Especies registradas en el inventario Maijuna mas no en el inventario Ampiyacu/Species found on Maijuna inventory, but not on Ampiyacu inventory

Abundancia/Abundance

R = Raro (uno o dos registros)/ Rare (one or two records)

U = No común (menos que diariamente)/Uncommon (less than daily)

F = Poco común (<10 individuos/ día en hábitat propicio)/ Fairly common (<10 individuals/day in proper habitat)

C = Común (diariamente >10 en hábitat propicio)/Common (daily >10 in proper habitat)

X = Presente pero estatus incierto, registrado durante el inventario/Present but status uncertain, registered during the inventory

Y = Presente pero estatus incierto, registrado sólo por el equipo de trabajo de logística de avanzada (ver texto)/Present but status uncertain, registered only during work by advance team (see text)

Hábitats/Habitats

Bin = Bosques inundados estacionalmente/Seasonally flooded forests

Btf = Bosques de tierra firme/ Terra firme forests

Bc = Bosques de colinas de suelos pobres/Hill forest on poor soils

Q = Quebradas y ríos/Streams and rivers

A = Aire/Overhead

M = Hábitats múltiples (3+)/ Multiple habitats (3+ habitats)

S = Vegetación secundaria/ Second-growth

Apéndice/Appendix 5

Aves/Birds

AVES / BIRDS		
Nombre científico/ Scientific name	**Nombre en inglés/ English name**	**Nombre en castellano/ Spanish name**
Eubucco richardsoni	Lemon-throated Barbet	Barbudo de Garganta Limón
Ramphastidae (7)		
Ramphastos tucanus	White-throated Toucan	Tucán de Garganta Blanca
Ramphastos vitellinus	Channel-billed Toucan	Tucán de Pico Acanalado
Selenidera reinwardtii	Golden-collared Toucanet	Tucancillo de Collar Dorado
Pteroglossus inscriptus	Lettered Aracari	Arasari Letreado
Pteroglossus azara	Ivory-billed Aracari	Arasari de Pico Marfil
Pteroglossus castanotis	Chestnut-eared Aracari	Arasari de Oreja Castaña
Pteroglossus pluricinctus	Many-banded Aracari	Arasari Multibandeado
Picidae (12)		
Melanerpes cruentatus	Yellow-tufted Woodpecker	Carpintero de Penacho Amarillo
Veniliornis affinis	Red-stained Woodpecker	Carpintero Teñido de Rojo
Piculus flavigula	Yellow-throated Woodpecker	Carpintero de Garganta Amarillo
Piculus chrysochloros	Golden-green Woodpecker	Carpintero Verde y Dorado
Colaptes punctigula	Spot-breasted Woodpecker	Carpintero de Pecho Punteado
Celeus grammicus	Scale-breasted Woodpecker	Carpintero de Pecho Escamoso
Celeus elegans	Chestnut Woodpecker	Carpintero Castaño
Celeus flavus	Cream-colored Woodpecker	Carpintero Crema
Celeus torquatus	Ringed Woodpecker	Carpintero Anillado
Dryocopus lineatus	Lineated Woodpecker	Carpintero Lineado
Campephilus rubricollis	Red-necked Woodpecker	Carpintero de Cuello Rojo
Campephilus melanoleucos	Crimson-crested Woodpecker	Carpintero de Cresta Roja
Furnariidae (35)		
Sclerurus mexicanus	Tawny-throated Leaftosser	Tira-hoja de Garganta Anteada
Sclerurus rufigularis	Short-billed Leaftosser	Tira-hoja de Pico Corto
Sclerurus caudacutus	Black-tailed Leaftosser	Tira-hoja de Cola Negra
Synallaxis rutilans	Ruddy Spinetail	Coliespina Rojizo
Synallaxis gujanensis	Plain-crowned Spinetail	Coliespina de Corona Parda
Cranioleuca gutturata	Speckled Spinetail	Coliespina Jaspeada
Berlepschia rikeri	Point-tailed Palmcreeper	Trepador de Palmeras
Ancistrops strigilatus	Chestnut-winged Hookbill	Pico-gancho de Ala Castaña
Hyloctistes subulatus	Striped Woodhaunter	Rondabosque Rayado
Philydor erythrocercum	Rufous-rumped Foliage-gleaner	Limpia Follaje de Lomo Rufo
Philydor erythropterum	Chestnut-winged Foliage-gleaner	Limpia Follaje de Ala Castaña
Philydor pyrrhodes	Cinnamon-rumped Foliage-gleaner	Limpia Follaje de Lomo Canela
Automolus ochrolaemus	Buff-throated Foliage-gleaner	Hoja-Rasquero de Garganta Anteada
Automolus infuscatus	Olive-backed Foliage-gleaner	Hoja-Rasquero de Dorso Olivo
Automolus rubiginosus	Ruddy Foliage-gleaner	Hoja-Rasquero Rojizo
*Automolus rufipileatus**	Chestnut-crowned Foliage-gleaner	Hoja-Rasquero de Corona Castaña
Xenops milleri	Rufous-tailed Xenops	Pico-Lezna de Cola Rufa
Xenops minutus	Plain Xenops	Pico-Lezna Simple
Dendrocincla fuliginosa	Plain-brown Woodcreeper	Trepador Pardo
Dendrocincla merula	White-chinned Woodcreeper	Trepador de Barbilla Blanca

Apéndice/Appendix 5

Aves/Birds

Abundancia en los sitios/ Abundance at the sites					Hábitats/ Habitats
Curupa	Piedras	Nueva Vida	Río Yanayacu	Quebrada Coto	
F	F	X	X		M
C	C	X			M
F	F	X	X		M
C	F				M
		X	X		Bin, Q
R	U				Btf
		Y			Bin, S
F	F	X	X		Btf, Bin
F	F	X	Y	Y	M
U	F				Btf
R	U				Btf
R	U				Btf
			Y		Bin
U	F				Btf
F	F				Btf
R					Bin
R					Btf
R		X			Bin, S
F	F				Btf
U	R				Bin
R					Btf
U	R				Btf
R	R				Btf
R	R				Btf
		Y			Bin
	R				Bin
R					Bin
U	F				Btf
R	F				M
R	F				Btf
R	F				Btf
R	R				Bin
U	U				Bin, Btf
U	F				Btf
	U				Btf
U	R	X			Bin
R	R				Btf
R	U				M
U	R				Btf
	R				Btf

LEYENDA/LEGEND

* Especies registradas en el inventario Maijuna mas no en el inventario Ampiyacu/Species found on Maijuna inventory, but not on Ampiyacu inventory

Abundancia/Abundance

R = Raro (uno o dos registros)/ Rare (one or two records)

U = No común (menos que diariamente)/Uncommon (less than daily)

F = Poco común (<10 individuos/ día en hábitat propicio)/ Fairly common (<10 individuals/day in proper habitat)

C = Común (diariamente >10 en hábitat propicio)/Common (daily >10 in proper habitat)

X = Presente pero estatus incierto, registrado durante el inventario/Present but status uncertain, registered during the inventory

Y = Presente pero estatus incierto, registrado sólo por el equipo de trabajo de logística de avanzada (ver texto)/Present but status uncertain, registered only during work by advance team (see text)

Hábitats/Habitats

Bin = Bosques inundados estacionalmente/Seasonally flooded forests

Btf = Bosques de tierra firme/ Terra firme forests

Bc = Bosques de colinas de suelos pobres/Hill forest on poor soils

Q = Quebradas y ríos/Streams and rivers

A = Aire/Overhead

M = Hábitats múltiples (3+)/ Multiple habitats (3+ habitats)

S = Vegetación secundaria/ Second-growth

Apéndice/Appendix 5

Aves/Birds

Nombre científico/ Scientific name	Nombre en inglés/ English name	Nombre en castellano/ Spanish name
Deconychura longicauda	Long-tailed Woodcreeper	Trepador de Cola Negra
Deconychura stictolaema	Spot-throated Woodcreeper	Trepador de Garganta Punteada
Sittasomus griseicapillus	Olivaceous Woodcreeper	Trepador Oliváceo
Glyphorynchus spirurus	Wedge-billed Woodcreeper	Trepador Pico de Cuña
Nasica longirostris	Long-billed Woodcreeper	Trepador de Pico Largo
Dendrexetastes rufigula	Cinnamon-throated Woodcreeper	Trepador de Garganta Canela
Dendrocolaptes certhia	Barred Woodcreeper	Trepador Barrado Amazónico
Dendrocolaptes picumnus	Black-banded Woodcreeper	Trepador de Vientre Bandeado
Xiphorhynchus picus	Straight-billed Woodcreeper	Trepador de Pico Recto
Xiphorhynchus obsoletus	Striped Woodcreeper	Trepador Listado
Xiphorhynchus ocellatus	Ocellated Woodcreeper	Trepador Ocelado
Xiphorhynchus elegans	Elegant Woodcreeper	Trepador Elegante
Xiphorhynchus guttatus	Buff-throated Woodcreeper	Trepador de Garganta Anteada
Lepidocolaptes albolineatus	Lineated Woodcreeper	Trepador Lineado
*Campylorhamphus procurvoides**	Curve-billed Scythebill	Pico-Guadaña de Pico Curvo
Thamnophilidae (42)		
Cymbilaimus lineatus	Fasciated Antshrike	Batará Lineado
Frederickena unduligera	Undulated Antshrike	Batará Ondulado
Taraba major	Great Antshrike	Batará Grande
*Thamnophilus doliatus**	Barred Antshrike	Batará Barrado
Thamnophilus schistaceus	Plain-winged Antshrike	Batará de Ala Llana
Thamnophilus murinus	Mouse-colored Antshrike	Batará Murino
Megastictus margaritatus	Pearly Antshrike	Batará Perlado
Thamnomanes ardesiacus	Dusky-throated Antshrike	Batará de Garganta Oscura
Thamnomanes caesius	Cinereous Antshrike	Batará Cinéreo
Pygiptila stellaris	Spot-winged Antshrike	Batará de Ala Moteada
Epinecrophylla haematonota	Stipple-throated Antwren	Hormiguerito de Garganta Punteada
Epinecrophylla erythrura	Rufous-tailed Antwren	Hormiguerito de Cola Rufa
Myrmotherula brachyura	Pygmy Antwren	Hormiguerito Pigmeo
Mymotherula ignota	Moustached Antwren	Hormiguerito Bigotudo
Myrmotherula hauxwelli	Plain-throated Antwren	Hormiguerito de Garganta Llana
Myrmotherula axillaris	White-flanked Antwren	Hormiguerito de Flanco Blanco
Myrmotherula longipennis	Long-winged Antwren	Hormiguerito de Ala Larga
Myrmotherula menetriesii	Gray Antwren	Hormiguerito Gris
Herpsilochmus dugandi	Dugand's Antwren	Hormiguerito de Dugand
Herpsilochmus sp. nov.*	antwren	Hormiguerito
Hypocnemis peruviana	Peruvian Warbling-Antbird	Hormiguero Peruano
Hypocnemis hypoxantha	Yellow-browed Antbird	Hormiguero de Ceja Amarillo
Terenura spodioptila	Ash-winged Antwren	Hormiguero de Ala Ceniza
Cercomacra cinerascens	Gray Antbird	Hormiguero Gris
Cercomacra serva	Black Antbird	Hormiguero Negro
Myrmoborus myotherinus	Black-faced Antbird	Hormiguero de Cara Negra
*Hypocnemoides melanopogon**	Black-chinned Antbird	Hormiguero de Barbillo Negro

Apéndice/Appendix 5

Aves/Birds

Abundancia en los sitios/ Abundance at the sites					Hábitats/ Habitats
Curupa	Piedras	Nueva Vida	Río Yanayacu	Quebrada Coto	
	R				Bc
	U				Btf
R	R				Bin
F	C	X			M
F	F	X	Y		Bin
U	F	X			Bin
U	U				Btf
	R				Btf
		X			S
R	U	Y			Bin
	R				Btf
U	U				Btf
F	C	X	X		M
U	U				Btf, Bc
	Y				Btf
F	F				Btf, Bin
R					Btf
		X			S
		X			S
F	F				Bin, Btf
F	F				Btf, Bc
R	F				Bc, Btf
F	C				Btf, Bin
F	C				Btf, Bin
F	F				Btf
F	U				Btf, Bin
R	F				Btf, Bin
F	F	X	X		M
F	F		X		Bin, Btf
F	F				Btf
F	C				Btf, Bin
R	F				Btf
F	C				Btf, Bin
U	U				Btf
	C				Bc
F	F	X	X		Bin, Btf
F	F				Btf, Bin
R	F				Btf
F	C				Btf, Bin
R	U				Q
F	F	X	X		Btf
	Y			Y	Bin, Q

LEYENDA/LEGEND

* Especies registradas en el inventario Maijuna mas no en el inventario Ampiyacu/Species found on Maijuna inventory, but not on Ampiyacu inventory

Abundancia/Abundance

R = Raro (uno o dos registros)/ Rare (one or two records)

U = No común (menos que diariamente)/Uncommon (less than daily)

F = Poco común (<10 individuos/ día en hábitat propicio)/ Fairly common (<10 individuals/day in proper habitat)

C = Común (diariamente >10 en hábitat propicio)/Common (daily >10 in proper habitat)

X = Presente pero estatus incierto, registrado durante el inventario/Present but status uncertain, registered during the inventory

Y = Presente pero estatus incierto, registrado sólo por el equipo de trabajo de logística de avanzada (ver texto)/Present but status uncertain, registered only during work by advance team (see text)

Hábitats/Habitats

Bin = Bosques inundados estacionalmente/Seasonally flooded forests

Btf = Bosques de tierra firme/ Terra firme forests

Bc = Bosques de colinas de suelos pobres/Hill forest on poor soils

Q = Quebradas y ríos/Streams and rivers

A = Aire/Overhead

M = Hábitats múltiples (3+)/ Multiple habitats (3+ habitats)

S = Vegetación secundaria/ Second-growth

Apéndice/Appendix 5

Aves/Birds

AVES / BIRDS			
Nombre científico/ Scientific name	**Nombre en inglés/ English name**	**Nombre en castellano/ Spanish name**	
Sclateria naevia	Silvered Antbird	Hormiguero Plateado	
Percnostola rufifrons	Black-headed Antbird	Hormiguero de Cabeza Negra	
Schistocichla schistacea	Slate-colored Antbird	Hormiguero Pizarroso	
Schistocichla leucostigma	Spot-winged Antbird	Hormiguero de Ala Moteada	
Myrmeciza melanoceps	White-shouldered Antbird	Hormiguero de Hombro Blanco	
Myrmeciza hyperythra	Plumbeous Antbird	Hormiguero Plomizo	
Myrmeciza fortis	Sooty Antbird	Hormiguero Tiznado	
Pithys albifrons	White-plumed Antbird	Hormiguero de Plumón Blanco	
Gymnopithys leucaspis	Bicolored Antbird	Hormiguero Bicolor	
Rhegmatorhina melanosticta	Hairy-crested Antbird	Hormiguero de Cresta Canosa	
Hylophylax naevius	Spot-backed Antbird	Hormiguero de Dorso Moteado	
Hylophylax punctulatus	Dot-backed Antbird	Hormiguero de Dorso Punteado	
Willisornis poecilinotus	Scale-backed Antbird	Hormiguero de Dorso Escamoso	
*Phlegopsis nigromaculata**	Black-spotted Bare-eye	Ojo-Pelado Moteado de Negro	
Phlegopsis erythroptera	Reddish-winged Bare-eye	Ojo-Pelado de Ala Rojiza	
Formicariidae (3)			
Formicarius colma	Rufous-capped Antthrush	Gallito-Hormiguero de Gorro Rufo	
Formicarius analis	Black-faced Antthrush	Gallito-Hormiguero de Cara Negra	
Chamaeza nobilis	Striated Antthrush	Rasconzuelo Estriado	
Grallaridae (3)			
Grallaria varia	Variegated Antpitta	Tororoi Variegado	
Grallaria dignissima	Ochre-striped Antpitta	Tororoi Ocre Listado	
Myrmothera campanisona	Thrush-like Antpitta	Tororoi Campanero	
Conopophagidae (1)			
Conopophaga aurita	Chestnut-belted Gnateater	Jejenero de Faja Castaña	
Rhinocryptidae (1)			
Liosceles thoracicus	Rusty-belted Tapaculo	Tapaculo de Faja Rojiza	
Tyrannidae (46)			
Tyrannulus elatus	Yellow-crowned Tyrannulet	Moscareta de Corona Amarilla	
Myiopagis gaimardii	Forest Elaenia	Fío-fío de la Selva	
Myiopagis caniceps	Gray Elaenia	Fío-fío Gris	
*Myiopagis flavivertex**	Yellow-crowned Elaenia	Fío-fío de Corona Amarilla	
Ornithion inerme	White-lored Tyrannulet	Moscareta de Lores Blancos	
Corythopis torquata	Ringed Antpipit	Coritopis Anillado	
Zimmerius gracilipes	Slender-footed Tyrannulet	Moscareta de Pata Delgada	
Mionectes oleagineus	Ochre-bellied Flycatcher	Mosquerito de Vientre Ocráceo	
Myiornis ecaudatus	Short-tailed Pygmy-Tyrant	Tirano-Pigmeo de Cola Corta	
Lophotriccus galeatus	Helmeted Pygmy-Tyrant	Tirano-Pigmeo de Casquete	
Lophotriccus vitiosus	Double-banded Pygmy-Tyrant	Tirano-Pigmeo de Doble Banda	
Hemitriccus iohannis	Johannes' Tody-Tyrant	Tirano-Todi de Johannes	
*Poecilotriccus capitalis**	Black-and-white Tody-Flycatcher	Espatulilla Negra y Blanca	
*Todirostrum maculatum**	Spotted Tody-Flycatcher	Espatulilla Moteada	
Todirostrum chrysocrotaphum	Yellow-browed Tody-Flycatcher	Espatulilla de Ceja Amarilla	

Aves/Birds

Abundancia en los sitios/ Abundance at the sites					Hábitats/ Habitats
Curupa	Piedras	Nueva Vida	Río Yanayacu	Quebrada Coto	
R	U				Q
	F				Bc
R	R				Btf
F	F		X		Q, Bin
F	F	X	X	Y	Bin
		Y			Bin
F	F	X			Btf, Bin
U	U				Btf
R	U				Btf
R					Btf
F	F				Bin
R			X		Q
F	F				Btf
R	R	Y			Bin, Btf
	U				Btf
F	F				Btf
C	C	X	X		Bin, Btf
U	F				Bin
R					Btf
U	U				Bin
C	C				Bin, Btf
U	R				Btf
F	F				Btf
F	F	X	X	Y	Bin
U	F	X	X		Btf
U	F				Btf
	R				Bin
U	R				Btf
	U				Btf
F	F				Btf, Bin
F	F				Btf
R			X		Bin
	F				Bc
F	F		X	Y	Btf
	R				Bin
R					Bin
		Y			Q
R					Bin

LEYENDA/LEGEND

* Especies registradas en el inventario Maijuna mas no en el inventario Ampiyacu/Species found on Maijuna inventory, but not on Ampiyacu inventory

Abundancia/Abundance

R = Raro (uno o dos registros)/ Rare (one or two records)

U = No común (menos que diariamente)/Uncommon (less than daily)

F = Poco común (<10 individuos/ día en hábitat propicio)/ Fairly common (<10 individuals/day in proper habitat)

C = Común (diariamente >10 en hábitat propicio)/Common (daily >10 in proper habitat)

X = Presente pero estatus incierto, registrado durante el inventario/Present but status uncertain, registered during the inventory

Y = Presente pero estatus incierto, registrado sólo por el equipo de trabajo de logística de avanzada (ver texto)/Present but status uncertain, registered only during work by advance team (see text)

Hábitats/Habitats

Bin = Bosques inundados estacionalmente/Seasonally flooded forests

Btf = Bosques de tierra firme/ Terra firme forests

Bc = Bosques de colinas de suelos pobres/Hill forest on poor soils

Q = Quebradas y ríos/Streams and rivers

A = Aire/Overhead

M = Hábitats múltiples (3+)/ Multiple habitats (3+ habitats)

S = Vegetación secundaria/ Second-growth

Apéndice/Appendix 5

Aves/Birds

AVES / BIRDS		
Nombre científico/ Scientific name	**Nombre en inglés/ English name**	**Nombre en castellano/ Spanish name**
Cnipodectes subbrunneus	Brownish Twistwing	Alitorcido Pardusco
Rhynchocyclus olivaceus	Olivaceous Flatbill	Pico-Plano Oliváceo
Tolmomyias assimilis	Yellow-margined Flycatcher	Pico-Ancho de Ala Amarilla
Tolmomyias poliocephalus	Gray-crowned Flycatcher	Pico-Ancho de Corona Gris
Tolmomyias flaviventris	Yellow-breasted Flycatcher	Pico-Ancho de Pecho Amarillo
Platyrinchus coronatus	Golden-crowned Spadebill	Pico-Chato de Corona Dorada
*Platyrinchus platyrhynchos**	White-crested Spadebill	Pico-Chato de Cresta Blanca
Onychorhynchus coronatus	Royal Flycatcher	Mosquero Real
Myiobius barbatus	Sulphur-rumped Flycatcher	Mosquerito de Lomo Azufrado
Terenotriccus erythrurus	Ruddy-tailed Flycatcher	Mosquerito de Cola Rojiza
*Neopipo cinnamomea**	Cinnamon Manakin-Tyrant	Neopipo Acanelado
*Contopus cooperi**	Olive-sided Flycatcher	Pibí Boreal
*Contopus virens**	Eastern Wood-Pewee	Pibí Oriental
Ochthornis littoralis	Drab Water Tyrant	Tirano de Agua Arenisco
Legatus leucophaius	Piratic Flycatcher	Mosquero Pirata
Myiozetetes similis	Social Flycatcher	Mosquero Social
*Myiozetetes granadensis**	Gray-capped Flycatcher	Mosquero de Gorro Gris
Myiozetetes luteiventris	Dusky-chested Flycatcher	Mosquero de Pecho Oscuro
Pitangus sulphuratus	Great Kiskadee	Bienteveo Grande
Conopias parvus	Yellow-throated Flycatcher	Mosquero de Garganta Amarilla
*Myiodynastes luteiventris**	Sulphur-bellied Flycatcher	Mosquero de Vientre Azufrado
Megarynchus pitangua	Boat-billed Flycatcher	Mosquero Picudo
Tyrannopsis sulphurea	Sulphury Flycatcher	Mosquero Azufrado
Empidonomus aurantioatrocristatus	Crowned Slaty-Flycatcher	Mosquero-Pizarroso Coronado
Tyrannus melancholicus	Tropical Kingbird	Tirano Tropical
Rhytipterna simplex	Grayish Mourner	Plañidero Grisáceo
Myiarchus tuberculifer	Dusky-capped Flycatcher	Copetón de Cresta Oscura
Myiarchus ferox	Short-crested Flycatcher	Copetón de Cresta Corta
Ramphotrigon ruficauda	Rufous-tailed Flatbill	Pico-Plano de Cola Rufa
Attila citriniventris	Citron-bellied Attila	Atila de Vientre Citrino
Attila spadiceus	Bright-rumped Attila	Atila Polimorfo
Cotingidae (6)		
Phoenicircus nigricollis	Black-necked Red-Cotinga	Cotinga Roja de Cuello Negro
*Cotinga maynana**	Plum-throated Cotinga	Cotinga de Garganta Morada
Cotinga cayana	Spangled Cotinga	Cotinga Lentejuelada
Lipaugus vociferans	Screaming Piha	Piha Gritona
Querula purpurata	Purple-throated Fruitcrow	Cuervo Frutero de Garganta Púrpura
Gymnoderus foetidus	Bare-necked Fruitcrow	Cuervo Frutero de Cuello Pelado
Pipridae (8)		
Tyranneutes stolzmanni	Dwarf Tyrant-Manakin	Tirano Saltarín Enano
Machaeropterus regulus	Striped Manakin	Saltarín Rayado
Lepidothrix coronata	Blue-crowned Manakin	Saltarín de Corona Azúl
*Manacus manacus**	White-bearded Manakin	Saltarín de Barba Blanca

Aves/Birds

Abundancia en los sitios/ Abundance at the sites					Hábitats/ Habitats
Curupa	Piedras	Nueva Vida	Río Yanayacu	Quebrada Coto	
R	F				Btf, Bin
	U				Btf
U	U	Y	X		Btf
F	F	X	X		Btf, Bin
U		X	X		Bin, Q
R	U				Btf
	R				Bc
Y					Btf
	U				Btf
F	F				Btf
	R				Bc
	R				Btf
R	R	X			Btf
			Y		Q
R	U	X	X		Q, Bin
R		X	X		Q
		X	X		Q
F	U				Btf
		X	X	Y	S
F	F				Btf, Bc
	R				Btf
		X	Y		S
U					Bin
R	R				Btf
		X	X	Y	S
F	F				Btf
R		Y	Y		Btf
	F				S
U	U				Btf
F					Btf
U	U	X			Bin, Btf
F	F				Btf
		Y			Bin
	R				Btf
C	C				Btf
F	F				Btf
		Y	X	Y	Bin, A
U	F				Btf
U	U				Btf
F	F				Btf, Bin
U					Bin

LEYENDA/LEGEND

* Especies registradas en el inventario Maijuna mas no en el inventario Ampiyacu/Species found on Maijuna inventory, but not on Ampiyacu inventory

Abundancia/Abundance

- R = Raro (uno o dos registros)/ Rare (one or two records)
- U = No común (menos que diariamente)/Uncommon (less than daily)
- F = Poco común (<10 individuos/ día en hábitat propicio)/ Fairly common (<10 individuals/day in proper habitat)
- C = Común (diariamente >10 en hábitat propicio)/Common (daily >10 in proper habitat)
- X = Presente pero estatus incierto, registrado durante el inventario/Present but status uncertain, registered during the inventory
- Y = Presente pero estatus incierto, registrado sólo por el equipo de trabajo de logística de avanzada (ver texto)/Present but status uncertain, registered only during work by advance team (see text)

Hábitats/Habitats

- Bin = Bosques inundados estacionalmente/Seasonally flooded forests
- Btf = Bosques de tierra firme/ Terra firme forests
- Bc = Bosques de colinas de suelos pobres/Hill forest on poor soils
- Q = Quebradas y ríos/Streams and rivers
- A = Aire/Overhead
- M = Hábitats múltiples (3+)/ Multiple habitats (3+ habitats)
- S = Vegetación secundaria/ Second-growth

Apéndice/Appendix 5

Aves/Birds

AVES / BIRDS		
Nombre científico/ Scientific name	**Nombre en inglés/ English name**	**Nombre en castellano/ Spanish name**
Chiroxiphia pareola	Blue-backed Manakin	Saltarín de Dorso Azul
Dixiphia pipra	White-crowned Manakin	Saltarín de Corona Blanca
Pipra filicauda	Wire-tailed Manakin	Saltarín Cola-de-Alambre
Pipra erythrocephala	Golden-headed Manakin	Saltarín de Cabeza Dorada
Tityridae (10)		
Tityra cayana	Black-tailed Tityra	Titira de Cola Negra
Tityra semifasciata	Masked Tityra	Titira Enmascarada
Schiffornis major	Varzea Schiffornis	Shifornis de Várzea
Schiffornis turdina	Thrush-like Schiffornis	Shifornis Pardo
Laniocera hypopyrra	Cinereous Mourner	Plañidero Cinéreo
Iodopleura isabellae	White-browed Purpletuft	Iodopleura de Ceja Blanca
Pachyramphus polychopterus	White-winged Becard	Cabezón de Ala Blanca
Pachyramphus marginatus	Black-capped Becard	Cabezón de Gorro Negro
Pachyramphus minor	Pink-throated Becard	Cabezón de Garganta Rosada
Piprites chloris	Wing-barred Manakin	Piprites de Ala Barrada
Vireonidae (5)		
*Vireo olivaceus**	Red-eyed Vireo	Víreo de Ojo Rojo
*Vireo flavoviridis**	Yellow-green Vireo	Víreo Verde-Amarillo
Hylophilus thoracicus	Lemon-chested Greenlet	Verdillo de Pecho Limón
Hylophilus hypoxanthus	Dusky-capped Greenlet	Verdillo de Gorro Oscuro
Hylophilus ochraceiceps	Tawny-crowned Greenlet	Verdillo de Corona Leonada
Corvidae (1)		
Cyanocorax violaceus	Violaceous Jay	Urraca Violácea
Hirundinidae (9)		
Atticora fasciata	White-banded Swallow	Golondrina de Faja Blanca
Atticora tibialis	White-thighed Swallow	Golondrina de Muslo Blanco
Stelgidopteryx ruficollis	Southern Rough-winged Swallow	Golondrina Ala-Rasposa Sureña
*Progne tapera**	Brown-chested Martin	Martín de Pecho Pardo
Progne chalybea	Gray-breasted Martin	Martín de Pecho Gris
Tachycineta albiventer	White-winged Swallow	Golondrina de Ala Blanca
*Riparia riparia**	Bank Swallow	Golondrina Ribereña
*Hirundo rustica**	Barn Swallow	Golondrina Tijereta
*Petrochelidon pyrrhonota**	Cliff Swallow	Golondrina Risquera
Troglodytidae (6)		
Microcerculus marginatus	Scaly-breasted Wren	Cucarachero de Pecho Escamoso
*Troglodytes aedon**	House Wren	Cucarachero Común
Campylorhynchus turdinus	Thrush-like Wren	Cucarachero Zorzal
Thryothorus coraya	Coraya Wren	Cucarachero Coraya
Thryothorus leucotis	Buff-breasted Wren	Cucarachero de Pecho Anteado
Cyphorhinus arada	Musician Wren	Cucarachero Musical
Sylviidae (1)		
Microbates collaris	Collared Gnatwren	Solterillo Acollarado
Turdidae (4)		
Catharus minimus	Gray-cheeked Thrush	Zorzal de Cara Gris

Apéndice/Appendix 5

Aves/Birds

Abundancia en los sitios/ Abundance at the sites					Hábitats/ Habitats
Curupa	Piedras	Nueva Vida	Río Yanayacu	Quebrada Coto	
U	F				Btf
F	U				Btf
R	R				Bin
C	C				Btf
U		X		Y	Btf
	R				Btf
Y		X	X		Q
	F				Bc
F	F				Btf
R					Btf
U		X			Bin
U	U				Btf
U	R		X	Y	Btf, Bin
F	F				Btf
R	F				Btf
R					Btf
U	U		X		Bin
F	F		X		Btf, Bin
R	F				Btf
		X		Y	Bin
		X	Y		Q
R					A
		X	X		Q
		Y	Y		Q
		Y	Y		Q
		X	Y	Y	Q
		X			Q
		X			Q
		X			Q
F	F		X		Btf
		X			S
R	R	X			Bin
F	F	X	X		Bin, Btf
R	R	Y			Bin
U	F				Btf
	U				Btf, Bc
	R		X		Bin

LEYENDA/LEGEND

* Especies registradas en el inventario Maijuna mas no en el inventario Ampiyacu/Species found on Maijuna inventory, but not on Ampiyacu inventory

Abundancia/Abundance

R = Raro (uno o dos registros)/ Rare (one or two records)

U = No común (menos que diariamente)/Uncommon (less than daily)

F = Poco común (<10 individuos/ día en hábitat propicio)/ Fairly common (<10 individuals/day in proper habitat)

C = Común (diariamente >10 en hábitat propicio)/Common (daily >10 in proper habitat)

X = Presente pero estatus incierto, registrado durante el inventario/Present but status uncertain, registered during the inventory

Y = Presente pero estatus incierto, registrado sólo por el equipo de trabajo de logística de avanzada (ver texto)/Present but status uncertain, registered only during work by advance team (see text)

Hábitats/Habitats

Bin = Bosques inundados estacionalmente/Seasonally flooded forests

Btf = Bosques de tierra firme/ Terra firme forests

Bc = Bosques de colinas de suelos pobres/Hill forest on poor soils

Q = Quebradas y ríos/Streams and rivers

A = Aire/Overhead

M = Hábitats múltiples (3+)/ Multiple habitats (3+ habitats)

S = Vegetación secundaria/ Second-growth

Apéndice/Appendix 5

Aves/Birds

Nombre científico/ Scientific name	Nombre en inglés/ English name	Nombre en castellano/ Spanish name
Turdus lawrencii	Lawrence's Thrush	Zorzal de Lawrence
*Turdus ignobilis**	Black-billed Thrush	Zorzal de Pico Negro
Turdus albicollis	White-necked Thrush	Zorzal de Cuello Blanco
Thraupidae (24)		
Paroaria gularis	Red-capped Cardinal	Cardenal de Gorro Rojo
Cissopis leveriana	Magpie Tanager	Tangara Urraca
*Eucometis penicillata**	Gray-headed Tanager	Tangara de Cabeza Gris
Tachyphonus cristatus	Flame-crested Tanager	Tangara Cresta de Fuego
Tachyphonus surinamus	Fulvous-crested Tanager	Tangara de Cresta Leonada
Lanio fulvus	Fulvous Shrike-Tanager	Tangara Leonada
Ramphocelus nigrogularis	Masked Crimson Tanager	Tangara Enmascarada
Ramphocelus carbo	Silver-beaked Tanager	Tangara de Pico Plateado
Thraupis episcopus	Blue-gray Tanager	Tangara Azuleja
Thraupis palmarum	Palm Tanager	Tangara de Palmeras
Tangara mexicana	Turquoise Tanager	Tangara Turquesa
Tangara chilensis	Paradise Tanager	Tangara del Paraíso
Tangara schrankii	Green-and-gold Tanager	Tangara Verde y Dorada
Tangara xanthogastra	Yellow-bellied Tanager	Tangara de Vientre Amarillo
*Tangara gyrola**	Bay-headed Tanager	Tangara de Cabeza Baya
Tangara velia	Opal-rumped Tanager	Tangara de Lomo Opalino
Tangara callophrys	Opal-crowned Tanager	Tangara de Corona Opalina
Dacnis lineata	Black-faced Dacnis	Dacnis de Cara Negra
Dacnis flaviventer	Yellow-bellied Dacnis	Dacnis de Vientre Amarillo
Dacnis cayana	Blue Dacnis	Dacnis Azul
Cyanerpes nitidus	Short-billed Honeycreeper	Mielero de Pico Corto
Cyanerpes caeruleus	Purple Honeycreeper	Mielero Púrpura
Chlorophanes spiza	Green Honeycreeper	Mielero Verde
Hemithraupis flavicollis	Yellow-backed Tanager	Tangara de Dorso Amarillo
Emberizidae (3)		
*Ammodramus aurifrons**	Yellow-browed Sparrow	Gorrión de Ceja Amarilla
*Sporophila castaneiventris**	Chestnut-bellied Seedeater	Espiguero de Vientre Castaño
*Oryzoborus angolensis**	Chestnut-bellied Seed-Finch	Semillero de Vientre Castaño
Cardinalidae (5)		
Saltator grossus	Slate-colored Grosbeak	Pico Grueso de Pico Rojo
Saltator maximus	Buff-throated Saltator	Saltador de Garganta Anteada
*Saltator coerulescens**	Grayish Saltator	Saltador Grisáceo
Cyanocompsa cyanoides	Blue-black Grosbeak	Pico Grueso Negro Azulado
Habia rubica	Red-crowned Ant-Tanager	Tangara-Hormiguera de Corona Roja
Parulidae (1)		
Phaeothlypis fulvicauda	Buff-rumped Warbler	Reinita de Lomo Anteado
Icteridae (12)		
Psarocolius angustifrons	Russet-backed Oropendola	Oropéndola de Dorso Bermejo
Psarocolius viridis	Green Oropendola	Oropéndola Verde

Apéndice/Appendix 5

Aves/Birds

Abundancia en los sitios/ Abundance at the sites					Hábitats/ Habitats
Curupa	Piedras	Nueva Vida	Río Yanayacu	Quebrada Coto	
F	F				Bin
R		X	X		Bin, S
F	F				Btf, Bin
		Y			Q
		Y	X	Y	Q
	R				Bin
R	U				Btf
R	R				Btf
F	F				Btf
U	R	X	X		Q, S
U	R	X	X		S, Q
		X	X		S
R	R	X	X		Bin, S
	Y				Btf
F	F	X	X		M
U	F	X			M
R	R				Btf
R	R				Btf
R					Btf
R	R		X		Btf
U	F				Btf
R		X	X		Bin
R	R				Btf
R					Btf
U	F	X			Btf
U	U				Btf
R	F				Btf
		X		Y	S
		X	Y		S
		X			S
F	F		X		Btf, Bin
U	U		X		Bin, Btf
		X		Y	S
U	U		X		Bin
U	U				Btf
F	U		X		Q
R		X			Bin, S
R	U				Btf

LEYENDA/LEGEND

* Especies registradas en el inventario Maijuna mas no en el inventario Ampiyacu/Species found on Maijuna inventory, but not on Ampiyacu inventory

Abundancia/Abundance

R = Raro (uno o dos registros)/ Rare (one or two records)

U = No común (menos que diariamente)/Uncommon (less than daily)

F = Poco común (<10 individuos/ día en hábitat propicio)/ Fairly common (<10 individuals/day in proper habitat)

C = Común (diariamente >10 en hábitat propicio)/Common (daily >10 in proper habitat)

X = Presente pero estatus incierto, registrado durante el inventario/Present but status uncertain, registered during the inventory

Y = Presente pero estatus incierto, registrado sólo por el equipo de trabajo de logística de avanzada (ver texto)/Present but status uncertain, registered only during work by advance team (see text)

Hábitats/Habitats

Bin = Bosques inundados estacionalmente/Seasonally flooded forests

Btf = Bosques de tierra firme/ Terra firme forests

Bc = Bosques de colinas de suelos pobres/Hill forest on poor soils

Q = Quebradas y ríos/Streams and rivers

A = Aire/Overhead

M = Hábitats múltiples (3+)/ Multiple habitats (3+ habitats)

S = Vegetación secundaria/ Second-growth

Apéndice/Appendix 5

Aves/Birds

AVES / BIRDS		
Nombre científico/ Scientific name	**Nombre en inglés/ English name**	**Nombre en castellano/ Spanish name**
*Psarocolius decumanus**	Crested Oropendola	Oropéndola Crestada
Psarocolius bifasciatus	Olive Oropendola	Oropéndola Olivo
Clypicterus oseryi	Casqued Oropendola	Oropéndola de Casquete
Ocyalus latirostris	Band-tailed Oropendola	Oropéndola de Cola Bandeada
Cacicus cela	Yellow-rumped Cacique	Cacique de Lomo Amarillo
*Icterus croconotus**	Orange-backed Troupial	Turpial de Dorso Naranja
*Gymnomystax mexicanus**	Oriole Blackbird	Tordo Oriol
*Lampropsar tanagrinus**	Velvet-fronted Grackle	Clarinero de Frente Aterciopelada
Molothrus oryzivorus	Giant Cowbird	Tordo Gigante
*Molothrus bonariensis**	Shiny Cowbird	Tordo Brilloso
Fringillidae (4)		
*Euphonia laniirostris**	Thick-billed Euphonia	Eufonia de Pico Grueso
Euphonia chrysopasta	White-lored Euphonia	Eufonia de Vientre Dorado
Euphonia xanthogaster	Orange-bellied Euphonia	Eufonia de Vientre Naranja
Euphonia rufiventris	Rufous-bellied Euphonia	Eufonia de Vientre Rufo
Número de especies total/Total number of species		

Abundancia en los sitios/ Abundance at the sites					Hábitats/ Habitats
Curupa	Piedras	Nueva Vida	Río Yanayacu	Quebrada Coto	
R	R	X	X		Bin, S
F	F				Btf
R	R		X		Btf
	R				Bin
U	F	X	X		M
			Y		Bin
			Y		Q
R			X		Bin
		X	Y		Q, S
		X			S
		X		Y	Bin
R	R				Btf
F	F				Btf, Bin
F	F				Btf
275	**275**	**134**	**113**	**45**	

LEYENDA/LEGEND

* Especies registradas en el inventario Maijuna mas no en el inventario Ampiyacu/Species found on Maijuna inventory, but not on Ampiyacu inventory

Abundancia/Abundance

R = Raro (uno o dos registros)/ Rare (one or two records)

U = No común (menos que diariamente)/Uncommon (less than daily)

F = Poco común (<10 individuos/ día en hábitat propicio)/ Fairly common (<10 individuals/day in proper habitat)

C = Común (diariamente >10 en hábitat propicio)/Common (daily >10 in proper habitat)

X = Presente pero estatus incierto, registrado durante el inventario/Present but status uncertain, registered during the inventory

Y = Presente pero estatus incierto, registrado sólo por el equipo de trabajo de logística de avanzada (ver texto)/Present but status uncertain, registered only during work by advance team (see text)

Hábitats/Habitats

Bin = Bosques inundados estacionalmente/Seasonally flooded forests

Btf = Bosques de tierra firme/ Terra firme forests

Bc = Bosques de colinas de suelos pobres/Hill forest on poor soils

Q = Quebradas y ríos/Streams and rivers

A = Aire/Overhead

M = Hábitats múltiples (3+)/ Multiple habitats (3+ habitats)

S = Vegetación secundaria/ Second-growth

Apéndice/Appendix 6

Nombre en Maijuna de las Aves Más Comunes/Maijuna Names for Common Birds

Nombre en Maijuna de las aves más comunes en la propuesta Área de Conservación Regional Maijuna, Loreto, Perú, octubre 2009, por Sebastian Ríos Ochoa, Douglas F. Stotz y Juan Díaz Alván./Maijuna names of common birds in proposed Área de Conservación Regional Maijuna, Loreto, Peru, October 2009, by Sebastian Ríos Ochoa, Douglas F. Stotz, and Juan Díaz Alván.

NOMBRE EN MAIJUNA DE LAS AVES MÁS COMUNES / MAIJUNA NAMES FOR COMMON BIRDS

Nombre científico/ Scientific name	Nombre en Maijuna/ Maijuna Name	Nombre en inglés/ English name	Nombre en castellano/ Spanish name
Tinamidae (4)			
Tinamus major	*Yoto*	Great Tinamou	Perdiz Grande
Tinamus guttatus	*Beadade*	White-throated Tinamou	Perdiz de Garganta Blanca
Crypturellus soui	*Biyo*	Little Tinamou	Perdiz Chica
Crypturellus variegatus	*Bɨ*	Variegated Tinamou	Perdiz Abigarrada
Cracidae (5)			
Ortalis guttata	*Ananico*	Speckled Chachalaca	Chachalaca Jaspeada
Penelope jacquacu	*Timɨ*	Spix's Guan	Pava de Spix
Pipile cumanensis	*Uje*	Blue-throated Piping-Guan	Pava de Garganta Azul
Nothocrax urumutum	*Bɨdidi*	Nocturnal Curassow	Paujil Nocturno
Mitu salvini	*Ɨjebɨ*	Salvin's Curassow	Paujil de Salvin
Odontophoridae (1)			
Odontophorus gujanensis	*Maca cuda*	Marbled Wood-Quail	Codorniz de Cara Roja
Ardeidae (1)			
Ardea cocoi	*Boiyo*	Cocoi Heron	Garza Cuca
Cathartidae (2)			
Coragyps atratus	*Pɨpɨdico*	Black Vulture	Gallinazo de Cabeza Negra
Sarcoramphus papa	*Pɨpɨdi*	King Vulture	Gallinazo Rey
Accipritidae (1)			
*Harpia harpyja**	*Jaibibe*	Harpy Eagle	Aguila Harpía
Falconidae (1)			
Herpetotheres cachinnans	*Noeca*	Laughing Falcon	Halcón Reidor
Psophiidae (1)			
Psophia crepitans	*Tɨtɨ*	Gray-winged Trumpeter	Trompetero de Ala Gris
Rallidae (1)			
Aramides cajanea	*Netɨtɨ*	Gray-necked Wood-Rail	Rascón Montés de Cuello Gris
Heliornithidae (1)			
Heliornis fulica	*Dao*	Sungrebe	Ave de Sol Americano
Columbidae (1)			
Patagioenas sp.	*Tɨte*	Pigeon	Paloma
Psittacidae (5)			
Ara ararauna	*Boma*	Blue-and-yellow Macaw	Guacamayo Azul y Amarillo
Ara macao	*Ɨma*	Scarlet Macaw	Guacamayo Escarlata
Brotogeris sanctithomae	*Madede quɨyi*	Tui Parakeet	Perico Tui
Pionites melanocephala	*Tiyo*	Black-headed Parrot	Loro de Cabeza Negra
Amazona farinosa	*Beco*	Mealy Parrot	Loro Harinoso
Strigidae (1)			
Pulsatrix perspicillata	*Manu*	Spectacled Owl	Búho de Anteojos
Icteridae (2)			
Psarocolius sp.	*Jai seo*	Oropendola	Oropéndola
Cacicus cela	*Yadi seo*	Yellow-rumped Cacique	Cacique de Lomo Amarillo

* Especie no observada en el campo durante el inventário rápido./Species not observed in the field during the rapid inventory.

Apéndice/Appendix 7

Mamíferos Medianos y Grandes/Large and Medium-sized Mammals

Mamíferos registrados o potencialemente presentes en dos sitios en el interfluvio de los ríos Napo y Putumayo, generada con información del trabajo de campo realizado en el inventario rápido biológico de la propuesta Área de Conservación Regional (ACR) Maijuna, Perú, de octubre 14–30 de 2009, por Adriana Bravo. Las especies registradas durante el inventario rápido aparecen en negrita. Nomenclatura sigue Wilson y Reeder (2005).

MAMÍFEROS MEDIANOS Y GRANDES / LARGE AND MEDIUM-SIZED MAMMALS

Nombre científico/ Scientific name	Nombre Maijuna/ Maijuna name	Nombre en castellano/ Spanish name
Didelphimorphia (6)		
Didelphidae (6)		
*Caluromys lanatus**		zorro
*Chironectes minimus**	*bito sisɨ*	zorro de agua
*Didelphis marsupialis**	*bito sisɨ*	zorro
*Metachirus nudicaudatus**	*sisɨ*	pericote
Philander andersoni	*sisɨ*	zorro
Marmosops noctivagus	*sisɨ*	pericote
Sirenia (1)		
Trichechidae (1)		
Trichechus inunguis†		manatí
Cingulata (4)		
Dasypodidae (4)		
*Cabassous unicinctus**	*bichi toto aquɨ*	trueno carachupa
*Dasypus kappleri**	*toto aquɨ*	carachupa
Dasypus novemcinctus	*toto aquɨ*	carachupa
***Priodontes maximus*†**	*jai toto aquɨ*	carachupa mama
Pilosa (5)		
Cyclopedidae (1)		
*Cyclopes didactylus**	*utiguido*	serafín
Myrmecophagidae (2)		
Myrmecophaga tridactyla	*aimano*	oso hormiguero bandera
*Tamandua tetradactyla**	*tobodo*	oso hormiguero
Bradypodidae (1)		
Bradypus variegatus	*mai badobɨ*	pelejo

LEYENDA/ LEGEND

* = Especie esperada, pero no registrada/Expected species, but not registered.

† = Especie registrada anteriormente en el Río Algodón por Marco Sánchez López de la comunidad de San Pablo de Totolla, Sebastián Ríos Ochoa de la comunidad de Sucusari y Michael Gilmore./Species recorded previously along the Algodón River by Marco Sánchez López from the community of San Pablo de Totolla, Sebastián Ríos Ochoa from the community of Sucusari, and Michael Gilmore.

‡ = Especie registrada durante el inventario rápido en la zona del Río Sucusari en ExplorNapo./ Species registered during the rapid inventory in the Sucusari River at ExplorNapo.

Nombre Maijuna/Maijuna name

Los nombres en Maijuna se consiguieron gracias a la cordial gentileza de Liberato Mosoline Mujica, Sebastián Ríos Ochoa y Marco Sánchez López de las comunidades Maijuna de Nueva Vida, Sucusari y San Pablo de Totolla, respectivamente./Maijuna names provided by Liberato Mosoline Mujica, Sebastián Ríos Ochoa, and Marco Sánchez López from the Maijuna communities Nueva Vida, Sucusari, and San Pablo de Totolla, respectively.

Apéndice/Appendix 7

Mamíferos Medianos y Grandes/Large and Medium-sized Mammals

Mammals registered or potentially present at two sites in the interfluvial area of the Napo and Putumayo rivers, from field work during the rapid biological inventory of the proposed Área de Conservación Regional (ACR) Maijuna, 14-30 October 2009, by Adriana Bravo. Species registered during the rapid inventory appear in bold letters. Nomenclature follows Wilson and Reeder (2005).

Nombre en inglés/ English name	Registros en los sitios/ Records by site		Status de conservación/ Conservation status		
	Curupa	Piedras	UICN/IUCN	CITES	INRENA
western woolly opossum			LC		
water opossum			LC		
common opossum			LC		
brown four-eyed opossum			LC		
Anderson's gray four-eyed opossum	O		LC		
white-bellied slender mouse opossum		O	LC		
Amazonian manatee			VU	I	Vu
southern naked-tailed armadillo			LC		
great long-nosed armadillo			LC		
nine-banded long-nosed armadillo	R	O, R	LC		
giant armadillo	O, R	R	VU	I	Vu
silky anteater			LC		
giant anteater		O	VU	II	Vu
southern tamandua			LC		
brown-throated three-toed sloth		O	LC	II	

Nombres en castellano/Spanish names

Los nombres en castellano provienen de la gente local que participó en el inventario./Spanish names are from local people who participated in the inventory.

Nombres en inglés/English names

Los nombres en inglés provienen de Emmons y Feer (1997)./English names are from Emmons and Feer (1997).

Tipo de registro/Basis for record

O = Observación directa/ Direct observation

H = Huellas/Tracks

R = Rastros (alimentos, heces, madrigueras, etc.)/Signs (food, scats, den, etc.)

V = Vocalizaciones/Calls

Categorías UICN/IUCN categories (UICN 2009)

EN = En peligro/Endangered

VU = Vulnerable

NT = Casi amenazada/Near threatened

LC = Bajo riesgo/Least concern

DD = Datos insuficientes/Data deficient

Apéndices CITES/CITES appendices (CITES 2009)

I = En vía de extinción/Threatened with extinction

II = Vulnerables o potencialmente amenazadas/Vulnerable or potentially threatened

II = Reguladas/Regulated

Categorias INRENA/INRENA categories (INRENA 2004)

En = En peligro/Endangered

Vu = Vulnerable

Nt = Casi Amenazado/Near Threatened

Apéndice/Appendix 7

Mamíferos Medianos y Grandes/Large and Medium-sized Mammals

MAMÍFEROS MEDIANOS Y GRANDES / LARGE AND MEDIUM-SIZED MAMMALS

Nombre científico/ Scientific name	Nombre Maijuna/ Maijuna name	Nombre en castellano/ Spanish name
Megalonychidae (1)		
*Choloepus didactylus**	*badobɨ*	pelejo colorado
Primates (13)		
Cebidae (8)		
*Callimico goeldii**	*chichi*	pichico
Callithrix pygmaea‡	*camishishi*	leoncito
Saguinus nigricollis†‡	*chichi*	pichico
*Saguinus fuscicollis**	*chichi*	pichico
Aotus vociferans†	*ɨtɨ*	musmuqui
Cebus albifrons†	*bo taque*	machín blanco
Cebus apella	*nea taque*	machin negro
Saimiri sciureus†	*bo chichi*	fraile
Pitheciidae (3)		
Callicebus cupreus†	*ñame bao*	tocón colorado
Callicebus torquatus†‡	*bao*	tocón negro
Pithecia monachus†‡	*baotutu*	huapo negro
Atelidae (2)		
Alouatta seniculus†	*jaiquɨ*	coto
Lagothrix lagothrica†	*naso*	choro
Rodentia (8)		
Sciuridae (3)		
Microsciurus flaviventer‡	*sɨsɨco*	ardilla
Sciurus igniventris	*sɨsɨco*	ardilla colorada
*Sciurus spadiceus**	*sɨsɨco*	ardilla colorada

LEYENDA/ LEGEND

* = Especie esperada, pero no registrada/Expected species, but not registered.

† = Especie registrada anteriormente en el Río Algodón por Marco Sánchez López de la comunidad de San Pablo de Totolla, Sebastián Ríos Ochoa de la comunidad de Sucusari y Michael Gilmore./Species recorded previously along the Algodón River by Marco Sánchez López from the community of San Pablo de Totolla, Sebastián Ríos Ochoa from the community of Sucusari, and Michael Gilmore.

‡ = Especie registrada durante el inventario rápido en la zona del Río Sucusari en ExplorNapo./Species registered during the rapid inventory in the Sucusari River at ExplorNapo.

Nombre Maijuna/Maijuna name

Los nombres en Maijuna se consiguieron gracias a la cordial gentileza de Liberato Mosoline Mujica, Sebastián Ríos Ochoa y Marco Sánchez López de las comunidades Maijuna de Nueva Vida, Sucusari y San Pablo de Totolla, respectivamente./Maijuna names provided by Liberato Mosoline Mujica, Sebastián Ríos Ochoa, and Marco Sánchez López from the Maijuna communities Nueva Vida, Sucusari, and San Pablo de Totolla, respectively.

Mamíferos Medianos y Grandes/Large and Medium-sized Mammals

Nombre en inglés/ English name	Registros en los sitios/ Records by site		Status de conservación/ Conservation status		
	Curupa	Piedras	UICN/IUCN	CITES	INRENA
southern two-toed sloth			LC	III	
Goeldi's monkey			VU	I	Vu
pygmy marmoset			LC	II	
black-mantled tamarin	O, V	O, V	LC	II	
saddleback tamarin			LC		
night monkey	O, V	O, V	LC	II	
white-fronted capuchin monkey	O, V	O, V	LC	II	
brown capuchin monkey	O, V		LC	II	
common squirrel monkey	O, V	O, V	LC	II	
dusky titi monkey			LC	II	
yellow-handed titi monkey	O, V	O, V	LC	II	Vu
monk saki monkey	O, V	O, V	LC	II	
red howler monkey		V	LC	II	Nt
common woolly monkey		O, V	VU	II	Nt
Amazon dwarf squirrel	O, V	O	LC		
Northern Amazon red squirrel	O, V	O, V	LC		
Southern Amazon red squirrel			LC		

Nombres en castellano/Spanish names

Los nombres en castellano provienen de la gente local que participó en el inventario./Spanish names are from local people who participated in the inventory.

Nombres en inglés/English names

Los nombres en inglés provienen de Emmons y Feer (1997)./English names are from Emmons and Feer (1997).

Tipo de registro/Basis for record

O = Observación directa/ Direct observation

H = Huellas/Tracks

R = Rastros (alimentos, heces, madrigueras, etc.)/Signs (food, scats, den, etc.)

V = Vocalizaciones/Calls

Categorías UICN/IUCN categories (UICN 2009)

EN = En peligro/Endangered

VU = Vulnerable

NT = Casi amenazada/Near threatened

LC = Bajo riesgo/Least concern

DD = Datos insuficientes/Data deficient

Apéndices CITES/CITES appendices (CITES 2009)

I = En vía de extinción/Threatened with extinction

II = Vulnerables o potencialmente amenazadas/Vulnerable or potentially threatened

II = Reguladas/Regulated

Categorias INRENA/INRENA categories (INRENA 2004)

En = En peligro/Endangered

Vu = Vulnerable

Nt = Casi Amenazado/Near Threatened

Apéndice/Appendix 7

Mamíferos Medianos y Grandes/Large and Medium-sized Mammals

MAMÍFEROS MEDIANOS Y GRANDES / LARGE AND MEDIUM-SIZED MAMMALS

Nombre científico/ Scientific name	Nombre Maijuna/ Maijuna name	Nombre en castellano/ Spanish name
Erethizontidae (1)		
Coendou prehensilis[†]	*toto*	cashacushillo
Caviidae (1)		
Hydrochoerus hydrochaeris[†‡]	*yuada*	ronsoco
Dasyproctidae (2)		
Dasyprocta fuliginosa[†‡]	*codome, maitaco*	añuje
Myoprocta pratti[†]	*maso*	punchana
Cuniculidae (1)		
Cuniculus paca[†]	*oje beco, seme*	majás
Carnivora (16)		
Felidae (5)		
*Herpailurus yaguaroundi**	*biyoyai*	yaguarundi
Leopardus pardalis	*bai yai*	tigrillo
*Leopardus wiedii**	*bai yai*	tigrillo
Panthera onca	*jai yai, mɨmɨdi*	otorongo
*Puma concolor**	*ma yai*	puma
Canidae (2)		
Atelocynus microtis	*biyoyai*	perro de monte
Speothos venaticus[†]	*oayai*	perro de monte
Mustelidae (5)		
Eira barbara[†]	*cobe*	manco
*Galictis vittata**	*coque*	sacha perro
Lontra longicaudis	*yao*	nutria
*Mustela africana**		comadreja
Pteronura brasiliensis[†]	*atacami*	lobo de río

LEYENDA/ LEGEND

* = Especie esperada, pero no registrada/Expected species, but not registered.

† = Especie registrada anteriormente en el Río Algodón por Marco Sánchez López de la comunidad de San Pablo de Totolla, Sebastián Ríos Ochoa de la comunidad de Sucusari y Michael Gilmore./Species recorded previously along the Algodón River by Marco Sánchez López from the community of San Pablo de Totolla, Sebastián Ríos Ochoa from the community of Sucusari, and Michael Gilmore.

‡ = Especie registrada durante el inventario rápido en la zona del Río Sucusari en ExplorNapo./Species registered during the rapid inventory in the Sucusari River at ExplorNapo.

Nombre Maijuna/Maijuna name

Los nombres en Maijuna se consiguieron gracias a la cordial gentileza de Liberato Mosoline Mujica, Sebastián Ríos Ochoa y Marco Sánchez López de las comunidades Maijuna de Nueva Vida, Sucusari y San Pablo de Totolla, respectivamente./Maijuna names provided by Liberato Mosoline Mujica, Sebastián Ríos Ochoa, and Marco Sánchez López from the Maijuna communities Nueva Vida, Sucusari, and San Pablo de Totolla, respectively.

Mamíferos Medianos y Grandes/Large and Medium-sized Mammals

Nombre en inglés/ English name	Registros en los sitios/ Records by site		Status de conservación/ Conservation status		
	Curupa	Piedras	UICN/IUCN	CITES	INRENA
Brazilian porcupine			LC		
capybara			LC		
black agouti	O, V	O, V	LC		
green acouchy	O, V	O, V	LC		
paca	O	O	LC	III	
jaguarundi			LC	I	
ocelot		V	LC	I	
margay			LC	I	
jaguar	O, H		NT	I	Nt
puma			NT	I	Nt
short-eared dog	O	O	DD		
bush dog			VU	I	
tayra	O		LC	III	
great grison			LC	III	
Neotropical otter		R	DD	I	
Amazon weasel			DD		
giant otter			EN	I	En

Nombres en castellano/Spanish names

Los nombres en castellano provienen de la gente local que participó en el inventario./Spanish names are from local people who participated in the inventory.

Nombres en inglés/English names

Los nombres en inglés provienen de Emmons y Feer (1997)./English names are from Emmons and Feer (1997).

Tipo de registro/Basis for record

O = Observación directa/ Direct observation

H = Huellas/Tracks

R = Rastros (alimentos, heces, madrigueras, etc.)/Signs (food, scats, den, etc.)

V = Vocalizaciones/Calls

Categorías UICN/IUCN categories (UICN 2009)

EN = En peligro/Endangered

VU = Vulnerable

NT = Casi amenazada/Near threatened

LC = Bajo riesgo/Least concern

DD = Datos insuficientes/Data deficient

Apéndices CITES/CITES appendices (CITES 2009)

I = En vía de extinción/Threatened with extinction

II = Vulnerables o potencialmente amenazadas/Vulnerable or potentially threatened

II = Reguladas/Regulated

Categorias INRENA/INRENA categories (INRENA 2004)

En = En peligro/Endangered

Vu = Vulnerable

Nt = Casi Amenazado/Near Threatened

Apéndice/Appendix 7

Mamíferos Medianos y Grandes/Large and Medium-sized Mammals

MAMÍFEROS MEDIANOS Y GRANDES / LARGE AND MEDIUM-SIZED MAMMALS

Nombre científico/ Scientific name	Nombre Maijuna/ Maijuna name	Nombre en castellano/ Spanish name
Procyonidae (4)		
*Bassaricyon gabbii**	*pano*	chosna
***Nasua nasua*†**	*chichibɨ*	achuni, coati
***Potos flavus*†**	*jaiada*	chosna
*Procyon cancrivorus**		
Perissodactyla (1)		
Tapiridae (1)		
***Tapirus terrestris*†**	*bequɨ, jaico*	sachavaca
Cetartiodactyla (6)		
Tayassuidae (2)		
***Pecari tajacu*†**	*caocoa*	sajino
***Tayassu pecari*†**	*sese, bɨdɨ, jai juna aquɨ*	huangana
Cervidae (2)		
Mazama americana	*ma bosa*	venado colorado
*Mazama gouazoubira**	*ñamabo*	venado gris
Delphinidae (1)		
***Sotalia fluviatilis*†**	*bibɨ*	bufeo
Iniidae (1)		
Inia geoffrensis†	*ma bibɨ*	bufeo colorado

LEYENDA/ LEGEND

* = Especie esperada, pero no registrada/Expected species, but not registered.

† = Especie registrada anteriormente en el Río Algodón por Marco Sánchez López de la comunidad de San Pablo de Totolla, Sebastián Ríos Ochoa de la comunidad de Sucusari y Michael Gilmore./Species recorded previously along the Algodón River by Marco Sánchez López from the community of San Pablo de Totolla, Sebastián Ríos Ochoa from the community of Sucusari, and Michael Gilmore.

‡ = Especie registrada durante el inventario rápido en la zona del Río Sucusari en ExplorNapo./ Species registered during the rapid inventory in the Sucusari River at ExplorNapo.

Nombre Maijuna/Maijuna name

Los nombres en Maijuna se consiguieron gracias a la cordial gentileza de Liberato Mosoline Mujica, Sebastián Ríos Ochoa y Marco Sánchez López de las comunidades Maijuna de Nueva Vida, Sucusari y San Pablo de Totolla, respectivamente./Maijuna names provided by Liberato Mosoline Mujica, Sebastián Ríos Ochoa, and Marco Sánchez López from the Maijuna communities Nueva Vida, Sucusari, and San Pablo de Totolla, respectively.

Apéndice/Appendix 7

Mamíferos Medianos y Grandes/Large and Medium-sized Mammals

Nombre en inglés/ English name	Registros en los sitios/ Records by site		Status de conservación/ Conservation status		
	Curupa	Piedras	UICN/IUCN	CITES	INRENA
olingo			LC		
South American coati		O	LC		
kinkajou	O, V	O, V	LC	III	
crab-eating raccoon			LC		
Brazilian tapir	H	O, H	VU	II	Vu
collared peccary	O, H	O, H	LC	II	
white-lipped peccary		O, H, V	LC	II	
red brocket deer	H	O, H	DD		
gray brocket deer			DD		
gray dolphin		O	DD	I	
pink river dolphin			VU	II	

Nombres en castellano/Spanish names

Los nombres en castellano provienen de la gente local que participó en el inventario./Spanish names are from local people who participated in the inventory.

Nombres en inglés/English names

Los nombres en inglés provienen de Emmons y Feer (1997)./English names are from Emmons and Feer (1997).

Tipo de registro/Basis for record

O = Observación directa/ Direct observation

H = Huellas/Tracks

R = Rastros (alimentos, heces, madrigueras, etc.)/Signs (food, scats, den, etc.)

V = Vocalizaciones/Calls

Categorías UICN/IUCN categories (UICN 2009)

EN = En peligro/Endangered

VU = Vulnerable

NT = Casi amenazada/Near threatened

LC = Bajo riesgo/Least concern

DD = Datos insuficientes/Data deficient

Apéndices CITES/CITES appendices (CITES 2009)

I = En vía de extinción/Threatened with extinction

II = Vulnerables o potencialmente amenazadas/Vulnerable or potentially threatened

II = Reguladas/Regulated

Categorias INRENA/INRENA categories (INRENA 2004)

En = En peligro/Endangered

Vu = Vulnerable

Nt = Casi Amenazado/Near Threatened

Apéndice/Appendix 8

Murciélagos/Bats

Especies y número de murciélagos registrados por Adriana Bravo en Curupa y Piedras, Loreto, Perú, 14–26 de octubre de 2009, durante el inventario rapido biológico realizado en la area propuesta como Área de Conservación Regional Maijuna. / Bat species and their abundance registered by Adriana Bravo at Curupa and Piedras, Loreto, Peru, 14–26 October 2009, during a rapid biological inventory of the proposed Área de Conservación Regional Maijuna.

MURCIÉLAGOS / BATS

Nombre científico/ Scientific name	Nombre en castellano/ Spanish name	Nombre en inglés/ English name	Número de registros/ Number of individuals recorded		Estatus de conservación/ Conservation status*
			Campamento Curupa	Campamento Piedras	UICN/ IUCN
Emballonuridae (1)					
Rhinchonycteris naso	murciélago narigudo	long-nosed bat	~10	~10	LR/lc
Phyllostomidae (9)					
Carolliinae (2)					
Carollia perspicillata	murciélago de cola corta	short-tailed fruit bat	2	0	LR/lc
Carollia sp.	murciélago de cola corta	short-tailed fruit bat	1	0	
Glossophaginae (1)					
Glossophaga soricina	murciélago de lengua larga común	Pallas's long-tongued bat	0	2	LR/lc
Phyllostominae (3)					
Glyphonycteris daviesi	murciélago orejudo de Davies	graybeard bat	0	1	LR/nt
Phyllostomus elongatus	murciélago nariz de lanza	spear-nosed bat	1	0	LR/lc
Phyllostomus hastatus	murciélago rayado	hairy-nosed bat	1	0	LR/lc
Stenodermatinae (3)					
Artibeus obscurus	murciélago frutero oscuro	large fruit bat	2	0	LR/nt
Mesophylla macconnelli	murciélago de macConnell	MacConnell's bat	1	1	LR/lc
Uroderma bilobatum	murciélago toldero	common tent-making bat	1	0	LR/lc

LEYENDA/ LEGEND

* Las especies han sido evaluadas por CITES (2009) e INRENA (2004) pero no llevan categoría bajo sus criterios./ These species have been evaluated by CITES (2009) and INRENA (2004) but did not meet their criteria for categorization.

Categorias UICN/IUCN categories (2009)

LR/nt = Bajo riesgo, casi amenazada/ Lower risk, near threatened

LR/lc = Riesgo menor, poca preocupación/Low risk, least concern

LITERATURA CITADA/LITERATURE CITED

Álvarez A., J., and B. M. Whitney. 2003. New distributional records of birds from white-sand forests of the northern Peruvian Amazon, with implications for biogeography of northern South America. Condor 105:552–566.

Angermeier, P. L., and J. R. Karr. 1983. Fish communities among environmental gradients in a system of tropical streams. Environmental Biology of Fishes 9:117–135.

Aquino, R. M., R. E. Bodmer y J. G. Gil. 2001. *Mamíferos de la cuenca del río Samiria: Ecología poblacional y sustentabilidad de la caza.* Junglevagt for Amazonas, AIF–WWF/DK, Wildlife Conservation Society. Rosegraf S.R.L., Lima.

Aquino, R., F. M. Cornejo, E. Pezo Lozano, and E. W. Heymann. 2009a. Geographic distribution and demography of *Pithecia aequatorialis* (Pitheciidae) in Peruvian Amazonia. American Journal of Primatology 71:1–5.

Aquino, R., and F. Encarnación. 1994. Primates of Peru. Primate Report 40:1–127.

Aquino, R., W. Terrones, R. Navarro, C. Terrones y F. Cornejo. 2009b. Caza y estado de conservación de primates en la cuenca del río Itaya, Loreto, Perú. Revista Peruana de Biología 15:33–39.

Armbruster, J. W. 2003. The species of the *Hypostomus cochliodon* group (Siluriformes: Loricariidae). Zootaxa 249:1–60.

Arvelo-Jiménez, N., and K. Conn. 1995. The Ye'kuana self-demarcation process. Cultural Survival Quarterly 18(4):40–42.

Barbosa de Souza, M., y/and C. Rivera G. 2006. Anfibios y reptile/Amphibians and reptiles. Pp. 83–86 y/and 182–185 en/in C. Vriesendorp, T. S. Schulenberg, W. S. Alverson, D. K. Moskovits, y/and J.-I. Rojas Moscoso, eds. Perú: Sierra del Divisor, Rapid Biological Inventories Report 17. The Field Museum, Chicago.

Barthem, R., M. Goulding, B. Fosberg, C. Cañas, and H. Ortega. 2003. *Aquatic ecology of the Río Madre de Dios: Scientific bases for Andes-Amazon headwaters conservation.* Asociacion para la Conservación de la Cuenca Amazónica (ACCA)/Amazon Conservation Association (ACA). Gráfica Biblos S.A., Lima.

Bellier, I. 1993. Mai huna Tomo I. Los pueblos indios en sus mitos, número 7. Ediciones Abya-Yala, Quito.

Bellier, I. 1994. Los Mai huna. Pp. 1–180 en F. Santos y F. Barclay, eds., *Guía etnográfica de la Alta Amazonía.* Facultad Latinoamericana de Ciencias Sociales (FLACSO) Sede Ecuador, Quito.

Bertaco, V. A., L. R. Malabarba, M. Hidalgo, and H. Ortega. 2007. A new species of *Hemibrycon* (Teleostei: Characiformes: Characidae) from the río Ucayali drainage, Sierra del Divisor, Peru. Neotropical Ichthyology 5(3):251–257.

Brack-Egg, A. 1998. Amazonia: biodiversidad, comunidades y desarrollo. (CD-ROM) DESYCOM (GEF, PNUD, UNOPS, Proyectos RLA/92/G31, 32, 33, and FIDA), Lima.

Bravo Ordoñez, A. 2009. *Collpas* as activity hotspots for frugivorous bats (Stenodermatinae) in the Peruvian Amazon: Underlying mechanisms and conservation implications. Ph.D. thesis, Louisiana State University and Agricultural and Mechanical College, Baton Rouge.

Bravo, A., y/and R. Borman. 2008. Mamíferos/Mammals. Pp. 105–111 y/and 229–234 en/in W. S. Alverson, C. Vriesendorp, A. del Campo, D. K. Moskovits, D. F. Stotz, M. García Donayre, y/and L. A. Borbor L., eds. Ecuador, Perú: Cuyabeno-Güeppí. Rapid Inventories Report 20. The Field Museum, Chicago.

Bravo, A., y/and J. Ríos. 2007. Mamíferos/Mammals. Pp. 73–78 y/and 140–145 en/in C. Vriesendorp, J. A. Alvarez, N. Barbagelata, W. S. Alverson, y D. K. Moskovits, eds. Perú: Mazán-Nanay-Arabela. Rapid Biological Inventories Report 18. The Field Museum, Chicago.

Brewer, T. M. 1878. Bird architecture IV. The hummingbirds. Scribner's Monthly 17:161–177.

Britto, M., F. C. T. Lima, and M. Hidalgo. 2007. *Corydoras ortegai*, a new species of corydoradine catfish from the lower Río Putumayo in Peru (Ostariophysi: Siluriformes: Callichthyidae). Neotropical Ichthyology 5(3):293–300.

Bustamante, M., y/and A. Catenazzi. 2007. Apéndice/Appendix 4: Anfibios y Reptiles/Amphibians and Reptiles. Pp. 206–213 en/in C. Vriesendorp, J. A. Álvarez, N. Barbagelata, W. S. Alverson, y/and D. K. Moskovits, eds. Perú: Nanay, Mazán, Arabela. Rapid Biological Inventories Report 18. The Field Museum, Chicago.

Campos-Baca, L. 2006. *Peces ornamentales en la Amazonía peruana.* Memorias Taller Internacional: Aspectos socioeconómicos y de manejo sostenible del comercio internacional de de agua dulce en el Norte de Sudamérica. WWF Colombia, Bogotá.

Capparella, A. P. 1987. Effects of riverine barriers on genetic differentiation of Amazonian forest undergrowth birds. Ph. D. dissertation. Louisiana State University, Baton Rouge.

Capparella A. P., G. H. Rosenberg, and S. W. Cardiff. 1997. A new subspecies of *Percnostola rufifrons* (Formicariidae) from northeastern Amazonian Peru, with a revision of the *rufifrons* complex. Studies in Neotropical Ornithology honoring Ted Parker, Ornithological Monographs 48:165–170.

Cardiff, S. W. 1987. Three new bird species for Peru, with distributional records from northern Departamento de Loreto. Gerfaut 73:185–192.

Catenazzi, A., y/and M. Bustamante. 2007. Anfibios y reptiles/ Amphibians and reptiles. Pp: 62–67 en/in C. Vriesendorp, J. A. Álvarez, W. S. Alverson, y/and D. K. Moskovits, eds. Perú: Nanay-Mazan-Arabela. Rapid Biological Inventories Report 18. The Field Museum, Chicago.

Chang, F., and H. Ortega. 1995. Additions and corrections to the list of freshwater fishes of Peru. Publicaciones de Museo de Historia Natural, Universidad Nacional Mayor de San Marcos (A) 50:1–12.

Chapin, M., and B. Threlkeld. 2001. *Indigenous landscapes: a study in ethnocartography.* Center for the Support of Native Lands, Arlington, Virginia.

Cisneros-Heredia, D.F. 2006. La herpetofauna de la Estación de Biodiversidad Tiputini, Ecuador. B. S. Proyecto Final, Universidad San Francisco de Quito, Quito.

CITES. 2009. UNEP-WCMC Species Database: Convention on International Trade in Endangered Species of Wild Fauna and Flora CITES-Listed Species (*www.cites.org*, 3 November 2009). CITES Secretariat, Geneva.

Colwell, R. K. 2005. EstimatesS: Statistical estimation of species richness and shared species from samples, version 7.5 (*purl.oclc.org/estimates*). University of Connecticut, Storrs.

Corbett, J., and G. Rambaldi. 2009. Geographic information technologies, local knowledge, and change. Pp. 75–92 in M. Cope and S. Elwood, eds. Qualitative GIS: A mixed methods approach. Sage Publications, Ltd., London.

Cuevas, E. 2001. Soil versus biological controls on nutrient cycling in terra firme forests. Pp. 53–67 in M. E. McClain, R. L. Victoria, and J. E. Richey, eds. *The biochemistry of the Amazon Basin.* Oxford University Press, New York.

Di Fiore, A. 2004. Primate conservation. Pp. 274–277 in McGraw-Hill Yearbook of Science and Technology. McGraw-Hill Companies, New York.

Dixon, J., and P. Soini. 1986. *The reptiles of the upper Amazon Basin, Iquitos region, Peru.* Milwaukee Public Museum, Milwaukee.

Duellman, W. E. 1978. The biology of an equatorial herpetofauna in Amazonian Ecuador. University of Kansas Museum of Natural History Miscellaneous Publication 65, Lawrence.

Duellman, W. E., and J. R. Mendelson III. 1995. Amphibians and reptiles from northern Departamento de Loreto, Peru: taxonomy and biogeography. University of Kansas Science Bulletin 10, Lawrence.

Duellman, W.E., and E. Lehr. 2009. *Terrestrial-breeding Frogs (Strabomantidae) in Peru.* Natur und Tier Verlag, Münster.

Duivenvoorden, J. F. 1994. Vascular plant-species counts in the rain-forests of the Middle Caquetá Area, Colombian Amazonia. Biodiversity and Conservation 3:685–715.

Duivenvoorden, J. F. and J. M. Lips. 1995. *A land ecological study of soils, vegetation, and plant diversity in Colombian Amazonia.* The Tropenbos Foundation, Wageningen, NL.

Duncan, S. L. 2006. Mapping whose reality? Geographic Information Systems (GIS) and 'wild science.' Public Understanding of Science 15(4):411–434.

Dunn, C. E. 2007. Participatory GIS–a people's GIS? Progress in Human Geography. 31(5):616–637.

Duque, A., J. Cavelier, and A. Posada. 2003. Strategies of tree occupation at a local scale in terra firme forests in the Colombian Amazon. Biotropica. 35(1):20–27.

Eisenberg, J. F., and K. H. Redford. 1999. *Mammals of the Neotropics, vol. 3. The Central Neotropics: Ecuador, Peru, Bolivia, Brazil.* University of Chicago Press, Chicago.

Elwood, S. 2009. Multiple representations, significations, and epistemologies in community-based GIS. Pp. 57–74 in M. Cope and S. Elwood, eds. Qualitative GIS: A mixed methods approach. Sage Publications, Ltd., London.

Emmons, L. H., y F. Feer. 1997. *Neotropical Rainforest Mammals.* The University of Chicago Press, Chicago.

FECONAMAI. 2004. *Libro de Actas N°1 de la Federación de Comunidades Nativas Maijuna (FECONAMAI).* Puerto Huamán, Loreto, Perú.

FECONAMAI. 2007. *Constitución de la asociación denominada Federación de Comunidades Nativas Maijuna (FECONAMAI).* Foinquinos-Mera, Iquitos.

Fine, P., N. Dávila, R. Foster, I. Mesones, y/and C. Vriesendorp. 2006. Flora y vegetación/Flora and vegetation. Pp. 63–74 y/and 174–183 en/in C. Vriesendorp, N. Pitman, J. I. Rojas M., B. A. Pawlak, L. Rivera C., L. Calixto M., M. Vela C. y/and P. Fasabi R., eds. 2006. Perú: Matsés. Rapid Biological Inventories Report 16. The Field Museum, Chicago.

Flavelle, A. 1995. Community-based mapping in Southeast Asia. Cultural Survival Quarterly 18(4):72–73.

Galvis, G., J. I. Mojica, S. R. Duque, C. Castellanos, P. Sanchez-Duarte, M. Arce, Á. Gutierrez, L. F. Jiménez, M. Santos, S. Vejarano-Rivadeneira, F. Arbeláez, E. Prieto y M. Leiva. 2006. *Peces del Medio Amazonas-Región de Leticia.* Serie de Guías Tropicales de Campo No. 5. Conservación Internacional/Editorial Panamericana, Formas e Impresos, Bogotá.

Gilmore, M. P., W. H. Eshbaugh, and A. M. Greenberg. 2002. The use, construction, and importance of canoes among the Maijuna of the Peruvian Amazon. Economic Botany 56(1):10–26.

Gilmore, M. P. 2005. An ethnoecological and ethnobotanical study of the Maijuna Indians of the Peruvian Amazon. Unpublished Ph.D. Dissertation, Miami University, Oxford, Ohio.

Gilmore, M. P., S. Ríos-Ochoa, and S. Ríos-Flores. In press. The cultural significance of the habitat mañaco taco to the Maijuna of the Peruvian Amazon. In L. Main-Johnson, E. S. Hunn, and B. A. Meilleur, eds. Landscape ethnoecology: concepts of biotic and physical space. Berghahn Books, New York.

Gordo, M., G. Knell y/and D. E. R. Gonzáles. 2006. Anfibios y reptiles/Amphibians and reptiles. Pp. 83–88 y/and 191–196 en/in C. Vriesendorp, N. Pitman, J. I. Rojas, B. A. Pawlak, L. Rivera C., L. Calixto, M. Vela C., y/and P. Fasabi R., eds. Perú: Matsés. Rapid Biological Inventories Report 16. The Field Museum, Chicago.

Gordon, E. T., G. C. Gurdian, and C. R. Hale. 2003. Rights, resources, and the social memory of struggle: reflections on a study of indigenous and black community land rights on Nicaragua's Atlantic coast. Human Organization 62(4):369–381.

Gordon, R. G. Jr., ed. 2005. *Ethnologue: Languages of the World, fifteenth edition (www.ethnologue.com).* SIL International, Dallas.

Goulding, M. 1980. *The fishes and the forest: Explorations in Amazonian natural history.* University of California Press, Berkeley.

Goulding, M., C. Cañas, R. Barthem, B. Forsberg, and H. Ortega. 2003. *Amazon headwaters: Rivers, life and conservation of the Madre de Dios River Basin.* Asociación para la Conservación de la Cuenca Amazónica (ACCA)/Amazon Conservation Association (ACA). Gráfica Biblos S.A., Lima.

Hammer, Ø., Harper, D. A. T., and P. D. Ryan. 2001. PAST: Palaeontological Statistics software package for education and data analysis. Palaentologica Electronica 4:1–9.

Haverschmidt, F., and G. F. Mees. 1994. *Birds of Suriname,* Revised Edition. Vaco, Paramaribo.

Henkel, T. W., J. Terborgh, and R. J. Vilgalys. 2002. Ectomycorrhizal fungi and their leguminous hosts in the Pakaraima Mountains of Guyana. Mycological Research. 106(5):515–531.

Herlihy, P. H., and G. Knapp. 2003. Maps of, by, and for the peoples of Latin America. Human Organization 62(4):303–314.

Heyer, W. R., M. A. Donnelly, R. W. McDiarmid, L. A. C. Hayek, and M. S. Foster, eds. 1994. *Measuring and monitoring biological diversity: Standard methods for amphibians.* Smithsonian Institution Press, Washington D.C.

Hidalgo, M., y/and R. Olivera. 2004. Peces/Fishes. Pp. 62–67 y/and 148–152 en/in N. Pitman, R. C. Smith, C. Vriesendorp, D. Moskovits, R. Piana, G. Knell, y/and T. Watcher, eds. Perú: Ampiyacu, Apayacu, Yaguas, Medio Putumayo. Rapid Biological Inventories Report 12. The Field Museum, Chicago.

Hidalgo, M. y/and J. F. Rivadeneira-F. 2008. Peces. Pp. 83–89 y/and 209–215 en/in W. S. Alverson, C. Vriesendorp, A. Del Campo, D. K. Moskovits, D. F. Stotz, M. García Donayre, y/and L. A. Borbor, eds. Ecuador, Perú: Cuyabeno-Güeppí. Rapid Inventories Biological and Social Report 20. The Field Museum, Chicago.

Hidalgo, M., y/and P. W. Willink. 2007. Peces/Fishes. Pp. 56–67 y/and 125–130 en/in C. Vriesendorp, J. A. Álvarez, N. Barbagelata, W. S. Alverson, y/and D. Moskovits, eds. Perú: Nanay-Mazán-Arabela. Rapid Biological Inventories Report 18. The Field Museum, Chicago.

Hilty, S. L., and W. L. Brown. 1986. *A guide to the birds of Colombia.* Princeton University Press, Princeton.

Honorio, E. N, T. R. Pennington, L. A. Freitas, G. Nebel y T. R. Baker. 2008. Análisis de la composición florística de los bosques de Jenaro Herrera, Loreto, Perú. Revista Peruana de Biología 15(1):53–60.

INRENA. 2004. Categorización de especies de fauna amenazadas. Decreto Supremo No. 034-2004-AG, 22 de Setiembre del 2004 (*www.inrena.gob.pe* y páginas 276853–276855 en El Peruano, 22 Septiembre 2004). Instituto Nacional de Recursos Naturales, Lima.

IUCN. 2009. Red List Categories and Criteria, version 3.1. (*www.iucnredlist.org/info/categories_criteria2001*, accessed on 3 November 2009). The World Conservation Union-Species Survival Commission, Cambridge, UK.

Jaeger, R.G., and R.F. Inger. 1994. Quadrat sampling. Pp. 97–102 in W.R. Heyer, M. A. Donnelly, R. W. McDiarmid, L. A. C. Hayek, and M. S. Foster, eds. *Measuring and monitoring biological diversity: Standard methods for amphibians.* Smithsonian Institution Press, Washington D.C.

Jarvis, K. A., and A. M. Stearman 1995. Geomatics and political empowerment: the Yuquí. Cultural Survival Quarterly 18(4):58–61.

Kalibo, H. W. 2004. A participatory assessment of forest resource use at Mt. Kasigau, Kenya. M.S. Thesis. Miami University, Oxford, Ohio.

Kauffman, S., G. Paredes-Arce y R. Marquina-Pozo. 1998. Suelos de la zona de Iquitos Pp. 139–229 en R. Kalliola y S. Flores-Paitán, eds. *Geoecología y desarollo amazónico: Estudio integrado en la zona de Iquitos, Perú.* Turku University, Turku.

Lips, K. R., J. K. Reaser, B. E. Young, and R. Ibáñez. 2001. Amphibian monitoring in Latin America: A protocol manual. Society for the Study of Amphibians and Reptiles, Herpetological Circular 30:1–115.

Lowe-McConnell, R. H. 1975. *Fish communities in tropical freshwaters: their distribution, ecology, and evolution.* Longman Press, London.

Mabberley, D. J. 2008. *Mabberley's Plant Book, third edition.* Cambridge University Press, Cambridge.

Maffi, L. 2001. On the interdependence of biological and cultural diversity. Pp. 1–50 in L. Maffi, ed. *On biocultural diversity: linking language, knowledge, and the environment.* Smithsonian Institution Press, Washington D.C.

Mantel, N. 1967. The detection of disease clustering and a generalized regression approach. Cancer Research 27:209–220.

Marcoy, P. 1866. *Voyage de l'Océan Pacifique à l'Océan Atlantique a travers de l'Amérique du Sud.* Le tour du monde 14. Hachette & Cie., Paris.

Milliken, 1998. Structure and composition of one hectare of central Amazonian terra firme forest. Biotropica 30(4):530–537.

Ministerio de Agricultura del Perú. 2007. Proyecto especial binacional de desarrollo integral de la cuenca del Río Putumayo INADE-PEDICP. Ministerio de Agricultura del Perú, Lima.

Montenegro, O. L. 2004. Natural licks as keystone resources for wildlife and people in Amazonia. Ph. D. thesis, University of Florida, Gainesville.

Montenegro, O., y/and M. Escobedo. 2004. Mamíferos/Mammals. Pp. 80–88 y/and 164–171 en/in C. Vriesendorp, N. Pitman, R. Foster, I. Mesones, y M. Rios, eds. Perú: Ampiyacu, Apayacu, Yaguas, Medio Putumayo. Rapid Biological Inventories Report 12. The Field Museum, Chicago.

Munn, C. A. 1985. Permanent canopy and understory flocks in Amazonia: Species composition and population density. Ornithological Monographs 36:683–712.

Munn, C. and J. Terborgh. 1979. Multi-species territoriality in neotropical foraging flocks. Condor 81:338–347.

Neitschmann, B. 1995. Defending the Miskito Reefs with maps and GPS. Cultural Survival Quarterly 18(4):34–37.

Ortega, H., and M. Hidalgo. 2008. Freshwater fishes and aquatic habitats in Peru: Current knowledge and conservation. Aquatic Ecosystem Health and Management 11(3):257–271.

Ortega, H., M. Hidalgo, N. Salcedo, E. Castro, and C. Riofrio. 2001. Diversity and conservation of fish of the Lower Urubamba Region, Peru. Pp. 143–150 in A. Alonso, F. Dallmeier, and P. Campbell, eds. Urubamba: the Biodiversity of a Peruvian Rainforest. SI/MAB Series 7. Smithsonian Institution, Washington D.C.

Ortega, H., J. I. Mojica, J. C. Alonso y M. Hidalgo. 2006. Listado de los peces de la cuenca del río Putumayo en su sector colombo-peruano. Biota Colombiana 7(1):95–112.

Ortega, H., and R.P. Vari. 1986. Annotated checklist of the freshwater fishes of Peru. Smithsonian Contributions to Zoology 437:1–25.

Pacheco, V. 2002. Mamíferos del Perú. Pp. 503–550 en G. Ceballos y J. A. Simonetti, eds. *Diversidad y Conservación de los Mamíferos.* CONABIO-UNAM. México, D.F.

Pacheco, V., R. Cadenillas, E. Salas, C. Tello y H. Zeballos. 2009. Diversidad y endemismo de los mamíferos del Perú. Revista Peruana de Biología 16:5–32.

Peres, C. A. 1990. Effects of hunting on Western Amazonian primate communities. Biological Conservation 54:47–59.

Peres, C. A. 1996. Population status of the white-lipped *Tayassu pecari* and collared peccaries *T. tajacu* in hunted and unhunted Amazonia forests. Biological Conservation 77:115–123.

Pitman, N. C. A., H. Mogollón, N. Dávila, M. Ríos, R. García-Villacorta, J. Guevara, M. Ahuite, M. Aulestia, D. Cardenas, C. E. Cerón, P.-A. Loizeau, D. A. Neill, P. V. Núñez, W. A. Palacios, O. L. Phillips, R. Spichiger, E. Valderrama, and R. Vásquez-Martínez. 2008. Tree community change across 700 km of lowland Amazonian forest from the Andean foothills to Brazil. Biotropica 40: 525–535.

Pitman, N., C. Vriesendorp, y/and D. Moskovits, eds. 2003. Perú : Yavarí. Rapid Biological Inventories Report 11. The Field Museum, Chicago.

Planquette, P., P. Keith, and P.Y. le Bail. 1996. *Atlas des poissons de´eau douce de Guyane, tome I.* Collection du Patrimoine Naturel, vol. 22. Institut d'Écologie et de Gestion de la Biodiversité, Muséum National d'Histoire Naturelle, París. Backhuys Publ., Leiden.

Poole, P. 1995. Land-based communities, geomatics, and biodiversity conservation. Cultural Survival Quarterly 18(4):74–76.

Powell, G. V. N. 1985. Sociobiology and adaptive significance of interspecific foraging flocks in the Neotropics. Ornithological Monographs 36:713–732.

Reis, R. E., S. O. Kullander, and C. J. Ferraris. 2003. *Checklist of the freshwater fishes of Central and South America.* EDIPUCRS, Porto Alegre.

Rivera, C., y P. Soini. 2002. Herpetofauna de Allpahuayo-Mishana: la herpetofauna de la Zona Reservada Allpahuayo-Mishana, Amazonía norperuana. Recursos Naturales 1:143–151.

Rodríguez, L. O., and W. E Duellman. 1994. Guide to the frogs of the Iquitos Region, Amazonian Perú. University of Kansas Museum of Natural History Special Publications 22:1–80.

Rodríguez, L., y/and G. Knell. 2003. Anfibios y reptiles/Amphibians and reptiles. Pp. 63–67 y 147–150 en/in N. Pitman, C. Vriesendorp, y/and D. Moskovits, eds. Perú: Yavari, Rapid Biological Inventories Report 11. The Field Museum, Chicago.

Rodríguez, L., y/and G. Knell. 2004. Anfibios y reptiles/Amphibians and reptiles. Pp. 67–70 y 152–155 en/in N. Pitman, R. C. Smith, C. Vriesendorp, D. Moskovits, R. Piana, G. Knell, y/and T. Watcher, eds. Perú: Ampiyacu, Apayacu, Yaguas, Medio Putumayo, Rapid Biological Inventories Report 12. The Field Museum, Chicago.

Roldán, G., y J. Ramírez. 2008. *Fundamentos de limnología neotropical, segunda edición.* Editorial Universidad de Antioquía, Medellín.

Ron, S. 2007. Anfibios del Parque Nacional Yasuní, Amazonía Ecuatoriana, ver. 1.3; febrero 2007 (*www.puce.edu/zoología /anfecua.htm*, consulta junio 2007). Museo de Zoología Pontificia Universidad Católica del Ecuador, Quito.

Sabino, J., e R. M. C. Castro. 1990. Alimentação, período de atividade e distribuição espacial dos peixes de um riacho da Floresta Atlântica (Sudeste do Brasil). Revista Brasileira de Biologia 50(1):23–36.

Sáenz Sánchez, C. 2008. Informe de avance del diagnóstico ambiental de los componentes hidrología e hidrografía. INADE, PEDICP, Iquitos.

Schaefer, S. A., and D. J. Stewart. 1993. Systematics of the *Panaque dentex* species group (Siluriformes: Loricariidae), wood-eating armored catfishes from tropical South America. Ichthyological Exploration of Freshwaters 4:309–342.

Schulenberg, T. S., D. F. Stotz, D. F. Lane, J. P. O'Neill, and T. A. Parker III. 2007. *Birds of Peru.* Princeton University Press, Princeton.

Scott, D. 1995. Habitation sites and culturally modified trees. Cultural Survival Quarterly 18(4):43–48.

Sirait, M., S. Prasodjo, N. Podger, A. Flavelle, and J. Fox. 1994. Mapping customary land in East Kalimantan, Indonesia: a tool for forest management. Ambio 23(7):411–417.

Smith, D. A. 2003. Participatory mapping of community lands and hunting yields among the Bugle of Western Panama. Human Organization 62(4): 332–343.

Smith, R. A. 1995. GIS and long range economic planning for indigenous territories. Cultural Survival Quarterly 18(4):43–48.

Soler, J. G., e A. Luna. 2007. Florística e fittosociologia de um trecho de um hectare de floresta de terra firme em Caracaraí, Roraima, Brazil. Bul. Mus. Para. Emílio Goeldi. Ciencias Naturais, Belém 2:33–60.

Sparke, M. 1998. A map that roared and an original atlas: Canada, cartography, and the narration of nation. Annals of the Association of American Geographers 88(3):463–495.

Spichiger, R., P. A. Loizeau, C. Latour, and G Barriera. 1996. Tree species richness of a southwestern Amazonian forest. Candollea 51(2):559–577.

Stevens, P. F. 2010. Angiosperm Phylogeny Website (*www.mobot.org/MOBOT/research/APweb*). Missouri Botanical Garden, St. Louis.

Steward, J. H. 1946. Western Tucanoan Tribes. Pp. 737–748 in J. H. Steward, ed., *Handbook of South American Indians, Vol. 3.* United States Government Printing Office, Washington D.C.

Stewart, D., R. Barriga y M. Ibarra. 1987. Ictiofauna de la Cuenca del Río Napo, Ecuador Oriental: lista anotada de especies. Revista Politecnica, Ser. Biología 1. vol. 12(4):9–64.

Stotz , D.F. 1993. Geographic variation in species composition of mixed species flocks in lowland humid forest in Brazil. Papéis Avulsos de Zoologia 38:61–75.

Stotz, D. F., y/and J. Díaz Alván. 2007. Aves/Birds. Pp. 67–73 y/and 134–140 en/in C. Vriesendorp, J. A. Álvarez, N. Barbagelata, W. S. Alverson, y/and D. K. Moskovits, eds. Perú: Nanay-Mazán-Arabela. Rapid Biological Inventories Report 18. The Field Museum, Chicago.

Stotz, D. F., y/and T. Pequeño. 2004. Aves/Birds. Pp. 70–80 y/and 155–164 en/in N. Pitman, R. C. Smith, C. Vriesendorp, D. Moskovits, R. Piana, G. Knell, y/and T. Wachter, eds. Perú: Ampiyacu, Apayacu, Yaguas, Medio Putumayo. Rapid Biological Inventories Report 12. The Field Museum, Chicago.

Terborgh, J., and E. Andresen. 1998. The composition of Amazonian forests: Patterns at local and regional scales. Journal of Tropical Ecology 14(5):645–664.

ter Steege, H., D. Sabatier, H. Castellanos, T. Van Andel, J. Duivenvoorden, A. A. De Oliveira, R. Ek, R. Lilwah, P. Maas, and S. Mori. 2000. An analysis of the floristic composition and diversity of Amazonian forests including those of the Guiana Shield. Journal of Tropical Ecology 16:801–828.

ter Steege, H., N. C. A. Pitman, O. L. Phillips, J. Chave, D. Sabatier, A. Duque, J. F. Molino, M. F. Prevost, R. Spichiger, H. Castellanos, P. von Hildebrand, and R. Vasquez. 2006. Continental-scale patterns of canopy tree composition and function across Amazonia. Nature 443:444–447.

Tessmann, G. 1930. *Die indianer nordost Peru: Grundlegende forschungen für eine systematische kulturkunde*. Friedrichsen de Gruyter & Co., Hamburg.

Tirira, D. 2007. *Mamíferos del Ecuador*. Guía de campo. Ediciones Murciélago Blanco, Quito.

Tobler, M. W. 2008. The ecology of lowland tapir in Madre de Dios, Peru: Using new technologies to study large rainforest mammals. Ph.D. thesis, Texas A&M University, College Station.

Tostain, O., J. L. Dujardin, Ch. Erard, and J.-M. Thiollay. 1992. *Oiseaux de Guyane*. Société d'Études Ornithologiques, Maxéville, France.

UICN. 2009. Lista roja de especies amenzadas (*www.iucnredlist.org*, visitado el 3 de Noviembre 2009). The World Conservation Union-Species Survival Commission, Cambridge, UK.

van Roosmalen, M. G. M., T. van Roosmalen, and R. A. Mittermeier. 2002. A taxonomic review of the titi monkeys, genus *Callicebus* Thomas, 1903, with the description of two new species, *Callicebus bernhardi* and *Callicebus stephennashi*, from Brazilian Amazonia. Neotropical Primates 10 Supplement:1–52.

Vásquez M., R. 1997. Flórula de las Reservas Biológicas de Iquitos, Perú, Allpahuayo-Mishana, Explornapo Camp, Explorama Lodge, Monographs in Systematic Botany from the Missouri Botanical Garden 63:1–1046.

Velie, D. 1975. *Bosquejo de la fonología y gramática del idioma Orejón (Coto)*. Datos etno-lingüísticos 10, Instituto Lingüístico de Verano, Lima.

Velie, D. 1981. Vocabulario Orejón. Serie Lingüística Peruana 16. Instituto Lingüístico de Verano, Pucallpa.

Vogt, R. 2009. *Tortugas Amazónicas*. Asociación para la Conservación de la Cuenca Amazónica/Amazon Conservation Association. Lima.

Voss, R. S., and L. H. Emmons. 1996. Mammalian diversity in neotropical lowland rainforests: a preliminary assessment. Bulletin of the American Museum of Natural History 230:1–115.

Vriesendorp, C., Pitman, N., R. C. Smith, C. Vriesendorp, D. Moskovits, R. Piana, G. Knell y/and T. Wachter, eds. 2004. Perú: Ampiyacu, Apayacu, Yaguas, Medio Putumayo. Rapid Biological Inventories Report 12. The Field Museum, Chicago.

Vriesendorp, C., J. A. Álvarez, N. Barbagelata, W. S. Alverson, y/and D.K. Moskovits, eds. 2007. Perú: Nanay, Mazán, Arabela. Rapid Biological Inventories Report 18. The Field Museum, Chicago.

Vriesendorp, C., W. S. Alverson, N. Dávila, S. Descanse, R. Foster, J. López, L. C. Lucitante, W. Palacios y/and O. Vásquez. 2008. Flora y vegetación/Flora and vegetation. Pp. 75–83 y/and 202–209 en/in W. S. Alverson, C. Vriesendorp, Á. del Campo, D. K. Moskovits, D. F. Stotz, M. García D., y/and L. A. Borbor L., eds. 2008. Ecuador-Perú: Cuyabeno-Güeppí. Rapid Biological and Social Inventories Report 20. The Field Museum, Chicago.

Weitzman, S. H., and S. V. Fink. 1985. Xenurobryconin phylogeny and putative pheromone pumps in glandulocaudine fishes (Teleostei: Characidae). Smithsonian Contributions to Zoology 421:1–121.

Weitzman, S. H., and R. P. Vari. 1988. Miniaturization in South American freshwater fishes: an overview and discussion. Proceedings of the Biological Society of Washington 101:444–465.

Wilkinson, F. A., and U. R. Smith. 1997. The first nest records of the Sooty Antbird (*Myrmeciza fortis*) with notes on eggs and nestling development. Wilson Bulletin 109:319–324.

Wilson, D.E., and D.M. Reeder, eds. 2005. *Mammal Species of the World: A Taxonomic and Geographic Reference, third edition.* Johns Hopkins University Press, Baltimore.

Winemiller, K. O., and D. B. Jepsen. 1998. Effects of seasonality and fish movement on tropical river food webs. Journal of Fish Biology 53 (Supplement A):267–296.

Yánez-Muñoz, M., y/and P.J. Venegas. 2008. Apéndice/Appendix 6: Anfibios y reptiles/Amphibians and reptiles. Pp. 308–313, in W. S. Alverson, C. Vriesendorp, Á. del Campo, D. K. Moskovits, D. F. Stotz, M. García D., y/and L. A. Borbor L., eds. Ecuador-Perú: Cuyabeno-Güeppí. Rapid Biological and Social Inventories Report 20. The Field Museum, Chicago.